FRÉDÉRIC FRENET

RECUEIL D'EXERCICES

SUR LE

CALCUL INFINITÉSIMAL

Elibron Classics
www.elibron.com

Elibron Classics series.

ISBN 0-543-93757-7 (paperback)
ISBN 0-543-93756-9 (hardcover)

This Elibron Classics Replica Edition is an unabridged facsimile of the edition published in 1891 by Gauthier-Villars et fils, Paris.

RECUEIL D'EXERCICES

SUR LE

CALCUL INFINITÉSIMAL

A L'USAGE

DES CANDIDATS A L'ÉCOLE POLYTECHNIQUE ET A L'ÉCOLE NORMALE,
DES ÉLÈVES DE CES ÉCOLES,
ET DES ASPIRANTS A LA LICENCE ÈS SCIENCES MATHÉMATIQUES,

PAR M. F. FRENET,

Ancien Élève de l'École Normale,
Professeur honoraire de la Faculté des Sciences de Lyon.

CINQUIÈME ÉDITION,

AUGMENTÉE D'UN

APPENDICE

SUR LES RÉSIDUS, LES FONCTIONS ELLIPTIQUES, LES ÉQUATIONS AUX DÉRIVÉES PARTIELLES, LES ÉQUATIONS AUX DIFFÉRENTIELLES TOTALES,

Par M. H. LAURENT,

Examinateur d'admission à l'École Polytechnique.

PARIS,
GAUTHIER-VILLARS ET FILS, IMPRIMEURS-LIBRAIRES
DU BUREAU DES LONGITUDES, DE L'ÉCOLE POLYTECHNIQUE,
Quai des Grands-Augustins, 55.

1891

AVERTISSEMENT DE LA CINQUIÈME ÉDITION.

Le but de cet Ouvrage est de familiariser avec les méthodes du Calcul infinitésimal les personnes qui étudient cette branche de l'Analyse, et de leur faire nettement saisir, par des applications variées, le sens et la portée des théories générales. A quelques exceptions près, les questions proposées ne dépassent pas le programme de la licence ès Sciences mathématiques.

La première édition a paru en 1856; elle contenait deux cent vingt pages.

Depuis cette époque lointaine, le cadre officiel s'étant plusieurs fois élargi, de nouveaux exercices ont dû progressivement s'introduire dans ce Recueil, dont quatre éditions successives ont augmenté beaucoup le volume et notablement modifié la substance même. A chacun de ces remaniements plus ou moins profonds, l'Auteur s'est constamment préoccupé d'accroître, par tous les moyens dont il disposait, l'utilité et l'intérêt de son Œuvre, et de la rendre ainsi moins indigne des jugements favorables dont elle a été l'objet.

Conformément aux plus récentes modifications des programmes, l'édition actuelle fait une grande place aux questions qui regardent la théorie des fonctions d'une variable imaginaire et celle des fonctions elliptiques. L'Auteur avait espéré tout d'abord traiter lui-même cet important sujet, mais les circonstances ne lui ont pas permis de réaliser son désir. Du reste, le lecteur n'aura pas à s'en plaindre. A la prière de notre éminent Éditeur, et avec une bonne grâce dont nous ne saurions trop nous montrer reconnaissant, M. Laurent, Examinateur d'admission à l'École Polytechnique, nous a fait l'honneur d'enrichir cette édition d'un Appendice étendu renfermant de nombreux Exercices du choix le plus heureux et singulièrement propres à élucider les théories délicates auxquelles ils se rattachent.

M. Courcelles, Professeur de Mathématiques spéciales au Lycée Saint-Louis, a eu la bonté de nous prêter, pour la revision des épreuves, un très obligeant et précieux concours; nous le prions d'en vouloir bien agréer ici tous nos remerciements.

F. F.

NOTATIONS ET DÉFINITIONS

PRÉLIMINAIRES.

I. $$\frac{n(n-1)(n-2)\ldots(n-p+1)}{1.2.3\ldots(p-1)p} = \binom{n}{p}\cdot$$ (EULER.)

II. $\sqrt{-1} = i.$ (EULER, GAUSS.)

III. $\text{Log}\, x$ désigne le logarithme népérien de x.

IV. L'expression

$$\sum_{n=a}^{n=b} F(n),$$

dans laquelle a et b sont des nombres entiers, représente la somme des valeurs que prend $F(n)$ quand on y remplace n successivement par chacun des termes de la suite

$$a, \quad a+1, \quad a+2, \ldots, \quad b-1, \quad b.$$

La même somme s'écrit plus simplement

$$\sum_a^b F(n) \quad \text{ou} \quad \sum F(n).$$

De même, au lieu de la somme

$$F(a_1) + F(a_2) + \ldots + F(a_n),$$

on écrit

$$\sum_{h=1}^{h=n} F(a_h)$$

ou simplement

$$\sum F(a).$$

quand on le peut sans nuire à la clarté.

V. Les coordonnées d'un point rapporté à des axes rectilignes sont ordinairement désignées par x, y, z; les coordonnées courantes le sont quelquefois par X, Y, Z. A moins de mention expresse du contraire, on suppose les axes perpendiculaires entre eux.

r et θ représentent les coordonnées polaires d'un point dans un plan.

On désigne habituellement par O l'origine des coordonnées.

VI. Soient Δx et Δy les accroissements correspondants de la variable x et de la fonction $y = f(x)$; la limite du rapport $\frac{\Delta y}{\Delta x}$ quand Δx tend vers zéro, limite qu'on nomme indifféremment la *dérivée* ou le *coefficient différentiel* de y, est exprimée par l'une quelconque des formes

$\frac{dy}{dx}$ (notation de LEIBNITZ),

$f'(x)$ (notation de LAGRANGE),

$D_x y$ (notation de CAUCHY).

On emploie aussi les formes plus simples

$$y', \quad f_x, \quad f', \quad Dy$$

quand il n'en résulte aucune ambiguïté.

Le produit par dx de la dérivée d'une fonction y de x est la *différentielle* de cette fonction et se désigne par dy.

La recherche de la différentielle ou la *différentiation* d'une fonction est donc un problème identique à la recherche de la dérivée.

La *dérivée de l'ordre* n peut s'écrire

$$\frac{d^n y}{dx^n}, \quad f^{(n)}(x), \quad D_x^n y,$$

ou encore

$$y^{(n)}, \quad f_x^{(n)}, \quad f^{(n)}, \quad D^n y.$$

Soit

$$u = f(x, y, z),$$

x, y, z étant des variables indépendantes; si l'on prend la dérivée de cette fonction n fois par rapport à x, la dérivée du résultat p fois par rapport à y, puis celle du nouveau résultat q fois par rapport à z, la quantité à laquelle on parvient ainsi est une *dérivée partielle d'ordre* $n+p+q$ de la fonction u et se présente par l'une quelconque des expressions

$$D_x^n D_y^p D_z^q u, \quad \frac{d^{n+p+q} u}{dx^n\, dy^p\, dz^q}, \quad \frac{\partial u^{n+p+q}}{\partial x^n\, \partial y^p\, \partial y^q}.$$

La dernière, maintenant la plus généralement usitée, est due à Jacobi, qui réserve la forme ordinaire de la lettre d pour les dérivées des fonctions d'une seule variable.

Ces notations s'étendent sans difficulté au cas d'un nombre quelconque de variables indépendantes.

VII. Soit $\varphi(x)$ la dérivée d'une fonction $f(x)$; l'expression

$$\int \varphi(x)\, dx,$$

qu'on nomme l'*intégrale* de $\varphi(x)dx$, indique une fonction dont la dérivée est $\varphi(x)$; et le type le plus général d'une pareille fonction est représenté par

$$f(x)+\mathrm{C}, \quad \int \varphi(x)\,dx+\mathrm{C},$$

en désignant par C une quantité quelconque indépendante de x.

TABLE DES MATIÈRES.

PREMIÈRE PARTIE.

CALCUL DIFFÉRENTIEL.

QUESTIONS.

SOLUTIONS.

DEUXIÈME PARTIE.

CALCUL INTÉGRAL.

QUESTIONS.

SOLUTIONS.

TROISIÈME PARTIE.

QUESTIONS DIVERSES.

APPENDICE.

RECUEIL D'EXERCICES

SUR LE

CALCUL INFINITÉSIMAL.

PREMIÈRE PARTIE.

CALCUL DIFFÉRENTIEL.

QUESTIONS.

§ 1. — Introduction. — *Séries, produits de facteurs en nombre infini.*

1. Trouver les sommes des séries convergentes

$$(1)\qquad \frac{1}{1.2},\quad \frac{1}{2.3},\ldots,\quad \frac{1}{n(n+1)},\ldots,$$

$$(2)\qquad \frac{1}{1.3},\quad \frac{1}{2.4},\ldots,\quad \frac{1}{n(n+2)},\ldots,$$

$$(3)\qquad \frac{1}{1(m+1)},\quad \frac{1}{2(m+2)},\ldots,\quad \frac{1}{n(m+n)},\ldots.$$

Le nombre m est supposé entier et positif.

2. Prouver la divergence de la série dont le terme général est

$$\frac{1}{a+nb}.$$

3. Démontrer la relation

$$\sum_{p=1}^{p=n} p x^p = \frac{n x^{n+2} - (n+1) x^{n+1} + x}{(1-x)^2},$$

Cas où n croît indéfiniment.

4. Démontrer la relation

$$\sum_{n=0}^{n=\infty} \frac{1}{(x+n)(x+n+1)(x+n+2)(x+n+3)} = \frac{1}{3x(x+1)(x+2)}$$

5. Démontrer la relation

$$(1+x)^{-\mu} = 1 - \mu x + \ldots$$
$$+ (-1)^p \frac{\mu(\mu+1)\ldots(\mu+p-1)}{1.2\ldots p} x^p + \ldots.$$

On suppose μ entier positif et $x < 1$.

6. Étant donnée la série convergente

$$1, \quad \frac{x}{a+h_1}, \quad \frac{x(x+h_1)}{(a+h_1)(a+h_2)}, \ldots,$$
$$\frac{x(x+h_1)(x+h_2)\ldots(x+h_n)}{(a+h_1)(a+h_2)\ldots(a+h_{n+1})}, \ldots,$$

on demande :

1° La somme de cette série, sachant qu'elle est indépendante des quantités positives non décroissantes h_1, h_2, ..., h_n, ...;

2° Le procédé au moyen duquel cette série a été formée. On suppose $x < a$.

7. Condition de convergence de la série

$$1, \quad \frac{a}{b} x, \quad \frac{a(a+1)}{b(b+1)} x^2, \quad \frac{a(a+1)\ldots(a+n-1)}{b(b+1)\ldots(b+n-1)} x^n, \ldots.$$

Examiner le cas où $x = 1$, et trouver la somme de la série particulière obtenue.

8. Reconnaître la convergence ou la divergence des séries

$$(1) \qquad \sin^\alpha\left(\frac{x}{a}\right), \quad \sin^\alpha\left(\frac{x}{a+1}\right), \dots, \quad \sin^\alpha\left(\frac{x}{a+n}\right), \dots,$$

$$(2) \qquad \text{tang}^\alpha\left(\frac{x}{a}\right), \quad \text{tang}^\alpha\left(\frac{x}{a+1}\right), \dots, \quad \text{tang}^\alpha\left(\frac{x}{a+n}\right), \dots.$$

On suppose $\alpha > 0$, $x > 0$, $\frac{\pi}{2} > \frac{x}{a} > 0$.

9. Déterminer la convergence ou la divergence des séries

$$(1) \qquad \log \text{séc} \frac{x}{a}, \quad \log \text{séc} \frac{x}{a+1}, \dots, \quad \log \text{séc} \frac{x}{a+n}, \dots,$$

$$(2) \qquad \begin{cases} \log\left(1 + \text{tang} \frac{x}{a}\right), \quad \log\left(1 + \text{tang} \frac{x}{a+1}\right), \dots, \\ \log\left(1 + \text{tang} \frac{x}{a+n}\right), \dots. \end{cases}$$

On suppose $\frac{x}{a} < \frac{\pi}{2}$.

10. Calculer les sommes

$$\sum_{p=0}^{p=n} \sin(a + p\alpha), \quad \sum_{p=0}^{p=n} \cos(a + p\alpha).$$

11. Soit une série à termes positifs

$$(\text{A}) \qquad \text{H}^{(0)}, \quad \text{H}^{(1)}, \dots, \quad \text{H}^{(m)}, \dots,$$

dans laquelle chaque terme se développe en une série convergente à termes positifs, de telle sorte qu'on ait

$$H^{(0)} = u_0 + u_1 + u_2 + \ldots + u_n + \ldots,$$
$$H^{(1)} = u_0^{(1)} + u_1^{(1)} + u_2^{(1)} + \ldots + u_n^{(1)} + \ldots,$$
$$\ldots\ldots\ldots\ldots\ldots\ldots\ldots\ldots,$$
$$H^{(m)} = u_0^{(m)} + u_1^{(m)} + u_2^{(m)} + \ldots + u_n^{(m)} + \ldots;$$
$$\ldots\ldots\ldots\ldots\ldots\ldots\ldots\ldots$$

Si l'on forme les nouvelles séries

$$\begin{array}{ll} (u_0) & u_0,\ u_0^{(1)},\ u_0^{(2)},\ \ldots,\ u_0^{(m)},\ \ldots, \\ (u_1) & u_1,\ u_1^{(1)},\ u_1^{(2)},\ \ldots,\ u_1^{(m)},\ \ldots, \\ & \ldots\ldots\ldots\ldots\ldots\ldots, \\ (u_n) & u_n,\ u_n^{(1)},\ u_n^{(2)},\ \ldots,\ u_n^{(m)},\ \ldots, \\ & \ldots\ldots\ldots\ldots\ldots\ldots, \end{array}$$

elles sont aussi convergentes, et leurs sommes respectives $V_0, V_1, \ldots, V_n, \ldots$ forment une série convergente ayant la même somme que la série (A).

Le théorème subsiste pour des series à termes quelconques, pourvu qu'elles ne cessent pas d'être convergentes quand on y remplace chaque terme par sa valeur absolue.

12. Développer

$$y = \frac{1}{1 - 2x\cos\alpha + x^2} = (1 + x^2)^{-1}\left(1 - \frac{2x}{1 + x^2}\cos\alpha\right)^{-1}$$

en série convergente de la forme

$$1 + A_1 x + \ldots + A_{2n-1}x^{2n-1} + A_{2n}x^{2n} + \ldots.$$

On suppose $x < 1$.

13. Trouver la limite vers laquelle tend le produit $P_n = \cos a \cos\frac{a}{2} \cos\frac{a}{2^2} \cdots \cos\frac{a}{2^n}$, quand n croît indéfiniment.

14. Si les fractions positives décroissantes

$$(1) \qquad u_0, \quad u_1, \quad u_2, \ldots, \quad u_n, \ldots$$

forment une série convergente, on peut prendre le nombre m assez grand pour que les produits

$$A_p = (1 - u_{m+1})(1 - u_{m+2}) \ldots (1 - u_{m+p}),$$
$$B_p = (1 + u_{m+1})(1 + u_{m+2}) \ldots (1 + u_{m+p})$$

diffèrent de l'unité aussi peu qu'on voudra, quelque grand que soit p.

15. Si les fractions positives décroissantes

$$u_0, \quad u_1, \quad u_2, \ldots, \quad u_n, \ldots$$

forment une série convergente, les produits

$$A_n = (1 - u_0)(1 - u_1) \ldots (1 - u_n),$$
$$B_n = (1 + u_0)(1 + u_1) \ldots (1 + u_n)$$

tendent vers des limites finies quand n croît indéfiniment.

16. Si les fractions positives indéfiniment décroissantes

$$(1) \qquad u_0, \quad u_1, \quad u_2, \ldots, \quad u_n, \ldots$$

forment une série divergente, le produit

$$A_n = (1 - u_0)(1 - u_1) \ldots (1 - u_n)$$

tend vers zéro quand n croît indéfiniment, et le produit

$$B_n = (1 + u_0)(1 + u_1) \ldots (1 + u_n)$$

croît sans limite dans le même cas.

17. Démontrer que la série

$$(1) \quad 1 - \frac{m}{1} + \frac{m(m-1)}{1.2} - \ldots + (-1)^p \frac{m(m-1)\ldots(m-p+1)}{1.2\ldots p} - \ldots$$

a pour limite zéro, quand m est positif, et qu'elle croît indéfiniment quand m est négatif.

18. Transformer la série convergente

$$1 + u_1 + u_2 + \ldots + u_n + \ldots$$

en un produit de facteurs dont le nombre est infini.

Réciproquement, transformer en série le produit convergent

$$(1 + v_1)(1 + v_2)\ldots(1 + v_n)\ldots.$$

(Stern.)

19. Déterminer les coefficients $A_1, A_2, \ldots, A_n$, qui rendent identiques les deux développements

$$P_n = (1 + xz)(1 + x^2 z)\ldots(1 + x^n z),$$
$$S_n = 1 + A_1 z + A_2 z^2 + \ldots + A_n z^n;$$

puis former la série convergente qui représente la limite de P_n quand on fait croître n indéfiniment.

On suppose x et z moindres que l'unité.

20. Démontrer les identités

$$(A)\quad \begin{cases} \sin mx = m \sin x \left(1 - \dfrac{\sin^2 x}{\sin^2 \dfrac{\pi}{m}}\right)\left(1 - \dfrac{\sin^2 x}{\sin^2 2\dfrac{\pi}{m}}\right)\cdots \\ \qquad \times \left(1 - \dfrac{\sin^2 x}{\sin^2 \dfrac{m-1}{2}\dfrac{\pi}{m}}\right), \end{cases}$$

$$(B)\quad \begin{cases} \sin mx = m \cos^m x \operatorname{tang} x \left(1 - \dfrac{\operatorname{tang}^2 x}{\operatorname{tang}^2 \dfrac{\pi}{m}}\right)\left(1 - \dfrac{\operatorname{tang}^2 x}{\operatorname{tang}^2 2\dfrac{\pi}{m}}\right)\cdots \\ \qquad \times \left(1 - \dfrac{\operatorname{tang}^2 x}{\operatorname{tang}^2 \dfrac{m-1}{2}\dfrac{\pi}{m}}\right), \end{cases}$$

où m représente un nombre positif impair.

21. Des relations du n° 20 déduire celles-ci :

$$(-1)^n \sin z < (-1)^n z\left(1-\frac{z^2}{\pi^2}\right)\left(1-\frac{z^2}{4\pi^2}\right)\cdots\left[1-\frac{z^2}{\left(\frac{m-1}{2}\right)^2\pi^2}\right],$$

$$(-1)^n \sin z > (-1)^n z \cos^m \frac{z}{m}\left(1-\frac{z^2}{\pi^2}\right)\left(1-\frac{z^2}{4\pi^2}\right)\cdots$$
$$\times\left[1-\frac{z^2}{\left(\frac{m-1}{2}\right)^2\pi^2}\right],$$

dans lesquelles l'arc x est compris entre $n\pi$ et $(n+1)\pi$, et le nombre entier n est plus petit que le nombre impair m.

On s'appuiera sur les inégalités

$$\text{(C)}\qquad \frac{\sin(a+h)}{a+h} < \frac{\sin a}{a},\quad \frac{\operatorname{tang}(a+h)}{a+h} > \frac{\operatorname{tang} a}{a},$$

qui supposent a et $a+h$ moindres que $\frac{\pi}{2}$, et h essentiellement positif.

22. Démontrer les relations

$$\sin z = z\left(1-\frac{z^2}{\pi^2}\right)\left(1-\frac{z^2}{4\pi^2}\right)\left(1-\frac{z^2}{9\pi^2}\right)\cdots,$$

$$\cos z = \left(1-\frac{4z^2}{\pi^2}\right)\left(1-\frac{4z^2}{9\pi^2}\right)\left(1-\frac{4z^2}{25\pi^2}\right)\cdots.$$

(Euler.)

23. Vérifier, au moyen de la formule de Moivre, les relations suivantes :

$$\begin{aligned}\sin(x+nh) = \sin x &+ \binom{n}{1}\cos\left(x+\frac{h}{2}\right)\left(2\sin\frac{h}{2}\right)\\ &- \binom{n}{2}\sin\left(x+2\frac{h}{2}\right)\left(2\sin\frac{h}{2}\right)^2\\ &- \binom{n}{3}\cos\left(x+3\frac{h}{2}\right)\left(2\sin\frac{h}{2}\right)^3\\ &+ \binom{n}{4}\sin\left(x+4\frac{h}{2}\right)\left(2\sin\frac{h}{2}\right)^4\\ &+ \ldots\ldots\ldots\ldots,\end{aligned}$$

$$\begin{aligned}\cos(x+nh) = \cos x &- \binom{n}{1}\sin\left(x+\frac{h}{2}\right)\left(2\sin\frac{h}{2}\right)\\ &- \binom{n}{2}\cos\left(x+2\frac{h}{2}\right)\left(2\sin\frac{h}{2}\right)^2\\ &+ \binom{n}{3}\sin\left(x+3\frac{h}{2}\right)\left(2\sin\frac{h}{2}\right)^3\\ &+ \binom{n}{4}\cos\left(x+4\frac{h}{2}\right)\left(2\sin\frac{h}{2}\right)^4\\ &- \ldots\ldots\ldots\ldots\ldots\ldots\end{aligned}$$

On suppose n entier positif.

24. Calculer les sommes

$$\sum_{p=0}^{p=n} x^p \cos(a+p\alpha), \qquad \sum_{p=0}^{p=n} x^p \sin(a+p\alpha),$$

et en déterminer les limites quand on suppose que n croît indéfiniment.

§ II. — *Différentiation des fonctions explicites d'une seule variable.*

25. $y = (1 + 2x - 4x^2)(1 - 2x + 4x^2 - 4x^3)$.

26. $y = \dfrac{1 + 3x - 3x^2}{3x^3 - 9x^2 + 9x - 3}$.

27. $y = \dfrac{x}{(a^2 - x^2)^{\frac{1}{2}}}$.

28. $y = (9a^2 - 6abx + 5b^2x^2)(a + bx)^{\frac{2}{3}}$.

29. $y = (5b^3x^3 + 30ab^2x^2 + 40a^2bx + 16a^3)(a + bx)^{-\frac{5}{2}}$.

30. $y = (x - 2)^9 (x - 1)^{-\frac{5}{2}} (x - 3)^{-\frac{11}{2}}$

31. $y = \dfrac{[(x + 1)(x + 3)^9]^{\frac{1}{2}}}{(x + 2)^4}$.

32. $y = \log\left[\frac{b}{2} + x + (a + bx + x^2)^{\frac{1}{2}}\right]$.

33. $y = \log \frac{(1+x)^{\frac{1}{2}} + (1-x)^{\frac{1}{2}}}{(1+x)^{\frac{1}{2}} - (1-x)^{\frac{1}{2}}}$.

34. $y = \log(\log x) = \log_2(x)$.

35. $y = \log_n(x)$.

36. $y = \dfrac{x^3 - \frac{96}{25}x + \frac{288}{125}}{(4-5x)^2} + \frac{12}{125}\log(4 - 5x)$.

37. $y = \dfrac{\frac{1}{x} + \frac{125}{12} + \frac{65}{3}x + \frac{35}{2}x^2 + 5x^3}{(1+x)^4} + 5\log\frac{x}{1+x}$.

38. $y = e^{\operatorname{arc\,sin} x}$.

39. $y = \operatorname{arc\,tang} \dfrac{x}{(1-x^2)^{\frac{1}{2}}}$.

40. $y = \dfrac{1}{(a^2 - b^2)^{\frac{1}{2}}} \operatorname{arc\,cos} \dfrac{b + a\cos x}{a + b\cos x}$.

41. $y = \log \operatorname{tang}\left(\frac{\pi}{4} + \frac{x}{2}\right)$.

42. $y = \frac{1}{5}\sin^2 x \cos^3 x - \frac{13}{15}\cos^3 x - 3\cos x - \frac{1}{2}\cot x \operatorname{cos\acute{e}c} x$

$- \frac{7}{2}\log\left(\operatorname{tang}\frac{x}{2}\right)$.

43. $y = \operatorname{arc\,tang}\left[\left(\frac{a-b}{a+b}\right)^{\frac{1}{2}} \operatorname{tang}\frac{x}{2}\right]$.

44. $y = x^{\sin x}$.

45. $y = \log\left[x + (x^2 - a^2)^{\frac{1}{2}}\right] + \operatorname{arc\,s\acute{e}c}\frac{x}{a}$.

46. $y = \dfrac{4x\sin x - \cos x}{20\cos^5 x} + \dfrac{4x\sin x - 2\cos x}{15\cos^3 x} + \dfrac{8}{15}$

$\times(x\operatorname{tang} x + \log\cos x)$.

47. $y = \log\left[1 - \left(1 - e^{-\frac{a}{\sin x}}\right)^{\frac{1}{2}}\right].$

48. $$y = \frac{1}{2p}\left(\frac{1}{m} - \frac{1}{n}\right)\operatorname{arc\,tang}\frac{2p\sin x}{m+n+(m-n)\cos x}$$
$$+ \frac{1}{2q}\left(\frac{1}{m} + \frac{1}{n}\right)\operatorname{arc\,tang}\frac{2q\sin x}{m-n+(m+n)\cos x}.$$

On suppose les relations suivantes :

$$m^2 = a + b + c, \quad n^2 = a - b + c,$$
$$p^2 = \frac{1}{4}(m-n)^2 - 2c, \quad q^2 = \frac{1}{4}(m+n)^2 - 2c.$$

49. Les fonctions $x_1, x_2, \ldots, x_n$ étant définies par les équations suivantes

$$x_1 = \sqrt[p]{x\sqrt[q]{x}}, \quad x_2 = \sqrt[p]{x\sqrt[q]{xx_1}}, \ldots, \quad x_n = \sqrt[p]{x\sqrt[q]{xx_{n-1}}},$$

trouver la dérivée de la fonction vers laquelle tend x_n quand n augmente indéfiniment.

50. Étant donnée la relation

$$(1)\left\{\begin{aligned} &\sin x + \sin(x+h) + \sin(x+2h) + \ldots + \sin(x+nh) \\ &\qquad = \frac{\sin\left(x + \frac{nh}{2}\right)\sin\frac{n+1}{2}h}{\sin\frac{h}{2}}, \end{aligned}\right.$$

en déduire l'expression de la somme

$$(2)\ \cos x + \cos(x+h) + \cos(x+2h) + \ldots + \cos(x+nh).$$

(n° **10.**)

51. Démontrer les relations

$$\sin x + 2\sin 2x + \ldots + n\sin nx = \frac{(n+1)\sin nx - n\sin(n+1)x}{4\sin^2\frac{x}{2}},$$

$$\cos x + 2\cos 2x + \ldots + n\cos nx$$
$$= \frac{(n+1)\cos nx - n\cos(n+1)x - 1}{4\sin^2\frac{x}{2}}.$$

52. Étant donnée la relation

$$\sin x \sin\left(x+\frac{\pi}{n}\right)\sin\left(x+2\frac{\pi}{n}\right)\ldots\sin\left(x+\frac{n-1}{n}\pi\right)=\frac{\sin nx}{2^{n-1}},$$

en déduire

$$\operatorname{cos\acute{e}c}^2 x+\operatorname{cos\acute{e}c}^2\left(x+\frac{\pi}{n}\right)+\cdots+\operatorname{cos\acute{e}c}^2\left(x+\frac{n-1}{n}\pi\right)=n^2\operatorname{cos\acute{e}c}^2 nx.$$

53. Démontrer les relations

$$\sum_{\mu=0}^{\mu=n}\frac{1}{2^\mu}\operatorname{tang}\frac{x}{2^\mu}=\frac{1}{2^n}\cot\frac{x}{2^n}-2\cot 2x,$$

$$\sum_{\mu=0}^{\mu=n}\frac{1}{2^{2\mu}}\operatorname{tang}^2\frac{x}{2^\mu}=\frac{2^{2n+2}-1}{3.2^{2n-1}}+4\cot^2 2x-\frac{1}{2^{2n}}\cot\frac{x}{2^n}.$$

Cas où n croît indéfiniment.

§ III. — *Dérivées d'ordre quelconque.*

54. $y=(a-bx)^p$.

55. $y=\cos ax$. $z=\sin ax$.

56. $y=\cos^2 x$.

57. $y=\cos^p x$, entier positif.

58. $y=\log x$.

59. $y=\dfrac{1+x}{1-x}$.

60. $y=e^{x\cos\theta}\cos(x\sin\theta)$. $z=e^{x\cos\theta}\sin(x\sin\theta)$.

61. $y=e^{ax}\cos(bx+c)$.

62. $y=x(a+bx)^{\frac{p}{2}}$.

63. $y=x^p(1-x)^p$.

64. $y=x^p\log x$.

65. $y=\dfrac{(a+x)^p}{(b+x)^q}$.

66. $y = e^{ax} \cos bx . x^p$.

67. $y = \dfrac{1}{a^2 - b^2 x^2}$.

68. $y = \dfrac{x}{a^2 - b^2 x^2}$.

69. $y = \dfrac{1}{a^2 + b^2 x^2}$.

70. $y = \dfrac{x}{a^2 + b^2 x^2}$.

71. $y = \log \dfrac{a + bx}{a - bx}$.

72. $y = \text{arc} \sin x$.

73. $y = \text{arc tang} \dfrac{x}{a}$.

74. $y = \text{arc tang} \dfrac{x \sin \alpha}{1 - x \cos \alpha}$.

75. $y = \dfrac{1}{x^m - a^m}$, m entier positif.

76. $y = \dfrac{x^p}{x^m - a^m}$, m et p entiers positifs, $p < m$.

77. $y = e^{cx^2}$.

78. Déduire du numéro précédent les dérivées d'ordre quelconque de $\cos(x^2)$ et de $\sin(x^2)$.

79. $y = \dfrac{1}{e^x + 1}$.

80. Démontrer que deux fonctions u et v d'une même variable sont liées par la relation

$$(1) \quad \begin{cases} v D^n u = D^n(uv) - \dbinom{n}{1} D^{n-1}(u D v) + \dbinom{n}{2} D^{n-2}(u D^2 v) + \ldots \\ \qquad + (-1)^p \dbinom{n}{p} D^{n-p}(u D^p v) + \ldots + (-1)^n u D^n v. \end{cases}$$

81. Prouver que la dérivée de l'ordre n de la fonction

$e^{ax}\varphi(x)$ peut être mise sous la forme symbolique

$$e^{ax}(a+\mathrm{D})^n\varphi(x).$$

82. En supposant $x=e^t$, démontrer qu'on a symboliquement

$$(\mathrm{D}_t-n)(x^n\mathrm{D}_x^n y)=x^{n+1}\mathrm{D}_x^{n+1}y,$$

et conclure de là la relation

$$x^n\mathrm{D}_x^n y=(\mathrm{D}_t-1)(\mathrm{D}_t-2)\ldots[\mathrm{D}_t-(n-1)]\mathrm{D}_t y.$$

83. Vérifier l'exactitude de la relation

$$\mathrm{D}_x^n f(x^2)=(2x)^n f^{(n)}(x^2)+n(n-1)(2x)^{n-2}f^{(n-1)}(x^2)+\ldots$$
$$+\frac{n(n-1)\ldots(n-2k+1)}{1.2\ldots k}(2x)^{n-2k}f^{(n-k)}(x^2)+\ldots.$$

La formule s'arrête dès qu'on arrive à un coefficient nul.

84. Déduire de la relation précédente l'équation

$$\frac{d^{n-1}(1-x^2)^{n-\frac{1}{2}}}{dx^{n-1}}=(-1)^{n-1}\frac{1.3.5\ldots(2n-1)}{n}\sin n\alpha,$$

où

$$x=\cos\alpha.$$

(O. Rodrigues.)

85. Calculer les dérivées successives de

$$y=(\arcsin x)^2$$

pour la valeur particulière $x=0$.

86. Calculer les dérivées successives des fonctions

$$y=\cos\mu(\arcsin x),\quad z=\sin\mu(\arcsin x)$$

pour la valeur particulière $x=0$.

On suppose que $\arcsin x$ représente le plus petit des arcs ayant x pour sinus.

*

87. Étant donnée la relation

$$e^{\frac{\operatorname{arc\,sin} y}{\mu}} - e^{-\frac{\operatorname{arc\,sin} y}{\mu}} = 2x,$$

calculer les dérivées successives de la fonction y pour la valeur particulière $x = 0$.

On suppose que x et y s'annulent en même temps.

§ IV. — *Différentiation des fonctions explicites de plusieurs variables.*

88. $u = 27x^3 - 54x^2y + 36xy^2 - 8y^3.$

89. $u = \operatorname{arc\,sin} \dfrac{(x^2 - y^2)^{\frac{1}{2}}}{(x^2 + y^2)^{\frac{1}{2}}}.$

90. $u = \log \dfrac{x + (x^2 - y^2)^{\frac{1}{2}}}{x - (x^2 - y^2)^{\frac{1}{2}}}.$

91. $u = \operatorname{arc\,tang} \dfrac{2x + y - x^2y}{1 - 2xy - x^2}.$

92. $u = \operatorname{arc\,cos} \dfrac{1 - xy}{(1 + x^2 + y^2 + x^2y^2)^{\frac{1}{2}}}.$

93. $u = \log \operatorname{tang} \dfrac{x}{y}.$

94. $u = \dfrac{ay - bz}{cz - ax}.$

95. $u = \dfrac{e^z y}{(x^2 + y^2)^{\frac{1}{2}}}.$

96. $\begin{cases} u = \sin x \cos y \sin z + \cos x \sin y \sin z \\ \quad + \cos x \cos y \cos z - \sin x \sin y \cos z. \end{cases}$

97. $u = zy^x.$

98. Appliquer le théorème des fonctions homogènes à

la fonction

$$u=(x+y+z)^3-(x+y-z)^3-(x-y+z)^3-(y+z-x)^3.$$

99. Soient

$$u=f(x, y, z, t)$$

une fonction quelconque des quantités x, y, z, t, et $U=F(X, Y, Z, T)$ ce que devient cette fonction quand on y remplace x, y, z, t par des expressions linéaires homogènes en X, Y, Z, T. Démontrer qu'on a

$$x_1\frac{\partial f}{\partial x}+y_1\frac{\partial f}{\partial y}+z_1\frac{\partial f}{\partial z}+t_1\frac{\partial f}{\partial t}=X_1\frac{\partial F}{\partial X}+Y_1\frac{\partial F}{\partial Y}+Z_1\frac{\partial F}{\partial Z}+T_1\frac{\partial F}{\partial T},$$

x_1, y_1, z_1, t_1 étant les valeurs de x, y, z, t correspondant aux valeurs X_1, Y_1, Z_1, T_1 des variables X, Y, Z, T.

100. Soit u une fonction homogène du degré m des variables x_1, x_2, x_3; si l'on désigne généralement $\frac{\partial u}{\partial x_\alpha}$ par u_α et $\frac{\partial^2 u}{\partial x_\alpha \partial x_\beta}$ par $u_{\alpha\beta}$, on a la relation

$$(1)\qquad \begin{vmatrix} u_{11} & u_{12} & u_{13} \\ u_{21} & u_{22} & u_{23} \\ u_{31} & u_{32} & u_{33} \end{vmatrix} = \frac{(m-1)^2}{x_3^2} \begin{vmatrix} \frac{mu}{m-1} & u_1 & u_2 \\ u_1 & u_{11} & u_{12} \\ u_2 & u_{21} & u_{22} \end{vmatrix}.$$

101. Étant donnée la fonction

$$u=e^{xyz},$$

trouver $\frac{\partial^3 u}{\partial x\, \partial y\, \partial z}$.

102. Étant donnée la fonction

$$u=\text{arc tang}\frac{xy}{(1+x^2+y^2)^{\frac{1}{2}}},$$

trouver $\frac{\partial^2 u}{\partial x\, \partial y}$, $\frac{\partial^4 u}{\partial x^2\, \partial y^2}$ et $\frac{\partial^6 u}{\partial x^3\, \partial y^3}$.

103. Étant donnée la fonction

$$(1)\quad \begin{cases} u = x(a^2-y^2)^{\frac{1}{2}}(a^2-z^2)^{\frac{1}{2}} + y(a^2-z^2)^{\frac{1}{2}}(a^2-x^2)^{\frac{1}{2}} \\ \quad + z(a^2-x^2)^{\frac{1}{2}}(a^2-y^2)^{\frac{1}{2}} - xyz, \end{cases}$$

démontrer qu'on a

$$(2)\quad \begin{cases} (a^2-x^2)^{\frac{1}{2}}\dfrac{\partial u}{\partial x} = (a^2-y^2)^{\frac{1}{2}}\dfrac{\partial u}{\partial y} = (a^2-z^2)^{\frac{1}{2}}\dfrac{\partial u}{\partial z} \\ \quad = -(a^2-x^2)^{\frac{1}{2}}(a^2-y^2)^{\frac{1}{2}}(a^2-z^2)^{\frac{1}{2}}\dfrac{\partial^3 u}{\partial x\,\partial y\,\partial z}. \end{cases}$$

104. Si α et β représentent des fonctions de x et y, réciproquement x et y peuvent être considérées comme des fonctions de α et β. Démontrer qu'entre les dérivées partielles de α et de β par rapport à x et à y et celles de x et de y par rapport à α et à β il existe la relation

$$(\alpha'_x\beta'_y - \alpha'_y\beta'_x)(x'_\alpha y'_\beta - x'_\beta y'_\alpha) = 1.$$

La considération des déterminants conduit à un résultat analogue pour le cas de n fonctions de n variables indépendantes.

§ V. — *Différentiation des fonctions implicites.*

105. $ax + by + xy = (x^2+y^2)^{\frac{1}{2}}$.

106. $y^n = \dfrac{x+y}{x-y}$.

107. $1 + xy = \log(e^{xy} + e^{-xy})$.

108. $\dfrac{y\log x}{x\log y} = \dfrac{x\log y}{y\log x}$.

109. $y = 1 + xe^y$.

110. $x\sin y - \cos y + \cos 2y = 0$.

111. $y\sin x - \cos(x-y) = 0$.

112. $y \sin nx - ae^{nx+y} = 0.$

113. $e^{x^y} + [\text{séc}(xy)]^{\frac{1}{2}} = 0$

114. $\text{arc sin}\left(\frac{y^3 + x^3 - 3x^2y}{y^3 + x^3 - 3xy^2}\right)^{\frac{1}{3}} = a.$

115. $y^3 - 3y \text{ arc sin} x + x^3 = 0.$

116. $y \text{ arc tang} x - y^2 + x^2 = 0.$

117. $x = a \text{ arc cos} \frac{a-y}{a} - (2ay - y^2)^{\frac{1}{2}}.$

Trouver $\frac{dy}{dx}$ et $\frac{d^2y}{dx^2}$.

118. Étant données les équations

$$x^3 + y^2 - 3z + a = 0,$$
$$z^2 - 2y^2 - x + b = 0,$$

trouver $\frac{dy}{dx}$ et $\frac{dz}{dx}$.

119. Étant données les équations

$$x^3 + y^3 + z^3 - 3xyz = 0,$$
$$x + y + z = a,$$

trouver $\frac{dy}{dx}$ et $\frac{dz}{dx}$.

120. Étant données les équations

$$u^2 + x^2 + y^2 + z^2 = a^2,$$
$$\log(xy) + \frac{y}{x} = b^2,$$
$$\log\left(\frac{z}{x}\right) + zx = c$$

trouver $\frac{du}{dx}$.

121. Dérivées premières et secondes des fonctions z et u données par les équations

$$x + y + z + u = a,$$
$$x^3 + y^3 + z^3 + u^3 = b.$$

122. Même question, les équations étant

$$x + y + z + u = a,$$
$$xyzu = b.$$

123. Une fonction u de $x, y, z, \ldots, t$ est donnée par l'équation

$$f(x, y, z, \ldots, t, u) = 0;$$

α et β désignant l'une quelconque des variables $x, y, \ldots, t$, on a

$$\frac{\partial^2 u}{\partial\alpha\,\partial\beta} = \frac{1}{\left(\frac{\partial f}{\partial u}\right)^3} \begin{vmatrix} 0 & \frac{\partial f}{\partial\alpha} & \frac{\partial f}{\partial u} \\ \frac{\partial f}{\partial\beta} & \frac{\partial^2 f}{\partial\alpha\,\partial\beta} & \frac{\partial^2 f}{\partial\beta\,\partial u} \\ \frac{\partial f}{\partial u} & \frac{\partial^2 f}{\partial\alpha\,\partial u} & \frac{\partial^2 f}{\partial u^2} \end{vmatrix}.$$

124. z étant une fonction des deux variables indépendantes x et y, définie par l'équation

$$z = x + yf(z), \tag{1}$$

démontrer la relation

$$\mathrm{D}_y[\varphi(z)\mathrm{D}_x z] = \mathrm{D}_x[\varphi(z)f(z)\,\mathrm{D}_x z]. \tag{2}$$

125. La fonction z étant la même qu'au numéro précédent, on a

$$\mathrm{D}_y^n z = \mathrm{D}_x^{n-1}[(fz)^n \mathrm{D}_x z],$$

et, plus généralement,

$$\mathrm{D}_y^n \mathrm{F}(z) = \mathrm{D}_x^{n-1}[\mathrm{F}'(z)(fz)^n \mathrm{D}_x z].$$

§ VI. — *Développement des fonctions en séries.*

126. De la série de Taylor

$$(1)\quad \left\{ \begin{aligned} f(x+h) &= f(x) + hf'(x) + \ldots + \frac{h^n}{1.2\ldots n} f^{(n)}(x) \\ &\quad + \frac{h^{n+1}}{1.2\ldots(n+1)} f^{(n+1)}(x+\theta h), \end{aligned} \right.$$

déduire la suivante :

$$(2)\quad \left\{ \begin{aligned} fx &= f(0) + xf'(x) - \ldots + (-1)^{n+1} \frac{x^n}{1.2\ldots n} f^{(n)}(x) \\ &\quad + (-1)^{n+2} \frac{x^{n+1}}{1.2\ldots(n+1)} f^{(n+1)}(\theta_1 x), \end{aligned} \right.$$

et réciproquement.

127. Démontrer la relation

$$\begin{aligned} f\left(\frac{x}{1+x}\right) &= f(x) - \frac{x^2}{1+x} f'(x) + \ldots \\ &\quad + \frac{(-1)^n x^{2n}}{(1+x)^n} \frac{f^{(n)}(x)}{1.2\ldots n} + \frac{(-1)^{n+1} x^{2n+2}}{(1+x)^{n+1}} \frac{f^{(n+1)}\left(\dfrac{x+\theta x^2}{1+x}\right)}{1.2\ldots(n+1)}. \end{aligned}$$

128. Étant données les deux séries convergentes

$$y = a_0 + a_1 x + \ldots + a_n x^n + \ldots,$$
$$\log y = b_0 + b_1 x + \ldots + b_n x^n + \ldots,$$

trouver la relation qui existe entre leurs coefficients.

129. Développer $\cos^3 x$ en série convergente.

130. Développer $e^{h\cos x}\cos(h\sin x)$ et $e^{h\cos x}\sin(h\sin x)$ en séries ordonnées suivant les puissances entières, positives et croissantes de h.

131. Appliquer la formule de Taylor et le résultat du n° 73 au développement en série de

$$\operatorname{arc\,tang}(x+h), \quad 1 > x > -1.$$

On en déduira la relation

$$(1)\quad \frac{\pi}{2} - \varphi = \cos\varphi \sin\varphi + \frac{\cos^2\varphi \sin 2\varphi}{2} + \frac{\cos^3\varphi \sin 3\varphi}{3} + \ldots.$$

132. Développer $y = \log\left[x + (1 + x^2)^{\frac{1}{2}}\right]$ en série ordonnée suivant les puissances entières, positives et croissantes de la variable.

133. Trouver la somme de la série

$$y = \frac{x}{(m+1)} + \frac{x^2}{2(m+2)} + \ldots + \frac{x^n}{n(m+n)} + \ldots.$$

On suppose m entier positif et $x < 1$.

134. Développer $y = (\arcsin x)^2$.

135. Du développement de $y = (\arcsin x)^2$, déduire

$$\operatorname{arc\,tang} z = \frac{z}{1+z^2}\left[1 + \frac{2}{3}\,\frac{z^2}{1+z^2} + \frac{2.4}{3.5}\left(\frac{z^2}{1+z^2}\right)^2 + \ldots\right].$$

136. Démontrer que $\tan x$ est développable d'après la série de Maclaurin quand x est $< \frac{\pi}{2}$, et trouver la loi de formation des coefficients.

Même question pour sécx.

137. Démontrer que les fonctions

$$y = \cos\mu(\arcsin x), \quad z = \sin\mu(\arcsin x)$$

sont développables en série d'après la formule de Maclaurin, et déterminer les coefficients de leurs développements.

138. Démontrer que la fonction

$$y = x \cot x$$

est développable en série de la forme

$$1 + a_2 \frac{x^2}{1.2} + a_4 \frac{x^4}{1.2.3.4} + \ldots + a_{2n} \frac{x^{2n}}{1.2\ldots 2n} + \ldots$$

et trouver l'expression du coefficient a_{2n} en fonction de ceux qui le précèdent.

139. Si l'on pose

$$\frac{x}{2}\cot\frac{x}{2} = 1 - B_1\frac{x^2}{1.2} - B_2\frac{x^4}{1.2.3.4} - \ldots - B_n\frac{x^{2n}}{1.2\ldots 2n} - \ldots,$$

on a aussi

$$\frac{x}{2}\frac{e^x+1}{e^x-1} = 1 + B_1\frac{x^2}{1.2} - B_2\frac{x^4}{1.2.3.4} + \ldots + B_n\frac{(-1)^{n-1}x^{2n}}{1.2\ldots 2n} + \ldots.$$

Calculer les neuf premiers coefficients.

140. Établir les relations

$$\cot x = \frac{1}{x} + \frac{1}{\pi+x} - \frac{1}{\pi-x} + \frac{1}{2\pi+x} - \frac{1}{2\pi-x} + \ldots,$$

$$\tan\!g\, x = \frac{1}{\frac{\pi}{2}-x} - \frac{1}{\frac{\pi}{2}+x} + \frac{1}{\frac{3\pi}{2}-x} - \frac{1}{\frac{3\pi}{2}+x} + \ldots$$

(n° **22**).

141. Démontrer qu'on a, pour toutes les valeurs de x plus petites que π en valeur absolue,

$$(1)\qquad \log\frac{\sin x}{x} = -\frac{S_2}{1}\frac{x^2}{\pi^2} - \frac{S_4}{2}\frac{x^4}{\pi^4} - \ldots - \frac{S_{2n}}{n}\frac{x^{2n}}{\pi^{2n}} - \ldots,$$

$$(2)\qquad \begin{cases} \log\cos x = -(2^2-1)\dfrac{S_2}{1}\dfrac{x^2}{\pi^2} - (2^4-1)\dfrac{S_4}{2}\dfrac{x^4}{\pi^4} - \ldots \\ \qquad - (2^{2n}-1)\dfrac{S_{2n}}{n}\dfrac{x^{2n}}{\pi^{2n}} + \ldots, \end{cases}$$

où l'on suppose

$$S_p = \frac{1}{1^p} + \frac{1}{2^p} + \frac{1}{3^p} + \ldots$$

(n^{os} **11** et **22**).

142. Démontrer les formules

$$(\text{A})\quad \left\{\begin{aligned} x\cot x &= 1 - \frac{2S_2 x^2}{\pi^2} - \frac{2S_4 x^4}{\pi^4} - \frac{2S_6 x^6}{\pi^6} - \ldots,\\ \operatorname{tang} x &= \frac{2(2^2-1)S_2 x}{\pi^2} + \frac{2(2^4-1)S_4 x^3}{\pi^4}\\ &\quad + \frac{2(2^6-1)S_6 x^5}{\pi^6} + \ldots; \end{aligned}\right.$$

$$(\text{B})\quad \left\{\begin{aligned} x\cot x &= 1 - \frac{2^2 B_1 x^2}{1.2} - \frac{2^4 B_2 x^4}{1.2.3.4} - \frac{2^6 B_3 x^6}{1.2.3\ldots6} - \ldots,\\ \operatorname{tang} x &= \frac{2^2(2^2-1)B_1 x}{1.2} + \frac{2^4(2^4-1)B_2 x^3}{1.2.3.4}\\ &\quad + \frac{2^6(2^6-1)B_3 x^5}{1.2.3\ldots6} + \ldots. \end{aligned}\right.$$

143. Trouver la relation

$$\begin{aligned} x\operatorname{coséc} x &= 1 + \frac{2(2^1-1)B_1 x^2}{1.2} + \frac{2(2^3-1)B_2 x^4}{1.2.3.4}\\ &\quad + \frac{2(2^5-1)B_3 x^6}{1.2.3\ldots6} + \ldots. \end{aligned}$$

144. Représenter par des séries ordonnées suivant les puissances entières, positives et croissantes de x, les fonctions u et v définies par les équations

$$u = x\left(1+\frac{x^2}{\pi^2}\right)\left(1+\frac{x^2}{4\pi^2}\right)\cdots\left(1+\frac{x^2}{n^2\pi^2}\right)\cdots,$$

$$v = \left(1+\frac{4x^2}{\pi^2}\right)\left(1+\frac{4x^2}{9\pi^2}\right)\cdots\left(1+\frac{4x^2}{\overline{2n+1}^2\,\pi^2}\right)\cdots,$$

et en déduire leur expression sous forme finie.

§ VII. — *Changement de variables.*

145. $\dfrac{d^2y}{dx^2} - x\left(\dfrac{dy}{dx}\right)^3 + e^y\left(\dfrac{dy}{dx}\right)^3 = 0.$

Que devient cette équation lorsque la variable indépendante est y?

146. $(x-p)\sqrt{(x-p)(x-q)}\,\dfrac{dy}{dx} + ay = b.$

Prendre t pour variable indépendante, x et t étant liées par la relation

(1) $$\sqrt{(x-p)(x-q)} = (x-p)t.$$

147. $x^2\dfrac{d^2y}{dx^2} + ax\dfrac{dy}{dx} + by = 0.$

Prendre t pour variable indépendante, sachant qu'on a

$$x = e^t.$$

148. $(1-x^2)\dfrac{d^2y}{dx^2} - x\dfrac{dy}{dx} + n^2y = 0.$

Prendre t pour variable indépendante, sachant qu'on a

$$x = \cos t.$$

149. $(1-x^2)^2\dfrac{d^2y}{dx^2} - 2x(1-x^2)\dfrac{dy}{dx} + \dfrac{2ay}{1-x} = 0.$

Prendre t pour variable indépendante, sachant qu'on a

$$x = \frac{e^{2t}-1}{e^{2t}+1}.$$

150. $(a+x)^3\dfrac{d^3y}{dx^3} + 3(a+x)^2\dfrac{d^2y}{dx^2} + (a+x)\dfrac{dy}{dx} + by = 0.$

Prendre t pour variable indépendante, sachant qu'on a

$$t = \log(a+x).$$

151. $\dfrac{d^2y}{dx^2} + \dfrac{1}{x}\dfrac{dy}{dx} + y = 0.$

Prendre t pour variable indépendante, sachant qu'on a

$$x^2 = 4t.$$

(Fourier, *Traité de la Chaleur*.)

152. Substituer la variable y à la variable x dans la différentielle

$$(1) \qquad du = \frac{dx}{(1 - k^2 \sin^2 x)^{\frac{1}{2}}},$$

x et y étant liés par la relation

$$(2) \qquad \sin(2y - x) = k \sin x.$$

On suppose que la variable x ne dépasse pas $\frac{\pi}{2}$.

153. $$\frac{x \frac{dy}{dx} - y}{\left(1 + \frac{dy^2}{dx^2}\right)^{\frac{1}{2}}}.$$

Transformer cette expression en une autre ne renfermant que r et θ, sachant qu'on a

$$x = r \cos\theta, \quad y = r \sin\theta.$$

154. $$x \frac{\partial u}{\partial y} - y \frac{\partial u}{\partial x}.$$

Transformer cette expression en une autre dans laquelle les variables indépendantes soient r et θ, sachant qu'on a

$$x = r \cos\theta, \quad y = r \sin\theta.$$

155. $$\frac{\partial^2 u}{\partial x^2} + \frac{\partial^2 u}{\partial y^2} = 0.$$

Éliminer les variables indépendantes x et y, sachant qu'on a

$$u = \varphi(r), \quad x^2 + y^2 = r^2.$$

156. $$\frac{\partial^2 u}{\partial x^2} + \frac{\partial^2 u}{\partial y^2} + \frac{\partial^2 u}{\partial z^2} = 0.$$

Éliminer les variables indépendantes, sachant qu'on a

$$u = \varphi(r), \quad x^2 + y^2 + z^2 = r^2.$$

157. $\dfrac{\partial^2 u}{\partial x^2} + \dfrac{\partial^2 u}{\partial y^2} = 0.$

Prendre pour variables indépendantes r et θ, sachant qu'on a

$$x = r\cos\theta, \quad y = r\sin\theta.$$

158. $\dfrac{\partial^2 u}{\partial x^2} + \dfrac{\partial^2 u}{\partial y^2} + \dfrac{\partial^2 u}{\partial z^2} = 0.$

Prendre pour variables indépendantes r, θ et φ, sachant qu'on a

$$x = r\cos\theta, \quad y = r\sin\theta\sin\varphi, \quad z = r\sin\theta\cos\varphi.$$

§ VIII. — *Élimination des constantes et des fonctions.*

159. $(a + mb)(x^2 - my^2) = mc^2$;

éliminer m.

160. $ax + by + cz + d = 0$:

les variables dépendant de t, éliminer a, b, c, d.

161. $\cos x \cos y - \sin x \sin y (1 - e^2 \sin^2 a)^{\frac{1}{2}} = \cos \alpha$;

éliminer a. On suppose $e < 1$; le radical est pris positivement.

162. $z = x^n \varphi\left(\dfrac{y}{x}\right) + y^n \psi\left(\dfrac{y}{x}\right)$;

éliminer les fonctions φ et ψ.

163. $u = x^n \varphi\left(\dfrac{x}{y}, \dfrac{y}{x}, \dfrac{z}{y}\right)$;

éliminer la fonction φ.

164. $z = x\varphi(z) + y\psi(z)$;

éliminer les fonctions φ et ψ.

165. $z = \varphi(ay + bx)\psi(ay - bx)$;

éliminer les fonctions φ et ψ.

166. $u = F(z, r)$;

éliminer F et r, sachant qu'on a les relations

$$r = \varphi(ax + cz) = \psi(ax - by),$$

où φ et ψ représentent des fonctions arbitraires.

167. $u = \dfrac{\varphi'(x)\psi'(y)}{[\varphi(x) + \psi(y)]^2}$;

éliminer les fonctions φ et ψ.

§ IX. — *Vraie valeur des expressions qui se présentent sous des formes indéterminées.*

168. $\dfrac{a^n - x^n}{\log(a^n) - \log(x^n)}$, pour $x = a$.

169. $\dfrac{x - (n+1)x^{n+1} + nx^{n+2}}{(1-x)^2}$, pour $x = 1$.

170. $\dfrac{x + x^2 - (n+1)^2 x^{n+1} + (2n^2 + 2n - 1)x^{n+2} - n^2 x^{n+3}}{(1-x)^3}$,

pour $x =$

171. $\dfrac{(2a^3 - x^3)^{\frac{1}{3}} - (5a^2 - 4x^2)^{\frac{1}{2}}}{x(8a^2x^2 + 8ax^3)^{\frac{1}{4}} - (20a^6x^4 + 12a^4x^6)^{\frac{1}{5}}}$, pour $x = a$.

172. $\dfrac{x - (32a^2x - 24ax^2)^{\frac{1}{3}} + (40a^3x^3 + 24a^2x^4)^{\frac{1}{6}} - (2x^3 - a^3)^{\frac{1}{3}}}{3a(9x - 10a) + (36a^3x + 45x^4)^{\frac{1}{4}}(2x^3 - a^3)^{\frac{1}{3}}}$,

pour $x = a$.

173. $\dfrac{\pi x - 1}{2x^2} + \dfrac{\pi}{x(e^{2\pi x} - 1)}$, pour $x = 0$.

174. $\dfrac{\pi}{4x} - \dfrac{\pi}{2x(e^{\pi x} + 1)}$, pour $x = 0$.

175. $\dfrac{\tang \pi x - \pi x}{2x^2 \tang \pi x}$, pour $x = 0$.

176. $\dfrac{\log(\tang p x)}{\log(\tang x)}$, pour $x = 0$.

177. $x^n \log x$, pour $x = 0$.

178. x^{x^n}, pour $x = 0$.

179. $\dfrac{x e^{2x} + x e^x - 2e^{2x} + 2e^x}{(e^x - 1)^3}$, pour $x = 0$.

180. $\dfrac{2\sin^2 x + \sin x - 1}{2\sin^2 x - 3\sin x + 1}$, pour $x = \dfrac{\pi}{6}$.

181. $\dfrac{\sin(a+b)\sin(a+x) - \sin b \sin x}{\sin(a+b+x)}$,

pour $x = \pi - a - b$.

182. $(\cos a x)^{(\text{coséc}\, b x)^2}$, pour $x = 0$.

183. $\dfrac{\tang(a+x) - \tang(a-x)}{\text{arc tang}(a+x) - \text{arc tang}(a-x)}$, pour $x = 0$.

184. $\dfrac{a^x \sin a x - b^x \sin b x}{g^x \sin g x - h^x \sin h x}$, pour $x = 0$.

185. $\left(\dfrac{1}{x}\right)^{\tang x}$, pour $x = 0$.

186. $\dfrac{e^x - e^{\sin x}}{x - \sin x}$, pour $x = 0$.

187. $x - x^2 \log\left(1 + \dfrac{1}{x}\right)$, pour $x = \infty$.

188. $\left(2 - \dfrac{x}{a}\right)^{\tang \frac{\pi x}{2a}}$, pour $x = a$.

189. $y^4 - 96a^2y^2 + 100a^2x^2 - x^4 = 0$.

Vraie valeur de $\dfrac{dy}{dx}$ pour $x = 0$.

190. $(y^2 + x^2)^2 - 6axy^2 = ax^2(2x - a)$.

Vraie valeur de $\dfrac{dy}{dx}$ pour $x = 0$

§ X. — *Maxima et minima.*

191. $y = x^4 - 8x^3 + 22x^2 - 24x + 12.$

192. $y = \frac{1}{20000}\left[\begin{array}{r} x^4 - 251x^3 + 20170x^2 - 566400x \\ + 3888000 \end{array}\right].$

193. $y = \frac{x}{1 + x^2}.$

194. $y = \frac{x^2 - x + 1}{x^2 + x - 1}.$

195. $y = \frac{(x+3)^3}{(x+2)^2}.$

196. $y = \frac{x}{(a^2 + x^2)^{\frac{3}{2}}}.$

197. $y = \frac{\log x}{x^n}.$

198. $y = \left(1 + x^{\frac{2}{3}}\right)(7 - x)^2.$

199. $y^2 + 2yx^2 + 4x - 3 = 0$; max. et min. de y.

200. $y^3 + x^3 - 3axy = 0$; max. et min. de y.

201. $y^4 + x^4 - 4xy + 2 = 0$; max. et min. de y.

202. $y^2 - 2mxy + x^2 - a^2 = 0$; max. et min. de y.

203. $u = x^4 + y^4 - 2x^2 + 4xy - 2y^2.$

204. $u = x^3y^2(a - x - y).$

205. $u = \frac{xyz}{(a+x)(x+y)(y+z)(z+b)}.$

206. $u = rx^2 + 2sxy + ty^2,$

x et y étant liés par la relation

$$(1 + p^2)x^2 + 2pqxy + (1 + q^2)y^2 = 1.$$

207. $u = a\cos^2 x + b\cos^2 y$,

x et y étant liés par la relation

$$y - x = \frac{\pi}{4}.$$

208. $u = (x+1)(y+1)(z+1)$,

avec la condition

$$a^x b^y c^z = A.$$

209. Trouver sur une droite donnée un point tel, que la somme de ses distances à deux points donnés soit un minimum.

210. Quel est le rayon du cercle dans lequel, à un arc de longueur donnée, correspond le segment maximum?

211. (*Fig.* 1.) Étant données les parallèles AC, BD et la

Fig. 1

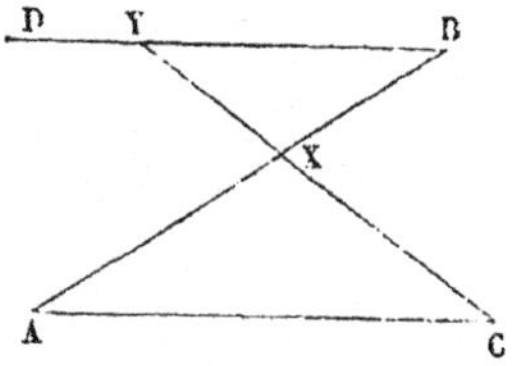

ligne AB, mener, par le point donné C, la ligne CXY, telle que la somme BXY + AXC soit un minimum.

(Viviani.)

212. (*Fig.* 2.) PMO est un triangle sphérique rectangle

Fig. 2.

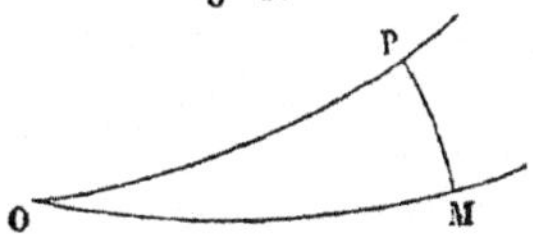

en M; déterminer la position du point P par la condition que PO — MO soit un maximum.

213. Sur la ligne qui joint les centres de deux sphères extérieures l'une à l'autre, trouver un point tel, que la somme des zones vues de ce point soit la plus grande possible.

214. Étant donné un prisme hexagonal régulier, on joint de deux en deux les sommets de l'une de ses bases, puis on mène par les droites ainsi obtenues des plans également inclinés sur la base et formant une pyramide. On demande quelle doit être l'inclinaison de ces plans pour que le volume total résultant ait la plus petite surface? On ne fait pas entrer dans le volume les portions du prisme qui sont en dehors de l'angle solide au sommet de la pyramide.

215. Étant donné un cône droit, on demande de le couper parallèlement à la génératrice par un plan tel, que le segment parabolique résultant soit le plus grand possible.

216. Déterminer l'ellipse la plus grande qu'on puisse obtenir en coupant par un plan un cône droit donné.

217. Parmi tous les secteurs sphériques de volume donné, trouver celui dont la surface totale est la plus petite possible.

218. Parmi tous les vases de même capacité dont la forme est celle d'un tronc de cône, et dans lesquels l'arête fait avec le fond un angle donné, trouver celui dont la surface totale est la plus petite possible.

219. Un point lumineux M est mobile sur la circonférence d'un cercle donné; il éclaire une surface infiniment petite ω dont le plan est perpendiculaire à celui du cercle et passe par son centre. Cette surface pouvant être regardée comme située en un point P de l'intersection des deux plans et intérieure au cercle, on demande la position que doit occuper le point M pour que la surface ω en reçoive un éclairement maximum.

L'éclairement est proportionnel au sinus de l'angle de la direction des rayons lumineux avec la surface éclairée, et en raison inverse du carré de la distance du point lumineux à cette surface.

220. Remplaçant, dans la question précédente, la circonférence par une droite AY qui rencontre le plan de la surface ω au point A, et se projette sur le plan suivant une droite AX passant par le point P, on demande quelle position doit occuper le point M sur la droite AY, pour que l'éclairement de la surface ω soit maximum.

221. Trouver, sur une circonférence donnée, un point tel, que la somme de ses distances à deux points donnés A et B soit un maximum ou un minimum.

222. Inscrire dans un ellipsoïde donné le parallélépipède maximum.

223. Trouver le triangle de périmètre minimum inscrit dans un triangle donné.

224. La surface qui a pour équation

$$(x^2 + y^2 + z^2)^2 = a^2x^2 + b^2y^2 + c^2z^2$$

étant coupée par un plan donné qui passe par son centre, on demande les distances maximum et minimum de ce centre au périmètre de la section.

225. Surface de la section faite dans un ellipsoïde par un plan qui passe au centre.

226. Volume de l'ellipsoïde qui a pour équation

$$ax^2 + a'y^2 + a''z^2 + 2byz + 2b'xz + 2b''xy = c.$$

227. Circonscrire à un triangle donné la plus petite ellipse possible.

228. Inscrire dans un triangle donné la plus grande ellipse possible.

229. De toutes les pyramides triangulaires qui ont même base et même hauteur, quelle est celle qui a la plus petite surface?

230. Trouver un point tel, que la somme de ses distances à trois points donnés soit la plus petite possible.

§ XI. — *Tangentes aux courbes planes.*

231. Sous-tangente de la courbe qui a pour équation

$$x = e^{\frac{x-y}{y}}.$$

232. La courbe qui a pour équation

$$x^{\frac{2}{3}} + y^{\frac{2}{3}} = a^{\frac{2}{3}}$$

est constamment touchée par une droite de longueur invariable qui glisse en s'appuyant sur les axes coordonnés.

233. La courbe représentée par l'équation

$$y = x(x - a)^2$$

est coupée en trois points par la droite $y = m^2 x$. Trouver les tangentes en ces points, et déterminer le point où chacune d'elles *coupe* la courbe.

234. Généraliser le problème de la cycloïde en substituant un cercle à la droite fixe et supposant que le point décrivant, toujours invariablement attaché au plan du cercle mobile, n'est plus situé sur la circonférence. Tangentes aux courbes ainsi obtenues.

235. Le lieu des pieds des perpendiculaires abaissées d'un point fixe A sur les tangentes à une courbe est dit la *podaire* de la courbe par rapport au point A. Si m et μ sont deux points correspondants de la courbe et de la podaire, la tangente en μ touche la circonférence décrite sur Am comme diamètre.

236. Trouver la podaire de la courbe représentée par l'équation

$$\left(\frac{x}{a}\right)^n + \left(\frac{y}{b}\right)^n = 1,$$

le point fixe étant à l'origine.

237. Parmi les polygones d'un même nombre de côtés circonscrits à une figure fermée convexe, celui dont la surface a la plus petite valeur possible jouit de la propriété que chaque point de contact est le milieu du côté auquel il appartient.

238. Si l'on mène à plusieurs courbes donnees, à partir d'un point μ situé dans le plan de ces courbes, des normales qui les rencontrent aux points m_1, m_2, m_3,..., et que le point μ se déplace de manière qu'on ait toujours

$$\overline{\mu m_1}^2 + \overline{\mu m_2}^2 + \overline{\mu m_3}^2 + \ldots = \text{const.},$$

la normale au lieu qu'il décrit passe par le centre des moyennes distances des points m_1, m_2, m_3,....

239. Soit AMB un arc d'une courbe donnée. La corde $AB = a$ étant fixe, on demande quelle doit être la position du point M sur cet arc pour que la somme des cordes AM + MB soit un maximum. — Solution géométrique de la même question.

240. Trois courbes étant données, on prend un point sur chacune d'elles et l'on demande comment ces points doivent être choisis pour que le triangle dont ils sont les sommets ait une surface maximum ou minimum. — Cas particulier où les trois courbes se réduisent à une même ellipse.

241. Mener à l'ellipse une normale telle, que la portion de cette ligne droite comprise dans la courbe soit la plus grande ou la plus petite possible. (O. Bonnet.)

242. Podaire de la courbe qui a pour équation

$$r^n = a^n \cos n\theta,$$

le point fixe étant à l'origine.

243. Soit m un point d'une courbe dont l'équation est

$$f(u, v) = 0,$$

et dans laquelle les variables u et v peuvent représenter :

1° Les distances du point aux droites A et B;

2° Les distances du point aux points fixes P et Q;

3° u la distance du point à A, et v la distance mP.

Dans tous les cas, si l'on porte, à partir de m et parallèlement aux directions des droites u et v, des longueurs proportionnelles à f'_u, f'_v, en ayant égard aux signes, la diagonale du parallélogramme construit sur ces longueurs sera dirigée suivant la normale aux points m.

(JOACHIMSTHAL.)

244. Si l'on fait rouler dans un plan une courbe A sur une courbe fixe B, les positions successives d'un point μ, invariablement lié à A, déterminent une nouvelle courbe dont la normale en chaque point passe par le point de contact des courbes A et B. (DESCARTES.)

245. Les tangentes à une courbe donnée étant représentées par l'équation

$$(1) \qquad aX + bY + c = 0,$$

quand on donne des valeurs convenables à une variable t dont dépendent les coefficients, exprimer les coordonnées d'un point de cette courbe en fonction de t. Vérifier que les valeurs des coordonnées obtenues définissent les points d'une courbe à laquelle la droite (1) est tangente.

§ XII. — *Construction de courbes. — Points d'inflexion et autres points singuliers.*

246. $xy = 2a(2ax - x^2)^{\frac{1}{2}}$.

247. $ax^3 + by^3 - c^4 = 0$.

248. $x^4 - a^2x^2 + a^3y = 0$.

249. $y = b + (x - a)^{\frac{m}{n}}$; m et n impairs.

250. $x^4 - ax^2y + by^3 = 0$.

251. $3x^4 - 6x^2y^2 + 3y^4 - 12ax^2y + 4ay^3 = 0$.

252. $x^4 - 2ay^3 - 3a^2y^2 - 2a^2x^2 + a^4 = 0$.

253. $x^4 + x^2y^2 - 6ax^2y + a^2y^2 = 0$.

254. $(by - cx)^2 = (x - a)^5$.

255. $x^4 - ax^2y - axy^2 + \frac{a^2y^2}{4} = 0$.

256. $a^3y^2 - 2a^2(a + x)xy + a(a + x)^2x^2 - x^5 = 0$.

257. $16(y^4 - 2ay^3 - 2a^2y^2) + (x^2 - 4a^2)^2 = 0$.

258. $y^3(2x - a) + a^2x^2 - x^4 = 0$.

259. $y^2x - 2yx^2 + 2x^3 - 2a^2y + 2a^2x = 0$.

260. $y^5 + ax^4 - b^2xy^2 = 0$.

261. $y^2 = x \sin^2 x$.

262. $r^2 = \frac{a^2}{\theta}$.

263. $r = a \operatorname{séc} \theta + b$. (Conchoïde.)

264. $r = a(\operatorname{tang} \theta - 1)$.

265. $r^2 = a^2 \frac{\sin 3\theta}{\cos \theta}$.

§ XIII. — *Rayons de courbure et développées des courbes planes.*

266. $y^2 = 2px + qx^2$.

267. $3ay^2 = x^3$. (Parabole semi-cubique.)

268. $y^2 = \frac{x^3}{2a - x}$. (Cissoïde.)

269. $x^{\frac{2}{3}} + y^{\frac{2}{3}} = a^{\frac{2}{3}}$ (n° **232**).

270. $y = ae^{\frac{x}{a}}$. (Logarithmique.)

271. $y = \frac{a}{2}\left(e^{\frac{x}{a}} + e^{-\frac{x}{a}}\right)$. (Chaînette.)

272. $y + (a^2 - y^2)^{\frac{1}{2}} \frac{dy}{dx} = 0$. (Tractoire.)

273. $r = ae^{\frac{\theta}{a}}$. (Spirale logarithmique.)

274. $\frac{dr}{d\theta} = \frac{ar}{(r^2 - a^2)^{\frac{1}{2}}}$.

275. $r^2 = a^2 \cos 2\theta$. (Lemniscate.)

276. Épicycloïde (n° **234**)

277. Soient $mA = r$ la distance d'un point m d'une courbe à l'origine A des axes supposés rectangulaires, p la perpendiculaire abaissée de A sur la tangente en m, ε l'angle de cette tangente avec l'axe des x, ds l'élément de l'arc et ρ le rayon de courbure; on a

$$\rho = \frac{ds}{d\varepsilon} = p + \frac{d^2p}{d\varepsilon^2} = r\frac{dr}{dp}.$$

278. Dans toute courbe dont l'équation satisfait à la relation

$$\frac{dy}{dx} = \frac{[4a^2y^2 - (b^2 + y^2)^2]^{\frac{1}{2}}}{b^2 + y^2},$$

la différence entre l'inverse de la longueur de la normale et l'inverse du rayon de courbure est indépendante de b.

279. Lorsqu'en un point d'une courbe le rayon de courbure est maximum ou minimum, le contact de la courbe et du cercle osculateur en ce point est du troisième ordre.

280. Soit une droite OM qui passe par un point fixe O et rencontre, en $A_1, A_2, \ldots, A_n$, n courbes données (A_1), $(A_2), \ldots, (A_n)$. Le point M est tel, qu'on a

$$\frac{a_1}{OA_1} + \frac{a_2}{OA_2} + \ldots + \frac{a_n}{OA_n} = \sum \frac{a}{OA} = \frac{m}{OM},$$

$a_1, a_2, \ldots, a_n$, m étant des constantes. Lorsque la transversale OM tourne autour du point O, le point M décrit une courbe (M) et l'on a

$$\sum \frac{a}{\rho \cos^3 \alpha} = \frac{m}{R \cos^3 \mu},$$

ρ_h étant le rayon de courbure de la courbe (A_h) et α_h l'angle que fait ce rayon avec la transversale. R et μ sont des quantités analogues pour la courbe (M).

§ XIV. — *Géométrie à trois dimensions.*

281. Étant données deux droites D et D_1 représentées par les équations

$$(D) \qquad \frac{x-a}{\alpha} = \frac{y-b}{\beta} = \frac{z-c}{\gamma},$$

$$(D_1) \qquad \frac{x-a_1}{\alpha_1} = \frac{y-b_1}{\beta_1} = \frac{z-c_1}{\gamma_1},$$

on demande :

1° La direction de la plus courte distance des droites D et D_1;

2° La longueur de cette plus courte distance;

3° Les coordonnées des points de D et de D_1 dont la distance est un minimum.

282. Soient, en un point M d'une courbe à double courbure, a, b, c les *cosinus directeurs* de la tangente, α, β, γ ceux de l'*axe* du plan osculateur, ω l'angle de contingence, u l'angle de torsion; sachant qu'on a les relations

$$(1)\qquad \lambda = \rho\,\frac{d\left(\dfrac{dx}{ds}\right)}{ds} = \frac{da}{\omega},\quad \mu = \frac{db}{\omega},\quad \nu = \frac{dc}{\omega},$$

où λ, μ, ν désignent les *cosinus directeurs* de la normale principale, prouver qu'on a aussi

$$(2)\qquad \lambda = -\frac{d\alpha}{u},\quad \mu = -\frac{d\beta}{u},\quad \nu = -\frac{d\gamma}{u}.$$

283. Déduire des équations (2) du numéro précédent la formule connue

$$u = ds\,\frac{dx(d^2y\,d^3z - d^2z\,d^3y) + dy(d^2z\,d^3x - d^2x\,d^3z) + dz(d^2x\,d^3y - d^2y\,d^3x)}{(dy\,d^2z - dz\,d^2y)^2 + (dz\,d^2x - dx\,d^2z)^2 + (dx\,d^2y - dy\,d^2x)^2}$$

284. Les notations étant celles du n° **282**, démontrer les formules

$$(1)\qquad d\lambda = \alpha u - a\omega,\quad d\mu = \beta u - b\omega,\quad d\nu = \gamma u - c\omega,$$

et tirer de là l'équation

$$\psi^2 = \omega^2 + u^2,$$

ψ désignant l'angle de deux normales principales infiniment voisines.

285. Soient M un point d'une courbe C, M_1 le point correspondant de la courbe C_1 lieu des centres de courbure de C; trouver les angles que la tangente en M_1 fait avec la tangente, la normale principale et le plan osculateur au point M.

286. Soient M et M′ deux points infiniment voisins d'une courbe donnée; P un plan mené par M perpendiculairement à la normale principale en ce point; P′ le plan analogue en M′; le point M étant supposé fixe, déterminer l'intersection limite L de ces deux plans, et en conclure une représentation géométrique de la seconde courbure.

(Lancret a donné au plan P le nom de *plan rectifiant* et celui de *droite rectifiante* à la ligne L.)

287. En un point M d'une courbe à double courbure, déterminer l'intersection limite m du plan normal avec deux plans normaux infiniment voisins et trouver l'expression de la longueur Mm.

Le point m est le *centre de la sphère osculatrice* dont Mm est le rayon.

288. Si le rapport des deux courbures d'une courbe est constant, cette courbe est une hélice tracée sur un cylindre à base quelconque. La réciproque est vraie,

289. La courbe dont les deux courbures en chaque point sont constantes est une hélice tracée sur un cylindre à base circulaire. (PUISEUX.)

290. Étant donnée une courbe AB, on en déduit une autre $A_1 B_1$, en portant, à partir de chaque point M de la première, une longueur constante $MM_1 = h$ sur la normale principale en ce point. Trouver les angles que la tangente en M_1 à la courbe $A_1 B_1$ fait avec la tangente, la normale principale et l'axe du plan osculateur de la courbe AB au point M.

291. Les données étant celles du n° 290, trouver les conditions :

1° Pour que les tangentes aux points correspondants des deux courbes soient parallèles;

2° Pour que les normales principales correspondantes coïncident.

292. Appliquer à la courbe représentée par les équations

$$(1) \qquad x^3 = 3p^2y, \quad 2xz = p^2$$

les formules fondamentales de la théorie des courbes gauches (p. 192 et 193).

293. Trouver le plan normal, le plan osculateur et les deux rayons de courbure de la courbe d'intersection de deux cylindres droits dont les axes se coupent rectangulairement.

294. Résoudre les mêmes questions que dans le numéro précédent pour la courbe représentée par les équations

$$y^2 = zx, \quad x^2 + yz = 3py.$$

295. Résoudre les mêmes questions que dans le n° 293 pour le lieu des points d'une sphère tels que la somme de leurs distances à deux points fixes pris sur la sphère soit une quantité constante. (Ellipse sphérique.)

296. Sur une demi-sphère dont le cercle de base est dans le plan XY et dont le centre O est l'origine des axes, un point M décrit une courbe C telle que l'angle φ du rayon OM = R avec le plan XY est dans un rapport constant n avec l'angle θ des plans ZOM et ZOX : trouver le plan normal, le plan osculateur et les deux courbures du lieu ainsi obtenu.

297. Soient m un point quelconque d'une courbe tracée sur une surface de révolution, r le rayon du parallèle passant en m, et φ l'angle de la courbe avec le plan du méridien correspondant; si le plan osculateur de la courbe est normal à la surface en chaque point, le produit $r\sin\varphi$ est constant.

298. Étant donnée une courbe qui rencontre toutes les génératrices d'une surface réglée, et telle que les cosinus directeurs de chaque génératrice, au point où elle coupe la

courbe, soient des fonctions des coordonnées de ce point, on demande :

1° La direction limite de la plus courte distance de deux génératrices infiniment voisines;

2° La limite vers laquelle tend le rapport $\frac{\delta}{\nu}$, δ étant la plus courte distance et ν l'angle de ces génératrices;

3° La position, sur l'une des génératrices, du point limite (*point central*) où elle est coupée par sa plus courte distance à l'autre.

299. La génératrice D d'une surface réglée est donnée par les équations

$$\text{(D)} \qquad x = mz + p, \quad y = nz + q,$$

dans lesquelles m, n, p sont des fonctions d'une variable t; on demande les coordonnées du point central situé sur cette génératrice.

300. Appliquer le résultat du numéro précédent à la recherche du *lieu des points centraux* (*ligne de striction*) du paraboloïde hyperbolique donné par l'équation

$$\frac{x^2}{a^2} - \frac{y^2}{b^2} = z.$$

301. Trouver la ligne de striction de l'hyperboloïde à une nappe représenté par l'équation

$$(1) \qquad \frac{x^2}{a^2} + \frac{y^2}{b^2} - \frac{z^2}{c^2} = 1.$$

302. Les données étant celles du n° 298, si δ est une quantité infiniment petite par rapport à ν, elle est au moins du troisième ordre infinitésimal. (BOUQUET.)

303. Dans les surfaces pour lesquelles δ est un infiniment petit d'ordre supérieur à ν, le plan tangent en un point est tangent tout le long de la génératrice qui passe par ce point. (Surfaces développables.)

304. Toute surface développable (n° 303) peut être regardée comme le lieu des tangentes à une courbe à double courbure, et réciproquement.

305. Les plans tangents d'une surface développable sont en même temps les plans osculateurs de son *arête de rebroussement* (n° 304).

306. La condition nécessaire et suffisante pour qu'une surface réglée soit développable (n° 303) peut être remplacée par les relations

$$\frac{dl}{a - l\cos\theta} = \frac{dm}{b - m\cos\theta} = \frac{dn}{c - n\cos\theta},$$

θ désignant l'angle de la génératrice avec la *courbe directrice* (n° 298).

307. Par chaque point d'une courbe à double courbure on mène une perpendiculaire à la tangente en ce point; condition nécessaire et suffisante pour que la surface réglée ainsi obtenue soit développable.

308. Par chaque point d'une courbe A on mène une perpendiculaire à la tangente, de manière à former une surface développable. On demande de déterminer, en un point M_1 de l'arête de rebroussement A_1 répondant au point M de la courbe donnée :

1° Les deux courbures de la ligne A_1;

2° L'élément de l'arc de cette courbe.

(La courbe A_1 est une des *développées* de la courbe A.)

309. Des relations du n° 306 déduire l'équation générale des lignes de courbure.

310. Si l'intersection AB de deux surfaces S et S_1 est une ligne de courbure de chacune d'elles, ces surfaces se coupent partout sous le même angle; et réciproquement, si deux surfaces se coupent partout sous le même angle, et si l'intersection est une ligne de courbure de l'une d'elles, elle sera aussi une ligne de courbure de l'autre.

311. Trouver le lieu des projections du centre de l'ellipsoïde sur ses plans tangents (n° **235**).

312. Mener un plan tangent à la surface représentée par l'équation

$$(a^2 - z^2)x^2 - b^2y^2 = 0,$$

et trouver l'intersection de ce plan avec la surface.

313. Mener un plan tangent à l'hélicoïde gauche dont l'équation est

$$x \cos kz - y \sin kz = 0,$$

et calculer la distance de l'origine à ce plan.

314. Le plan tangent en un point du lieu des tangentes à l'hélice (hélicoïde développable) fait un angle constant avec la base du cylindre droit sur lequel la courbe est tracée.

315. Mener un plan tangent à la surface qui a pour équation

$$a^2x^2 + b^2y^2 + c^2z^2 = (x^2 + y^2 + z^2)^2 \qquad (\text{n}^\circ\ \mathbf{311}),$$

et trouver la distance du centre à ce plan.

316. Déterminer les rayons de courbure principaux des surfaces du second degré.

317. Rayons de courbure principaux de la surface qui a pour équation

$$xyz = m^3.$$

318. Rayons de courbure principaux : 1° de l'hélicoïde développable (n° **314**); 2° de l'hélicoïde gauche (n° **313**).

§ XV. — *Enveloppes des lignes et des surfaces.*

319. Enveloppe des ellipses concentriques dont les axes ont les mêmes directions, et pour lesquelles la somme de ces axes est constante.

320. Enveloppe d'une droite de longueur constante qui se meut en s'appuyant sur deux droites rectangulaires.

321. Enveloppe des paraboles déterminées par l'équation

$$y = ax - (1 + a^2)\frac{x^2}{4c},$$

a étant un paramètre variable.

322. Enveloppe des cercles donnés par l'équation

$$(x - a)^2 + y^2 = b^2,$$

avec la condition $b^2 = 4ma$.

323. On donne deux droites OaA, ObB, sur lesquelles les points A et B sont fixes et les points a et b mobiles, de telle sorte qu'on ait constamment $Oa.Ob = aA.bB$; trouver l'enveloppe des positions de la droite ab.

324. Enveloppe de la droite qui joint, dans une ellipse donnée, les extrémités de deux diamètres conjugués, en supposant qu'on fasse varier le système de ces diamètres.

325. Un point mobile décrit une conique C; trouver l'enveloppe des polaires de ce point par rapport à une autre conique dont l'équation est

$$\text{(P)} \qquad px^2 + 2qxy + ry^2 = 1.$$

326. Enveloppe de la droite qui a pour équation

$$ux + vy = 1,$$

les paramètres variables u et v étant liés par la relation

$$(au - 1)^3 - bv^2 = 0.$$

327. La spirale logarithmique (n° 273) est sa propre polaire réciproque (n° 325) par rapport à toute hyperbole équilatère qui a son centre au pôle de la spirale et qui lui est tangente.

328. Par un point quelconque m d'une courbe donnée, on mène une droite D dont l'inclinaison sur la normale varie avec le point. Appelant μ l'intersection limite de D avec une droite analogue infiniment voisine, on demande : 1° la longueur μm; 2° l'élément de la courbe enveloppe de la droite variable D, quand le point m décrit la courbe donnée.

329. Si l'on regarde les tangentes d'une courbe A comme des rayons lumineux qui se réfractent en tombant sur une courbe C, les rayons réfractés enveloppent une nouvelle courbe A_1. Cela posé, soient m un point de la courbe C, auquel correspondent μ et μ_1 sur les courbes A et A_1; α, α_1 et ρ l'angle d'incidence, l'angle de réfraction et le rayon de courbure en m; faisant en outre $\mu m = r$, $\mu_1 m = r_1$, on demande la relation qui existe entre les quantités α, α_1, ρ, r, r_1 et l'indice de réfraction $n = \frac{\sin\alpha}{\sin\alpha_1}$ (n° 328).

330. Un plan variable coupe un parallélépipède de manière à en détacher un tétraèdre dont le volume est constant; surface enveloppe de ce plan.

331. Enveloppe d'une sphère donnée dont le centre se meut sur une circonférence aussi donnée.

332. Surface enveloppe d'un plan variable qui détache d'un cône droit un cône oblique à volume constant.

333. On coupe un ellipsoïde par un plan déterminé; en-

veloppe des plans tangents menés à la surface par les points de la courbe d'intersection.

334. Enveloppe du plan qui a pour équation

$$lx + my + nz = p,$$

les paramètres variables l, m, n étant liés par les équations

$$l^2 + m^2 + n^2 = 1, \quad \frac{l^2}{p^2 - a^2} + \frac{m^2}{p^2 - b^2} + \frac{n^2}{p^2 - c^2} = 0.$$

335. Enveloppe d'un plan qui touche deux sphères données.

336. Enveloppe des plans normaux à l'ellipse sphérique (n° **295**).

CALCUL DIFFÉRENTIEL.

SOLUTIONS.

§ I. — Introduction. — *Séries, produits de facteurs en nombre infini.*

1. 1° Si l'on désigne par S_n la somme des n premiers termes de la série (1), comme on a

$$\frac{1}{n(n+1)} = \frac{1}{n} - \frac{1}{n+1},$$

il en résulte

$$S_n = \left(1 - \frac{1}{2}\right) + \left(\frac{1}{2} - \frac{1}{3}\right) + \ldots + \left(\frac{1}{n-1} - \frac{1}{n}\right) + \left(\frac{1}{n} - \frac{1}{n+1}\right) = 1 - \frac{1}{n+1},$$

d'où

$$\lim S_n = 1.$$

2° Semblablement, S'_n se rapportant à la deuxième série, de

$$\frac{1}{n(n+2)} = \frac{1}{2}\left(\frac{1}{n} - \frac{1}{n+2}\right)$$

on déduit

$$\begin{aligned}2S'_n &= \left(1 - \frac{1}{3}\right) + \left(\frac{1}{2} - \frac{1}{4}\right) + \left(\frac{1}{3} - \frac{1}{5}\right) + \ldots + \left(\frac{1}{n-2} - \frac{1}{n}\right) \\ &\quad + \left(\frac{1}{n-1} - \frac{1}{n+1}\right) + \left(\frac{1}{n} - \frac{1}{n+2}\right) \\ &= 1 + \frac{1}{2} - \left(\frac{1}{n+1} + \frac{1}{n+2}\right);\end{aligned}$$

d'où

$$\lim S'_n = \frac{3}{4}.$$

3° On trouve de la même manière pour la somme S''_n, qui se rapporte à la troisième série,

$$m S''_n = 1 + \frac{1}{2} + \frac{1}{3} + \ldots + \frac{1}{m} - \left(\frac{1}{n+1} + \frac{1}{n+2} + \ldots + \frac{1}{n+m}\right)$$

et par suite

$$\lim S''_n = \frac{1}{m}\left(1 + \frac{1}{2} + \frac{1}{3} + \ldots + \frac{1}{m}\right).$$

Les séries (1) et (2) ont été données par Leibnitz dans une de ses lettres à Oldenbourg (1676), au début des recherches qui l'ont conduit au Calcul différentiel.

2. Si l'on multiplie chaque terme par b et qu'on pose

$$a = \alpha b,$$

on obtient la série

(1) $$\frac{1}{\alpha+1}, \quad \frac{1}{\alpha+2}, \ldots, \quad \frac{1}{\alpha+n},$$

dont les termes sont respectivement plus grands que ceux de la série

(2) $$\frac{1}{h+1}, \quad \frac{1}{h+2}, \ldots, \quad \frac{1}{h+n},$$

en désignant par h un nombre entier quelconque supérieur à α.

Or la série (2) n'est autre que la série harmonique dans laquelle il manque un nombre fini de termes; la série proposée est donc divergente.

Cette conclusion subsiste, que le rapport α soit positif ou négatif.

3. On vérifie que la relation est vraie pour $n=1$ et $n=2$; puis, en la supposant démontrée pour une certaine valeur n, on fait voir qu'elle subsiste quand on y remplace n par $n+1$.

Lorsqu'on fait croître n indéfiniment, il est manifeste que le premier membre croît aussi indéfiniment pour les valeurs de x qui ne sont pas inférieures à 1. Si l'on suppose $x<1$, on est conduit à chercher la limite de l'expression

$$nx^{n+2}-nx^{n+1}=nx^n(x^2-x),$$

ou simplement celle de nx^n. Or, en faisant $x=\frac{1}{1+z}$, z étant positif, on voit que cette limite est celle de

$$\frac{n}{1+nz+\frac{n(n-1)}{2}z^2+\dots},$$

c'est-à-dire zéro. La limite demandée est donc $\frac{x}{(1-x)^2}$.

4. Soit fait

$$\frac{1}{3x(x+1)(x+2)}=f(x);$$

il en résulte

$$f(x)-f(x+1)=\frac{1}{x(x+1)(x+2)(x+3)};$$

de même

$$f(x+1)-f(x+2)=\frac{1}{(x+1)(x+2)(x+3)(x+4)},$$

. . . . ,

$$f(x+n)-f(x+n+1)=\frac{1}{(x+n)(x+n+1)(x+n+2)(x+n+3)}.$$

Ajoutant ces égalités membre à membre et faisant croître n indéfiniment, on obtient la relation proposée.

5. La relation est connue pour $\mu = 1$, et se vérifie pour $\mu = 2$ au moyen de la règle à suivre pour la multiplication de deux séries convergentes. Afin de la démontrer généralement, supposons-la vraie pour l'exposant μ. En posant, pour abréger,

$$a_p = \frac{\mu(\mu+1)\ldots(\mu+p-1)}{1.2\ldots p},$$

on a

$$(1+x)^{-\mu} = 1 - a_1 x + a_2 x^2 + \ldots + (-1)^p a_p x^p + \ldots,$$

et pour $\mu = 1$,

$$(1+x)^{-1} = 1 - x + x^2 + \ldots + (-1)^p x^p + \ldots.$$

Le produit des premiers membres de ces égalités est $(1+x)^{-(\mu+1)}$, et celui des seconds membres a pour terme général

$$(-1)^p(1 + a_1 + a_2 + \ldots + a_p)x^p.$$

On a d'ailleurs, comme on sait,

$$(1)\quad \left\{\begin{aligned} &1 + \frac{\mu}{1} + \frac{\mu(\mu+1)}{1.2} + \frac{\mu(\mu+1)(\mu+2)}{1.2.3} + \ldots \\ &\quad + \frac{\mu(\mu+1)\ldots(\mu+p-1)}{1.2\ldots p} = \frac{(\mu+1)(\mu+2)\ldots(\mu+p)}{1.2\ldots p}; \end{aligned}\right.$$

par conséquent

$$\begin{aligned}(1+x)^{-(\mu+1)} = 1 - (\mu+1)x + \frac{(\mu+1)(\mu+2)}{1.2}x^2 - \ldots \\ + (-1)^p \frac{(\mu+1)(\mu+2)\ldots(\mu+p)}{1.2\ldots p} x^p + \ldots.\end{aligned}$$

Ainsi la relation proposée subsiste quand on y remplace μ par $\mu + 1$; elle est donc générale.

Le mode de raisonnement qu'on vient d'employer fournit aussi la démonstration immédiate de la relation (1).

6. Par hypothèse, la somme de la série demeure la même

quand on remplace par des zéros les quantités $h_1, h_2, \ldots$; cette somme est donc égale à

$$\frac{a}{a-x}.$$

Il en résulte qu'on a

$$1 = \frac{a-x}{a} + \frac{x}{a}\frac{a-x}{a+h_1} + \frac{x}{a}\frac{x+h_1}{a+h_1}\frac{a-x}{a+h_2} + \frac{x}{a}\frac{x+h_1}{a+h_1}\frac{x+h_2}{a+h_2}\frac{a-x}{a+h_3} + \ldots.$$

Or

$$\frac{a-x}{a+h_1} = 1 - \frac{x+h_1}{a+h_1}, \quad \frac{a-x}{a+h_2} = 1 - \frac{x+h_2}{a+h_2},$$

et ainsi de suite. Si donc on pose généralement

$$\frac{x+h_p}{a+h_p} = \alpha_p,$$

il vient

$$1 = \frac{a-x}{a} + \frac{x}{a}[1-\alpha_1+\alpha_1(1-\alpha_2)+\alpha_1\alpha_2(1-\alpha_3)+\ldots],$$

ce qui est évident.

On voit par là que la série proposée n'est autre chose qu'une transformation de l'identité

$$1 = 1-\alpha_1+\alpha_1(1-\alpha_2)+\alpha_1\alpha_2(1-\alpha_3)+\ldots,$$

où les quantités $\alpha_1, \alpha_2, \alpha_3, \ldots$ représentent des fractions quelconques.

7. Le rapport du terme de rang $n+2$ au terme précédent est égal à

$$\frac{1+\frac{a}{n}}{1+\frac{b}{n}}x,$$

et tend vers x quand n croît indéfiniment. La série est donc convergente ou divergente selon que x est inférieur ou supérieur à 1. Dans le cas où $x = 1$, le rapport précédent peut s'écrire

$$\frac{1}{1 + \frac{b-a}{a+n}},$$

et l'on sait qu'alors la série est convergente ou divergente selon que $\lim n \frac{b-a}{a+n}$, c'est-à-dire $b - a$, est une quantité plus grande ou plus petite que 1. Si $b - a$ est plus grand que 1, la série rentre dans la formule du n° 6 et a par conséquent pour somme $\frac{b-1}{b-a-1}$.

Si l'on a à la fois $x = 1$, $b - a = 1$, la série est manifestement divergente.

8. 1° Soit $\alpha > 1$. On a

$$S_{n+1} < x^\alpha \left[\frac{1}{a^\alpha} + \frac{1}{(a+1)^\alpha} + \ldots + \frac{1}{(a+n)^\alpha}\right],$$

et l'on sait que le second membre tend vers une limite finie quand n croît indéfiniment. La série (1) est donc convergente.

Si l'on suppose $\alpha < 1$, comme le rapport $\frac{\sin u}{u}$ tend vers l'unité à mesure que l'arc u tend vers zéro, on peut toujours faire en sorte qu'on ait, pour toutes les valeurs de n à partir d'une valeur p,

$$\sin \frac{x}{a+n} > k \frac{x}{a+n},$$

k étant un nombre déterminé plus petit que 1.

De là résulte

$$k \sin^\alpha\left(\frac{x}{a+p}\right) + \sin^\alpha\left(\frac{x}{a+p+1}\right) + \ldots + \sin^\alpha\left(\frac{x}{a+n}\right)$$
$$> k^\alpha x^\alpha \left[\frac{1}{(a+p)^\alpha} + \frac{1}{(a+p+1)^\alpha} + \ldots + \frac{1}{(a+n)^\alpha}\right].$$

Le second membre de l'inégalité augmentant sans limite avec n, la série est divergente.

On reconnaît qu'elle l'est aussi pour $\alpha = 1$.

2° Soit $\alpha > 1$. On a, pour toutes les valeurs de n autres que zéro,

$$\operatorname{tang}\frac{x}{a+n} < \frac{\sin\left(\dfrac{x}{a+n}\right)}{\cos\left(\dfrac{x}{a}\right)};$$

par conséquent

$$S_{n+1} < \frac{1}{\cos^{\alpha}\left(\dfrac{x}{a}\right)}\left[\sin^{\alpha}\left(\frac{x}{a}\right) + \sin^{\alpha}\left(\frac{x}{a+1}\right) + \ldots + \sin^{\alpha}\left(\frac{x}{a+n}\right)\right],$$

ce qui démontre la convergence de la série. Si l'on suppose $\alpha < 1$, on a

$$S_{n+1} > x^{\alpha}\left[\frac{1}{a^{\alpha}} + \frac{1}{(a+1)^{\alpha}} + \ldots + \frac{1}{(a+n)^{\alpha}}\right];$$

la série est donc divergente; elle l'est encore si $\alpha = 1$.

9. Observons d'abord qu'on a, pour toutes les valeurs positives de x et pour les valeurs négatives de x plus grandes que -1,

$$\text{(A)} \qquad \log(1+x) < x.$$

Cette inégalité résulte immédiatement de la relation

$$e^{\pm x} = 1 \pm x + \frac{x^2}{1.2}\left(1 \pm \frac{x}{3}\right) + \ldots$$
$$+ \frac{x^{2n}}{1.2\ldots 2n}\left(1 \pm \frac{x}{2n+1}\right) + \ldots.$$

On tire d'ailleurs de (A)

$$\log\left(1 + \frac{x}{1-x}\right) > x,$$

ou, en faisant $y = \frac{x}{1-x}$,

$$\text{(B)} \qquad \log(1+y) > \frac{y}{1+y}.$$

Cela posé, la série (1) revient à la suivante :

$$\frac{1}{2}\log\left(1+\operatorname{tang}^2\frac{x}{a}\right)+\frac{1}{2}\log\left(1+\operatorname{tang}^2\frac{x}{a+1}\right)+\ldots$$
$$+\frac{1}{2}\log\left(1+\operatorname{tang}^2\frac{x}{a+n}\right)+\ldots,$$

laquelle est convergente en vertu de (A) et d'un résultat du numéro précédent.

Quant à la série (2), elle est divergente (n° 8), car les séries

$$\operatorname{tang}\frac{x}{a},\quad \operatorname{tang}\frac{x}{a+1},\ldots,\quad \operatorname{tang}\frac{x}{a+n},\ldots,$$

$$\text{(3)} \qquad \frac{\operatorname{tang}\left(\frac{x}{a}\right)}{1+\operatorname{tang}\left(\frac{x}{a}\right)},\quad \frac{\operatorname{tang}\left(\frac{x}{a+1}\right)}{1+\operatorname{tang}\left(\frac{x}{a+1}\right)},\ldots,\quad \frac{\operatorname{tang}\left(\frac{x}{a+n}\right)}{1+\operatorname{tang}\left(\frac{x}{a+n}\right)},\ldots$$

sont divergentes l'une et l'autre, et, en vertu de (B), chaque terme de la série (2) est plus grand que le terme correspondant de la série (3).

10. Soit

$$\text{(1)} \qquad y=\sum_{p=0}^{p=n}\sin(a+p\alpha).$$

Le produit d'un sinus par un cosinus étant facilement transformé en une somme ou une différence de sinus, on conçoit que, si l'on multiplie les deux membres de l'équation (1) par $2\cos\alpha$, on puisse faire apparaître, dans le second membre de la nouvelle équation, la quantité inconnue y. On trouve, en effet,

$$(2)\quad 2y\cos\alpha = \sum_{p=0}^{p=n}\sin(a+\overline{p+1}\,\alpha) + \sum_{p=0}^{p=n}\sin(a+\overline{p-1}\,\alpha),$$

où la première somme du second membre représente

$$y+\sin(a+\overline{n+1}\,\alpha)-\sin a,$$

et la deuxième

$$y-\sin(a+n\alpha)+\sin(a-\alpha).$$

L'équation (2) nous conduit alors, après des substitutions évidentes, à la relation

$$y=\frac{\sin\frac{n+1}{2}\alpha}{\sin\frac{\alpha}{2}}\sin\left(a+\frac{n\alpha}{2}\right).$$

On trouve semblablement que la seconde somme est égale à

$$\frac{\sin\frac{n+1}{2}\alpha}{\sin\frac{\alpha}{2}}\cos\left(a+\frac{n\alpha}{2}\right).$$

On obtiendrait par le même procédé la valeur des sommes

$$\sum_{p=0}^{p=n}x^p\sin(a+p\alpha),\quad \sum_{p=0}^{p=n}x^p\cos(a+p\alpha)$$

(n° 24).

11. Pour établir la convergence de la série (u_0), il suffit de montrer que la somme

$$u_0^{(m+1)}+u_0^{(m+2)}+\ldots+u_0^{(m+p)}$$

est aussi petite qu'on veut pour m suffisamment grand, quelle que soit la valeur de p. Or cette somme n'est qu'une partie de la suivante :

$$(B)\quad \left\{\begin{array}{l} u_0^{(m+1)} + u_1^{(m+1)} + \ldots + u_n^{(m+1)} \\ + u_0^{(m+2)} + u_1^{(m+2)} + \ldots + u_n^{(m+2)} \\ + \ldots\ldots\ldots\ldots\ldots\ldots\ldots\ldots \\ + u_0^{(m+p)} + u_1^{(m+p)} + \ldots + u_n^{(m+p)}, \end{array}\right.$$

qui est moindre elle-même que la somme

$$H^{(m+1)} + H^{(m+2)} + \ldots + H^{(m+p)};$$

et cette dernière est aussi petite qu'on veut à cause de la convergence de la série (A). On établit absolument de même la convergence des séries (u_1), (u_2), ..., (u_n).

Cela posé, on a les équations

$$(C)\quad \left\{\begin{array}{l} H^{(0)} = u_0 + u_1 + \ldots + u_{n-1} + \rho^{(0)}, \\ H^{(1)} = u_0^{(1)} + u_1^{(1)} + \ldots + u_{n-1}^{(1)} + \rho^{(1)}, \\ \ldots\ldots\ldots\ldots\ldots\ldots\ldots\ldots\ldots\ldots, \\ H^{(m-1)} = u_0^{(m-1)} + u_1^{(m-1)} + \ldots + u_{n-1}^{(m-1)} + \rho^{(m-1)} \end{array}\right.$$

dans lesquelles $\rho^{(0)}$, $\rho^{(1)}$, $\rho^{(m-1)}$ désignent des quantités aussi petites qu'on veut quand n est suffisamment grand. On peut donc supposer chacune d'elles moindre que $\frac{\varepsilon}{m}$, ε étant très-petit et m très-grand.

On a de même

$$(D)\quad \left\{\begin{array}{l} V_0 = u_0 + u_0^{(1)} + \ldots + u_0^{(m-1)} + \sigma_0, \\ V_1 = u_1 + u_1^{(1)} + \ldots + u_1^{(m-1)} + \sigma_1, \\ \ldots\ldots\ldots\ldots\ldots\ldots\ldots\ldots\ldots\ldots, \\ V_{n-1} = u_{n-1} + u_{n-1}^{(1)} + \ldots + u_{n-1}^{(m-1)} + \sigma_{n-1}, \end{array}\right.$$

chacune des quantités σ étant supposée plus petite que $\frac{\varepsilon}{n}$.

Il suit de là que les deux sommes

$$H^{(0)} + H^{(1)} + \ldots + H^{(m-1)}, \quad V_0 + V_1 + \ldots + V_{n-1}$$

ont une différence qui tend vers zéro quand m et n croissent indéfiniment; la limite de la première est donc aussi la limite de la seconde. C. Q. F. D.

Dans le cas où les termes sont quelconques, et sous la condition énoncée, on voit que la valeur absolue de la somme $u_0^{(m+1)} + u_0^{(m+2)} + \ldots + u_0^{(m+p)}$ est toujours moindre que la valeur absolue de la somme (B), inférieure elle-même à celle de l'expression

$$H_0^{(m+1)} + H_0^{(m+2)} + \ldots + H_0^{(m+p)},$$

et l'on sait que cette dernière tend vers zéro, quel que soit p, à mesure que m croît indéfiniment. De là résulte encore la convergence de la série (u_0), et l'on arrive de la même manière à celle des séries (u_1), (u_2), ..., (u_n). La démonstration s'achève comme dans le premier cas.

Le théorème subsiste évidemment lors même qu'on suppose quelques-unes des séries (C) ou (D) composées d'un nombre fini de termes. Chaque série de cette espèce peut en effet être considérée comme une série convergente indéfiniment prolongée, mais dans laquelle s'évanouissent tous les termes dont le rang surpasse un nombre donné.

Ce théorème important, dû à Cauchy (*Anal. algéb.*, p. 537), est utile dans la recherche du développement des fonctions en séries. (*Voir* § VI.)

12. L'expression

$$\left(1 - \frac{2x}{1+x^2}\cos\alpha\right)^{-1},$$

dans laquelle $\frac{2x}{1+x^2}$ est moindre que l'unité, peut se développer en série convergente, ordonnée suivant les puissances croissantes de cette quantité, ce qui donne

$$(1) \qquad y = \sum_{\lambda=0}^{\lambda=\infty} (2x\cos\alpha)^{\lambda}(1+x^2)^{-(\lambda+1)}.$$

On a aussi (n° 5)

$$(2)\quad (1+x^2)^{-(\lambda+1)} = 1-(\lambda+1)x^2+\ldots+(-1)^p\binom{\lambda+p}{p}x^{2p}+\ldots.$$

Or les séries (1) et (2) sont convergentes, et la seconde ne cesse pas de l'être quand on y donne le même signe à tous ses termes; il suit de là (n° 11) que, si l'on développe chaque terme de la série (1) en une série de la forme (2), la série nouvelle à laquelle on arrive en ordonnant les résultats obtenus suivant les puissances croissantes de x est aussi convergente et a pour somme y. Il faut donc calculer, dans chacune des séries que renferme l'équation (1), les termes où la lettre x est affectée d'un même exposant. Or le terme général du développement qui répond à la valeur λ étant

$$(2\cos\alpha)^\lambda(-1)^p\binom{\lambda+p}{p}x^{\lambda+2p},$$

on voit que les puissances de x que ce développement contient sont de même parité que λ. On est donc conduit à chercher séparément le multiplicateur de x^{2n} et celui de x^{2n+1}.

Dans le premier cas, posons

$$\lambda+2p=2n,\quad \lambda=2\mu,\quad \text{d'où}\quad p=n-\mu.$$

Le terme général devient alors

$$(-1)^{n-\mu}\binom{n+\mu}{n-\mu}(2\cos\alpha)^{2\mu}x^{2n},$$

qu on peut aussi écrire

$$(-1)^{n+\mu}\binom{n+\mu}{2\mu}(2\cos\alpha)^{2\mu}x^{2n};$$

d'où résulte

$$A_{2n}=(-1)^n\sum_{\mu=0}^{\mu=n}(-1)^\mu\binom{n+\mu}{2\mu}(2\cos\alpha)^{2\mu}.$$

Dans le second cas, on pose dans le terme général $\lambda + 2p = 2n + 1$, $\lambda = 2\mu + 1$, et l'on trouve

$$A_{2n+1} = (-1)^n \sum_{\mu=0}^{\mu=n} (-1)^\mu \binom{n+\mu+1}{2\mu+1} (2\cos a)^{2\mu+1}$$

(n° 24).

13. On a

$$\cos a = \frac{\sin 2a}{2\sin a},$$

$$\cos\frac{a}{2} = \frac{\sin a}{2\sin\frac{a}{2}},$$

$$\cos\frac{a}{4} = \frac{\sin\frac{a}{2}}{2\sin\frac{a}{4}},$$

$$\ldots\ldots\ldots\ldots,$$

$$\cos\frac{a}{2^n} = \frac{\sin\frac{a}{2^{n-1}}}{2\sin\frac{a}{2^n}};$$

et, par suite,

$$(1) \qquad P_n = \frac{\left(\frac{a}{2^n}\right)}{\sin\frac{a}{2^n}} \frac{\sin 2a}{2a};$$

d'où résulte

$$\lim P_n = \frac{\sin 2a}{2a}.$$

La considération de cette limite s'est présentée à Viète (*OEuvres*, p. 400), à propos de la surface du cercle. Il a été conduit, en effet, à la relation

$$\frac{S_{2^n.k}}{S_k} = \frac{1}{\cos\frac{A}{2}\cos\frac{A}{4}\cdots\cos\frac{A}{2^n}},$$

où $S_{2^n.k}$ désigne la surface du polygone régulier de $2^n.k$ côtés, et A l'angle au centre du polygone régulier de k côtés.

14. 1° On a évidemment

$$(1 - u_{m+1})(1 - u_{m+2}) > 1 - u_{m+1} - u_{m+2},$$
$$(1 - u_{m+1})(1 - u_{m+2})(1 - u_{m+3}) > 1 - u_{m+1} - u_{m+2} - u_{m+3},$$
$$\dots\dots\dots,$$
$$A_p > 1 - (u_{m+1} + u_{m+2} + \dots + u_{m+p}).$$

Or, la série (1) étant convergente, on peut prendre m assez grand pour qu'on ait

$$u_{m+1} + u_{m+2} + \dots + u_{m+p} < \alpha,$$

α étant aussi petit qu'on voudra.

De là résulte

$$A_p > 1 - \alpha.$$

2° On peut poser

$$1 + u_h = \frac{1}{1 - v_h};$$

d'où

$$v_h = \frac{u_h}{1 + u_h} < u_h;$$

par conséquent,

$$\frac{1}{B_p} = (1 - v_{m+1})(1 - v_{m+2})\dots(1 - v_{m+p})$$
$$> (1 - u_{m+1})(1 - u_{m+2})\dots(1 - u_{m+p});$$

par suite,

$$B_p < \frac{1}{1 - \alpha}.$$

15. 1° A_n décroît à mesure que n augmente; il suffit donc d'établir que cette quantité ne décroît pas indéfiniment. Or on a

$$A_n = (1 - u_0)(1 - u_1)\dots(1 - u_m)(1 - u_{m+1})(1 - u_{m+2})\dots(1 - u_n)$$
$$= A_m(1 - u_{m+1})(1 - u_{m+2})\dots(1 - u_n),$$

et, d'après le numéro précédent,

$$A_n > A_m(1-\alpha),$$

α étant une quantité aussi petite qu'on veut pour m suffisamment grand.

2° On voit de même que

$$B_n = B_m(1+u_{m+1})(1+u_{m+2})\ldots(1+u_n),$$

et comme, pour m suffisamment grand, le multiplicateur de B_m est moindre que $\frac{1}{1-\alpha}$, on a

$$B_n < \frac{B_m}{1-\alpha},$$

c'est-à-dire que B_n, qui croît sans cesse avec n, ne croît pas sans limite.

16. On voit sur-le-champ que B_n croît indéfiniment avec n, car on a

$$B_n > 1 + u_0 + u_1 + \ldots + u_n$$

et, par hypothèse, la quantité

$$u_0 + u_1 + \ldots + u_n$$

croît indéfiniment avec n.

Quant à la limite de A_n, si l'on pose

$$\frac{1}{1-u_h} = 1 + v_h,$$

d'où

$$v_h = \frac{u_h}{1-u_h} > u_h,$$

on peut écrire

$$\frac{1}{A_n} = (1+v_0)(1+v_1)\ldots(1+v_n) > (1+u_0)(1+u_1)\ldots(1+u_n).$$

Il résulte de là que $\frac{1}{A_n}$ croît indéfiniment avec n, c'est-à-dire que A_n tend vers zéro.

17. On a les égalités suivantes :

$$1 - \frac{m}{1} + \frac{m(m-1)}{1.2} = \frac{(m-1)(m-2)}{1.2},$$

$$\frac{(m-1)(m-2)}{1.2} - \frac{m(m-1)(m-2)}{1.2.3} = -\frac{(m-1)(m-2)(m-3)}{1.2.3},$$

$$\dots\dots\dots\dots\dots\dots\dots\dots,$$

$$(-1)^{p-1}\frac{(m-1)(m-2)\dots(m-p+1)}{1.2\dots(p-1)} + (-1)^p\frac{m(m-1)\dots(m-p+1)}{1.2\dots p} = (-1)^p\frac{(m-1)(m-2)\dots(m-p)}{1.2\dots p}.$$

La valeur absolue du second membre de cette dernière égalité est celle du produit

$$(2) \qquad \left(1-\frac{m}{1}\right)\left(1-\frac{m}{2}\right)\left(1-\frac{m}{3}\right)\cdots\left(1-\frac{m}{p}\right),$$

et tend vers zéro lorsque p croît indéfiniment, quel que soit le nombre positif m (nº **16**).

Quand m est négatif, les égalités précédentes subsistent encore, et la somme des $p+1$ premiers termes de la série est représentée par l'expression (2), dans laquelle on remplace m par une quantité négative. On sait d'ailleurs (nº **16**) que dans ce cas le produit (2) croît indéfiniment avec p.

18. 1° Soient S la limite de la série, S_{n+1} la somme de ses $n+1$ premiers termes; on peut écrire

$$(1) \quad \begin{cases} S_{n+1} = (1+u_1)\left(\frac{1+u_1+u_2}{1+u_1}\right)\left(\frac{1+u_1+u_2+u_3}{1+u_1+u_2}\right)\cdots \\ \qquad \times\left(\frac{1+u_1+u_2+\dots+u_n}{1+u_1+\dots+u_{n-1}}\right); \end{cases}$$

par suite,

$$S = (1 + u_1)\left(1 + \frac{u_2}{1 + u_1}\right)\left(1 + \frac{u_3}{1 + u_1 + u_2}\right)\cdots$$
$$\times\left(1 + \frac{u_n}{1 + u_1 + \ldots + u_{n-1}}\right)\cdots,$$

c'est-à-dire que le produit

$$(1 + v_1)(1 + v_2)\ldots(1 + v_n),$$

où

$$v_n = \frac{u_n}{1 + u_1 + \ldots + u_{n-1}},$$

converge, pour n croissant indéfiniment, vers la même limite que la série proposée. On voit d'ailleurs que la condition de convergence du n° 15 est ici satisfaite.

2° Si l'on compare le produit

$$(1 + v_1)(1 + v_2)\ldots(1 + v_n)$$

au second membre de l'équation (1), on en conclut

$$v_1 = u_1, \quad v_2 = \frac{u_2}{1 + u_1}, \quad v_3 = \frac{u_3}{1 + u_1 + u_2},$$
$$v_n = \frac{u_n}{1 + u_1 + \ldots + u_{n-1}};$$

par suite,

$$u_1 = v_1, \quad u_2 = (1 + v_1)v_2, \quad u_3 = (1 + v_1)(1 + v_2)v_3,$$

et généralement

$$u_n = (1 + v_1)(1 + v_2)\ldots(1 + v_{n-1})v_n,$$

ce qui donne une série convergente comme le produit d'où on l'a tirée.

19. 1° Posons l'identité

$$(1+xz)(1+x^2z)\dots(1+x^nz)=1+A_1z+A_2z^2+\dots+A_nz^n.$$

Si l'on y remplace z par xz, l'identité subsiste encore, et il en résulte

$$\begin{aligned}&(1+A_1z+A_2z^2+\dots+A_nz^n)(1+x^{n+1}z)\\&=1+A_1xz+A_2x^2z^2+\dots+A_nx^nz^n(1+xz).\end{aligned}$$

Égalant les coefficients de z^p dans les deux membres, il vient

$$A_p x^p + A_{p-1}x^p = A_p + A_{p-1}x^{n+1},$$

d'où

$$A_p=\frac{x^p-x^{n+1}}{1-x^p}A_{p-1},$$

et, par suite,

$$A_p=\frac{x-x^{n+1}}{1-x}\,\frac{x^2-x^{n+1}}{1-x^2}\cdots\frac{x^p-x^{n+1}}{1-x^p}.$$

2° Si l'on fait croître n indéfiniment, A_p a pour limite l'expression

$$\frac{x^{\frac{p(p+1)}{2}}}{(1-x)(1-x^2)\dots(1-x^p)}=B_p,$$

laquelle diffère de A_p d'aussi peu qu'on veut, quel que soit le nombre déterminé p, pour n suffisamment grand. On peut donc poser l'égalité

$$(1)\qquad \sum_{\alpha=0}^{\alpha=p}B_\alpha z^\alpha=\sum_{\alpha=0}^{\alpha=p}A_\alpha z^\alpha+\varepsilon,$$

ε étant un nombre positif très-voisin de zéro. Observons, en outre, que le premier membre de cette équation tend vers une valeur déterminée quand p croît indéfiniment, puisque le rapport $\frac{B_{p+1}}{B_p}$ tend vers zéro dans le même cas. On a aussi, pour p suffisamment grand et quel que soit n, supposé toujours plus grand que p,

$$(2)\qquad \sum_{\alpha=0}^{\alpha=p} A_\alpha z^\alpha = \lim P_p + \delta,$$

δ étant aussi petit qu'on voudra. On conclut des relations (1) et (2)

$$\lim P_n = \sum_{\alpha=0}^{\alpha=\infty} B_\alpha z^\alpha.$$

20. La formule de Moivre conduit à la relation connue

$$\sin mx = m\cos^{m-1}x\sin x - \binom{m}{3}\cos^{m-3}x\sin^3 x + \ldots.$$

En y supposant m impair, elle prend la forme

$$(1)\qquad \sin mx = m\sin x(1 + a_2\sin^2 x + \ldots + a_{m-1}\sin^{m-1}x)$$

ou celle-ci :

$$(2)\qquad \sin mx = m\cos^m x\,\mathrm{tang}\,x(1 + b_2\,\mathrm{tang}^2 x + \ldots + b_{m-1}\,\mathrm{tang}^{m-1}x).$$

Or, si l'on pose

$$\sin x = y \quad \text{et} \quad \sin mx = \varphi(y),$$

l'équation

$$\varphi(y) = 0 = y(1 + a_2 y^2 + \ldots + a_{m-1}y^{m-1})$$

admet m racines, qui sont les sinus des arcs suivants :

$$0,\quad \pm\frac{\pi}{m},\quad \pm\frac{2\pi}{m},\quad \pm\frac{m-1}{2}\,\frac{\pi}{m};$$

par suite, la relation (1) peut s'écrire

$$\sin mx = \mathrm{H}\sin x\left(1 - \frac{\sin^2 x}{\sin^2\frac{\pi}{m}}\right)\left(1 - \frac{\sin^2 x}{\sin^2 2\frac{\pi}{m}}\right)$$
$$\times\left(1 - \frac{\sin^2 x}{\sin^2\frac{m-1}{2}\frac{\pi}{m}}\right).$$

Pour déterminer H, il suffit de remarquer que, si l'on fait $x = 0$, on a

$$H = \lim \frac{\sin mx}{\sin x} = \lim \frac{\sin mx}{mx} \frac{x}{\sin x} m = m,$$

d'où résulte la relation (A).

On arriverait de la même manière à l'équation (B).

21. Les inégalités (C) peuvent s'écrire

$$\frac{\sin(a+h) - \sin a}{\sin a} < \frac{h}{a}, \quad \frac{\operatorname{tang}(a+h) - \operatorname{tang} a}{\operatorname{tang} a} > \frac{h}{a},$$

ou bien

$$a \sin\frac{h}{2} \cos\left(a + \frac{h}{2}\right) < \frac{h}{2} \sin a,$$

$$a \operatorname{tang} h [1 + \operatorname{tang} a \operatorname{tang}(a+h)] > h \operatorname{tang} a;$$

et sous cette dernière forme elles sont évidentes, car on a

$$\sin\frac{h}{2} < \frac{h}{2}, \quad a\cos a < \sin a, \quad \operatorname{tang} h > h, \quad a(1 + \operatorname{tang}^2 a) > \operatorname{tang} a.$$

Elles s'établissent aussi très-simplement par la Géométrie.

Cela posé, de l'identité

$$\sin mx = m \sin x \left(1 - \frac{\sin^2 x}{\sin^2 \frac{\pi}{m}}\right)\left(1 - \frac{\sin^2 x}{\sin^2 2\frac{\pi}{m}}\right)\cdots$$
$$\times \left(1 - \frac{\sin^2 x}{\sin^2 \frac{m-1}{2}\frac{\pi}{m}}\right),$$

on tire

$$(1) \qquad \sin z = m \sin\frac{z}{m} (1 - u_1)(1 - u_2)\ldots\left(1 - u_{\frac{m-1}{2}}\right),$$

en faisant

$$mx = z, \qquad \frac{\sin^2 \frac{z}{m}}{\sin^2 n \frac{\pi}{m}} = u_n.$$

Supposons l'arc z compris entre les valeurs $n\pi$ et $(n+1)\pi$, n étant plus petit que m; on peut prendre m assez grand pour que $\frac{z}{m}$ soit moindre que $\frac{\pi}{2}\cdot$ Par suite, et en appliquant le premier lemme, on a

$$u_1 < \frac{z^2}{\pi^2}, \quad u_2 < \frac{z^2}{4\pi^2}, \ldots, \quad u_n < \frac{z^2}{n^2\pi^2},$$

$$u_{n+1} > \frac{z^2}{(n+1)^2\pi^2}, \ldots, \quad u_{\frac{m-1}{2}} > \frac{z^2}{\left(\frac{m-1}{2}\right)^2\pi^2};$$

d'où

$$(u_1 - 1)(u_2 - 1)\ldots(u_n - 1)(1 - u_{n+1})\ldots\left(1 - u_{\frac{m-1}{2}}\right)$$

$$< \left(\frac{z^2}{\pi^2} - 1\right)\left(\frac{z^2}{4\pi^2} - 1\right)\cdots\left(\frac{z^2}{n^2\pi^2} - 1\right)\left[1 - \frac{z^2}{(n+1)^2 z^2}\right]\cdots$$

$$\times \left[1 - \frac{z^2}{\left(\frac{m-1}{2}\right)^2\pi^2}\right];$$

et enfin

$$(-1)^n \sin z < (-1)^n z\left(1 - \frac{z^2}{\pi^2}\right)\left(1 - \frac{z^2}{4\pi^2}\right)\cdots$$

$$\times \left[1 - \frac{z^2}{\left(\frac{m-1}{2}\right)^2\pi^2}\right].$$

Le second lemme conduirait de la même manière à la deuxième inégalité.

22. Le numéro précédent fournit les deux inégalités

$$(-1)^n \sin z < \mathrm{P}, \quad (-1)^n \sin z > \mathrm{P}\cos^m \frac{z}{m},$$

où l'on a

$$\mathrm{P} = (-1)^n z\left(1 - \frac{z^2}{\pi^2}\right)\left(1 - \frac{z^2}{4\pi^2}\right)\cdots\left[1 - \frac{z^2}{\left(\frac{m-1}{2}\right)^2\pi^2}\right],$$

m représentant un nombre impair quelconque aussi grand qu'on voudra. Or, si l'on fait croître m indéfiniment, P a une limite (n° 15). D'ailleurs la quantité variable $\cos^m \frac{z}{m}$, toujours moindre que l'unité, s'en approche indéfiniment, car on a

$$\cos^{2m} \frac{z}{m} = \left(1 - \sin^2 \frac{z}{m}\right)^m > 1 - m \sin^2 \frac{z}{m},$$

ou

$$\cos^{2m} \frac{z}{m} > 1 - \frac{z^2}{m} \frac{\sin^2 \frac{z}{m}}{\left(\frac{z}{m}\right)^2},$$

et le second membre de cette inégalité est aussi voisin qu'on veut de l'unité, pour m suffisamment grand. Il suit de là que $(-1)^n \sin z$ est compris entre deux quantités variables avec m et ayant la même limite; on en conclut donc

$$(-1)^n \sin z = \lim \mathrm{P},$$

ou

$$\sin z = z\left(1 - \frac{z^2}{\pi^2}\right)\left(1 - \frac{z^2}{4\pi^2}\right)\left(1 - \frac{z^2}{9\pi^2}\right)\cdots$$

Pour tirer de là $\cos z$, il suffit d'observer qu'on a

$$\sin 2z = 2z\left(1 - \frac{4z^2}{\pi^2}\right)\left(1 - \frac{4z^2}{2^2\pi^2}\right)\left(1 - \frac{4z^2}{3^2\pi^2}\right)\cdots$$
$$\times\left[1 - \frac{4z^2}{(2n-1)^2\pi^2}\right]\left[1 - \frac{4z^2}{(2n)^2\pi^2}\right]\cdots,$$

$$\sin z = z\left(1 - \frac{4z^2}{2^2\pi^2}\right)\left(1 - \frac{4z^2}{4^2\pi^2}\right)\left(1 - \frac{4z^2}{6^2\pi^2}\right)\cdots\left[1 - \frac{4z^2}{(2n)^2\pi^2}\right]\cdots,$$

d'où, en divisant ces deux inégalités membre à membre,

$$\cos z = \left(1 - \frac{4z^2}{\pi^2}\right)\left(1 - \frac{4z^2}{3^2\pi^2}\right)\cdots\left[1 - \frac{4z^2}{(2n-1)^2\pi^2}\right]\cdots.$$

23. Si l'on déduit des relations proposées l'expression de

$$\cos(x+nh)+i\sin(x+nh)=(\cos x+i\sin x)(\cos h+i\sin h)^n,$$

on trouve, en posant pour abréger $2i\sin\frac{h}{2}=\alpha$,

$$\begin{aligned}\cos x+i\sin x&+\binom{n}{1}\alpha\left[\cos\left(x+\frac{h}{2}\right)+i\sin\left(x+\frac{h}{2}\right)\right]\\&+\binom{n}{2}\alpha^2\left[\cos\left(x+2\frac{h}{2}\right)+i\sin\left(x+2\frac{h}{2}\right)\right]\\&+\binom{n}{3}\alpha^3\left[\cos\left(x+3\frac{h}{2}\right)+i\sin\left(x+3\frac{h}{2}\right)\right]+\ldots\\&=(\cos x+i\sin x)\left[1+\binom{n}{1}\alpha u+\binom{n}{2}\alpha^2u^2+\binom{n}{3}\alpha^3u^3+\ldots\right],\end{aligned}$$

u désignant le binôme $\cos\frac{h}{2}+i\sin\frac{h}{2}$.

Il suit de là qu'on doit avoir l'égalité

$$(\cos h+i\sin h)^n=(1+\alpha u)^n,$$

ou bien

$$\cos h+i\sin h=1+2i\sin\frac{h}{2}\left(\cos\frac{h}{2}+i\sin\frac{h}{2}\right),$$

relation qui est manifeste.

24. Posons

$$u=\sum_{p=0}^{p=n}x^p\cos(a+p\alpha),\quad v=\sum_{p=0}^{p=n}x^p\sin(a+p\alpha);$$

on tire de là

$$\begin{aligned}u+iv&=\sum_{p=0}^{p=n}x^p(\cos a+i\sin a)(\cos p\alpha+i\sin p\alpha)\\&=(\cos a+i\sin a)\sum_{p=0}^{p=n}[x(\cos\alpha+i\sin\alpha)]^p.\end{aligned}$$

La dernière somme est celle des termes d'une progression géométrique, et elle est égale à

$$\frac{x^{n+1}(\cos\alpha + i\sin\alpha)^{n+1} - 1}{x(\cos\alpha + i\sin\alpha) - 1},$$

expression qui peut aussi s'écrire

$$\frac{\{x^{n+1}[\cos(n+1)\alpha + i\sin(n+1)\alpha] - 1\}(x\cos\alpha - 1 - xi\sin\alpha)}{1 - 2x\cos\alpha + x^2}.$$

On en tire, après l'avoir multipliée par $\cos a + i\sin a$,

$$\frac{x^{n+2}\cos(a+n\alpha) - x^{n+1}\cos[a+(n+1)\alpha] - x\cos(a-\alpha) + \cos a}{1 - 2x\cos\alpha + x^2} = u,$$

$$\frac{x^{n+2}\sin(a+n\alpha) - x^{n+1}\sin[a+(n+1)\alpha] - x\sin(a-\alpha) + \sin a}{1 - 2x\cos\alpha + x^2} = v.$$

Si l'on fait croître n indéfiniment, u et v n'ont de limite finie que lorsqu'on suppose $x < 1$. On a, dans ce cas,

$$\lim u = \frac{\cos a - x\cos(a-\alpha)}{1 - 2x\cos\alpha + x^2}, \quad \lim v = \frac{\sin a - x\sin(a-\alpha)}{1 - 2x\cos\alpha + x^2}.$$

Remarque. — Le dernier résultat conduit à celui-ci :

$$\frac{x\sin\alpha}{1 - 2x\cos\alpha + x^2} = x\sin\alpha + \ldots + x^{2n}\sin 2n\alpha + x^{2n+1}\sin(2n+1)\alpha + \ldots.$$

En le rapprochant des formules trouvées dans le n° 12, on en déduit

$$\sin 2n\alpha = A_{2n-1}\sin\alpha,$$
$$\sin(2n+1)\alpha = A_{2n}\sin\alpha;$$

et par suite

$$\sin 2n\alpha = (-1)^{n+1}\sin\alpha \sum_{\mu=0}^{\mu=n-1} (-1)^\mu \binom{n+\mu}{2\mu+1} (2\cos\alpha)^{2\mu+1},$$

$$\sin(2n+1)\alpha = (-1)^n\sin\alpha \sum_{\mu=0}^{\mu=n} (-1)^\mu \binom{n+\mu}{2\mu} (2\cos\alpha)^{2\mu}.$$

§ II. — *Différentiation des fonctions explicites d'une seule variable.*

25. $\dfrac{dy}{dx} = 4x(20x^3 - 24x^2 + 9x - 2).$

26. $\dfrac{dy}{dx} = \dfrac{x^2 - 2}{(x-1)^4}.$

27. $\dfrac{dy}{dx} = \dfrac{a^2}{(a^2 - x^2)^{\frac{3}{2}}}.$

28. $\dfrac{dy}{dx} = \dfrac{40}{3} b^3 x^2 (a + bx)^{-\frac{1}{3}}.$

29. $\dfrac{dy}{dx} = \dfrac{5}{2} b^4 x^3 (a + bx)^{-\frac{7}{2}}$

30. En prenant les logarithmes des deux membres et différentiant ensuite, on trouve

$$\frac{dy}{dx} = \frac{(x-2)^8}{(x-1)^{\frac{7}{2}}(x-3)^{\frac{13}{2}}}(x^2 - 7x + 1).$$

Il est souvent commode d'opérer comme dans cet exemple, lorsque la fonction est un produit de facteurs élevés à des puissances.

31. $\dfrac{dy}{dx} = \dfrac{x^2}{(x+2)^5}\left[\dfrac{(x+3)^7}{x+1}\right]^{\frac{1}{2}}.$

32. $\dfrac{dy}{dx} = (a + bx + x^2)^{-\frac{1}{2}}.$

33. $\dfrac{dy}{dx} = -\dfrac{1}{x(1 - x^2)^{\frac{1}{2}}}.$

34. $\dfrac{dy}{dx} = \dfrac{1}{x \log x}.$

35. Soit

$$y = \log_3 x = \log(\log_2 x),$$

d'où

$$\frac{dy}{dx} = \frac{1}{x \log x \log_2 x};$$

et généralement

$$\frac{d(\log_n x)}{dx} = \frac{1}{x \log x \log_2 x \ldots \log_{n-1} x}.$$

36. $$\frac{dy}{dx} = \frac{5x^3}{(5x-4)^3}.$$

37. $$\frac{dy}{dx} = -\frac{1}{x^2(1+x)^5}.$$

38. $$\frac{dy}{dx} = \frac{1}{(1-x^2)^{\frac{1}{2}}} e^{\arcsin x}.$$

39. $$\frac{dy}{dx} = \frac{1}{(1-x^2)^{\frac{1}{2}}}.$$

40. $$\frac{dy}{dx} = \frac{1}{a + b\cos x}.$$

41. $$\frac{dy}{dx} = \frac{1}{\cos x}.$$

42. $$\frac{dy}{dx} = \frac{\cos^8 x}{\sin^3 x}.$$

43. $$\frac{dy}{dx} = \frac{1}{2} \frac{(a^2-b^2)^{\frac{1}{2}}}{a + b\cos x}.$$

44. $$\frac{dy}{dx} = x^{\sin x}\left(\cos x \log x + \frac{\sin x}{x}\right).$$

45. $$\frac{dy}{dx} = \frac{1}{x}\left(\frac{x+a}{x-a}\right)^{\frac{1}{2}}.$$

46. Les trois parties dont l'expression se compose ont respectivement pour dérivées

$$\frac{x(1+4\sin^2 x)}{5\cos^6 x}, \quad \frac{4x(1+2\sin^2 x)}{15\cos^4 x}, \quad \frac{8x}{15\cos^2 x},$$

dont la somme se réduit à $\dfrac{x}{\cos^6 x}$.

47. $$\frac{dy}{dx} = \frac{a\cos x\, e^{-\frac{a}{\sin x}}}{2\sin^2 x\left(1-e^{-\frac{a}{\sin x}}\right)^{\frac{1}{2}}\left[1-\left(1-e^{-\frac{a}{\sin x}}\right)^{\frac{1}{2}}\right]}.$$

48. $$\frac{dy}{dx} = \frac{1}{a+b\cos x+c\cos 2x}.$$

49. La fonction x_n tend vers une limite finie, car en désignant par $a_1, a_2, \ldots, a_n$ les exposants de x dans $x_1, x_2, \ldots, x_n$, on trouve

$$a_1 = \frac{1}{p}\left(1+\frac{1}{q}\right), \quad a_2 = a_1\left(1+\frac{1}{pq}\right),$$

$$a_3 = a_1 + \frac{a_2}{pq} = a_1\left(1+\frac{1}{pq}+\frac{1}{p^2q^2}\right),$$

$$a_n = a_1\left(1+\frac{1}{pq}+\frac{1}{p^2q^2}+\ldots+\frac{1}{p^{n-1}q^{n-1}}\right).$$

La limite de a_n étant $\dfrac{q+1}{pq-1}$, il en résulte que x_n tend vers $x^{\frac{q+1}{pq-1}}$, dont la dérivée s'obtient immédiatement.

50. Il suffit de différentier par rapport à x. On obtiendrait de la même manière la relation (1), en partant de la relation (2).

51. Qu'on fasse $x = 0$ dans les relations du numéro précédent, puis qu'on y remplace h par x; en différentiant les résultats obtenus, on arrive aux formules à démontrer.

52. Il suffit de différentier deux fois de suite la relation qu'on trouve en prenant les logarithmes des deux membres de l'équation donnée.

53. On remplace a par x dans l'équation (1) du n° 13 et l'on opère ensuite comme dans le n° 52. Si n croît indéfiniment, on a deux séries convergentes dont les limites sont respectivement

$$\frac{1}{x} - 2\cot 2x, \quad \frac{8}{3} + 4\cot^2 2x - \frac{1}{x^2}.$$

§ III. — *Dérivées d'ordre quelconque.*

54. $$\frac{d^n y}{dx^n} = (-b)^n p(p-1)(p-2)\ldots(p-n+1)(a-bx)^{p-n}.$$

55. $$\frac{d^n y}{dx^n} = a^n \cos\left(ax + n\frac{\pi}{2}\right).$$

$$\frac{d^n z}{dx^n} = a^n \sin\left(ax + n\frac{\pi}{2}\right).$$

56. $$\cos^2 x = \frac{1+\cos 2x}{2};$$

d'où

$$\frac{d^n y}{dx^n} = \frac{1}{2}\,\frac{d^n \cos 2x}{dx^n} = 2^{n-1}\cos\left(2x + n\frac{\pi}{2}\right).$$

On déduit de là

$$\frac{d^n \sin^2 x}{dx^n} = -2^{n-1}\cos\left(2x + \frac{n\pi}{2}\right) = 2^{n-1}\sin\left(2x + \frac{n-1}{2}\pi\right).$$

57. On sait comment, au moyen de la formule de Moivre, on exprime les puissances entières de $\sin x$ et de $\cos x$ en fonction des multiples de l'arc x. Les résultats auxquels on

parvient peuvent s'écrire

$$(1)\qquad 2^{2p}\sin^{2p}x = (-1)^p \sum_{h=0}^{h=2p} (-1)^h \binom{2p}{h} \cos(2p-2h)x,$$

$$(2)\qquad 2^{2p+1}\sin^{2p+1}x = (-1)^p \sum_{h=0}^{h=2p+1} (-1)^h \binom{2p+1}{h} \sin(2p+1-2h)x,$$

$$(3)\qquad 2^p\cos^p x = \sum_{h=0}^{h=p} \binom{p}{h} \cos(p-2h)x.$$

La dernière formule donne, en ayant égard au n° 55,

$$\frac{d^n y}{dx^n} = \frac{1}{2^p}\sum_0^p \binom{p}{h} (p-2h)^n \cos\left[(p-2h)x + \frac{n\pi}{2}\right].$$

Si la fonction proposée était $\sin^p x$, les relations (1) et (2) conduiraient à deux formules analogues, l'une répondant au cas de l'exposant pair, l'autre au cas de l'exposant impair.

58. $\dfrac{d^n y}{dx^n} = (-1)^{n-1}(n-1)(n-2)\ldots 3.2.1\, x^{-n}.$

59. $\dfrac{dy}{dx} = \dfrac{2}{(1-x)^2},$

et, par suite,

$$\frac{d^n y}{dx^n} = 2\,\frac{d^{n-1}(1-x)^{-2}}{dx^{n-1}} = 2\,\frac{n(n-1)\ldots 3.2.1}{(1-x)^{n+1}}.$$

60. $\dfrac{dy}{dx} = e^{x\cos\theta}[\cos(x\sin\theta)\cos\theta - \sin(x\cos\theta)\sin\theta]$

$$= e^{x\cos\theta}\cos(x\sin\theta + \theta);$$

$$\frac{d^n y}{dx^n} = e^{x\cos\theta}\cos(x\sin\theta + n\theta).$$

$$\frac{d^n z}{dx^n} = e^{x\cos\theta}\sin(x\sin\theta + n\theta).$$

61. On a identiquement

$$e^{ax}[\cos(bx+c)+i\sin(bx+c)]=e^{ax+i(bx+c)}.$$

Appelons u le premier membre de cette égalité, il vient

$$\frac{d^n u}{dx^n}=(a+bi)^n e^{ax+i(bx+c)}.$$

Posons

$$\frac{a}{(a^2+b^2)^{\frac{1}{2}}}=\cos\alpha,\quad \frac{b}{(a^2+b^2)^{\frac{1}{2}}}=\sin\alpha;$$

la dernière égalité peut s'écrire

$$\begin{aligned}\frac{d^n u}{dx^n}&=(a^2+b^2)^{\frac{n}{2}}[\cos(n\alpha+i\sin n\alpha)]\\ &\quad\times[\cos(bx+c)+i\sin(bx+c)]e^{ax}.\end{aligned}$$

Si l'on remplace maintenant u par sa valeur et qu'on identifie les parties réelles dans les deux membres, ainsi que les parties imaginaires, on trouvera

$$\frac{d^n[e^{ax}\cos(bx+c)]}{dx^n}=(a^2+b^2)^{\frac{n}{2}}e^{ax}\cos(bx+c+n\alpha),$$

$$\frac{d^n[e^{ax}\sin(bx+c)]}{dx^n}=(a^2+b^2)^{\frac{n}{2}}e^{ax}\sin(bx+c+n\alpha).$$

62. Si l'on désigne par u et v deux fonctions de x, on a, d'après le théorème connu de Leibnitz,

$$\frac{d^n uv}{dx^n}=v\frac{d^n u}{dx^n}+n\frac{dv}{dx}\frac{d^{n-1}u}{dx^{n-1}}+\frac{n(n-1)}{1.2}\frac{d^2v}{dx^2}\frac{d^{n-2}u}{dx^{n-2}}+\ldots.$$

En l'appliquant ici, on trouve

$$\frac{d^n y}{dx^n}=x\frac{d^n(a+bx)^{\frac{p}{2}}}{dx^n}+n\frac{d^{n-1}(a+bx)^{\frac{p}{2}}}{dx^{n-1}},$$

et en vertu du n° 54,

$$\frac{d^n y}{dx^n} = \left(\frac{b}{2}\right)^{n-1} p(p-2)\ldots(p-2n+4)$$
$$\times\left[na + \left(\frac{p}{2}+1\right)bx\right](a+bx)^{\frac{p}{2}-n}.$$

63. En appliquant le théorème de Leibnitz (n° 62) et supposant que p n'est pas un entier inférieur à n, on a

$$\frac{d^n y}{dx^n} = \mathrm{A}\left[1 - \binom{n}{1}\frac{p}{p-n+1}\frac{x}{1-x}\right.$$
$$\left. + \binom{n}{2}\frac{p(p-1)}{(p-n+1)(p-n+2)}\frac{x^2}{(1-x)^2} - \ldots\right],$$

avec la relation

$$\mathrm{A} = p(p-1)\ldots(p-n+1)(1-x)^p x^{p-n}.$$

Si $n = p$, l'expression devient

$$1.2.3\ldots(p-1)p\left\{(1-x)^p - \binom{p}{1}^2(1-x)^{p-1}x\right.$$
$$\left. + \binom{p}{2}^2(1-x)^{p-2}x^2 - \ldots\right].$$

64. En faisant sur p l'hypothèse du n° 63, on a

$$\frac{d^n y}{dx^n} = \mathrm{A}\left[\log x + \binom{n}{1}\binom{p-n+1}{1}^{-1} - \frac{1}{2}\binom{n}{2}\binom{p-n+2}{2}^{-1} + \ldots\right.$$
$$\left. + \frac{(-1)^{\mu-1}}{\mu}\binom{n}{\mu}\binom{p-n+\mu}{\mu}^{-1} + \ldots\right]$$

avec la relation

$$\mathrm{A} = p(p-1)(p-2)\ldots(p-n+1)x^{p-n}.$$

Si $n = p$, l'expression devient

$$1.2.3\ldots p\left[\log x + \binom{p}{1} - \frac{1}{2}\binom{p}{2} + \frac{1}{3}\binom{p}{3} + \ldots + \frac{(-1)^{\mu-1}}{\mu}\binom{p}{\mu} + \ldots\right].$$

65. Dans l'hypothèse du n° **63** et observant qu'on a

$$y = (a+x)^p.(b+x)^{-q},$$

$$\frac{d^n y}{dx^n} = \mathrm{A}\left[1 - \binom{n}{1}\frac{q}{p-n+1}\,\frac{a+x}{b+x} + \binom{n}{2}\frac{q(q+1)}{(p-n+1)(p-n+2)}\,\frac{(a+x)^2}{(b+x)^2} + \ldots\right],$$

où l'on a fait

$$\mathrm{A} = p(p-1)\ldots(p-n+1)\frac{(a+x)^{p-n}}{(b+x)^q}.$$

66. $y = (e^{ax}\cos bx).x^p.$

En posant

$$\frac{b}{a} = \tan \alpha,$$

et ayant égard aux n°s **61** et **62**, on trouve

$$\frac{d^n y}{dx^n} = e^{ax}(a^2+b^2)^{\frac{n}{2}} \times\left[x^p\cos(bx+n\alpha) + \binom{n}{1}p\,x^{p-1}\frac{\cos[bx+(n-1)\alpha]}{(a^2+b^2)^{\frac{1}{2}}} + \binom{n}{2}p(p-1)x^{p-2}\frac{\cos[bx+(n-2)\alpha]}{(a^2+b^2)^{\frac{2}{2}}} + \ldots\right].$$

En opérant sur l'expression $x^p e^{(a+bi)x}$, on obtiendra à la fois le résultat précédent et celui qui convient au cas où $\sin bx$ remplacerait $\cos bx$ dans la formule considérée.

67. $y = \frac{1}{2a}\left(\frac{1}{a-bx} + \frac{1}{a+bx}\right)$:

par suite,

$$\frac{d^n y}{dx^n} = \frac{1.2.3\ldots n\,b^n}{2a}\left[\frac{1}{(a-bx)^{n+1}} - \frac{(-1)^{n+1}}{(a+bx)^{n+1}}\right].$$

Si n est pair, on peut écrire

$$\frac{d^n y}{dx^n} = \frac{1.2.3\ldots n\,b^n}{(a^2-b^2x^2)^{n+1}}\sum_0^{\frac{n}{2}}\binom{n+1}{2h} a^{n-2h} b^{2h} x^{2h}.$$

et si n est impair, on a la formule

$$\frac{d^n y}{dx^n} = \frac{1.2.3\ldots n\,b^{n+1}}{(a^2-b^2x^2)^{n+1}}\sum_0^{\frac{n-1}{2}}\binom{n+1}{2h+1} a^{n-2h-1} b^{2h} x^{2h+1}.$$

On peut appliquer ici la relation du n° 83.

68. $y = \frac{1}{2b}\left[\frac{1}{a-bx} - \frac{1}{a+bx}\right]$.

En opérant comme au numéro précédent, on trouve pour n pair

$$\frac{d^n y}{dx^n} = \frac{1.2.3\ldots n\,b^n}{(a^2-b^2x^2)^{n+1}}\sum_0^{\frac{n}{2}}\binom{n+1}{2h+1} a^{n-2h} b^{2h} x^{2h+1},$$

et pour n impair,

$$\frac{d^n y}{dx^n} = \frac{1.2\ldots n\,b^{n-1}}{(a^2-b^2x^2)^{n+1}}\sum_0^{\frac{n-1}{2}}\binom{n+1}{2h} a^{n-2h+1} b^{2h} x^{2h}.$$

69. On obtiendra les formules demandées en remplaçant b par ib dans celles du n° 67; mais on arrive à des résultats plus simples en posant

$$\frac{1}{a^2+b^2x^2} = \frac{1}{2a}\left(\frac{1}{a-ibx} + \frac{1}{a+ibx}\right),$$

d'où

$$\frac{d^n y}{dx^n} = i^n \frac{1.2\ldots n b^n}{2a}\left[\frac{1}{(a - ibx)^{n+1}} + (-1)^n \frac{1}{(a+ibx)^{n+1}}\right].$$

Si l'on fait $a = r\cos\varphi$, $bx = r\sin\varphi$, le second membre devient

$$i^n \frac{1.2.3\ldots n b^n}{2a(a^2+b^2x^2)^{\frac{n+1}{2}}}[\cos(n+1)\varphi + i\sin(n+1)\varphi$$
$$+ (-1)^n\cos(n+1)\varphi - (-1)^n i \sin(n+1)\varphi].$$

Il en résulte pour n pair

$$\frac{d^n y}{dx^n} = (-1)^{\frac{n}{2}} \frac{1.2\ldots n b^n}{a(a^2+b^2x^2)^{\frac{n+1}{2}}} \cos\left[(n+1)\,\text{arc tang}\frac{bx}{a}\right],$$

et pour n impair,

$$\frac{d^n y}{dx^n} = (-1)^{\frac{n+1}{2}} \frac{1.2\ldots n b^n}{a(a^2+b^2x^2)^{\frac{n+1}{2}}} \sin\left[(n+1)\,\text{arc tang}\frac{bx}{a}\right].$$

On peut aussi obtenir une formule unique pour les deux cas; en posant en effet

$$\frac{1}{a^2+b^2x^2} = \frac{1}{2ai}\left(\frac{1}{bx - ai} - \frac{1}{bx+ai}\right),$$

et opérant à peu près comme tout à l'heure, on trouve, quel que soit n,

$$\frac{d^n y}{dx^n} = (-1)^n \frac{1.2\ldots n b^n}{a(a^2+b^2x^2)^{\frac{n+1}{2}}} \sin\left[(n+1)\,\text{arc tang}\frac{a}{bx}\right].$$

(LIOUVILLE.)

On peut appliquer ici la relation du n° 83.

70. En remplaçant b par ib on rentre dans la question traitée n° 68; on obtient d'ailleurs des formules plus simples en opérant comme au n° 69.

71. $\dfrac{dy}{dx} = \dfrac{2ab}{a^2 - b^2x^2}.$

La question est ramenée à celle du n° 67.

72. $\dfrac{dy}{dx} = (1 - x^2)^{-\frac{1}{2}} = (1 + x)^{-\frac{1}{2}}(1 - x)^{-\frac{1}{2}}.$

Appliquant ici le théorème du n° 62, et observant qu'on a (n° 54)

$$\frac{d^p(a + bx)^{-\frac{1}{2}}}{dx^p} = (-1)^p \frac{1.3.5\ldots(2p-1)}{2^p(a+bx)^{\frac{2p+1}{2}}} b^p,$$

il vient

$$\frac{d^{n+1}y}{dx^{n+1}} = \frac{1.3\ldots(2n-1)}{2^n(1-x)^n(1-x^2)^{\frac{1}{2}}}\left[1 + \sum_{k=1}^{k=n}(-1)^k\binom{n}{k}A_k\right],$$

où l'on a fait

$$A_k = \frac{1.3\ldots(2k-1)}{(2n-1)(2n-3)\ldots(2n-2k+1)}\left(\frac{1-x}{1+x}\right).$$

On peut encore ici appliquer la relation du n° 83.

73. $\dfrac{dy}{dx} = \dfrac{a}{a^2 + x^2};$

par suite (n° 69)

$$\frac{d^n y}{dx^n} = (-1)^{n-1}1.2\ldots(n-2)(n-1)\frac{\sin n\varphi \sin^n\varphi}{a^n},$$

où l'on a

$$\text{arc tang}\frac{x}{a} = \frac{\pi}{2} - \varphi.$$

74. $\dfrac{dy}{dx} = \dfrac{\sin\alpha}{1 - 2x\cos\alpha + x^2} = \dfrac{\sin\alpha}{(1-px)(1-qx)},$

en posant

$$\cos\alpha + i\sin\alpha = p, \quad \cos\alpha - i\sin\alpha = q.$$

On tire de là

$$\frac{dy}{dx} = \frac{1}{2i}\left(\frac{p}{1-px} - \frac{q}{1-qx}\right),$$

et par suite

$$\frac{d^n y}{dx^n} = \frac{1}{2i}\left[p\,\frac{d^{n-1}(1-px)^{-1}}{dx^{n-1}} - q\,\frac{d^{n-1}(1-qx)^{-1}}{dx^{n-1}}\right],$$

ou bien (n° 54)

$$\frac{d^n y}{dx^n} = \frac{1.2\ldots(n-1)}{2i}\,\frac{p^n(1-qx)^n - q^n(1-px)^n}{(1-2x\cos\alpha + x^2)^n}.$$

Si l'on fait

$$1 - x\cos\alpha = \rho\cos\theta, \quad x\sin\alpha = \rho\sin\theta,$$

l'expression

$$p^n(1-qx)^n - q^n(1-px)^n$$

se réduit à

$$2i\sin n(\alpha+\theta)\rho^n,$$

et, par conséquent,

$$\frac{d^n y}{dx^n} = 1.2\ldots(n-1)\,\frac{\sin n(\alpha+\theta)}{(1-2x\cos\alpha+x^2)^{\frac{n}{2}}}.$$

75. Premier cas, m pair. La méthode de décomposition des fractions rationnelles donne la relation

$$\frac{1}{x^m - a^m} = \frac{1}{ma^{m-1}}\left(\frac{1}{x-a} - \frac{1}{x+a}\right)$$

$$+ \frac{1}{ma^{m-1}}\sum_1^{\frac{m-2}{2}} \frac{\cos\frac{2h\pi}{m} + i\sin\frac{2h\pi}{m}}{x - a\cos\frac{2h\pi}{m} - ia\sin\frac{2h\pi}{m}}$$

$$+ \frac{1}{ma^{m-1}}\sum_1^{\frac{m-2}{2}} \frac{\cos\frac{2h\pi}{m} - i\sin\frac{2h\pi}{m}}{x - a\cos\frac{2h\pi}{m} + ia\sin\frac{2h\pi}{m}}.$$

Posons

$$\cos\varphi_h = \frac{x - a\cos\frac{2h\pi}{m}}{\left(x^2 - 2ax\cos\frac{2h\pi}{m} + a^2\right)^{\frac{1}{2}}},$$

$$\sin\varphi_h = \frac{a\sin\frac{2h\pi}{m}}{\left(x^2 - 2ax\cos\frac{2h\pi}{m} + a^2\right)^{\frac{1}{2}}},$$

il vient

$$\frac{d^n y}{dx^n} = (-1)^n \frac{1.2\ldots n}{ma^{m-1}}\left[\frac{1}{(x-a)^{n+1}} - \frac{1}{(x+a)^{n+1}}\right]$$

$$+ (-1)^n \frac{1.2\ldots n}{\frac{1}{2}ma^{m-1}} \sum_1^{\frac{m-2}{2}} \frac{\cos\left[\frac{2h\pi}{m} + (n+1)\varphi_h\right]}{\left(x^2 - 2ax\cos\frac{2h\pi}{m} + a^2\right)^{\frac{n+1}{2}}}.$$

Deuxième cas, m impair. On obtient encore, au moyen de la décomposition des fractions rationnelles en fractions plus simples,

$$\frac{1}{x^m - a^m} = \frac{1}{ma^{m-1}}\,\frac{1}{x-a}$$

$$+ \frac{1}{ma^{m-1}} \sum_1^{\frac{m-1}{2}} \frac{\cos\frac{2h\pi}{m} + i\sin\frac{2h\pi}{m}}{x - a\cos\frac{2h\pi}{m} - ia\sin\frac{2h\pi}{m}}$$

$$+ \frac{1}{ma^{m-1}} \sum_1^{\frac{m-1}{2}} \frac{\cos\frac{2h\pi}{m} - i\sin\frac{2h\pi}{m}}{x - a\cos\frac{2h\pi}{m} + ia\sin\frac{2h\pi}{m}}.$$

En faisant une hypothèse semblable à celle du premier cas, il vient

$$\frac{d^ny}{dx^n} = (-1)^n \frac{1.2\ldots n}{ma^{m-1}} \frac{1}{(x-a)^{n+1}}$$

$$+ (-1)^n \frac{1.2\ldots n}{\frac{1}{2} ma^{m-1}} \sum_1^{\frac{m-1}{2}} \frac{\cos\left[\frac{2h\pi}{m} + (n+1)\varphi_h\right]}{\left(x^2 - 2ax\cos\frac{2h\pi}{m} + a^2\right)^{\frac{n+1}{2}}}.$$

76. En opérant à peu près de la même manière que dans le numéro précédent, et adoptant les mêmes notations, on trouve pour m pair

$$\frac{d^ny}{dx^n} = (-1)^n \frac{1.2\ldots n}{ma^{m-p-1}} \left[\frac{1}{(x-a)^{n+1}} - (-1)^p \frac{1}{(x+a)^{n+1}}\right]$$

$$+ (-1)^n \frac{1.2\ldots n}{\frac{1}{2} ma^{m-p-1}} \sum_1^{\frac{m-2}{2}} \frac{\cos\left[\frac{2h(p+1)\pi}{m} + (n+1)\varphi_h\right]}{\left(x^2 - 2ax\cos\frac{2h\pi}{m} + a^2\right)^{\frac{n+1}{2}}};$$

et pour m impair,

$$\frac{d^ny}{dx^n} = (-1)^n \frac{1.2\ldots n}{ma^{m-p-1}} \frac{1}{(x-a)^{n+1}}$$

$$+ (-1)^n \frac{1.2\ldots n}{\frac{1}{2} ma^{m-p-1}} \sum_1^{\frac{m-1}{2}} \frac{\cos\left[\frac{2h(p+1)\pi}{m} + (n+1)\varphi_h\right]}{\left(x^2 - 2ax\cos\frac{2h\pi}{m} + a^2\right)^{\frac{n+1}{2}}}.$$

77. $e^{c(x+h)^2} = y + h\frac{dy}{dx} + \frac{h^2}{1.2}\frac{d^2y}{dx^2} + \ldots + \frac{h^n}{1.2\ldots n}\frac{d^ny}{dx^n} + \ldots$

$$= e^{cx^2} e^{2cxh} e^{ch^2}$$

Or on a

$$e^{2cxh} = 1 + 2cxh + \frac{(2cx)^2}{1.2} h^2 + \ldots,$$

$$e^{ch^2} = 1 + ch^2 + \frac{c^2}{1.2} h^4 + \ldots.$$

Multipliant ces deux dernières égalités membre à membre et prenant le coefficient de h^n, on trouve qu'il est égal à

$$\frac{1}{1.2\ldots n}\left[c^n(2x)^n + n(n-1)c^{n-1}(2x)^{n-2} + \frac{n(n-1)(n-2)(n-3)}{1.2} c^{n-2}(2x)^{n-4} + \ldots\right];$$

$\frac{d^n y}{dx^n}$ s'obtiendra donc en multipliant cette quantité par

$$1.2.3\ldots n e^{cx^2}.$$

La méthode qu'on vient d'employer peut servir dans plusieurs autres cas. On arriverait d'ailleurs au même résultat en appliquant la relation du n° 83.

78. $\cos(x^2) + i\sin(x^2) = e^{ix^2}$;

par conséquent, en vertu du numéro précédent,

$$\frac{d^n \cos(x^2)}{dx^n} + i\frac{d^n . \sin(x^2)}{dx^n}$$
$$= e^{ix^2}\left[i^n(2x)^n + i^{n-1}n(n-1)(2x)^{n-2} + i^{(n-2)}\frac{n(n-1)(n-2)(n-3)}{1.2}(2x)^{n-4} + \ldots\right].$$

Remplaçant les puissances de i par des exponentielles au moyen de la relation $i^p = e^{ip\frac{\pi}{2}}$, le second membre de l'équation précédente pourra s'écrire

$$(2x)^n e^{i\left(x^2 + \frac{n\pi}{2}\right)} + n(n-1)(2x)^{n-2} e^{i\left(x^2 + \frac{n-1}{2}\pi\right)} + \ldots.$$

On déduit de là

$$\frac{d^n \cos(x^2)}{dx^n} = (2x)^n \cos\left(x^2 + n\frac{\pi}{2}\right)$$
$$+ n(n-1)(2x)^{n-2} \cos\left(x^2 + \frac{n-1}{2}\pi\right)$$
$$+ \frac{n(n-1)(n-2)(n-3)}{1.2}(2x)^{n-4}$$
$$\times \cos\left(x^2 + \frac{n-2}{2}\pi\right) + \ldots.$$

Il suffit de remplacer les cosinus par des sinus pour obtenir $\frac{d^n \sin(x^2)}{dx^n}$.

79. Après avoir différentié un petit nombre de fois, on s'aperçoit aisément que la dérivée $n^{ième}$ de y est de la forme

$$\frac{a_n e^{nx} + a_{n-1} e^{(n-1)x} + \ldots + a_1 e^x}{(e^x + 1)^{n+1}};$$

on peut donc poser

$$(1) \qquad (e^x + 1)^{n+1} \frac{d^n y}{dx^n} = a_n e^{nx} + a_{n-1} e^{(n-1)x} + \ldots + a_1 e^x.$$

D'un autre côté, x ne recevant que des valeurs positives, on a la série convergente

$$y = e^{-x} - e^{-2x} + e^{-3x} - \ldots;$$

d'où, en la différentiant n fois, ce qui donne encore un résultat convergent,

$$(2) \qquad \frac{d^n y}{dx^n} = (-1)^n (1^n e^{-x} - 2^n e^{-2x} + 3^n e^{-3x} - \ldots).$$

On a aussi

$$(3) \qquad (e^x + 1)^{n+1} = e^{(n+1)x} + \frac{n+1}{1} e^{nx} + \frac{(n+1)n}{1.2} e^{(n-1)x} + \ldots.$$

Multipliant les équations (2) et (3) membre à membre et

observant qu'en vertu de la relation (1) le produit des seconds membres ne doit renfermer qu'un nombre fini de termes à exposants positifs, d'où résulte que les termes affectés d'exposants négatifs se détruisent mutuellement, il vient

$$(-1)^n(e^x+1)^{n+1}\frac{d^n y}{dx^n}$$
$$= 1^n e^{nx} - \left(2^n - \frac{n+1}{1}1^n\right)e^{(n-1)x}$$
$$+ \left[3^n - \frac{n+1}{1}2^n + \frac{(n+1)n}{1.2}1^n\right]e^{(n-2)x} + \ldots$$

(LAPLACE.)

80. La relation est évidente quand $n=1$. Afin de l'établir généralement, prouvons que, si elle existe pour le nombre n, elle existe aussi pour le nombre $n+1$. Or on a, en différentiant les deux membres de l'équation (1),

$$(2)\quad \left\{\begin{aligned} & v\,D^{n+1}u + Dv\,D^n u \\ & \quad = D^{n+1}uv - \binom{n}{1}D^n(u\,Dv) \\ & \quad\quad + \binom{n}{2}D^{n-1}(u\,D^2v) + \ldots + (-1)^n D(u\,D^n v). \end{aligned}\right.$$

Si d'ailleurs on remplace dans (1) v par Dv, on trouve

$$(3)\quad \left\{\begin{aligned} & Dv\,D^n u = D^n(u\,Dv) - \binom{n}{1}D^{n-1}(u\,D^2v) \\ & \quad\quad + \binom{n}{2}D^{n-2}(u\,D^3v) + \ldots + (-1)^n u\,D^{n+1}v. \end{aligned}\right.$$

Retranchant membre à membre la relation (3) de la relation (2), il vient

$$v\,D^{n+1}u = D^{n+1}uv - \binom{n+1}{1}D^n(u\,Dv)$$
$$+ \binom{n+1}{2}D^{n-1}(u\,D^2v) + \ldots + (-1)^{n+1}u\,D^{n+1}v.$$

C. Q. F. T.

81. On trouve, par la formule de Leibnitz (n° 62),

$$D^n[e^{ax}\varphi(x)] = e^{ax}\left[a^n\varphi(x) + \binom{n}{1}a^{n-1}D\varphi(x) + \ldots \right.$$
$$\left. + \binom{p}{n}a^{n-p}D^p\varphi(x) + \ldots + D^n\varphi(x)\right],$$

et ce résultat s'exprime d'une manière concise par la forme indiquée, si l'on conçoit qu'après avoir développé la puissance $(a + D)^p$, chaque facteur D^μ reprend sa signification habituelle d'opération quand il est suivi de la fonction $\varphi(x)$.

82. 1° On a

$$D_t(x^n D_x^n y) = D_x(x^n D_x^n y)\,D_t x = [n x^{n-1} D_x^n y + x^n D_x^{n+1} y]\,x,$$

et par suite,

$$(1)\qquad (D_t - n)(x^n D_x^n y) = x^{n+1} D_x^{n+1} y.$$

Si $n = 1$, il vient

$$(D_t - 1)\,x D_x y = x^2 D_x^2 y.$$

Or

$$D_x y = D_t y\,D_t x,$$

d'où

$$D_t y = x D_x y;$$

donc

$$(2)\qquad x^2 D_x^2 y = (D_t - 1)\,D_t y.$$

Pour $n = 2$, l'équation (1) donne

$$(D_t - 2)\,x^2 D_x^2 y = x^3 D_x^3 y,$$

et, d'après ce qui précède,

$$x^3 D_x^3 y = (D_t - 2)\,D_t - 1)\,D_t y;$$

et ainsi de suite.

83. Cette relation se vérifie immédiatement par le calcul pour les premières valeurs de n. Afin de l'établir généralement, supposons-la démontrée pour une valeur n quelconque et cherchons à reconnaitre qu'elle subsiste pour la valeur $n+1$. En différentiant les deux membres, on obtient dans le second, pour le coefficient de $f^{(n+1-k)}(x^2)$, l'expression

$$\frac{n(n-1)\ldots(n-2k+1)}{1.2\ldots k}(2x)^{n-2k+1}$$
$$+2\frac{n(n-1)\ldots(n-2k+3)}{1.2\ldots(k-1)}(n-2k+2)(2x)^{n-2k+1},$$

dans laquelle le multiplicateur de $(2x)^{n-2k+1}$ est

$$\frac{n(n-1)\ldots(n-2k+2)}{1.2\ldots k}[(n-2k+1)+2k]$$
$$=\frac{(n+1)[(n+1)-1]\ldots[(n+1)-2k+1]}{1.2\ldots k}.$$

On voit que la loi de composition des termes du second membre dans la relation proposée subsiste encore quand on y change n en $n+1$; la formule est donc générale.

On peut appliquer cette formule aux questions des nos 67, 69, 72, 73 et 76.

84. En vertu du numéro précédent, le terme général du développement de $\frac{d^{n-1}f(x^2)}{dx^{n-1}}$ est égal à

$$\frac{(n-1)(n-2)\ldots(n-2k)}{1.2\ldots k}(2x)^{n-k-1}f^{(n-k-1)}(x^2).$$

On a ici

$$f(x^2)=(1-x^2)^{n-\frac{1}{2}},$$

et par suite,

$$f^{(n-k-1)}(x^2) = (-1)^{n-k-1}\frac{2n-1}{2}\,\frac{2n-3}{2}\cdots\frac{2k+3}{2}(1-x^2)^{\frac{2k+1}{2}}.$$

Pour faire apparaitre le produit

$$1.3.5\ldots(2n-1) = \mathrm{P},$$

qui figure dans le second membre de la relation proposée, observons qu'on a

$$\begin{aligned}
&\frac{(2n-1)}{2}\,\frac{(2n-3)}{2}\cdots\frac{(2k+3)}{2}\\
&= \frac{2^{k-n+1}\mathrm{P}}{1.3.5\ldots(2k+1)}\\
&= \frac{2^{k-n+1}\mathrm{P}.2.4.6\ldots 2k}{1.2.3\ldots 2k(2k+1)}\\
&= \frac{2^{k-n+1}\mathrm{P}}{(k+1)(k+2)(k+3)\ldots(2k+1)}.
\end{aligned}$$

On aura donc, pour le terme général du développement qu'il s'agit de former,

$$(-1)^{n-k-1}\frac{\mathrm{P}}{(k+1)(k+2)\ldots(2k+1)} \times \frac{(n-1)(n-2)\ldots(n-2k)}{1.2\ldots k}x^{n-2k-1}(1-x^2)^{\frac{2k+1}{2}},$$

ou bien

$$(-1)^{n-k-1}\frac{\mathrm{P}}{n}\binom{n}{2k+1}\cos^{n-2k-1}\alpha\sin^{2k+1}\alpha.$$

Ce résultat, rapproché de la formule connue (n° 20),

$$\sin n\alpha = n\cos^{n-1}\alpha\sin\alpha - \binom{n}{3}\cos^{n-3}\alpha\sin^3\alpha + \ldots$$

$$+ (-1)^k\binom{n}{2k+1}\cos^{n-2k-1}\alpha\sin^{2k+1}\alpha + \ldots + \ldots$$

démontre immédiatement la relation proposée.

Cette importante relation, attribuée ordinairement à Jacobi qui l'a donnée en 1826 dans le *Journal de Crelle,* appartient en réalité à Olinde Rodrigues (*Thèse sur l'attraction des sphéroïdes,* 1815). M. Hermite en a présenté une généralisation très-remarquable dans les *Comptes rendus de l'Académie des Sciences,* année 1865.

85. On a

$$\frac{dy}{dx} = \frac{2\arcsin x}{(1-x^2)^{\frac{1}{2}}},$$

$$\frac{d^2y}{dx^2} = \frac{2}{1-x^2} + \frac{2x\arcsin x}{(1-x^2)^{\frac{3}{2}}};$$

et par suite,

$$(1-x^2)\frac{d^2y}{dx^2} - x\frac{dy}{dx} - 2 = 0.$$

En différentiant cette équation $(n-1)$ fois, il vient

$$(1-x^2)\frac{d^{n+1}y}{dx^{n+1}} - (2n-1)x\frac{d^ny}{dx^n} - (n-1)^2\frac{d^{n-1}y}{dx^{n-1}} = 0.$$

On déduit de là, pour $x=0$,

$$\left(\frac{d^{n+1}y}{dx^{n+1}}\right)_0 - (n-1)^2\left(\frac{d^{n-1}y}{dx^{n-1}}\right)_0 = 0,$$

c'est-à-dire

$$\left(\frac{d^{n+1}y}{dx^{n+1}}\right)_0 = 0,$$

quand n est pair, et

$$\left(\frac{d^{n+1}y}{dx^{n+1}}\right)_0 = 2.2^2.4^2.6^2\ldots(n-1)^2,$$

quand n est impair.

86. On a

$$\frac{dy}{dx} = -\mu \frac{\sin(\mu \arcsin x)}{(1-x^2)^{\frac{1}{2}}},$$

$$\frac{d^2y}{dx^2} = -\frac{\mu x}{(1-x^2)^{\frac{3}{2}}} \sin(\mu \arcsin x) - \frac{\mu^2}{1-x^2} \cos(\mu \arcsin x);$$

et par suite,

$$(1-x^2)\frac{d^2y}{dx^2} - x\frac{dy}{dx} + \mu^2 y = 0.$$

En différentiant n fois cette équation, il vient

$$(1-x^2)\frac{d^{n+2}y}{dx^{n+2}} - (2n+1)x\frac{d^{n+1}y}{dx^{n+1}} - (n^2-\mu^2)\frac{d^n y}{dx^n} = 0.$$

On déduit de là, pour $x = 0$,

$$\left(\frac{d^{n+2}y}{dx^{n+2}}\right)_0 - (n^2-\mu^2)\left(\frac{d^n y}{dx^n}\right)_0 = 0.$$

Ce résultat montre que toutes les dérivées de y sont nulles quand n est impair, et qu'on a, pour les valeurs paires de n,

$$\left(\frac{d^{n+2}y}{dx^{n+2}}\right)_0 = (-1)^{\frac{n}{2}+1}\mu^2(\mu^2-2^2)(\mu^2-4^2)\ldots(\mu^2-n^2).$$

On trouve de la même manière

$$\left(\frac{d^{n+2}z}{dx^{n+2}}\right)_0 = 0,$$

quand n est pair, et

$$\left(\frac{d^{n+2}z}{dx^{n+2}}\right)_0 = (-1)^{\frac{n+1}{2}}\mu(\mu^2-1^2)(\mu^2-3^2)\ldots(\mu^2-n^2),$$

quand n est impair.

87. En opérant sur y comme dans le numéro précédent, on trouve

$$\frac{d^{2p}y}{dx^{2p}}=0,\quad \frac{d^{2p+3}y}{dx^{2p+3}}=(-1)^{p+1}\mu(\mu^2+1^2)(\mu^2+3^2)\ldots(\mu^2+\overline{2p+1}^2).$$

§ IV. — *Différentiation des fonctions explicites de plusieurs variables.*

88. $du=3(3x-2y)^2(3dx-2dy)$.

89. $du=\dfrac{2^{\frac{1}{2}}x}{(x^2+y^2)(x^2-y^2)^{\frac{1}{2}}}(y\,dx-x\,dy)$.

90. $du=\dfrac{2(y\,dx-x\,dy)}{y(x^2-y^2)^{\frac{1}{2}}}$.

91. $du=\dfrac{2\,dx}{1+x^2}+\dfrac{dy}{1+y^2}$.

92. $du=\dfrac{dx}{1+x^2}+\dfrac{dy}{1+y^2}$.

93. $du=\dfrac{2(y\,dx-x\,dy)}{y^2\sin\dfrac{2x}{y}}$.

94. $du=a\dfrac{(ay-bz)\,dx+(cz-ax)\,dy+(bx-cy)\,dz}{(cz-ax)^2}$.

95. $du=\dfrac{y e^z dz}{(x^2+y^2)^{\frac{1}{2}}}+\dfrac{x e^z(x\,dy-y\,dx)}{(x^2+y^2)^{\frac{3}{2}}}$.

96. $du=(dz-dy-dx)\sin(x+y-z)$.

97. $du=y^x z^{y^x}\left(\log y\log z\,dx+\dfrac{x}{y}\log z\,dy+\dfrac{dz}{z}\right)$.

98. $\dfrac{\partial u}{\partial x}=24yz,\quad \dfrac{\partial u}{\partial y}=24zx,\quad \dfrac{\partial u}{\partial z}=24xy,\quad u=24xyz.$

99. De l'équation

$$F(X, Y, Z, T)=f(x, y, z, t),$$

on déduit par la différentiation

$$(1)\quad \left\{\begin{aligned} \frac{\partial F}{\partial X} &= \frac{\partial f}{\partial x}\frac{\partial x}{\partial X} + \frac{\partial f}{\partial y}\frac{\partial y}{\partial X} + \dots + \frac{\partial f}{\partial t}\frac{\partial t}{\partial X},\\ \frac{\partial F}{\partial Y} &= \frac{\partial f}{\partial x}\frac{\partial x}{\partial Y} + \frac{\partial f}{\partial y}\frac{\partial y}{\partial Y} + \dots + \frac{\partial f}{\partial t}\frac{\partial t}{\partial Y},\\ &\dots\dots\dots\dots\dots\dots,\\ \frac{\partial F}{\partial T} &= \frac{\partial f}{\partial x}\frac{\partial x}{\partial T} + \frac{\partial f}{\partial y}\frac{\partial y}{\partial T} + \dots + \frac{\partial f}{\partial t}\frac{\partial t}{\partial T}. \end{aligned}\right.$$

On a d'ailleurs

$$X_1\frac{\partial x}{\partial X} + Y_1\frac{\partial x}{\partial Y} + \dots + T_1\frac{\partial x}{\partial T} = x_1,$$

puisque $\frac{\partial x}{\partial X}$ est égal au coefficient de X dans x, $\frac{\partial x}{\partial Y}$ au coefficient de Y, etc. Si donc on ajoute les équations (1) après les avoir multipliées respectivement par $X_1, Y_1, \dots, T_1$, il vient

$$X_1\frac{\partial F}{\partial X} + Y_1\frac{\partial F}{\partial Y} + \dots + T_1\frac{\partial F}{\partial T} = x_1\frac{\partial f}{\partial x} + y_1\frac{\partial f}{\partial y} + \dots + t_1\frac{\partial f}{\partial t}.$$

Cette proposition est utile dans la théorie des coordonnées homogènes.

100. D'après le théorème des fonctions homogènes, on a

$$mu = x_1u_1 + x_2u_2 + x_3u_3,$$

$$(2)\quad \left\{\begin{aligned} (m-1)u_1 &= x_1u_{11} + x_2u_{12} + x_3u_{13},\\ (m-1)u_2 &= x_1u_{21} + x_2u_{22} + x_3u_{23},\\ (m-1)u_3 &= x_1u_{31} + x_2u_{32} + x_3u_{33}. \end{aligned}\right.$$

Soit H le premier membre de l'équation (1). Si l'on multiplie respectivement par x_1, x_2, x_3 les colonnes de ce déterminant symétrique et qu'on remplace chaque terme de la dernière par la somme de ceux qui appartiennent à la même ligne que ce terme, on trouve, en vertu des équations (2),

$$\frac{\mathrm{H}x_3}{m-1} = \begin{vmatrix} u_{11} & u_{12} & u_1 \\ u_{21} & u_{22} & u_2 \\ u_{31} & u_{32} & u_3 \end{vmatrix}.$$

Opérant sur les lignes du nouveau déterminant comme on vient de le faire sur les colonnes du premier, il vient

$$\frac{\mathrm{H}x_3^2}{m-1} = \begin{vmatrix} u_{11} & u_{12} & u_1 \\ u_{21} & u_{22} & u_2 \\ (m-1)u_1 & (m-1)u_2 & mu \end{vmatrix},$$

d'où résulte la relation (1).

Il est évident qu'on obtiendrait une relation analogue en procédant de la même manière, si le déterminant H était formé avec les dérivées secondes d'une fonction homogène u d'un nombre quelconque de variables indépendantes.

Ce déterminant, utile dans plusieurs questions d'Algèbre et de Géométrie, est dit le *déterminant de Hesse* ou le *hessien* de la fonction u, du nom du géomètre qui en a fait le premier de remarquables applications. (Consulter, à ce sujet, le *Journal de Crelle*, t. XXVIII et XXXVIII. *Voir* aussi SYLVESTER, *Journal mathématique de Cambridge et Dublin*, t. VI.)

101. $$\frac{\partial^3 u}{\partial x\,\partial y\,\partial z} = (1 + 3xyz + x^2y^2z^2)e^{xyz}.$$

102. $$\frac{\partial^2 u}{\partial x\,\partial y} = \frac{1}{(1+x^2+y^2)^{\frac{3}{2}}}, \quad \frac{\partial^4 u}{\partial x^2\,\partial y^2} = \frac{15xy}{(1+x^2+y^2)^{\frac{7}{2}}},$$

$$\frac{\partial^6 u}{\partial x^3\,\partial y^3} = 15\,\frac{1 - 5(x^2+y^2) - 6(x^4+y^4) + 51x^2y^2}{(1+x^2+y^2)^{\frac{11}{2}}}.$$

103. $$(a^2-x^2)^{\frac{1}{2}}\frac{\partial u}{\partial x}=(a^2-x^2)^{\frac{1}{2}}(a^2-y^2)^{\frac{1}{2}}(a^2-z^2)^{\frac{1}{2}} - xy(a^2-z^2)^{\frac{1}{2}} - zx(a^2-y^2)^{\frac{1}{2}} - yz(a^2-x^2)^{\frac{1}{2}}.$$

En représentant par φ le second membre, on a

$$(a^2-x^2)^{\frac{1}{2}}\frac{\partial\varphi}{\partial x}=(a^2-y^2)^{\frac{1}{2}}\frac{\partial\varphi}{\partial y}=(a^2-z^2)^{\frac{1}{2}}\frac{\partial\varphi}{\partial z}=-u;$$

par suite,

$$(a^2-y^2)^{\frac{1}{2}}(a^2-x^2)^{\frac{1}{2}}\frac{\partial^3 u}{\partial x\,\partial y\,\partial z}=-\frac{\partial u}{\partial z},$$

et enfin

$$(a^2-x^2)^{\frac{1}{2}}(a^2-y^2)^{\frac{1}{2}}(a^2-z^2)^{\frac{1}{2}}\frac{\partial^3 u}{\partial x\,\partial y\,\partial z}=-(a^2-z^2)^{\frac{1}{2}}\frac{\partial u}{\partial z}.$$

Le premier membre de cette équation ne changeant pas quand on y remplace x par y, y par z et z par x, il en résulte la démonstration demandée.

On peut observer en outre que, si l'on pose

$$x=a\sin\alpha,\quad y=a\sin\beta,\quad z=a\sin\gamma,$$

l'équation (1) devient

$$u=a^3\sin(\alpha+\beta+\gamma),$$

d'où

$$\frac{\left(\frac{\partial u}{\partial x}\right)}{\left(\frac{\partial\alpha}{\partial x}\right)}=\frac{\left(\frac{\partial u}{\partial y}\right)}{\left(\frac{\partial\beta}{\partial y}\right)}=\frac{\left(\frac{\partial u}{\partial z}\right)}{\left(\frac{\partial\gamma}{\partial z}\right)}=-\frac{\left(\frac{\partial^3 u}{\partial x\,\partial y\,\partial z}\right)}{\left(\frac{\partial\alpha}{\partial x}\right)\left(\frac{\partial\beta}{\partial y}\right)\left(\frac{\partial\gamma}{\partial z}\right)},$$

ce qui n'est autre chose que la relation (2).

104. Soit

$$\alpha=f(x,y);$$

différentiant cette équation successivement par rapport à α et à β, en y considérant x et y comme fonctions de ces variables, il vient

$$1 = \frac{\partial f}{\partial x} x'_\alpha + \frac{\partial f}{\partial y} y'_\alpha, \quad 0 = \frac{\partial f}{\partial x} x'_\beta + \frac{\partial f}{\partial y} y'_\beta,$$

ou, ce qui est la même chose,

$$(2) \qquad 1 = \alpha'_x x'_\alpha + \alpha'_y y'_\alpha, \quad 0 = \alpha'_x x'_\beta + \alpha'_y y'_\beta.$$

La relation qui lie β avec x et y donne de même

$$(3) \qquad 0 = \beta'_x x'_\alpha + \beta'_y y'_\alpha, \quad 1 = \beta'_x x'_\beta + \beta'_y y'_\beta.$$

Si l'on pose

$$\alpha'_x \beta'_y - \alpha'_y \beta'_x = \Delta,$$

on tire des équations (2) et (3)

$$\Delta x'_\alpha = \beta'_y, \qquad \Delta y'_\alpha = -\beta'_x,$$
$$\Delta x'_\beta = -\alpha'_y, \qquad \Delta y'_\beta = \alpha'_x,$$

d'où résulte la relation (1).

Cette relation peut s'écrire

$$(4) \qquad \begin{vmatrix} \alpha'_x & \alpha'_y \\ \beta'_x & \beta'_y \end{vmatrix} \times \begin{vmatrix} x'_\alpha & x'_\beta \\ y'_\alpha & y'_\beta \end{vmatrix} = 1,$$

et l'on reconnaît immédiatement sous cette forme, en effectuant le produit des déterminants par la règle connue, qu'elle n'est autre chose qu'une identité. Ce produit est égal, en effet, au déterminant

$$\begin{vmatrix} \alpha'_x x'_\alpha + \alpha'_y y'_\alpha & \alpha'_x x'_\beta + \alpha'_y y'_\beta \\ \beta'_x x'_\alpha + \beta'_y y'_\alpha & \beta'_x x'_\beta + \beta'_y y'_\beta \end{vmatrix},$$

dont la valeur est 1, à cause des équations (2) et (3).

La proposition exprimée par la relation (4) subsiste pour un nombre quelconque de fonctions α, β, ..., ω d'un même nombre de variables indépendantes $x, y, \ldots, t$. On le vérifie absolument, comme on vient de le faire, en s'appuyant sur les résultats obtenus lorsqu'on différentie, par rapport à toutes les fonctions $\alpha, \beta, \ldots, \omega$, les relations explicites qui expriment la valeur de chacune de ces fonctions au moyen des variables indépendantes. On a vu qu'il n'est pas nécessaire de connaître ces relations; il suffit de savoir qu'elles existent.

Ce qui précède conduit à envisager des expressions de la forme

$$J = \begin{vmatrix} \alpha'_x & \alpha'_y & \ldots & \alpha'_t \\ \beta'_x & \beta'_y & \ldots & \beta'_t \\ \ldots & \ldots & \ldots & \ldots \\ \omega'_x & \omega'_y & \ldots & \omega'_t \end{vmatrix}.$$

Cette expression J est dite le *déterminant fonctionnel* des n fonctions $\alpha, \beta, \ldots, \omega$ de n variables indépendantes. La considération en est utile dans un grand nombre de questions. On la nomme aussi le déterminant de Jacobi ou le *jacobien* des fonctions indiquées, du nom de l'illustre géomètre qui en a donné le premier les propriétés et fait connaître toute l'importance [*De determinantibus functionalibus* [(*Journal de Crelle*, t. XXII).

§ V. — *Différentiation des fonctions implicites.*

105. $\dfrac{dy}{dx} = \dfrac{(a+y)(ax+by+xy)-x}{y-(b+x)(ax+by+xy)}$.

106. $\dfrac{dy}{dx} = \dfrac{2y^2}{n(y^2-x^2)+2xy}$.

107. $\dfrac{dy}{dx} = -\dfrac{y}{x}$.

108. $\dfrac{dy}{dx} = \pm\dfrac{y^2}{x^2}\,\dfrac{1-\log x}{1-\log y}$.

109. $\frac{dy}{dx} = \frac{e^y}{2 - y}.$

110. $\frac{dy}{dx} = \frac{\sin y}{2\sin 2y - \sin y - x\cos y}$

$$= \frac{\sin^2 y}{\sin y \sin 2y + \cos y - 1}.$$

111. $\frac{dy}{dx} = \frac{1 - 2y\sin y + y^2}{1 - \cos y - y\sin y}.$

112. $\frac{dy}{dx} = \frac{ny}{1 - y}(1 - \cot nx).$

113. $\frac{dy}{dx} = -\frac{y\,\mathrm{tang}\,xy\,(\mathrm{séc}\,xy)^{\frac{1}{2}} + 2e^{x^y} y x^{y-1}}{x\,\mathrm{tang}\,xy\,(\mathrm{séc}\,xy)^{\frac{1}{2}} + 2e^{x^y} x^y \log x}$

$$= \frac{y}{x}\,\frac{2x^{y-1} - \mathrm{tang}\,xy}{\mathrm{tang}\,xy - 2x^{y-1}\log x}.$$

114. $\frac{dy}{dx} = \frac{y}{x}.$

Cet exemple rentre dans l'équation générale

$$f\left(\frac{y}{x}\right) = a,$$

qui conduit au même résultat.

115. $\frac{dy}{dx} = 3y\,\frac{y - x^2(1 - x^2)^{\frac{1}{2}}}{(2y^3 - x^3)(1 - x^2)^{\frac{1}{2}}}.$

116 $\frac{dy}{dx} = \frac{y + 2x + 2x^3}{(1 + x^2)(2y - \mathrm{arc\,tang}\,x)} = \frac{y(y + 2x + 2x^3)}{(1 + x^2)(y^2 + x^2)}.$

117. $\frac{dy}{dx} = \sqrt{\frac{2a}{y} - 1}, \quad \frac{d^2y}{dx^2} = -\frac{a}{y^2}.$

118. $\frac{dy}{dx} = \frac{3(1 - 2x^2z)}{4y(z - 3)}, \quad \frac{dz}{dx} = \frac{1 - 6x^2}{2(z - 3)}.$

119. $\dfrac{dy}{dx} = \dfrac{z - x}{y - z}, \quad \dfrac{dz}{dx} = \dfrac{x - y}{y - z}.$

120. $\dfrac{du}{dx} = \dfrac{1}{u}\left(\dfrac{y^2}{x}\,\dfrac{x - y}{x + y} + \dfrac{z^2}{x}\,\dfrac{xz - 1}{xz + 1} - x\right).$

121. $\dfrac{\partial z}{\partial x} = -\dfrac{u^2 - x^2}{u^2 - z^2}, \quad \dfrac{\partial z}{\partial y} = -\dfrac{u^2 - y^2}{u^2 - z^2},$

$$\frac{\partial u}{\partial x} = \frac{z^2 - x^2}{u^2 - z^2}, \quad \frac{\partial u}{\partial y} = \frac{z^2 - y^2}{u^2 - z^2},$$

$$\frac{\partial^2 z}{\partial x^2} = -\frac{\partial^2 u}{\partial^2 x^2} = 2\,\frac{u(x^2 - z^2)^2 + x(u^2 - z^2)^2 + z(u^2 - x^2)^2}{(u^2 - z^2)^3},$$

$$\frac{\partial^2 z}{\partial x\, dy} = -\frac{\partial^2 u}{\partial x\, \partial y} = 2\,\frac{u(x^2 - z^2)(x^2 - y^2) + z(u^2 - x^2)(u^2 - y^2)}{(u^2 - z^2)^3},$$

$$\frac{\partial^2 z}{\partial y^2} = -\frac{\partial^2 u}{\partial y^2} = 2\,\frac{y(u^2 - z^2)^2 + z(y^2 - u^2)^2 + u(z^2 - y^2)^2}{(u^2 - z^2)^3}.$$

122. $\dfrac{\partial z}{\partial x} = -\dfrac{z(u - x)}{x(u - z)}, \quad \dfrac{\partial z}{\partial y} = -\dfrac{z(u - y)}{(u - z)},$

$$\frac{\partial u}{\partial x} = -\frac{u(z - x)}{x(z - u)}, \quad \frac{\partial u}{\partial y} = -\frac{u(z - y)}{y(z - u)},$$

$$\frac{\partial^2 z}{\partial x^2} = -\frac{\partial^2 u}{\partial x^2} = 2u\,\frac{(u - z)^2 + (u - x)^2 + (z - x)^2}{x^2(u - z)^3},$$

$$\frac{\partial^2 z}{\partial x\, \partial y} = -\frac{\partial^2 u}{\partial x\, \partial y} = 2u\,\frac{(u - x)(u - y) + (z - x)(z - y)}{xy(u - z)^3},$$

$$\frac{\partial^2 z}{\partial y^2} = -\frac{\partial^2 u}{\partial y^2} = 2u\,\frac{(u - z)^2 + (u - y)^2 + (z - y)^2}{y^2(u - z)^3}.$$

123. Il suffit d'éliminer $\dfrac{\partial u}{\partial \alpha}$ et $\dfrac{\partial u}{\partial \beta}$ de l'équation qui donne $\dfrac{\partial^2 u}{\partial \alpha\, \partial \beta}$ pour obtenir la relation

$$\left(\frac{\partial f}{\partial u}\right)^3 \frac{\partial^2 u}{\partial \alpha\, \partial \beta} = -\frac{\partial f}{\partial \alpha}\begin{vmatrix} \dfrac{\partial f}{\partial \beta} & \dfrac{\partial^2 f}{\partial u\, \partial \beta} \\ \dfrac{\partial f}{\partial u} & \dfrac{\partial^2 f}{\partial u^2} \end{vmatrix} + \frac{\partial f}{\partial u}\begin{vmatrix} \dfrac{\partial f}{\partial \beta} & \dfrac{\partial^2 f}{\partial \alpha\, \partial \beta} \\ \dfrac{\partial f}{\partial u} & \dfrac{\partial^2 f}{\partial \alpha\, \partial u} \end{vmatrix},$$

et l'on voit immédiatement que cette équation ne diffère pas de la proposée.

124. On déduit de l'équation (1)

$$(3)\qquad D_y z = f(z)\, D_x z.$$

Le premier membre de l'équation (2) est égal à

$$\varphi'(z)\, D_y z\, D_x z + \varphi(z)\, D_x (D_y z),$$

ce qui revient à

$$\varphi'(z) f(z) (D_x z)^2 + \varphi(z) f'(z) (D_x z)^2 + \varphi(z) f(z)\, D_x^2 z,$$

résultat qu'on obtient également en développant le second membre.

On peut dire encore : quelle que soit la fonction z des deux variables x et y, on a identiquement

$$D_y [\varphi(z)\, D_x z] = D_x [\varphi(z)\, D_y z].$$

Or, pour la forme particulière de z que l'on considère, l'équation (3) subsiste; l'équation (2) subsiste donc aussi.

125. Considérant le cas général, on a (n° 124)

$$D_y F(z) = F'(z)\, D_y z = F'(z) (fz)\, D_x z;$$

donc

$$D_y^2 F(z) = D_y [F'(z) f(z)\, D_x z] = D_x [F'(z) (fz)^2\, D_x z].$$

On aurait de même

$$D_y^3 F(z) = D_x^2 [F'(z) (fz)^3\, D_x z],$$

et enfin

$$D_y^n F(z) = D_x^{n-1} [F'(z) (fz)^n\, D_x z].$$

Cette formule, donnée par Duhamel, lui a permis de démontrer d'une manière très simple la série de Lagrange.

§ VI. — *Développement des fonctions en séries.*

126. 1° Il suffit de poser $h = -x$ dans la formule (1) pour avoir la formule (2), où θ_1 représente un nombre compris entre 0 et 1.

2° Soit fait
$$f(x) = \mathrm{F}(h - x),$$
d'où
$$f^{(n)}(x) = (-1)^n \mathrm{F}^n(h - x).$$

L'équation (2) peut alors s'écrire

$$\mathrm{F}(h-x) = \mathrm{F}(h) - x\mathrm{F}'(h-x) - \ldots$$
$$- \frac{x^n}{1.2\ldots n}\mathrm{F}^{(n)}(h-x) - \frac{x^{n+1}}{1.2\ldots(n-1)}\mathrm{F}^{n+1}(h-\theta_1 x),$$

ou bien, en posant $h - x = z$,

$$\mathrm{F}(z+x) = \mathrm{F}(z) + x\mathrm{F}'(z) + \ldots$$
$$+ \frac{x^n}{1.2\ldots n}\mathrm{F}^{(n)}(z) + \frac{x^{n+1}}{1.2\ldots(n+1)}\mathrm{F}^{(n)}(z+\theta x),$$

résultat qui ne diffère pas de la relation (1).

127. On pose, dans la série de Taylor,
$$x + h = \frac{x}{1+x}.$$

128. Différentiant les deux équations proposées, on trouve

$$(a_0 + a_1 x + a_2 x^2 + \ldots + a_n x^n + \ldots)(b_1 + 2b_2 x + \ldots + nb_n x^{n-1} + \ldots)$$
$$= a_1 + 2a_2 x + \ldots + na_n x^{n-1} + \ldots.$$

En égalant les multiplicateurs de x^{n-1} dans les deux membres de cette égalité, il vient

$$na_n = b_1 a_{n-1} + 2b_2 a_{n-2} + \ldots + nb_n a_0.$$

129. Comme on a

$$4\cos^3 x = \cos 3x + 3\cos x,$$

il en résulte

$$\cos^3 x = 1 - \frac{3x^2}{2} + \ldots + (-1)^n \frac{3^{2n}+3}{4} \frac{x^{2n}}{1.2\ldots 2n} + \ldots.$$

130. En posant

$$e^{h\cos x}\cos(h\sin x) = f(h),$$

on reconnait (n° **60**) que la série de Maclaurin est applicable à cette fonction, le reste de la série tendant vers zéro, quel que soit h, à mesure que le nombre des termes augmente indéfiniment. On a donc

$$e^{h\cos x}\cos(h\sin x) = 1 + \frac{h}{1}\cos x + \frac{h^2}{1.2}\cos 2x + \ldots$$
$$+ \frac{h^n}{1.2\ldots n}\cos nx + \ldots.$$

On trouve également

$$e^{h\cos x}\sin(h\sin x) = h\sin x + \frac{h^2}{1.2}\sin 2x + \frac{h^3}{1.2.3}\sin 3x + \ldots$$
$$+ \frac{h^n}{1.2\ldots n}\sin nx + \ldots.$$

On peut observer que les développements qui précèdent résultent immédiatement de la relation

$$e^z = 1 + \frac{z}{1} + \ldots + \frac{z^n}{1.2\ldots n} + \ldots,$$

en y remplaçant z par $h(\cos\theta + i\sin\theta)$.

131. On vérifie aisément (n° 73) que le reste de la série de Taylor, dans le cas de arc tang$(x+h)$, tend vers zéro à mesure que n augmente indéfiniment, pour toutes les valeurs de x dont la valeur absolue est inférieure à l'unité.

On a donc le développement

$$\operatorname{arc\,tang}(x+h) = \operatorname{arc\,tang} x + h \sin^2\varphi - \frac{h^2}{2}\sin^2\varphi \sin 2\varphi + \ldots$$
$$+ (-1)^{n-1}\frac{h^n}{n}\sin^n\varphi \sin n\varphi + \ldots$$

où

$$\frac{\pi}{2} - \varphi = \operatorname{arc\,tang} x.$$

En faisant $h = -x$, on trouve la série (1).

132. On a

$$y = \log(1+x^2)^{\frac{1}{2}} + \log\left[1 + \frac{x}{(1+x^2)^{\frac{1}{2}}}\right].$$

Pour $x < 1$, $\log(1+x^2)^{\frac{1}{2}}$ se développe d'après la série de Maclaurin, et $\log\left[1 + \frac{x}{(1+x^2)^{\frac{1}{2}}}\right]$ en série ordonnée suivant les puissances entières positives et croissantes de la quantité $\frac{x}{(1+x^2)^{\frac{1}{2}}}$. Ces développements demeurent convergents quand on prend tous les termes avec le même signe, et il en est de même pour le développement en série ordonnée par rapport à x d'une puissance entière positive quelconque de $\frac{x}{(1+x^2)^{\frac{1}{2}}}$; donc (n° 11)

$$y = A_1 x + A_2 x^2 + A_3 x^3 + \ldots + A_n x^n + \ldots$$

Les quantités A_n se déterminent simplement par la méthode des coefficients indéterminés. On a en effet

$$\frac{dy}{dx} = A_1 + 2A_2 x + \ldots + nA_n x^{n-1} + \ldots = (1+x^2)^{-\frac{1}{2}}.$$

Or

$$(1+x^2)^{-\frac{1}{2}} = 1 - \frac{x^2}{2} + \ldots + (-1)^p \frac{1.3\ldots(2p-1)}{2.4\ldots 2p} x^{2p} + \ldots;$$

la quantité A_n est donc nulle toutes les fois que n est pair, et, pour $n = 2p+1$, on a

$$A_{2p+1} = (-1)^p \frac{1.3\ldots(2p-1)}{1.2\ldots 2p} \frac{1}{2p+1};$$

par suite,

$$\log\left[x + (1+x^2)^{\frac{1}{2}}\right] = x - \frac{1}{2}\frac{x^3}{3} + \frac{1.3}{2.4}\frac{x^5}{5} - \ldots.$$

Ce résultat reproduit le développement de arc sin z quand on remplace x par iz.

133. On a

$$y = \sum_{n=1}^{n=\infty} \frac{x^n}{n(m+n)} = \frac{1}{m}\sum_{n=1}^{n=\infty}\left(\frac{x^n}{n} - \frac{x^n}{m+n}\right);$$

or

$$\sum_{n=1}^{n=\infty} \frac{x^n}{n} = \log\frac{1}{1-x},$$

et

$$\sum_{n=1}^{n=\infty} \frac{x^{m+n}}{m+n} = \log\frac{1}{1-x} - \left(x + \frac{x^2}{2} + \ldots + \frac{x^m}{m}\right).$$

Par conséquent,

$$y = \frac{(1-x^m)\log(1-x)}{m x^m} + \frac{1}{m x^m}\left(x + \frac{x^2}{2} + \ldots + \frac{x^m}{m}\right).$$

Cette équation subsiste même pour $x = 1$ (n° 1).

134. La série connue qui représente arc sin x est convergente pour toutes les valeurs de x comprises entre les

limites -1 et $+1$ et pour ces limites mêmes, abstraction faite du signe des termes du développement; il en résulte que la fonction $(\text{arc} \sin x)^2$ se représente aussi par une série convergente dans les mêmes conditions. On a donc, d'après le n° 85,

$$(\text{arc} \sin x)^2 = \frac{x^2}{1} + \frac{2}{3}\frac{x^4}{2} + \frac{2.4}{3.5}\frac{x^6}{3} + \ldots + \frac{2.4.6\ldots(2n-2)}{3.5.7\ldots(2n-1)}\frac{x^{2n}}{n} + \ldots$$

On arrive au même résultat en employant la méthode des coefficients indéterminés.

Il est clair qu'une puissance quelconque entière et positive de arc sin x donnerait aussi lieu à une série convergente pour toutes les valeurs de x qui ne sont pas en dehors des limites -1 et $+1$.

135. En différentiant l'équation du n° 134, il vient

$$\frac{\text{arc} \sin x}{(1-x^2)^{\frac{1}{2}}} = x + \frac{2}{3}x^3 + \ldots + \frac{2.4\ldots(2n-2)}{3.5\ldots(2n-1)}x^{2n-1} + \ldots,$$

relation qui suppose x compris entre les limites -1 et $+1$.

Soit fait

$$x = \frac{z}{(1+z^2)^{\frac{1}{2}}},$$

d'où résulte

$$\text{arc} \sin x = \text{arc tang}\, z,$$

et par suite

$$\text{arc tang}\, z = \frac{z}{1+z^2}\left[1 + \frac{2}{3}\frac{z^2}{1+z^2} + \frac{2.4}{3.5}\left(\frac{z^2}{1+z^2}\right)^2 + \ldots\right].$$

De cette équation et de la relation connue

$$\frac{\pi}{4} = \text{arc tang}\,\frac{1}{2} + \text{arc tang}\,\frac{1}{3},$$

on déduit la suivante, commode pour le calcul de π :

$$\frac{\pi}{4}=\frac{4}{10}\left[1+\frac{2}{3}\frac{2}{10}+\frac{2.4}{3.5}\left(\frac{2}{10}\right)^2+\frac{2.4.6}{3.5.7}\left(\frac{2}{10}\right)^3+\ldots\right]$$
$$+\frac{3}{10}\left[1+\frac{2}{3}\frac{1}{10}+\frac{2.4}{3.5}\left(\frac{1}{10}\right)^2+\frac{2.4.6}{3.5.7}\left(\frac{1}{10}\right)^3+\ldots\right].$$

136. Soit

$$y=\operatorname{tang}x=\sin x(1-\sin^2 x)^{-\frac{1}{2}}.$$

Si l'on a $x<\frac{\pi}{2}$, $\operatorname{tang}x$ est développable en une série convergente ordonnée suivant les puissances entières, positives et croissantes de $\sin x$, et la convergence de la série ne cesserait pas d'exister si tous les termes étaient pris positivement. Comme il en est de même du développement en série d'une puissance entière et positive quelconque de $\sin x$ (n° **11**), on peut donc poser, en remarquant que $\operatorname{tang}x$ est une fonction impaire,

$$\operatorname{tang}x=x+T_3\frac{x^3}{1.2.3}+T_5\frac{x^5}{1.2.3.4.5}+\ldots$$
$$+T_{2n+1}\frac{x^{2n+1}}{1.2\ldots(2n+1)}+\ldots.$$

Pour trouver la loi qui lie les coefficients, différentions $(2n+1)$ fois les deux membres de l'équation

$$y\cos x=\sin x,$$

ce qui donne (n^{os} **55** et **62**)

$$\cos x\, y^{(2n+1)}+(2n+1)\cos\left(x+\frac{\pi}{2}\right)y^{(2n)}+\ldots$$
$$+\binom{2n+1}{2p}\cos(x+p\pi)\,y^{(2n+1-2p)}+\ldots$$
$$=\sin\left(x+\frac{2n+1}{2}\pi\right).$$

Faisant $x = 0$ dans ce résultat, on en tire

$$T_{2n+1} - \binom{2n+1}{2} T_{2n-1} + \ldots$$
$$+ \binom{2n+1}{2p} (-1)^p T_{2n+1-2p} + \ldots = (-1)^n.$$

En suivant une marche tout à fait semblable, on trouverait

$$\text{séc}\, x = 1 + T_2 \frac{x^2}{1.2} + T_4 \frac{x^4}{1.2.3.4} + \ldots T_{2n} \frac{x^{2n}}{1.2\ldots 2n} + \ldots$$

avec la relation

$$T_{2n} - \binom{2n}{2} T_{2n-2} + \ldots + (-1)^p \binom{2n}{2p} T_{2n-2n} + \ldots = 0.$$

137. On a

$$y = 1 - \frac{\mu^2 (\text{arc} \sin x)^2}{1.2} + \frac{\mu^4 (\text{arc} \sin x)^4}{1.2.3.4} - \ldots,$$

et cette série demeure convergente quand on y prend tous les termes avec le signe +. D'un autre côté, $2p$ désignant un nombre entier positif, on a (n° **134**)

$$(\text{arc} \sin x)^{2p} = x^{2p} + a_2 x^{2p+2} + a_4 x^{2p+4} + \ldots,$$

les coefficients $a_2, a_4, \ldots$ étant tous positifs et la série convergente. Il suit de là que le théorème du n° **11** est ici applicable et que la fonction y se développe en une série de la forme

$$y = 1 + A_2 x^2 + A_4 x^4 + A_6 x^6 + \ldots.$$

Les coefficients de ce développement devant être identiques à ceux que fournit la série de Maclaurin, il en résulte (n° **86**)

$$y = 1 - \frac{\mu^2}{1.2} x^2 + \ldots$$
$$+ (-1)^n \frac{\mu^2 (\mu^2 - 2^2) \ldots [\mu^2 - (2n-2)^2]}{1.2.3\ldots 2n} x^{2n} + \ldots.$$

Une marche tout à fait semblable donnerait

$$z = \frac{\mu}{1}x - \frac{\mu(\mu^2 - 1^2)}{1.2.3}x^3 + \ldots$$
$$+ (-1)^n \frac{\mu(\mu^2 - 1^2)\ldots[\mu^2 - (2n-1)^2]}{1.2.3\ldots(2n+1)}x^{2n+1} + \ldots.$$

Ces remarquables formules sont dues à Euler.

138. Comme on a

$$y = \frac{x}{\sin x}\cos x, \quad \frac{x}{\sin x} = 1 + \frac{1}{2}\frac{\sin^2 x}{3} + \frac{1.3}{2.4}\frac{\sin^4 x}{5} + \ldots,$$

il en résulte (n° 11) que la fonction paire y peut se développer en série convergente de la forme

$$y = 1 + a_2\frac{x^2}{1.2} + a_4\frac{x^4}{1.2.3.4} + \ldots + a_{2n}\frac{x^{2n}}{1.2\ldots2n} + \ldots,$$

du moins pour les valeurs de x qui ne surpassent pas $\frac{\pi}{2}$.

Pour calculer $a_{2n} = \left(\frac{d^{2n}y}{dx^{2n}}\right)_0$, différentions $2n+1$ fois l'équation

$$y\sin x = x\cos x;$$

il vient

$$\sin\left(x + \frac{2n+1}{2}\pi\right)y + (2n+1)\sin(x+n\pi)y' + \ldots$$
$$+ \binom{2n+1}{2p}\sin\left(x + \frac{2n-2p+1}{2}\pi\right)y^{(2p)} + \ldots$$
$$+ (2n+1)\sin\left(x+\frac{\pi}{2}\right)y^{(2n)} + \sin x\, y^{(2n+1)}$$
$$= x\cos\left(x + \frac{2n-1}{2}\pi\right) + (2n+1)\cos(x+n\pi),$$

d'où l'on tire, en faisant $x = 0$,

$$1 - \binom{2n-1}{2} a_2 + \ldots + (-1)^p \binom{2n+1}{2p} a_{2p} + \ldots$$
$$+ (-1)^n (2n+1) a_{2n} = (2n+1).$$

C. Q. F. T.

139. Si l'on pose

$$y = x \cot x, \quad z = x \frac{e^{2x}+1}{e^{2x}-1},$$

la question revient à démontrer que l'on a

$$(1) \qquad \left(\frac{d^{2n}z}{dx^{2n}}\right)_0 = (-1)^n \left(\frac{d^{2n}y}{dx^{2n}}\right)_0.$$

On déterminera les coefficients relatifs au développement de la fonction paire désignée par z, en différentiant $2n+1$ fois les deux membres de l'équation

$$(e^x - e^{-x}) z = x(e^x + e^{-x}),$$

ce qui donne

$$(e^x + e^{-x}) z + (2n+1)(e^x - e^{-x}) z' + \ldots$$
$$+ \binom{2n+1}{p} [e^x + (-1)^p e^{-x}] z^{(p)} + \ldots + (e^x - e^{-x}) z^{(2n+1)}$$
$$= x(e^x - e^{-x}) + (2n+1)(e^x + e^{-x}),$$

et d'où l'on tire, pour $x = 0$,

$$1 + \binom{2n+1}{2} \left(\frac{d^2 z}{dx^2}\right)_0 + \ldots + \binom{2n+1}{2p} \left(\frac{d^{2p} z}{dx^{2p}}\right)_0 + \ldots$$
$$+ (2n+1) \left(\frac{d^{2n} z}{dx^{2n}}\right)_0 = (2n+1).$$

En rapprochant ce résultat de celui du numéro précédent, on en conclut la relation (1), ce qui démontre la proposition énoncée.

On aurait pu la déduire aussi de l'égalité

$$x \cot x = ix \frac{e^{2ix}+1}{e^{2ix}-1}.$$

Les nombres B_n sont appelés *nombres de Bernoulli*, du nom de Jacques Bernoulli qui les a le premier introduits dans l'Analyse (*Ars conjectandi*). Euler s'en est occupé souvent; il a montré que ces nombres jouent un grand rôle dans plusieurs questions, notamment dans la sommation des séries. Les dix-sept premiers ont été calculés par lui, d'après une formule qui permet d'obtenir l'un d'eux quand on connaît tous ceux qui le précèdent (*Calcul différentiel*, IIe Partie). Laplace a donné l'expression générale de chacun de ces nombres indépendamment des autres (Lacroix, t. III).

Voici les valeurs des neuf premiers nombres de Bernoulli:

$$B_1 = \frac{1}{6}, \quad B_2 = \frac{1}{30}, \quad B_3 = \frac{1}{42}, \quad B_4 = \frac{1}{30}, \quad B_5 = \frac{5}{66},$$

$$B_6 = \frac{691}{2730}, \quad B_7 = \frac{7}{6}, \quad B_8 = \frac{3617}{510}, \quad B_9 = \frac{43867}{798}.$$

140. Les formules du n° 22 fournissent les suivantes :

$$\log(\sin^2 x) = \log(x^2) + \log\left[\left(1 - \frac{x^2}{\pi^2}\right)^2\right] + \ldots$$
$$+ \log\left[\left(1 - \frac{x^2}{n^2\pi^2}\right)^2\right] + \ldots,$$

et

$$\log(\cos^2 x) = \log\left[\left(1 - \frac{4x^2}{\pi^2}\right)^2\right] + \ldots$$
$$+ \log\left\{\left[1 - \frac{4x^2}{(2n+1)^2\pi^2}\right]^2\right\} + \ldots.$$

d'où l'on tire par la différentiation

$$\cot x = \frac{1}{x} - \frac{2x}{\pi^2 - x^2} - \frac{2x}{4\pi^2 - x^2} - \ldots - \frac{2x}{n^2\pi^2 - x^2} - \ldots,$$

$$\tang x = \frac{2x}{\left(\frac{\pi}{2}\right)^2 - x^2} + \frac{2x}{\left(\frac{3}{2}\pi\right)^2 - x^2} + \ldots$$
$$+ \frac{2x}{\left(\frac{2n+1}{2}\pi\right)^2 - x^2} + \ldots,$$

et ces formules se ramènent immédiatement aux relations proposées.

141. On a la relation (nº 22)

$$\log\left(\frac{\sin x}{x}\right) = \log\left(1 - \frac{x^2}{\pi^2}\right) + \ldots + \log\left(1 - \frac{x^2}{n^2\pi^2}\right) + \ldots;$$

or

$$\log\left(1 - \frac{x^2}{n^2\pi^2}\right) = -\frac{x^2}{n^2\pi^2} - \frac{1}{2}\frac{x^4}{n^4\pi^4} - \frac{1}{3}\frac{x^6}{n^6\pi^6} + \ldots;$$

par conséquent, en vertu du nº **11**,

$$\log\frac{\sin x}{x} = -\left(\frac{1}{1^2} + \frac{1}{2^2} + \ldots + \frac{1}{n^2} + \ldots\right)\frac{x^2}{\pi^2}$$
$$- \frac{1}{2}\left(\frac{1}{1^4} + \frac{1}{2^4} + \ldots + \frac{1}{n^4} + \ldots\right)\frac{x^4}{\pi^4}$$
$$- \ldots\ldots\ldots\ldots\ldots\ldots\ldots\ldots$$

Pour $\log\cos x$, on trouverait semblablement

$$\log\cos x = -\frac{2^2 T_2 x^2}{\pi^2} - \frac{1}{2}\frac{2^4 T_4 x^4}{\pi^4} - \ldots - \frac{1}{n}\frac{2^{2n} T_{2n} x^{2n}}{\pi^{2n}} - \ldots,$$

en posant

$$T_p = \frac{1}{1^p} + \frac{1}{3^p} + \frac{1}{5^p} + \ldots;$$

mais on a évidemment

$$S_p - T_p = \frac{1}{2^p} S_p;$$

par suite,

$$T_p = \frac{2^p - 1}{2^p} S_p,$$

ce qui conduit à l'équation (2).

142. Il suffit de différentier les équations (1) et (2) du numéro précédent pour obtenir les formules (A); les formules (B) se déduisent de ces dernières au moyen de la relation

$$B_n = \frac{1.2.3\ldots 2n}{2^{2n-1}\pi^{2n}} S_{2n},$$

qu'on trouve en rapprochant la première des formules (A) de la première des équations qui font l'objet du n° 139.

143. Cette relation est une conséquence de la formule $\operatorname{coséc} x = \operatorname{tang}\frac{x}{2} + \cot x$, et des relations (B) du numéro précédent.

144. La quantité

$$\left(1 + \frac{z}{\pi^2}\right)\left(1 + \frac{z}{4\pi^2}\right)\cdots\left(1 + \frac{z}{n^2\pi^2}\right)\cdots$$

a une limite déterminée, quelle que soit la valeur finie attribuée à z (n° 15). Soit y cette limite, on a

$$y = \left(1 + \frac{z}{\pi^2}\right)\left(1 + \frac{z}{4\pi^2}\right)\cdots\left(1 + \frac{z}{n^2\pi^2}\right)(1 + \varepsilon),$$

ε étant aussi petit qu'on voudra pour n suffisamment grand. Il en résulte qu'on peut écrire

$$y = 1 + A_1 z + A_2 z^2 + A_3 z^3 + \ldots.$$

Pour déterminer A_n, observons que la relation

$$\left(1+\frac{z}{\pi^2}\right)\left(1+\frac{z}{4\pi^2}\right)\left(1+\frac{z}{9\pi^2}\right)\cdots = 1 + A_1 z + A_2 z^2 + A_3 z^3 + \ldots$$

ayant lieu quel que soit z, si l'on fait $z = -x^2$ et qu'on multiplie les deux membres par x, il vient (n° 22)

$$\sin x = x - A_1 x^3 + A_2 x^5 - A_3 x^7 + \ldots + (-1)^n A_n x^{2n+1} + \ldots,$$

d'où

$$A_n = \frac{1}{1.2.3\ldots(2n+1)},$$

et, par suite,

$$y = 1 + \frac{z}{1.2.3} + \frac{z^2}{1.2.3.5} + \ldots$$
$$= \left(1+\frac{z}{\pi^2}\right)\left(1+\frac{z}{4\pi^2}\right)\left(1+\frac{z}{9\pi^2}\right)\cdots.$$

Si l'on remplace maintenant z par x^2 dans ce dernier résultat, et qu'on multiplie les deux membres par x, on obtient la relation

$$x\left(1+\frac{x^2}{\pi^2}\right)\left(1+\frac{x^2}{4\pi^2}\right)\cdots = x + \frac{x^3}{1.2.3} + \frac{x^5}{1.2.3.5} + \ldots,$$

c'est-à dire

$$u = \frac{e^x - e^{-x}}{2} \quad (\text{n° } 478).$$

On trouverait d'une manière analogue

$$v = 1 + \frac{x^2}{1.2} + \frac{x^4}{1.2.3.4} + \ldots = \frac{e^x + e^{-x}}{2}.$$

Ces résultats démontrent que les remarquables formules du n° 22 subsistent encore quand on y remplace x par ix.

§ VII. — *Changement de variables.*

145. $\dfrac{d^2x}{dy^2} + x - e^y = 0.$

146. $\dfrac{dy}{dx}\dfrac{dx}{dt} = \dfrac{dy}{dt}, \quad x = \dfrac{q - pt^2}{1 - t^2}, \quad \dfrac{dx}{dt} = \dfrac{2(q-p)t}{(1-t^2)^2}.$

De là résulte l'équation

$$(q-p)\frac{dy}{dt} + 2ay = 2b.$$

La substitution (1) est à remarquer; elle est souvent employée pour faire disparaître les expressions irrationnelles de la forme $\sqrt{x^2 + ax + b}$.

147. $\dfrac{dy}{dx} = \dfrac{dy}{dt}e^{-t}, \quad \dfrac{d^2y}{dx^2} = e^{-2t}\left(\dfrac{d^2y}{dt^2} - \dfrac{dy}{dt}\right),$

$$\frac{d^2y}{dt^2} + (a-1)\frac{dy}{dt} + by = 0.$$

148. $\dfrac{d^2y}{dt^2} + n^2y = 0.$

149. On trouve, en recourant aux imaginaires,

$$x = \frac{e^{2t} - 1}{e^{2t} + 1} = i \operatorname{tang}\frac{t}{i},$$

$$\frac{dy}{dx} = \frac{dy}{dt}\cos^2\frac{t}{i}, \quad \frac{d^2y}{dx^2} = \cos^4\frac{t}{i}\left(\frac{d^2y}{dt^2} - \frac{2}{i}\operatorname{tang}\frac{t}{i}\frac{dy}{dt}\right),$$

$$\frac{d^2y}{dt^2} + \frac{2ay}{1 - i\operatorname{tang}\dfrac{t}{i}} = \frac{d^2y}{dt^2} + ay(e^{2t} + 1) = 0.$$

150. $\dfrac{dy}{dx} = \dfrac{dy}{dt}e^{-t}, \quad \dfrac{d^2y}{dx^2} = \left(\dfrac{d^2y}{dt^2} - \dfrac{dy}{dt}\right)e^{-2t},$

$$\frac{d^3y}{dx^3} = \left(\frac{d^3y}{dt^3} - 3\frac{d^2y}{dt^2} + 2\frac{dy}{dt}\right)e^{-3t};$$

et, par conséquent,

$$\frac{d^3y}{dt^3} + by = 0.$$

151. $t\frac{d^2y}{dt^2} + \frac{dy}{dt} + y = 0.$

152. La relation (2) permet d'exprimer x en fonction de y et donne

$$(3) \qquad \operatorname{tang}(x - y) = \frac{1 - k}{1 + k} \operatorname{tang} y = \mu \operatorname{tang} y,$$

en faisant $\frac{1 - k}{1 + k} = \mu$.

On tire de là

$$dx = (1 + \mu)\frac{\cos^2 y + \mu \sin^2 y}{\cos^2 y + \mu^2 \sin^2 y}\, dy.$$

Pour calculer $\sin x$, on met l'équation (3) sous la forme

$$x = y + \operatorname{arc\,tang}(\mu \operatorname{tang} y),$$

d'où l'on déduit

$$\sin x = \frac{\sin y}{\sqrt{1 + \mu^2 \operatorname{tang}^2 y}} + \frac{\mu \cos y \operatorname{tang} y}{\sqrt{1 + \mu^2 \operatorname{tang}^2 y}},$$

et, par suite,

$$\frac{dx}{\sqrt{1 - k^2 \sin^2 x}} = (1 + \mu)\frac{dy}{\sqrt{1 - (1 - \mu^2)\sin^2 y}}.$$

La substitution (2) employée ici est appelée *transformation de Landen,* du nom du géomètre anglais qui l'a fait connaître (*Philosophical Transactions,* 1771 et 1775). Elle joue un rôle important dans la théorie des fonctions elliptiques.

153. $dx = \cos\theta\, dr - r \sin\theta\, d\theta,$

$dy = \sin\theta\, dr + r \cos\theta\, d\theta;$

d'où

$$x\,dy - y\,dx = r^2\,d\theta,$$

$$dx^2 + dy^2 = dr^2 + r^2\,d\theta^2;$$

et, par suite,

$$\frac{x\dfrac{dy}{dx} - y}{\left(1 + \dfrac{dy^2}{dx^2}\right)^{\frac{1}{2}}} = \frac{r^2}{\left(r^2 + \dfrac{dr^2}{d\theta^2}\right)^{\frac{1}{2}}}.$$

154. $1 = \dfrac{\partial r}{\partial x}\cos\theta - r\sin\theta\,\dfrac{\partial\theta}{\partial x}, \qquad 0 = \dfrac{\partial r}{\partial y}\cos\theta - r\sin\theta\,\dfrac{\partial\theta}{\partial y},$

$$0 = \frac{\partial r}{\partial x}\sin\theta + r\cos\theta\,\frac{\partial\theta}{\partial x}, \qquad 1 = \frac{\partial r}{\partial y}\sin\theta + r\cos\theta\,\frac{\partial\theta}{\partial y};$$

donc

$$\frac{\partial u}{\partial x} = \frac{\partial u}{\partial r}\cos\theta - \frac{\partial u}{\partial\theta}\,\frac{\sin\theta}{r},$$

$$\frac{\partial u}{\partial y} = \frac{\partial u}{\partial r}\sin\theta + \frac{\partial u}{\partial\theta}\,\frac{\cos\theta}{r}.$$

On déduit de là

$$x\frac{\partial u}{\partial y} - y\frac{\partial u}{\partial x} = \frac{\partial u}{\partial\theta}.$$

Cette transformation s'emploie dans la théorie des planètes.

155. $\dfrac{\partial u}{\partial x} = \dfrac{du}{dr}\,\dfrac{x}{r}, \qquad \dfrac{\partial^2 u}{\partial x^2} = \dfrac{d^2u}{dr^2}\,\dfrac{x^2}{r^2} + \dfrac{du}{dr}\left(\dfrac{1}{r} - \dfrac{x^2}{r^3}\right);$

on aurait de même

$$\frac{d^2u}{dy^2} = \frac{d^2u}{dr^2}\,\frac{y^2}{r^2} + \frac{du}{dr}\left(\frac{1}{r} - \frac{y^2}{r^3}\right);$$

et, par suite,

$$\frac{d^2u}{dr^2} + \frac{1}{r}\,\frac{du}{dr} = 0.$$

Cette équation se rencontre dans l'étude du mouvement des fluides.

156. $$\frac{d^2u}{dr^2} + \frac{2}{r}\frac{du}{dr} = 0.$$

157. $$\frac{\partial u}{\partial y} = \sin\theta \frac{\partial u}{dr} + \frac{\cos\theta}{r}\frac{\partial u}{\partial\theta},$$

$$\frac{\partial^2 u}{\partial y^2} = \sin^2\theta \frac{\partial^2 u}{\partial r^2} + \frac{\cos^2\theta}{r^2}\frac{\partial^2 u}{\partial\theta^2} + \frac{\cos^2\theta}{r}\frac{\partial u}{\partial r}$$
$$+ \frac{2\sin\theta\cos\theta}{r^2}\left(r\frac{\partial^2 u}{\partial r\,\partial\theta} - \frac{\partial u}{\partial\theta}\right).$$

Pour avoir $\frac{\partial^2 u}{\partial x^2}$, il suffit de changer dans l'équation précédente y en x en θ en $\frac{\pi}{2} + \theta$, ce qui donne

$$\frac{\partial^2 u}{\partial x^2} = \cos^2\theta \frac{\partial^2 u}{\partial r^2} + \frac{\sin^2\theta}{r^2}\frac{\partial^2 u}{\partial\theta^2} + \frac{\sin^2\theta}{r}\frac{\partial u}{\partial r}$$
$$- \frac{2\sin\theta\cos\theta}{r^2}\left(r\frac{\partial^2 u}{\partial r\,\partial\theta} - \frac{\partial u}{\partial\theta}\right);$$

et par suite

$$\frac{\partial^2 u}{\partial x^2} + \frac{\partial^2 u}{\partial y^2} = \frac{\partial^2 u}{\partial r^2} + \frac{1}{r^2}\frac{\partial^2 u}{\partial\theta^2} + \frac{1}{r}\frac{\partial u}{\partial r} = 0.$$

158. Si l'on désigne par s une inconnue auxiliaire telle qu'on ait

$$s = r\sin\theta,$$

il en résulte

$$y = s\sin\varphi, \quad z = s\cos\varphi,$$
$$s = r\sin\theta, \quad x = r\cos\theta.$$

En ne considérant d'abord que les deux variables y et z, il vient, comme dans le numéro qui précède,

$$(1) \qquad \frac{\partial^2 u}{\partial y^2} + \frac{\partial^2 u}{\partial z^2} = \frac{\partial^2 u}{\partial s^2} + \frac{1}{s^2}\frac{\partial^2 u}{\partial\varphi^2} + \frac{1}{s}\frac{\partial u}{\partial s}.$$

Nous trouverons de la même manière

$$(2) \qquad \frac{\partial^2 u}{\partial s^2} + \frac{\partial^2 u}{\partial x^2} = \frac{\partial^2 u}{\partial r^2} + \frac{1}{r^2}\frac{\partial^2 u}{\partial \theta^2} + \frac{1}{r}\frac{\partial u}{\partial r}.$$

La première équation du dernier numéro donne encore

$$(3) \qquad \frac{1}{s}\frac{\partial u}{\partial s} = \frac{1}{r}\frac{\partial u}{\partial r} + \frac{\cot\theta}{r^2}\frac{\partial u}{\partial \theta}.$$

En ajoutant membre à membre les équations (1), (2) et (3), il vient enfin

$$\frac{\partial^2 u}{\partial x^2} + \frac{\partial^2 u}{\partial y^2} + \frac{\partial^2 u}{\partial z^2}$$

$$= \frac{\partial^2 u}{\partial r^2} + \frac{1}{r^2}\frac{\partial^2 u}{\partial \theta^2} + \frac{1}{s^2}\frac{\partial^2 u}{\partial \varphi^2} + \frac{2}{r}\frac{\partial u}{\partial r} + \frac{\cot\theta}{r^2}\frac{\partial u}{\partial \theta} = 0.$$

Remplaçant s par sa valeur, on trouve

$$r\frac{\partial^2 (ru)}{\partial r^2} + \frac{1}{\sin^2\theta}\frac{\partial^2 u}{\partial \varphi^2} + \frac{1}{\sin\theta}\frac{d\left(\sin\theta\frac{\partial u}{\partial \theta}\right)}{\partial \theta} = 0.$$

Cette équation, due à Laplace, est d'une très-haute importance dans la théorie de l'attraction et dans plusieurs questions de Physique.

§ VIII. — *Élimination des constantes et des fonctions.*

159. On trouve

$$axy\frac{dy^2}{dx^2} + (bx^2 - ay^2 - c^2)\frac{dy}{dx} - bxy = 0.$$

160. On a les équations

$$a\,dx + b\,dy + c\,dz = 0.$$
$$a\,d^2x + b\,d^2y + c\,d^2z = 0.$$
$$a\,d^3x + b\,d^3y + c\,d^3z = 0.$$

Les deux premières donnent

$$\frac{a}{dy\,d^2z - dz\,d^2y} = \frac{b}{dz\,d^2x - dx\,d^2z} = \frac{c}{dx\,d^2y - dy\,d^2x},$$

et par suite, au moyen de la troisième,

$$(dy\,d^2z - dz\,d^2y)d^3x + (dz\,d^2x - dx\,d^2z)d^3y \\ + (dx\,d^2y - dy\,d^2x)d^3z = 0.$$

Cette équation exprime la condition pour qu'une courbe soit plane ou que l'angle de torsion soit nul en chacun de ses points (n° 283).

161. Posons, pour abréger,

$$\sqrt{1 - e^2\sin^2 a} = \cos b;$$

il en résulte

(1) $$\sin^2 b = e^2\sin^2 a.$$

Différentiant l'équation proposée, on en déduit

(2) $$\cos b = -\frac{\cos x \sin y\,dy + \sin x \cos y\,dx}{\sin x \cos y\,dy + \cos x \sin y\,dx}$$

et, par suite,

$$\cos a = \frac{\sin x \cos x\,dy + \sin y \cos y\,dx}{\sin x \cos y\,dy + \cos x \sin y\,dx}.$$

On trouve de plus

$$\sin^2 b = \frac{(dy^2 - dx^2)(\cos^2 y - \cos^2 x)}{(\sin x \cos y\,dy + \cos x \sin y\,dx)^2},$$

$$\sin^2 a = \frac{(\sin^2 x\,dy^2 - \sin^2 y\,dx^2)(\cos^2 y - \cos^2 x)}{(\sin x \cos y\,dy + \cos x \sin y\,dx)^2}.$$

Substituant dans l'équation (1) et réduisant, on obtient l'équation différentielle

(3) $$\frac{dy}{\sqrt{1 - e^2\sin^2 y}} \pm \frac{dx}{\sqrt{1 - e^2\sin^2 x}} = 0.$$

Il est facile de reconnaître qu'il faut prendre le signe $+$ dans cette équation, lorsqu'on suppose $\cos b > 0$. Portons en effet dans l'équation (2), à la place de $\frac{dy}{dx}$, la valeur

$$-\frac{\sqrt{1 - e^2 \sin^2 y}}{\sqrt{1 - e^2 \sin^2 x}};$$

il vient, après une transformation évidente,

$$\cos b = \frac{\sqrt{1 - e^2 \sin^2 y}\sqrt{1 - e^2 \sin^2 x} - e^2 \sin x \sin y \cos x \cos y}{1 - e^2 \sin^2 x \sin^2 y}.$$

Or le numérateur sera positif si l'on a

$$(1 - e^2 \sin^2 y)(1 - e^2 \sin^2 x) > e^4 \sin^2 x \sin^2 y \cos^2 x \cos^2 y,$$

ou bien

$$e^4 \sin^2 x \sin^2 y (1 - \cos^2 x \cos^2 y) - e^2 (\sin^2 x + \sin^2 y) + 1 > 0;$$

et cette inégalité a réellement lieu, car le premier membre peut s'écrire

$$(1 - e^2 \sin^2 x \sin^2 y)[1 - e^2(1 - \cos^2 x \cos^2 y)],$$

résultat nécessairement positif, puisqu'on a $e < 1$. On verrait que le signe $-$ dans l'équation (3) convient au cas où l'on suppose $\cos b < 0$.

En rapprochant l'équation (3) de la proposée, on obtient une importante propriété des fonctions elliptiques.

162. On trouve par la différentiation

$$\frac{\partial z}{\partial x} = n x^{n-1} \varphi\left(\frac{y}{x}\right) - y x^{n-2} \varphi'\left(\frac{y}{x}\right) - \frac{y^{n+1}}{x^2} \psi'\left(\frac{y}{x}\right),$$

$$\frac{\partial z}{\partial y} = x^{n-1} \varphi'\left(\frac{y}{x}\right) + n y^{n-1} \psi\left(\frac{y}{x}\right) + \frac{y^n}{x} \psi'\left(\frac{y}{x}\right),$$

et, par suite,

$$x \frac{\partial z}{\partial x} + y \frac{\partial z}{\partial y} = n z,$$

résultat facile à prévoir, puisque z est une fonction homogène de degré n.

On pourrait d'ailleurs observer tout d'abord que les deux fonctions se réduisent à une, car on a

$$z = x^n\left[\varphi\left(\frac{y}{x}\right) + \left(\frac{y}{x}\right)^n \psi\left(\frac{y}{x}\right)\right] = x^n f\left(\frac{y}{x}\right).$$

163. Le second membre étant homogène du degré n, on a sur-le-champ

$$x\frac{\partial u}{\partial x} + y\frac{\partial u}{\partial y} + z\frac{\partial u}{\partial z} = nu.$$

164. On trouve, en différentiant successivement par rapport à x et à y,

$$\frac{\partial z}{\partial x}[1 - x\varphi'(z) - y\psi'(z)] = \varphi(z),$$

$$\frac{\partial z}{\partial y}[1 - x\varphi'(z) - y\psi'(z)] = \psi(z);$$

et par suite

$$(1)\qquad \frac{\left(\frac{\partial z}{\partial x}\right)}{\left(\frac{\partial z}{\partial y}\right)} = f(z),$$

f désignant une fonction arbitraire.

Posons, pour abréger,

$$\frac{\partial z}{\partial x} = p,\quad \frac{\partial z}{\partial y} = q,\quad \frac{\partial p}{\partial x} = r,\quad \frac{\partial p}{\partial y} = \frac{\partial q}{\partial x} = s,\quad \frac{\partial q}{\partial y} = t.$$

Il viendra, en éliminant f de l'équation (1),

$$q^2 r - 2pqs + p^2 t = 0;$$

c'est l'équation générale des surfaces réglées à plan directeur. On vérifie aisément que l'équation des surfaces conoïdes satisfait à cette relation différentielle.

165. L'équation proposée peut s'écrire

$$\log z = \log\varphi(ay + bx) + \log\psi(ay - bx),$$

ou bien

$$\log z = F(ay + bx) + f(ay - bx),$$

F et f désignant deux fonctions arbitraires.

On en déduit, en adoptant les notations du numéro précédent,

$$\frac{p}{z} = bF'(ay + bx) - bf'(ay - bx),$$

$$\frac{q}{z} = aF'(ay + bx) + af'(ay - bx),$$

$$\frac{zr - p^2}{z^2} = b^2F''(ay + bx) + b^2f''(ay - bx),$$

$$\frac{zt - q^2}{z^2} = a^2F''(ay + bx) + a^2f''(ay - bx).$$

Les deux dernières équations conduisent à celle-ci :

$$a^2(zr - p^2) - b^2(zt - q^2) = 0.$$

166. On trouve, en différentiant,

$$\frac{\partial u}{\partial x} = \frac{\partial u}{\partial r}\frac{\partial r}{\partial x} + \frac{\partial u}{\partial z}\frac{\partial z}{\partial x},$$

$$\frac{\partial u}{\partial y} = \frac{\partial u}{\partial r}\frac{\partial r}{\partial y} + \frac{\partial u}{\partial z}\frac{\partial z}{\partial y},$$

$$\frac{\partial r}{\partial x} = \left(a + c\frac{\partial z}{\partial x}\right)\varphi'(ax + cz) = a\psi'(ax - by),$$

$$\frac{\partial r}{\partial y} = -b\psi'(ax - by),$$

$$\frac{\partial r}{\partial z} = c\varphi'(ax + cz);$$

d'où l'on déduit

$$\frac{1}{a}\frac{\partial r}{\partial x} + \frac{1}{b}\frac{\partial r}{\partial y} = 0$$

et

$$\frac{1}{a}\frac{\partial u}{\partial x}+\frac{1}{b}\frac{\partial u}{\partial y}=\frac{\partial u}{\partial z}\left(\frac{1}{a}\frac{\partial z}{\partial x}+\frac{1}{b}\frac{\partial z}{\partial y}\right).$$

On a d'ailleurs les deux équations

$$\left(a+c\frac{\partial z}{\partial x}\right)\varphi'(ax+cz)=a\psi'(ax-by),$$

$$c\frac{\partial z}{\partial y}\varphi'(ax+cz)=-b\psi'(ax-by),$$

qui donnent

$$\frac{1}{a}\frac{\partial z}{\partial x}+\frac{1}{b}\frac{\partial z}{\partial y}=-\frac{1}{c}$$

et, par suite,

$$\frac{1}{a}\frac{\partial u}{\partial x}+\frac{1}{b}\frac{\partial u}{\partial y}+\frac{1}{c}\frac{\partial u}{\partial z}=0.$$

167. Dans cet exemple, comme dans la plupart des cas où l'on a à différentier des produits de plusieurs facteurs, il est avantageux de prendre la différentielle logarithmique des expressions sur lesquelles on opère.

Différentiant donc par rapport à x les logarithmes des deux membres de l'équation proposée, il vient

$$\frac{1}{u}\frac{\partial u}{\partial x}=\frac{\varphi''(x)}{\varphi'(x)}-\frac{2\varphi'(x)}{\varphi(x)+\psi(y)}.$$

Cette équation, différentiée par rapport à y, donne celle-ci :

$$\frac{1}{u}\frac{\partial^2 u}{\partial x\,\partial y}-\frac{1}{u^2}\frac{\partial u}{\partial x}\frac{\partial u}{\partial y}=\frac{2\varphi'(x)\psi'(y)}{[\varphi(x)+\psi(y)]^2},$$

ou bien

$$u\frac{\partial^2 u}{\partial x\,\partial y}-\frac{\partial u}{\partial x}\frac{\partial u}{\partial y}=2u^3.$$

Le premier membre de cette équation peut s'écrire

$$u^2 \frac{\partial\left[\frac{\left(\frac{\partial u}{\partial x}\right)}{u}\right]}{dy} = u^2 \frac{\partial^2 \log u}{\partial x \partial y};$$

d'où résulte

$$\frac{\partial^2 \log u}{\partial x \partial y} = 2u.$$

Cette équation joue un rôle important dans l'étude des surfaces.

(*Géométrie analytique* de MONGE, édition Liouville.)

§ IX. — *Vraie valeur des expressions qui se présentent sous des formes indéterminées.*

168. a^n.

169. $\frac{n(n+1)}{2}$. La fonction proposée est égale à la somme

$$x + 2x^2 + 3x^3 + \ldots + nx^n.$$

170. $\frac{n(n+1)(2n+1)}{6}$. La fonction proposée est égale à la somme

$$x + 4x^2 + 9x^3 + \ldots + n^2x^n.$$

171. $\frac{20}{9a}$.

172. $\frac{1}{24a}$.

173. $\frac{\pi^4}{6}$. La fonction proposée est la somme de la série

$$\frac{1}{1+x^2} + \frac{1}{2^2+x^2} + \frac{1}{3^2+x^2} + \ldots.$$

(n° 656.)

174. $\frac{\pi^2}{8}$. La fonction proposée est la somme de la série

$$\frac{1}{1^2+x^2}+\frac{1}{3^2+x^2}+\frac{1}{5^2+x^2}+\ldots$$

(nº 656.)

175. La fonction proposée revient à

$$\frac{\pi x}{\operatorname{tang}\pi x}\,\frac{\operatorname{tang}\pi x-\pi x}{2\pi x^3};$$

$\frac{\pi^2}{6}$ est la vraie valeur du second facteur et, par conséquent, de la fonction elle-même.

On serait arrivé au même résultat en faisant usage du développement de $\operatorname{tang}\pi x$ en série ordonnée par rapport aux puissances croissantes de l'arc.

176. La vraie valeur est celle de l'expression

$$\frac{p\cos^2 x\operatorname{tang}x}{\cos^2 px\operatorname{tang}px}=\frac{\sin 2x}{2x}\,\frac{2px}{\sin 2px},$$

qui se réduit à 1.

177. Zéro pour n positif, $-\infty$ pour n négatif.

178. $\log x^{x^n}=x^n\log x.$

Donc, en vertu du numéro précédent, la vraie valeur cherchée sera 1 ou zéro, selon que n sera positif ou négatif.

179. $\frac{1}{6}$.

180. -3. On prend $\sin x$ pour variable indépendante.

181. $\sin a$.

182. Le logarithme de l'expression proposée a pour vraie valeur celle de la quantité

$$-\frac{a}{2b}\,\frac{\sin ax}{\cos ax\cos bx\sin bx}=-\frac{a^2}{2b^2\cos ax\cos bx}\,\frac{\left(\dfrac{\sin ax}{ax}\right)}{\left(\dfrac{\sin bx}{bx}\right)}$$

La quantité cherchée est

$$e^{-\frac{a^2}{2b^2}}$$

183. $\dfrac{1+a^2}{\cos^2 a}$.

184. $\dfrac{a-b}{g-h}$.

185. La vraie valeur est 1.

186. Le calcul se simplifie en mettant l'expression sous la forme

$$e^{\sin x}\frac{e^{x-\sin x}-1}{x-\sin x};$$

on est conduit à la recherche de la vraie valeur de $\dfrac{e^u-1}{u}$ pour $u=0$, laquelle est l'unité.

187. L'expression se ramène à

$$\frac{z-\log(1+z)}{z^2},$$

en posant $x=\dfrac{1}{z}$.

La vraie valeur est $\dfrac{1}{2}$.

188. $e^{\frac{2}{\pi}}$.

189. $\dfrac{dy}{dx}=\pm\dfrac{5}{\sqrt{24}}$, pour $x=0$.

La courbe représentée par l'équation proposée est connue sous le nom de *courbe du diable*.

190. $\dfrac{dy}{dx}=\infty$, pour $x=0$.

§ X. — *Maxima et minima.*

191. Pour $x = 1$, y est minimum.

Pour $x = 2$, y est maximum.

Pour $x = 3$, y est minimum.

192. En égalant la dérivée à zéro, on trouve

$$4x^3 - 753x^2 + 40340x + 566400 = 0,$$

dont les racines approchées à moins de 0,01 sont

$$+22,06, \quad +61,03, \quad +105,15,$$

et les valeurs correspondantes de y,

$$-62,8, \quad +63,2, \quad -116,2.$$

La considération de la dérivée seconde apprend que la deuxième valeur est un maximum, et que les autres sont des minima.

193. $\dfrac{dy}{dx} = \dfrac{1 - x^2}{(1 + x^2)^2} = 0, \quad x = \pm 1.$

Pour reconnaître les maxima et les minima, il suffit de considérer seulement la fonction $1 - x^2$, parce que le facteur $\dfrac{1}{(1 + x^2)^2}$ restera toujours positif et sa dérivée ne deviendra pas infinie; or

$$\frac{d(1 - x^2)}{dx} = -2x;$$

donc $x = 1$ répond au maximum, $x = -1$ au minimum.

La remarque faite sur cet exemple simplifie souvent les calculs qui servent à distinguer les maxima et les minima.

194. En opérant comme dans le numéro qui précède, on trouve immédiatement que y est maximum pour $x = 0$ et minimum pour $x = 2$.

195. Pour $x = 0$, $y = \frac{27}{4}$, minimum.

Pour $x = -2$, $y = \infty$.

196. Pour $x = \frac{a}{2^{\frac{1}{2}}}$, $y^2 = \frac{4}{27a^4}$, maximum.

Ce calcul résout la question suivante : Un point lumineux, situé sur une verticale donnée, éclaire une surface horizontale infiniment petite dont la position est connue ; à quelle hauteur doit être placé le point lumineux pour que l'éclairement de la surface soit le plus grand possible ?

197. Pour $x = e^{\frac{1}{n}}$, $y = \frac{1}{ne}$, maximum.

198. Posant $z = x^{\frac{1}{3}}$, et ne tenant compte dans la dérivée que du facteur (n° 188)

$$z(z-1)(z^3-7),$$

on trouve

pour $x = 0$, minimum ;
pour $x = 1$, maximum ;
pour $x = 7$, minimum.

199. Pour $x = -\frac{1}{2}$, $y = 2$, maximum ;

pour $x = 1$, $y = -1$, ni maximum ni minimum.

200. Pour $x = 2^{\frac{1}{3}}a$, $y = 4^{\frac{1}{3}}a$, maximum ;

pour $x = 0$, $y = 0$, minimum.

201. Ni maximum ni minimum.

202. Pour $x = \frac{ma}{(1-m^2)^{\frac{1}{2}}}$, $y = \frac{a}{(1-m^2)^{\frac{1}{2}}}$, maximum.

203. Pour $x=0$, $y=0$, u s'annule, ainsi que

$$\left(\frac{\partial^2 u}{\partial x\,\partial y}\right)^2 - \frac{\partial^2 u}{\partial x^2}\frac{\partial^2 u}{\partial y^2}.$$

En formant les différentielles d^3u et d^4u, on reconnaît que $u=0$ n'est ni un maximum ni un minimum. On arrive aussi à ce résultat en observant que la quantité

$$u = x^4\left(1+\frac{y^4}{x^4}\right) - 2x^2\left(\frac{y}{x}-1\right)^2,$$

pour des valeurs infiniment petites de x et de y, passe du négatif au positif quand $\frac{y}{x}$ passe de zéro à 1.

Pour $x=\pm 2^{\frac{1}{2}}$ et $y=\mp 2^{\frac{1}{2}}$, $u=-8$ est un minimum.

204. Pour $x=\frac{a}{2}$ et $y=\frac{a}{3}$, $u=\frac{a^6}{432}$, maximum.

Pour $x=0$ et $y=0$, $u=0$, ni maximum ni minimum.

205. Quand u sera maximum, $\log u$ le sera aussi, et réciproquement. Prenant les logarithmes de deux membres et égalant à zéro les dérivées partielles du second, on trouve

$$\frac{a}{x}=\frac{x}{y}=\frac{y}{z}=\frac{z}{b}=\pm\left(\frac{a}{b}\right)^{\frac{1}{4}}.$$

Adoptons le signe $+$ et posons

$$\left(\frac{a}{b}\right)^{\frac{1}{4}}=\frac{1}{n},$$

il en résulte

$$x=na,\quad y=n^2a,\quad z=n^3a.$$

Calculons les dérivées secondes et remplaçons-y les inconnues par ces valeurs; les conditions de maximum ou de minimum pour les fonctions de trois variables indépendantes se réduisent à

$$-\frac{3}{a^4 n^8 (1+n)^4} < 0, \quad \frac{8}{a^8 n^{10} (1+n)^4} > 0,$$

et la fonction u a pour maximum

$$\frac{1}{\left(a^{\frac{1}{4}} + b^{\frac{1}{4}}\right)^4}.$$

Le signe — donnerait un minimum.

206. En appliquant la méthode des multiplicateurs, et désignant par λ celui de l'équation donnée, on a

$$(1) \qquad \lambda[(1+p^2)x + pqy] + rx + sy = 0,$$

$$(2) \qquad \lambda[pqx + (1+q^2)y] + sx + ty = 0.$$

Multiplions (1) par x, (2) par y, et ajoutons, il vient

$$\lambda + u = 0,$$

ce qui donne

$$[u(1+p^2) - r]x = -(upq - s)y,$$

$$[u(1+q^2) - t]y = -(upq - s)x$$

et, par suite,

$$u^2(1+p^2+q^2) - u[(1+q^2)r - 2pqs + (1+p^2)t] + rt - s^2 = 0.$$

C'est l'équation qui résout la question proposée.

La même équation se rencontre quand on cherche les rayons de courbure maximum et minimum en un point d'une surface (n° **316**).

207. En remarquant que $\sin 2y = \cos 2x$, on trouve

$$u = \frac{1}{2}\left[a + b \pm (a^2 + b^2)^{\frac{1}{2}}\right].$$

Le signe + correspond à un maximum, le signe — à un minimum.

208. Par la méthode des multiplicateurs on trouve

$$u = \frac{[\log(\mathrm{A}abc)]^3}{\log a^3 \log b^3 \log c^3}.$$

209. (*Fig.* 4.) Soient A et B les deux points, Ox la ligne droite, O l'origine, a et b les coordonnées de A,

Fig. 4.

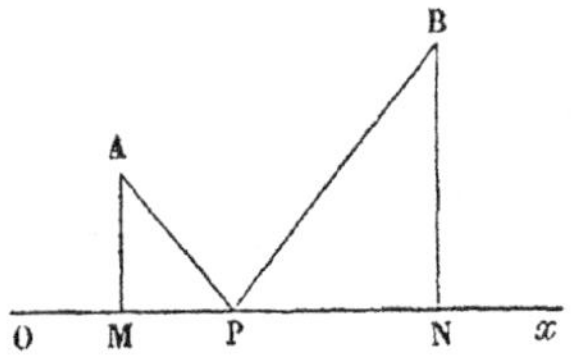

a_1, b_1 celles de B, et OP $= x$; on trouve que la condition du minimum est

$$\frac{x-a}{[b^2+(x-a)^2]^{\frac{1}{2}}} = \frac{a_1-x}{[b_1^2+(x-a_1)^2]^{\frac{1}{2}}},$$

c'est-à-dire que les angles APM, BPN sont égaux.

On a supposé les points et la droite dans le même plan; la question se traite absolument de même quand cette condition n'a pas lieu.

210. $2a$ étant l'arc donné, x le rayon cherché, la condition du maximum est

$$\cos\frac{a}{x}\left(a\cos\frac{a}{x} - x\sin\frac{a}{x}\right) = 0.$$

On en tire $x = \frac{2a}{\pi}$, c'est-à-dire que le segment est un demi-cercle. Les valeurs de l'angle $\frac{a}{x}$ supérieures à π ne peuvent convenir.

Le second facteur donne

$$\frac{\tang\frac{a}{x}}{\left(\frac{a}{x}\right)} = 1,$$

ce qui exige

$$x = \infty;$$

il en résulte

$$y = 0,$$

qui est un minimum.

211. (*Fig.* 5.) $AC = a$, $AB = b$, $AX = x$.

Fig. 5.

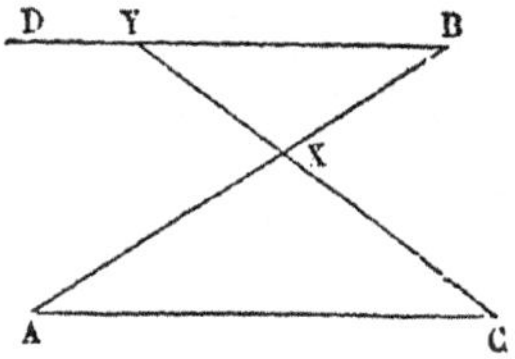

Le minimum correspond à

$$x = \frac{b}{\sqrt{2}}.$$

212. (*Fig.* 6.) $POM = \alpha$, $OP = \varphi$, $OM = \theta$.

Fig. 6

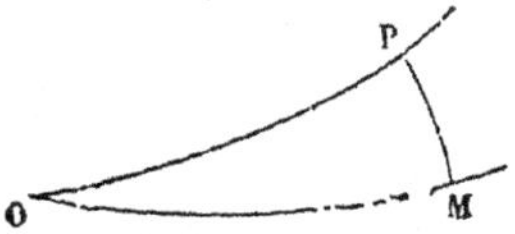

La condition du maximum est

$$d\varphi - d\theta = 0;$$

d'ailleurs

$$\operatorname{tang}\theta = \cos\alpha \operatorname{tang}\varphi.$$

Il en résulte que

$$\operatorname{tang}\varphi = \sqrt{\operatorname{séc}\alpha}$$

donne le maximum.

213. Soient r, r' les rayons des sphères, a la distance des centres, x la distance du point cherché au centre de la sphère de rayon r; on a

$$x = a\frac{r^{\frac{3}{2}}}{r^{\frac{3}{2}} + r'^{\frac{3}{2}}}.$$

On suppose que le point demandé est situé entre les deux centres.

214. (*Fig.* 7.) Soient S le sommet de la pyramide additionnelle, PQRS une de ses faces, prolongée jusque dans

Fig. 7.

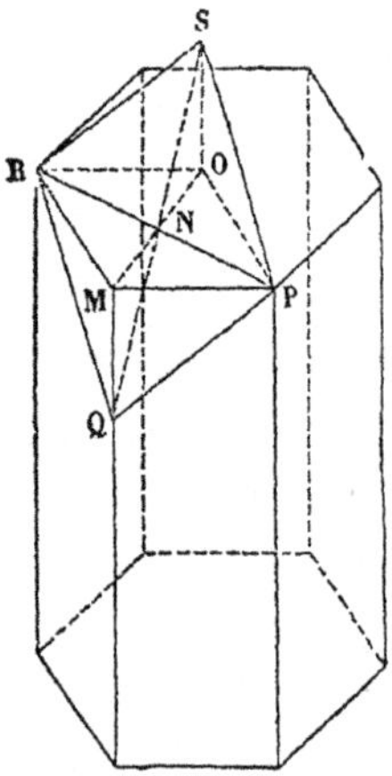

l'intérieur du prisme. On abaisse SO perpendiculaire sur la base, et l'on mène OM, RP, SQ, qui se rencontrent au point N. Il résulte de cette construction que les pyramides PSRO et PMRQ sont égales; de sorte que le volume en question est indépendant de l'inclinaison de SQ sur OM. La valeur minimum cherchée correspond à

$$\sin \mathrm{SNO} = \frac{1}{\sqrt{3}}.$$

Les alvéoles des abeilles ont précisément la forme qui résulte de cette solution.

215. (*Fig.* 8.) Soit fait

$$\mathrm{BC} = a, \quad \mathrm{AC} = b, \quad \mathrm{BN} = x;$$

Fig. 8.

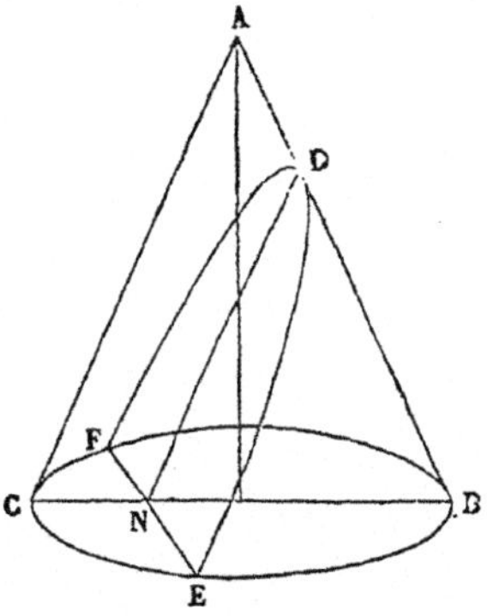

le plan principal ABC étant perpendiculaire au plan sécant, on a

$$\mathrm{DN} = \frac{b}{a}x, \quad \mathrm{EN} = (ax - x^2)^{\frac{1}{2}}, \quad \mathrm{FDE} = \frac{4bx}{3a}(ax - x^2)^{\frac{1}{2}}.$$

Le maximum de la dernière expression répond à

$$x = \frac{3a}{4}.$$

216. (*Fig.* 9.) Si l'on pose $AC = a$, $CD = b$, $CN = x$, BP représentant le grand axe de l'ellipse, la condition du

Fig. 9.

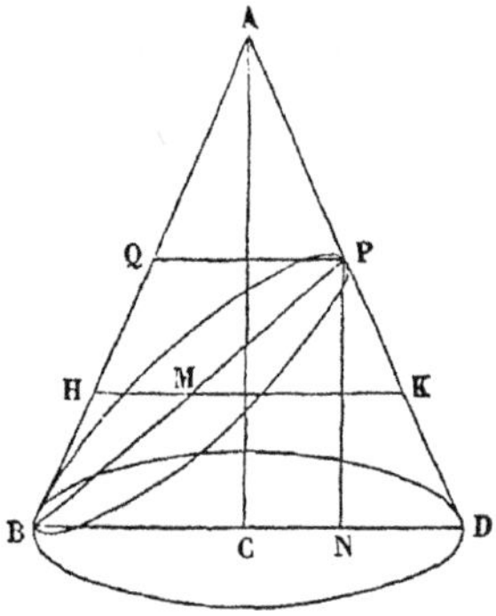

maximum est donnée par l'équation

$$3(a^2 + b^2)x^2 - 4b(a^2 - b^2)x + b^2(a^2 + b^2) = 0.$$

Les racines seront réelles si l'on a

$$a > b(2 + \sqrt{3}),$$

c'est-à-dire lorsque l'angle du cône aura moins de 30 degrés.

Si les racines ne sont pas réelles, il n'y a pas de maximum, et la surface de l'ellipse augmente à mesure que son plan se rapproche de la base.

On aurait pu traiter le problème en prenant pour inconnue l'angle φ que fait le plan sécant avec le plan de la base. En désignant par 2α l'angle du cône, la condition du maximum est alors donnée par l'équation très-simple

$$\sin 2\varphi = 2 \sin 2\alpha,$$

qui conduit au résultat déjà obtenu.

217. Soient S la surface totale d'un secteur appartenant à une sphère dont le rayon est x, y la hauteur de la zone qui lui sert de base, $\frac{4}{3}\varpi a^3$ le volume donné; on a les équations

$$y = \frac{2a^3}{x^2}, \qquad S = \frac{2\varpi a^3}{x}\left[2 + \left(\frac{x^3}{a^3} - 1\right)^{\frac{1}{2}}\right].$$

Posant

$$\frac{S}{2\varpi a^2} = u, \qquad \frac{x}{a} = z,$$

il s'agit de déterminer les valeurs de z qui rendent maximum ou minimum la fonction

$$u = \frac{2 + (z^3 - 1)^{\frac{1}{2}}}{z}.$$

On trouve

$$u' = \frac{z^3 - 4(z^3 - 1)^{\frac{1}{2}} + 2}{2z^2(z^3 - 1)^{\frac{1}{2}}},$$

d'où les deux solutions

$$z^3 = 10, \qquad z^3 = 2.$$

On a donc les deux systèmes de valeurs

$$(1) \qquad \left\{\begin{aligned} x &= a\sqrt[3]{10}, \\ y &= \frac{a}{5}\sqrt[3]{10}, \end{aligned}\right.$$

et

$$(2) \qquad \left\{\begin{aligned} x &= a\sqrt[3]{2}, \\ y &= a\sqrt[3]{2}. \end{aligned}\right.$$

La dérivée seconde apprend que le premier répond à un minimum et l'autre à un maximum.

218. Soient x le rayon du fond du vase, y celui de l'ouverture, z la hauteur, α l'angle de cette hauteur avec l'arête, et $\frac{\varpi a^3}{3}$ le volume donné; on trouve

$$(1)\qquad \begin{aligned} y^3 - x^3 &= a^3 \tang\alpha, \\ u^2 \sin\alpha &= y^2 - x^2(1 - \sin\alpha), \end{aligned}$$

en désignant par ϖu^2 la surface dont on cherche le minimum. On déduit de là

$$y\,dy - x\,dx(1 - \sin\alpha) = 0,$$
$$y^2\,dy - x^2\,dx = 0,$$

d'où résulte l'équation

$$\frac{x^2}{y} - x(1 - \sin\alpha) = 0,$$

satisfaite par $x = 0$, et aussi par $x = (1 - \sin\alpha)y$. Négligeant la première solution qui répond à un cône, on tire de la seconde, combinée avec l'équation (1),

$$y = \frac{a}{\sqrt[3]{\cos\alpha(3 - 3\sin\alpha + \sin^2\alpha)}},$$

et, par suite, x et ϖu^2.

Le résultat obtenu répond bien à un minimum, la surface du vase pouvant croître indéfiniment.

219. Soient O le centre du cercle, r le rayon, α l'angle que fait MP avec le diamètre mené par le point P; si l'on pose

$$\mathrm{OP} = a, \quad \mathrm{MP} = x,$$

on a, pour l'expression u de l'éclairement reçu par la surface,

$$u = \frac{k \sin\alpha}{x^2}.$$

D'ailleurs

$$r^2 = x^2 + a^2 + 2ax\cos\alpha;$$

d'où

$$\frac{u^2}{k^2} = \frac{4a^2x^2 - (r^2 - a^2 - x^2)^2}{4a^2x^6}.$$

En égalant à zéro la dérivée du second membre, il vient

$$x^4 - 4x^2(a^2 + r^2) + 3(r^2 - a^2)^2 = 0.$$

Cette équation fournit les valeurs

$$x^2 = 2(a^2 + r^2) - \sqrt{(a^2 + r^2)^2 + 12a^2r^2},$$
$$x^2 = 2(a^2 + r^2) + \sqrt{(a^2 + r^2)^2 + 12a^2r^2},$$

dont la dernière est à rejeter, parce qu'elle conduit à l'inégalité $x > a + r$. La première répond à un maximum, car deux minima ont lieu aux extrémités du diamètre qui passe par le point P.

220. Soit fait

$$AP = a, \quad YAX = \theta, \quad MA = x, \quad MP = y, \quad MPA = \alpha;$$

l'éclairement u sera exprimé par la formule

$$u = \frac{k \sin\alpha}{y^2},$$

k désignant une constante.

Or

$$y = \frac{a \sin\theta}{\sin(\theta + \alpha)},$$

d'où

$$u = \frac{k \sin\alpha \sin^2(\theta + \alpha)}{a^2 \sin^2\theta};$$

et par suite, en différentiant,

$$\sin(\theta + \alpha)[3\sin(\theta + 2\alpha) - \sin\theta] = 0.$$

Un minimum évident répond à la solution

$$\sin(\theta + \alpha) = 0,$$

et l'on a pour le maximum cherché

$$\sin(\theta + 2\alpha) = \frac{1}{3}\sin\theta,$$

formule facile à construire.

221. En prenant des axes rectangulaires et supposant les deux points situés sur l'axe des x, à la même distance a de l'origine, on a les équations

$$(x-\alpha)^2 + (y-\beta)^2 = R^2$$

$$\overline{Am}^2 = u^2 = y^2 + (x-a)^2,$$

$$\overline{Bm}^2 = v^2 = y^2 + (x+a)^2,$$

dont la première exprime qu'un point m du plan appartient au cercle du rayon R ayant son centre au point (α, β).

La question conduit à poser

$$du + dv = 0,$$

c'est-à-dire

$$\frac{y\,dy + (x-a)\,dx}{u} + \frac{y\,dy + (x+a)\,dx}{v} = 0,$$

avec

$$(x-\alpha)\,dx + (y-\beta)\,dy = 0.$$

On en déduit

$$\frac{u}{v} = \frac{a(y-\beta) - [(y-\beta)x - y(x-\alpha)]}{a(y-\beta) + [(y-\beta)x - y(x-\alpha)]},$$

ou bien

$$\frac{u}{v} = \frac{a-k}{a+k},$$

en faisant

$$x - \frac{y(x-\alpha)}{y-\beta} = k.$$

Or cette quantité k n'est autre que la distance de l'origine au point P où l'axe des x est rencontré par la droite qui joint le centre du cercle au point m. La dernière relation revient donc à celle-ci :

$$\frac{Am}{Bm} = \frac{AP}{BP},$$

d'où il résulte que la droite mP est bissectrice de l'angle AmB, et que, par suite, le point cherché est le point de contact de la circonférence et d'une ellipse tangente au cercle, ayant pour foyers les deux points donnés.

Le problème se traite facilement par la Géométrie; il suffit d'exprimer que, en passant du point m à un point m' infiniment voisin sur la circonférence, la différence $Am'B - AmB$ est infiniment petite d'ordre supérieur au premier.

222. L'ellipsoïde ayant pour équation

$$\frac{x^2}{a^2} + \frac{y^2}{b^2} + \frac{z^2}{c^2} = 1,$$

et $2x$, $2y$, $2z$ étant les arêtes du parallélépipède, on a

$$x = \frac{a}{\sqrt{3}}, \quad y = \frac{b}{\sqrt{3}}, \quad z = \frac{c}{\sqrt{3}};$$

le volume cherché est donc

$$\frac{8abc}{3\sqrt{3}}.$$

223. (*Fig.* 10) ABC est le triangle donné, DEF le triangle inscrit, et l'on a

$$CD = x, \quad AE = y, \quad BF = z.$$

On trouve

$$\frac{x-(b-y)\cos C}{[x^2+(b-y)^2-2x(b-y)\cos C]^{\frac{1}{2}}}$$
$$=\frac{(a-x)-z\cos B}{[z^2+(a-x)^2-2z(a-x)\cos B]^{\frac{1}{2}}},$$

et deux autres équations analogues; ce qui prouve qu'on a

$$FEA = DEC, \quad EDC = BDF, \quad BFD = AFE.$$

Fig. 10.

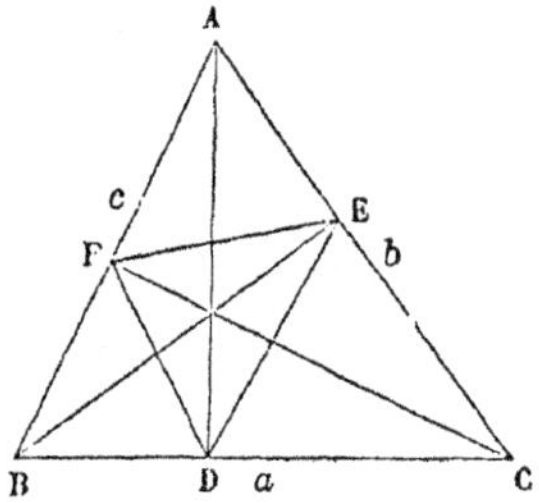

Le triangle demandé s'obtient donc en joignant entre eux les pieds des perpendiculaires abaissées des sommets du triangle ABC sur les côtés opposés.

224. $lx+my+nz=0$ étant l'équation du plan donné, r la distance du centre de la surface à un point de la section, on a

$$r^2 = x^2+y^2+z^2,$$
$$r^4 = a^2x^2+b^2y^2+c^2z^2,$$
$$0 = lx+my+nz.$$

Soient λ et μ deux multiplicateurs indéterminés; la méthode connue donne

$$x+\lambda l=\mu a^2x, \quad y+\lambda m=\mu b^2y, \quad z+\lambda n=\mu c^2z.$$

On tire de là

$$\mu=\frac{1}{r^2},$$

et par suite,

$$x = \frac{\lambda l r^2}{r^2 - a^2}, \quad y = \frac{\lambda m r^2}{r^2 - b^2}, \quad z = \frac{\lambda n r^2}{r^2 - c^2}.$$

On trouve enfin, pour obtenir le maximum et le minimum de r, l'équation suivante :

$$\frac{l^2}{r^2 - a^2} + \frac{m^2}{r^2 - b^2} + \frac{n^2}{r^2 - c^2} = 0;$$

elle sert à déterminer les vitesses de l'onde propagée dans un milieu cristallisé. La surface considérée dans cet exemple est la *surface d'élasticité*.

(Fresnel, *Mémoire de l'Institut*, t. VII, p. 130, et Herschel, *Théorie de la lumière*.)

225. $\frac{x^2}{a^2} + \frac{y^2}{b^2} + \frac{z^2}{c^2} = 1$, équation de l'ellipsoïde;

$lx + my + nz = 0$, équation du plan.

En opérant comme dans le numéro précédent, l'équation qui détermine les axes est la suivante :

$$\frac{a^2 l^2}{r^2 - a^2} + \frac{b^2 m^2}{r^2 - b^2} + \frac{c^2 n^2}{r^2 - c^2} = 0.$$

Après avoir ordonné par rapport à r, on trouve que le produit des demi-axes de l'ellipse d'intersection est

$$\frac{abc}{(a^2 l^2 + b^2 m^2 + c^2 n^2)^{\frac{1}{2}}};$$

et, par suite, la surface a pour expression

$$\frac{\pi abc}{(a^2 l^2 + b^2 m^2 + c^2 n^2)^{\frac{1}{2}}}.$$

226. Le volume demandé est égal au produit des trois demi-axes principaux par $\frac{4\pi}{3}$, et comme ces demi-axes sont les valeurs maximum et minimum du rayon vecteur r mené par le centre, il suffira de chercher les maxima et minima de la quantité

$$r = \sqrt{x^2 + y^2 + z^2},$$

le point x, y, z appartenant à l'ellipsoïde. On trouve alors, en désignant par λ une indéterminée,

$$(1) \qquad \begin{cases} \lambda x + ax + b'z + b''y = 0, \\ \lambda y + a'y + bz + b''x = 0, \\ \lambda z + a''z + by + b'x = 0, \end{cases}$$

d'où

$$\lambda = -\frac{c}{r^2};$$

par suite

$$\left(\frac{c}{r^2} - a\right)x - b''y - b'z = 0,$$

$$b''x - \left(\frac{c}{r^2} - a'\right)y + bz = 0,$$

$$b'x + by - \left(\frac{c}{r^2} - a''\right)z = 0.$$

L'élimination de x, y, z entre ces équations conduit à annuler le déterminant

$$\begin{vmatrix} \left(\frac{c}{r^2} - a\right) & -b'' & -b' \\ b'' & -\left(\frac{c}{r^2} - a'\right) & b \\ b' & b & -\left(\frac{c}{r^2} - a''\right) \end{vmatrix},$$

ce qui donne

$$\left(\frac{c}{r^2} - a\right)\left(\frac{c}{r^2} - a'\right)\left(\frac{c}{r^2} - a''\right)$$
$$- b^2\left(\frac{c}{r^2} - a\right) - b'^2\left(\frac{c}{r^2} - a'\right) - b''^2\left(\frac{c}{r^2} - a''\right) - 2bb'b'' = 0.$$

Développant et ordonnant par rapport à r^2, l'équation à laquelle on arrive fournit les carrés des demi-axes principaux de la surface. Le produit de ces carrés n'est autre que le dernier terme changé de signe, c'est-à-dire le quotient de c^3 par le déterminant du système des équations (1) dans lesquelles on suppose λ égal à zéro. On conclut de là que le volume demandé a pour expression

$$\frac{4\pi}{3}\frac{c^{\frac{3}{2}}}{(aa'a'' - ab^2 - a'b'^2 - a''b''^2 + 2bb'b'')^{\frac{1}{2}}}.$$

227. (*Fig.* 11.) En désignant par α et β les coordonnées

Fig. 11.

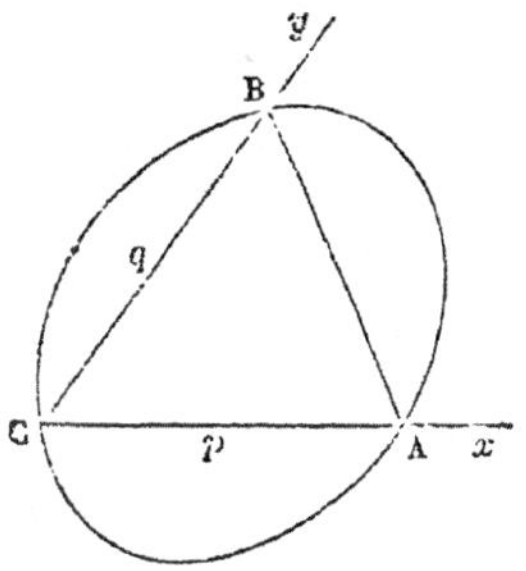

du centre de l'ellipse cherchée, l'équation de cette courbe peut s'écrire

$$A(x-\alpha)^2 + 2B(x-\alpha)(y-\beta) + C(y-\beta)^2 + 1 = 0.$$

Posons $CA = p$, $CB = q$, et exprimons que la courbe passe par les points C, A, B; il en résulte les trois équations

$$(1) \qquad A\alpha^2 + 2B\alpha\beta + C\beta^2 + 1 = 0,$$

$$(2) \qquad A(p-\alpha)^2 - 2B(p-\alpha)\beta + C\beta^2 + 1 = 0,$$

$$(3) \qquad C(q-\beta)^2 - 2B(q-\beta)\alpha + A\alpha^2 + 1 = 0.$$

Retranchant successivement l'équation (1) des équations (2) et (3), il vient

$$(4)\qquad A(2\alpha - p) + 2B\beta = 0,$$

$$(5)\qquad C(2\beta - q) + 2B\alpha = 0.$$

Les relations (1), (4), (5) donnent enfin, pour les coefficients A, B, C,

$$A = \frac{-(2\beta - q)}{\alpha(p\beta + q\alpha - pq)},\quad B = \frac{(2\alpha - p)(2\beta - q)}{2\alpha\beta(p\beta + q\alpha - pq)},$$

$$C = \frac{-(2\alpha - p)}{\beta(p\beta + q\alpha - pq)}.$$

Pour obtenir l'expression S de la surface de l'ellipse en fonction de ces quantités, cherchons, en suivant la marche du numéro précédent, l'équation qui a pour racines les demi-axes de la courbe. Cette équation étant

$$(AC - B^2)z^4 + (A + C - 2B\cos\theta)z^2 + \sin^2\theta = 0,$$

le carré du produit des demi-axes est donc

$$\frac{\sin^2\theta}{AC - B^2},$$

et par suite,

$$S = \frac{\pi\sin\theta}{(AC - B^2)^{\frac{1}{2}}}.$$

Le minimum σ de S correspondant au maximum de $AC - B^2$, il suffit de chercher le maximum de cette fonction des deux variables α et β. Les valeurs de A, B, C sont connues; en faisant le calcul et ne prenant que les facteurs utiles, on arrive aux équations

$$2q\alpha + p\beta - pq = 0,\quad 2p\beta + q\alpha - pq = 0,$$

d'où

$$\alpha = \frac{p}{3},\quad \beta = \frac{q}{3},\quad \sigma = \frac{2}{9}\sqrt{3}pq\sin\theta.$$

On voit que le centre de l'ellipse est le centre de gravité du triangle. De plus, si l'on fait

$$p^2 + q^2 + 2pq \sin(\theta - 30^\circ) = P^2, \quad p^2 + q^2 - 2pq \sin(\theta + 30^\circ) = Q^2,$$

on trouve $\frac{1}{3}(P + Q)$ et $\frac{1}{3}(P - Q)$ pour les demi-axes.

Euler est le premier qui ait traité ce problème. La solution précédente est due à Bérard (*Annales de Gergonne*, t. IV). Liouville en a donné, dans le tome VII de son journal, une solution géométrique très-simple.

228. Cette question peut se résoudre en suivant une marche semblable à celle du numéro précédent. On trouve ainsi que l'aire de l'ellipse maximum est égale à celle du triangle multipliée par $\frac{\pi}{3^{\frac{3}{2}}}$, que son centre coïncide avec le centre de gravité du triangle, et que les points de contact sont les milieux des côtés.

(Bérard, *Annales de Gergonne*, t. IV.)

229. h désignant la hauteur, et α, β, γ les angles dièdres correspondant aux côtés a, b, c de la base, il faut rendre minimum l'expression

$$\frac{ah}{\sin\alpha} + \frac{bh}{\sin\beta} + \frac{ch}{\sin\gamma},$$

qui représente la demi-somme des triangles latéraux. Les angles α, β, γ sont liés d'ailleurs par la condition

$$a \cot\alpha + b \cot\beta + c \cot\gamma = \text{const.}$$

On trouve

$$\alpha = \beta = \gamma.$$

230. Soient A, B, C les points donnés. Prenons pour axe des x la droite qui joint A et B, et pour axe des y une

perpendiculaire à cette droite menée par le point A. α étant l'abscisse de B; a, b les coordonnées de C; x, y celles du point cherché, l'expression à rendre minimum est la suivante :

$$\varphi(x, y) = [(x-a)^2 + (y-b)^2]^{\frac{1}{2}} + [(x-\alpha)^2 + y^2]^{\frac{1}{2}} + (x^2+y^2)^{\frac{1}{2}}.$$

Posons

$$\frac{d\varphi}{dx} = 0, \quad \frac{d\varphi}{dy} = 0;$$

on en tire

$$\frac{a-x}{[(x-a)^2+(y-b)^2]^{\frac{1}{2}}} = \frac{x-\alpha}{[(x-\alpha)^2+y^2]^{\frac{1}{2}}} + \frac{x}{(x^2+y^2)^{\frac{1}{2}}},$$

$$\frac{b-y}{[(x-a)^2+(y-b)^2]^{\frac{1}{2}}} = \frac{y}{[(x-\alpha)^2+y^2]^{\frac{1}{2}}} + \frac{y}{(x^2+y^2)^{\frac{1}{2}}}.$$

Élevant au carré et ajoutant, il vient

$$1 = 2 + \frac{2[(x-\alpha)x+y^2]}{(x^2+y^2)^{\frac{1}{2}}[(x-\alpha)^2+y^2]^{\frac{1}{2}}},$$

d'où l'on déduit

$$(x^2+y^2-\alpha x)^2 = \frac{1}{4}(x^2+y^2)[(x-\alpha)^2+y^2];$$

et comme le second membre peut s'écrire

$$\frac{1}{4}[(x^2+y^2-\alpha x)^2+\alpha^2 y^2],$$

on trouve enfin

$$x^2+y^2-\alpha x = \pm\frac{\alpha y}{\sqrt{3}}.$$

Cette équation représente les deux cercles qui correspondent aux segments capables des angles de 120 degrés qu'on peut décrire sur la corde AB. Il suit de là que le point cherché est à l'intersection de trois segments semblables décrits sur les côtés AB, AC, BC; il jouit par conséquent de cette propriété que les droites qui le joignent aux points A, B, C forment trois angles égaux entre eux et de 120 degrés.

Quand le triangle ABC a un angle plus grand que 120 degrés, les segments ne peuvent pas se couper. Les deux conditions $\frac{d\varphi}{dx} = 0$, $\frac{d\varphi}{dy} = 0$ sont alors incompatibles. Le problème ayant toujours une solution, pour trouver celle qui convient dans ce cas, remarquons que les dérivées deviennent $\frac{0}{0}$ si l'on prend pour le point cherché l'un des trois points A, B, C; c'est donc l'un de ces trois points qui résout la question, et l'on voit sans peine qu'il faut choisir le sommet de l'angle obtus.

Ce problème fut proposé par Torricelli à Fermat, qui en donna peu après trois solutions; plusieurs géomètres s'en sont occupés depuis. La solution précédente est due à M. J. Bertrand (*Journal de* LIOUVILLE, t. VIII).

§ XI. — *Tangentes aux courbes planes.*

231. Sous-tangente $= \frac{x^2}{x - y}\cdot$

232. La tangente a pour équation

$$x^{-\frac{1}{3}}X + y^{-\frac{1}{3}}Y = 1,$$

et les segments qu'elle détermine sur les axes à partir de l'origine étant $(a^2x)^{\frac{1}{3}}$, $(a^2y)^{\frac{1}{3}}$, la somme de leurs carrés est égale à la constante a^2.

La courbe est nommée *astroïde* par quelques auteurs.

233. Les abscisses des points de rencontre étant o, $a+m$, $a-m$, il en résulte, pour les équations des tangentes correspondantes,

$$\begin{aligned} y &= a^2 x, \\ y &= m(3m+2a)x - 2m(m+a)^2, \\ y &= m(3m-2a)x + 2m(m-a)^2. \end{aligned}$$

Le point où la tangente à une courbe du troisième degré *coupe* la courbe est dit le *point tangentiel* du point de contact. Le premier de ces points que l'on considère ici a donc pour coordonnées

$$x = 2a, \quad y = 2a^3.$$

L'abscisse du second satisfait à l'équation suivante :

$$(1) \qquad m(3m+2a)x - 2m(m+a)^2 = x(x-a)^2;$$

mais il n'est pas nécessaire, pour l'obtenir, de résoudre cette équation. On sait, en effet, que l'abscisse $a+m$ du point de contact est racine double de (1), et, comme le produit des racines est $-2m(a+m)^2$, en le divisant par $(a+m)^2$, on a l'abscisse cherchée. On trouve ainsi pour le deuxième point, et semblablement pour le troisième, les coordonnées

$$\begin{aligned} x &= -2m, & y &= -2m(2m+a)^2, \\ x &= 2m, & y &= 2m(2m-a)^2. \end{aligned}$$

On reconnaît immédiatement que ces trois points sont situés sur la droite

$$y = (a^2 + 4m^2)x - 8m^2 a.$$

C'est là une vérification d'un théorème général démontré par Maclaurin, et qu'on peut énoncer ainsi : *Quand trois points d'une courbe du troisième degré sont en ligne droite, il en est de même de leurs points tangentiels.*

234. (*Fig.* 13.) Quand le cercle dont le centre est O et dont le rayon est $OB = b$ roule sans glisser sur la droite AX donnée de position, la courbe engendrée par un point M

Fig. 13.

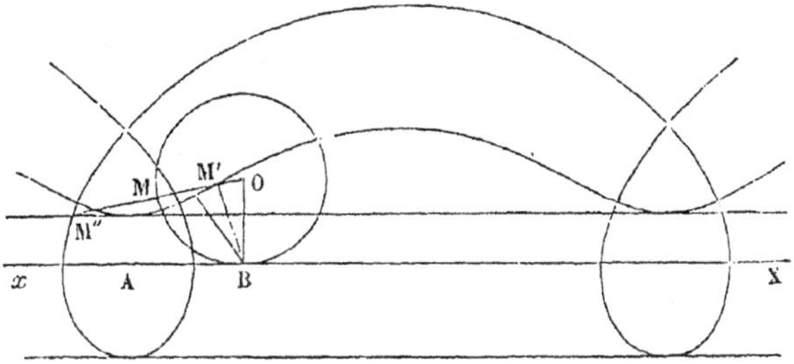

de la circonférence est une cycloïde. Si l'on considère la ligne que décrit en même temps un point M' situé sur le rayon variable OM, on la nomme *cycloïde allongée* ou *cycloïde accourcie,* selon que le point décrivant est intérieur ou extérieur au cercle mobile.

Pour obtenir l'équation du lieu des positions de M', soient h la distance de ce point au centre du cercle, AX l'axe des x, A l'origine des axes et aussi le sommet de la cycloïde engendrée par le point M; si B désigne le point de contact de la circonférence avec l'axe des x pour une position donnée du point M', et φ l'angle variable M'OB, il vient

$$\text{(A)} \qquad \left\{ \begin{aligned} x &= b\varphi - h\sin\varphi, \\ y &= b - h\cos\varphi. \end{aligned} \right.$$

Le système de ces deux équations représente une cycloïde allongée ou accourcie, selon qu'on a $h < b$ ou $h > b$. On en tire

$$x = b \arc\cos\frac{b-y}{h} - \sqrt{h^2 - (b-y)^2}.$$

Si la droite fixe est remplacée par un cercle, le point M engendre une *épicycloïde,* le point M' une *épicycloïde allongée*, le point M″ une *épicycloïde accourcie*. Dans le cas où le cercle mobile est *intérieur* au cercle fixe, les lieux des points M, M′, M″ sont des *hypocycloïdes*.

Pour trouver l'équation de l'une de ces courbes, par exemple celle du lieu que décrit le point M (*fig.* 14) posons $CB = a$, $OB = b$, $OM = h$, $CN = x$, $MN = y$

Fig. 14.

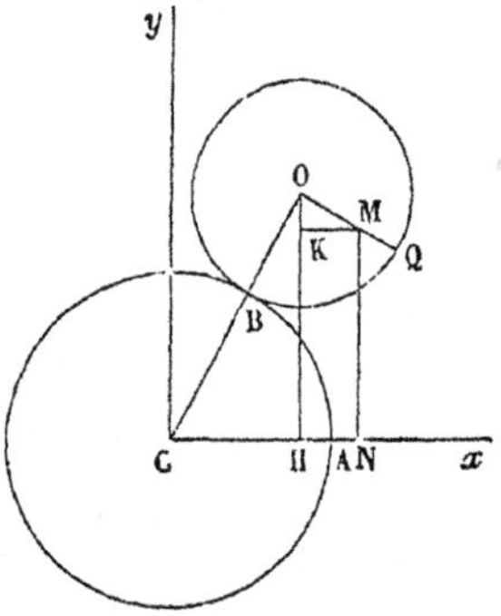

$ACB = t$; si l'on admet qu'à l'origine du mouvement les points A et Q étaient confondus, on aura

$$QOB = \frac{a}{b} t$$

et

$$(B)\quad \left\{ \begin{aligned} x &= CH + HN = (a+b)\cos t - h\cos\frac{a+b}{b}\,t, \\ y &= OH - OK = (a+b)\sin t - h\sin\frac{a+b}{b}\,t. \end{aligned} \right.$$

Le système (B) représente une épicycloïde allongée ou accourcie, selon qu'on a $h < b$ ou $h > b$. Il tient lieu d'une équation unique qui résulterait de l'élimination de t, et qui serait, en général, moins commode pour les calculs, surtout si le nombre $\frac{a+b}{b} = n$ était irrationnel. On peut d'ailleurs, dans tous les cas, obtenir cette équation. On déduit en effet des équations (B)

$$\begin{aligned} bn\cos t &= x + h\cos nt,\\ bn\sin t &= y + h\sin nt,\\ h\cos nt &= bn\cos t - x,\\ h\sin nt &= bn\sin t - y; \end{aligned}$$

d'où l'on tire

$$\begin{aligned} b^2n^2 &= x^2 + y^2 + h^2 + 2h(x\cos nt + y\sin nt),\\ h^2 &= x^2 + y^2 + b^2n^2 - 2bn(x\cos t + y\sin t), \end{aligned}$$

ou bien

$$\begin{aligned} x\cos nt + y\sin nt &= \frac{b^2n^2 - x^2 - y^2 - h^2}{2h} = p,\\ x\cos t + y\sin t &= \frac{x^2 + y^2 + b^2n^2 - h^2}{2bn} = q; \end{aligned}$$

et par suite, en remplaçant les fonctions trigonométriques par leurs formes imaginaires,

$$\begin{aligned} (x - iy)\,e^{2nit} - 2pe^{nit} + (x + iy) &= 0,\\ (x - iy)\,e^{2it} - 2qe^{it} + (x + iy) &= 0. \end{aligned}$$

On conclut de là

$$e^{nit} = \frac{p \pm (p^2 - x^2 - y^2)^{\frac{1}{2}}}{x - iy},\qquad e^{it} = \frac{q \pm (q^2 - x^2 - y^2)^{\frac{1}{2}}}{x - iy};$$

par conséquent,

$$\left[q \pm (q^2 - x^2 - y^2)^{\frac{1}{2}}\right]^n = (x - iy)^{n-1}\left[p \pm (p^2 - x^2 - y^2)^{\frac{1}{2}}\right],$$

ce qui est l'équation cherchée, en y supposant p et q remplacés par leurs valeurs connues en x et en y, et qui ne peut être rendue rationnelle qu'autant que le nombre n est lui-même rationnel.

On voit facilement que le système (B) se met aussi sous la forme, quelquefois utile,

$$\begin{cases} he^{nit} - (a+b)e^{it} + x + iy = 0, \\ (x - iy)e^{nit} - (a+b)e^{(n-1)it} + h = 0. \end{cases}$$

L'hypocycloïde allongée ou accourcie est représentée par le système

$$(C) \qquad \begin{cases} x = (a-b)\cos t + h\cos\dfrac{a-b}{b}t, \\ y = (a-b)\sin t - h\sin\dfrac{a-b}{b}t, \end{cases}$$

tout à fait analogue au système (B), et qui s'en déduit en remplaçant dans celui-ci b par $-b$ et h par $-h$. Il suffit donc de considérer les équations (B) pour embrasser tous les cas.

En faisant $h = b$, on obtient les équations suivantes pour représenter les épicycloïdes et les hypocycloïdes :

$$(D) \qquad \begin{cases} x = (a+b)\cos t - b\cos\dfrac{a+b}{b}t, \\ y = (a+b)\cos t - b\sin\dfrac{a+b}{b}t. \end{cases}$$

La détermination de la tangente au point xy de la courbe définie par les équations (B) exige la connaissance de $\dfrac{dy}{dx}$. Or on a

$$\frac{dx}{dt} = -\frac{a+b}{b}\left(b\sin t - h\sin\frac{a+b}{b}t\right),$$

$$\frac{dy}{dt} = \frac{a+b}{b}\left(b\cos t - h\cos\frac{a+b}{b}t\right);$$

d'où

$$\frac{dy}{dx} = -\frac{b\cos t - h\cos\dfrac{a+b}{b}t}{b\sin t - h\sin\dfrac{a+b}{b}t}.$$

Ce résultat, qui suffit à la détermination analytique de la tangente, ne met pas en évidence une construction géométrique simple; mais, si l'on cherche l'équation de la normale, on trouve

$$\left[Y-(a+b)\sin t+h\sin\frac{a+b}{b}t\right]\left(b\cos t-h\cos\frac{a+b}{b}t\right)$$
$$=\left[X-(a+b)\cos t+h\cos\frac{a+b}{b}t\right]\left(b\sin t-h\sin\frac{a+b}{b}t\right),$$

et l'on voit manifestement, sous cette forme, qu'en faisant $Y=a\sin t$ et $X=a\cos t$ l'équation est satisfaite. Or le point dont les coordonnées sont $a\sin t$ et $a\cos t$ n'est autre que le point de contact du cercle mobile et du cercle fixe, d'où résulte une construction immédiate de la normale tout à fait semblable à celle que l'on connait pour la cycloïde. Il est évident que cette construction s'applique également aux courbes (A). Elle est d'ailleurs susceptible d'une grande généralisation (n° 244).

La théorie des épicycloïdes est née d'un problème industriel. C'est en cherchant la meilleure forme à donner aux dents d'un engrenage que l'astronome danois Römer y fut conduit en 1674. Plus tard (1694), de la Hire publia sur ces courbes un travail étendu, et plusieurs autres géomètres, notamment Halley (*Transact. phil.*), Newton (*Princip.*) et Euler (*Introd. in Anal. infinit.*), en ont étudié les propriétés.

Descartes s'est occupé le premier des cycloïdes allongées et des cycloïdes accourcies; il en a déterminé les tangentes.

Parmi les courbes représentées par les équations (B), on remarque certains cas particuliers :

1° $h=b=-\frac{a}{4}$. Au moyen des relations connues

$$\cos 3t=4\cos^3 t-3\cos t,\qquad \sin 3t=3\sin t-4\sin^3 t,$$

les équations (B) se réduisent à

$$x = a\cos^3 t, \quad y = a\sin^3 t,$$

d'où

$$x^{\frac{2}{3}} + y^{\frac{2}{3}} = a^{\frac{2}{3}},$$

et en développant,

$$(a^2 - x^2 - y^2)^3 = 27\, a^2 x^2 y^2.$$

Cette courbe se rencontre dans plusieurs questions (n° 232).

2° $b = -\frac{a}{2}$. On trouve une ellipse dont l'équation est

$$\frac{x^2}{\left(\frac{a}{2} + h\right)^2} + \frac{y^2}{\left(\frac{a}{2} - h\right)^2} = 1.$$

3° $b = h = a$. On a, dans cette hypothèse,

$$x - a = 2a\cos t(1 - \cos t), \quad y = 2a\sin t(1 - \cos t).$$

Prenant des coordonnées polaires définies par les équations

$$x - a = r\cos\theta, \quad y = r\sin\theta,$$

il vient immédiatement pour l'équation de la courbe

$$r = 2a(1 - \cos\theta).$$

C'est une des caustiques du cercle, le point lumineux étant sur la circonférence. On l'obtient aussi en projetant sur toutes les tangentes au cercle de rayon $2a$ un point donné de la circonférence (n° 235). A cause de sa forme, cette courbe a été nommée *cardioïde* (*Transact. phil.*, 1741).

4° $b = h = \frac{a}{2}$. Les équations (B) deviennent ici

$$y = 2a\sin^3 t, \quad x = 3a\cos t - 2a\cos^3 t.$$

On en tire

$$y^2 + x^2 = 4a^2 - 3a^2\cos^2 t = a^2 + 3a^2\sin^2 t,$$

et par suite

$$4(y^2+x^2-a^2)^3=27a^4y^2.$$

5° $h=b=-\frac{a}{2}$. Le lieu est un diamètre du cercle fixe, résultat facile à voir par la Géométrie.

235. Soit A l'origine des axes. Si l'on désigne par x et y les coordonnées du point m, par α et β celles du point μ, et par C le milieu de mA, on a évidemment

$$\alpha^2+\beta^2-\alpha x-\beta y=0,$$
$$(2\alpha-x)\,d\alpha+(2\beta-y)\,d\beta=\alpha\,dx+\beta\,dy.$$

Les droites Aμ et $m\mu$ étant perpendiculaires, l'expression $\alpha\,dx+\beta\,dy$ est nulle, et il en résulte

$$\frac{d\beta}{d\alpha}=-\frac{x-2\alpha}{y-2\beta},$$

ce qui démontre la proposition.

Un théorème analogue existe pour les *surfaces podaires*.

236. Les coordonnées d'un point α, β de la podaire correspondant au point x, y de la courbe satisfont aux équations

$$(2)\qquad \frac{\alpha x^{n-1}}{a^n}+\frac{\beta y^{n-1}}{b^n}=1,\qquad \frac{x^{n-1}}{a^n\alpha}=\frac{y^{n-1}}{b^n\beta}.$$

Éliminant x et y entre les équations (1) et (2), il vient

$$(a\alpha)^{\frac{n}{n-1}}+(b\beta)^{\frac{n}{n-1}}=(\alpha^2+\beta^2)^{\frac{n}{n-1}}.$$

Cette équation résout la question des podaires pour l'ellipse, l'hyperbole, les développées de ces courbes, l'astroïde (n° 232), etc.

237. (*Fig.* 15.) Soient AB, BC, CD trois côtés consécutifs du polynôme minimum, et prenons pour origine le point E, où se rencontrent AB et CD; la tangente BC doit

être telle que le triangle ECB soit maximum. Déterminons

Fig. 15.

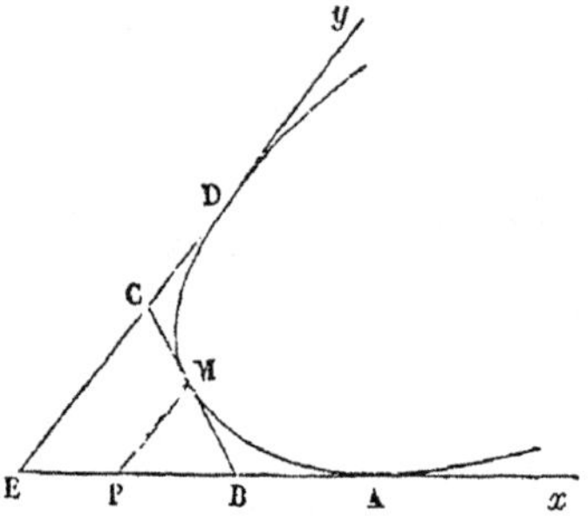

le point de contact M par cette condition. On a

$$EC = y - x\frac{dy}{dx}, \quad EB = x - y\frac{dx}{dy}$$

et

$$2CBE = -\left(y - x\frac{dy}{dx}\right)^2\frac{dx}{dy}\sin E.$$

Pour le maximum on trouve, en différentiant,

$$\frac{d^2y}{dx^2}\frac{dx}{dy}\left(y - x\frac{dy}{dx}\right)\left(2x + y\frac{dx}{dy} - x\right) = 0;$$

et, en égalant à zéro le dernier facteur du premier membre de cette équation, il vient

$$x = \frac{1}{2}\left(x - y\frac{dx}{dy}\right) = \frac{1}{2}EB,$$

ce qui montre que le côté CB est partagé en deux parties égales par le point de contact. La même chose a donc lieu par tous les côtés du polygone cherché.

238. Soient n le nombre des points $m_1, m_2, m_3, \ldots$; x_p, y_p les coordonnées de m_p; ξ, η celles du point μ; on a

$$\Sigma[(\xi + x_p)^2 + (\eta + y_p)^2] = \text{const.}$$

et en différentiant, toutes les quantités variables pouvant être considérées comme fonctions de l'une d'entre elles,

$$(1)\qquad \Sigma[(\xi - x_p)d\xi + (\eta - y_p)d\eta] = \Sigma[(\xi - x_p)dx_p + (\eta - y_p)dy_p].$$

Or

$$(\xi - x_p)dx_p + (\eta - y_p)dy_p = 0,$$

puisque chaque normale passe par le point μ. On peut donc écrire l'équation (1) sous la forme

$$d\xi(n\xi - \Sigma x_p) + d\eta(n\eta - \Sigma y_p) = 0,$$

ou

$$\left(\xi - \frac{\Sigma x_p}{n}\right)d\xi + \left(\eta - \frac{\Sigma y_p}{n}\right)d\eta = 0,$$

c'est-à-dire que la normale au lieu des points μ passe par le point qui a pour coordonnées $\frac{\Sigma x_p}{n}$, $\frac{\Sigma y_p}{n}$.

239. L'origine étant au point A et la direction de la corde étant prise pour celle de l'axe des x, il faut chercher le maximum de l'expression

$$\sqrt{x^2 + y^2} + \sqrt{(a - x)^2 + y^2}.$$

Si l'on égale à zéro la différentielle de cette quantité, dans laquelle y est une fonction donnée de x, il vient

$$(1)\qquad \frac{x + y\dfrac{dy}{dx}}{\sqrt{x^2 + y^2}} = \frac{a - x - y\dfrac{dy}{dx}}{\sqrt{(a - x)^2 + y^2}}.$$

Soit N le point où la normale en M rencontre la corde AB; l'équation (1) revient à

$$\frac{AN}{AM} = \frac{BN}{BM},$$

c'est-à-dire que la tangente au point M est également inclinée sur AM et sur BM.

Solution géométrique. — La position du point M étant supposée connue, soit M′ un point infiniment voisin. L'accroissement de la distance AM est égal à MM′ cos MM′A; la diminution de MB est MM′ cos BMM′; d'où résulte, pour l'accroissement infiniment petit de la somme AM + MB, la quantité MM′(cos MM′A — cos BMM′). Or, en vertu de la théorie du maximum des fonctions d'une variable, cet accroissement doit être un infiniment petit d'ordre supérieur au premier; on a donc

$$\lim(\cos MM'A - \cos BMM') = 0,$$

ce qui donne le résultat déjà obtenu.

240. Soient

$$y = f(x), \quad y = f_1(x), \quad y = f_2(x)$$

les équations des trois courbes; x, y, x_1, y_1, x_2, y_2 les coordonnées des points m, m_1, m_2 pris sur ces courbes et formant le triangle mm_1m_2, dont la surface A s'exprime par la formule

$$(1)\quad A = \pm\frac{1}{2}[x(y_1 - y_2) + x_1(y_2 - y) + x_2(y - y_1)].$$

Comme A dépend de trois variables indépendantes x, x_1, x_2, la condition du maximum donne les trois équations

$$(x_1 - x_2)\frac{dy}{dx} = (y_1 - y_2),$$

$$(x_2 - x)\frac{dy_1}{dx_1} = (y_2 - y),$$

$$(x - x_1)\frac{dy_2}{dx_2} = (y - y_1).$$

Ces résultats expriment que la normale en chaque sommet est perpendiculaire à la droite qui joint les deux autres; les normales aux courbes données se rencontrent donc en un même point.

Dans le cas particulier énoncé, $\frac{x^2}{a^2}+\frac{y^2}{b^2}=1$ étant l'équation de l'ellipse, on a

$$\frac{xx_1-xx_2}{a^2}+\frac{yy_1-yy_2}{b^2}=0,$$

$$\frac{x_1x_2-xx_1}{a^2}+\frac{y_1y_2-yy_1}{b^2}=0,$$

$$\frac{xx_2-x_1x_2}{a^2}+\frac{yy_2-y_1y_2}{b^2}=0.$$

Comme la dernière équation résulte des deux premières, le problème n'est pas déterminé. Pour le déterminer, concevons que le point m soit donné et rapportons la courbe à deux diamètres conjugués. L'équation de l'ellipse peut s'écrire

$$\frac{x^2}{a_1^2}+\frac{y^2}{b_1^2}=1,$$

le point m étant l'extrémité du demi-diamètre a_1. On trouve alors

$$x_1-x_2=0,\quad x_1(x_2-a_1)+\sqrt{a_1^2-x_1^2}\sqrt{a_1^2-x_2^2}=0,$$

d'où

$$x_2=x_1=-\frac{a_1}{2},\quad y_2=\pm\frac{b_1\sqrt{3}}{2},\quad y_1=\pm\frac{b_1\sqrt{3}}{2}.$$

Il faut évidemment prendre y_2 et y_1 de signes contraires. D'ailleurs, à cause de l'obliquité des axes coordonnés, la surface est égale au second membre de l'équation (1) multiplié par $\sin\theta$, θ étant l'angle des axes. L'aire maximum du triangle a donc pour expression

$$\frac{\sqrt{27}}{4}a_1b_1\sin\theta=\frac{\sqrt{27}ab}{4}.$$

241. L'équation de l'ellipse étant

$$a^2Y^2 + b^2X^2 = a^2b^2,$$

la normale au point x, y a pour équation

$$Y - y = \frac{a^2y}{b^2x}(X - x);$$

et si l'on désigne par x_1, y_1 les coordonnées du point où cette ligne rencontre obliquement la courbe, l'expression dont on cherche le maximum ou le minimum est

(1) $$(x_1 - x)^2 + (y_1 - y)^2 = l^2,$$

avec les conditions

(2) $$\frac{x_1 - x}{b^2x} = \frac{y_1 - y}{a^2y},$$

(3) $$a^2y^2 + b^2x^2 = a^2b^2,$$

(4) $$a^2y_1^2 + b^2x_1^2 = a^2b^2.$$

Des relations (3) et (4) on déduit celle-ci :

(5) $$a^2(y_1 - y)^2 + b^2(x_1 - x)^2 + 2a^2y(y_1 - y) + 2b^2x(x_1 - x) = 0.$$

Les équations (1) et (2) donnent d'ailleurs

$$\frac{x_1 - x}{b^2x} = \frac{y_1 - y}{a^2y} = \frac{\pm l}{\sqrt{a^4y^2 + b^4x^2}}.$$

En portant ces valeurs dans (5), on en tire

$$l^2 = \frac{4(a^4y^2 + b^4x^2)^3}{(a^6y^2 + b^6x^2)^2} = \frac{4b^2(a^4 - c^2x^2)^3}{[a^6 - c^2(a^2 + b^2)x^2]^2}.$$

Si l'on égale à zéro la différentielle de ce résultat, on trouve les deux solutions

(6) $$x = 0,$$

(7) $$x = \pm\frac{a^2}{c}\sqrt{\frac{a^2 - 2b^2}{a^2 + b^2}}.$$

La dernière, combinée avec l'équation (3), donne

$$(8)\qquad y = \pm \frac{b^2}{c}\sqrt{\frac{2a^2 - b^2}{a^2 + b^2}}.$$

Les relations (7) et (8) définissent quatre points symétriquement situés par rapport aux axes et répondant à des longueurs minima, pourvu toutefois qu'on ait $a^2 - 2b^2 > 0$. En effet, les extrémités du grand axe répondent évidemment à des maxima, et l'on ne peut passer de l'un à l'autre sans rencontrer au moins un minimum; la symétrie de la courbe en doit d'ailleurs fournir au moins deux de chaque côté du grand axe. Il suit de là que la solution $x = 0$ correspond à un maximum.

Les résultats changent si l'on a $a^2 - 2b^2 < 0$; les quatre minima n'existent plus, et la solution $x = 0$ répond alors à un minimum. On s'assure facilement de cette dernière circonstance en mettant l^2 sous la forme

$$l^2 = 4b^2\left(1 - \frac{c^2x^2}{a^4}\right)^3\left[1 - \frac{c^2(a^2+b^2)}{a^6}x^2\right]^{-2}.$$

Si l'on développe le second membre, en supposant x aussi petit qu'on veut, on trouve

$$l^2 = 4b^2 + \frac{4b^2c^2x^2}{a^6}(2b^2 - a^2) + \ldots,$$

ce qui démontre que l'extrémité du petit axe répond à un maximum quand on a $2b^2 - a^2 < 0$, et à un minimum dans le cas contraire.

La règle ordinaire pour la recherche des maxima et des minima de $f(x)$ n'a pas donné les solutions maxima répondant aux extrémités du grand axe. Cela tient à ce que, dans la question présente, on ne peut comparer à $f(a)$ les deux expressions $f(a+h)$, $f(a-h)$, h étant un infiniment petit positif, vu qu'il n'y a pas de points de l'ellipse dont l'abscisse surpasse a.

Remarque. — Si l'on cherche les valeurs de x_1, y_1 dans l'hypothèse $a^2 - 2b^2 > 0$, on trouve

$$x_1 = \pm \frac{a^2}{c}\left(\frac{a^2 - 2b^2}{a^2 + b^2}\right)^{\frac{3}{2}}, \quad y_1 = \frac{b^2}{c}\left(\frac{2a^2 - b^2}{a^2 + b^2}\right)^{\frac{3}{2}},$$

et ces coordonnées satisfont à l'équation de la développée de l'ellipse

$$(ax)^{\frac{2}{3}} + (by)^{\frac{2}{3}} = c^{\frac{4}{3}}.$$

(O. BONNET.)

242. Il suffit de considérer les points de la courbe donnée pour lesquels $n\theta$ n'excède pas $\frac{\pi}{2}$. Soient r et θ les coordonnées d'un point m pris sur cette courbe; r_1 et θ_1 celles du point correspondant de la podaire; φ l'angle que la tangente en m fait avec le rayon vecteur. On a

$$\operatorname{tang}\varphi = \frac{r\,d\theta}{dr} = -\cot n\theta.$$

Il résulte généralement de là

$$\varphi = n\theta - \frac{\pi}{2} + k\pi,$$

k étant un entier quelconque. D'ailleurs, en supposant n positif, φ représente un angle obtus, et l'on trouve facilement la relation

$$\varphi = \frac{\pi}{2} + \theta_1 - \theta.$$

Il suit de là qu'il faut prendre $k = 1$, ce qui donne

$$\theta_1 - \theta = n\theta,$$

et par suite

$$\cos n\theta = \cos \frac{n\theta_1}{n+1}.$$

D'un autre côté,

$$r_1 = r \sin\varphi = r\cos n\theta;$$

d'où

$$r_1^{\frac{n}{n+1}} = a^{\frac{n}{n+1}} \cos \frac{n}{n+1}\theta_1,$$

équation de même forme que la proposée. Le résultat n'eût pas été différent si l'on avait supposé n négatif.

243. Concevons la courbe rapportée à des axes rectangulaires ox, oy, dont l'origine soit située, par rapport aux droites A et B, du même côté que le point m. Si l'on désigne par p la longueur de la perpendiculaire abaissée de l'origine sur A, par α et β les angles de cette perpendiculaire avec l'axe des x et l'axe des y, la distance de m à A aura pour expression

$$p - x\cos\alpha - y\cos\beta.$$

Semblablement, la distance de ce point à B peut s'écrire

$$p_1 - x\cos\alpha_1 - y\cos\beta_1.$$

Les coordonnées des points P et Q étant respectivement a et b, a_1 et b_2, on a

$$Pm = \sqrt{(x-a)^2 + (y-b)^2}, \quad Qm = \sqrt{(x-a_1)^2 + (y-b_1)^2}.$$

L'équation de la normale est d'ailleurs

$$\frac{X - x}{\frac{\partial f}{\partial u}\frac{\partial u}{\partial x} + \frac{\partial f}{\partial v}\frac{\partial v}{\partial x}} = \frac{Y - y}{\frac{\partial f}{\partial u}\frac{\partial u}{\partial y} + \frac{\partial f}{\partial v}\frac{\partial v}{\partial y}};$$

et comme on a dans tous les cas

$$\frac{\partial u}{\partial x} = -\cos(u, x), \quad \frac{\partial u}{\partial y} = -\cos(u, y),$$

$$\frac{\partial v}{\partial x} = -\cos(v, x), \quad \frac{\partial v}{\partial y} = -\cos(v, y),$$

en désignant généralement par (D, D_1) l'angle des directions des droites représentées par D et D_1, l'équation de la normale prend alors la forme

$$\frac{X - x}{\frac{\partial f}{\partial u}\cos(u, x) + \frac{\partial f}{\partial v}\cos(v, x)} = \frac{Y - y}{\frac{\partial f}{\partial u}\cos(u, y) + \frac{\partial f}{\partial v}\cos(v, y)},$$

qui n'est autre chose que l'expression analytique du théorème énoncé.

244. Rapportons la courbe B à des axes rectangulaires. Soient $t'mt$ la tangente commune à A et B; x, y les coordonnées du point de contact m; ξ, η celles du point μ. La longueur $\mu m = r$ et l'angle de sa direction avec une droite quelconque, invariablement liée à A, constituent un système de coordonnées polaires auquel on peut concevoir que sont rapportés les points de cette courbe. Cela posé, de l'équation évidente

$$(x - \xi)^2 + (y - \eta)^2 = r^2,$$

on tire par la différentiation

$$(1) \quad \frac{(x - \xi)}{r}\frac{dx}{ds} + \frac{(y - \eta)}{r}\frac{dy}{ds} - \left(\frac{x - \xi}{r}\frac{d\xi}{ds} + \frac{y - \eta}{r}\frac{d\eta}{ds}\right) = \frac{dr}{ds},$$

ds représentant l'élément de la courbe B. Or l'angle $t'm\mu$, formé par le rayon vecteur μm et la direction mt', a pour cosinus $\frac{dr}{ds}$; ce cosinus est aussi égal à $\frac{x - \xi}{r}\frac{dx}{ds} + \frac{y - \eta}{r}\frac{dy}{ds}$.

L'équation (1) se réduit donc à

$$\frac{y - \eta}{x - \xi}\frac{d\eta}{d\xi} + 1 = 0,$$

ce qui démontre le théorème énoncé.

245. 1° Les coordonnées x et y du point de contact m de la tangente représentée par (1) ne sont autres que les valeurs limites des coordonnées du point de rencontre de cette tangente avec la tangente voisine, dont l'équation est

$$(a + \Delta a)X + (b + \Delta b)Y + c + \Delta c = 0;$$

c'est-à-dire qu'on a

$$x = \frac{bc' - cb'}{ab' - ba'}, \quad y = \frac{ca' - ac'}{ab' - ba'}.$$

2° L'équation de la tangente au lieu des points m, étant

$$(X - x)dy - (Y - y)dx = 0,$$

coïncidera avec (1) si l'on a

$$(2) \qquad \frac{dy}{dx} = \frac{y'}{x'} = -\frac{a}{b}, \quad y - x\frac{dy}{dx} = -\frac{c}{b}.$$

Or, en posant, pour abréger,

$$A = bc' - cb', \quad B = ca' - ac', \quad C = ab' - ba',$$

on trouve les relations

$$\begin{gathered} Aa + Bb + Cc = 0, \quad Cx = A, \quad Cy = B, \\ C^2x' = CA' - AC' = b(Aa'' + Bb'' + Cc''), \\ C^2y' = CB' - BC' = -a(Aa'' + Bb'' + Cc''), \end{gathered}$$

ce qui vérifie les équations (2).

Quand les fonctions a, b, c sont entières, il est facile de trouver le degré de la courbe. Plus généralement, si l'on désigne par A, B, D des fonctions entières de degré n en t, on voit immédiatement que la courbe définie par le système des équations

$$(U) \qquad x = \frac{A}{D}, \quad y = \frac{B}{D}$$

est du degré n, car, en substituant ces valeurs de x et de y dans l'équation $ax + by = c$ d'une droite quelconque, il en résulte une équation du degré n en t dont les racines déterminent les coordonnées de n points (réels ou imaginaires) où la droite rencontre la courbe.

Remarque. — Le système (U) définit des courbes algébriques auxquelles M. Cayley a donné le nom d'*unicursales,* et qui jouissent de propriétés importantes étudiées par d'éminents géomètres contemporains. M. Hermite, en particulier, leur a consacré, dans son *Cours d'Analyse,* quelques pages très-intéressantes et des plus instructives.

On ramène facilement les coordonnées x et y au type (U) quand elles sont données par des fonctions rationnelles d'un nombre quelconque de sinus et de cosinus, pourvu que tous les arcs soient des multiples d'un même arc α. Il suffit d'exprimer les lignes trigonométriques en fonction de la variable t définie par la relation $\tang \frac{\alpha}{2} = t$.

L'équation $\varphi(x,y) = \psi(x,y)$, où φ et ψ désignent des fonctions entières homogènes dont les degrés diffèrent d'une unité, représente une courbe unicursale, comme on le voit en y faisant $y = tx$.

Il en est de même de l'équation

$$\varphi(x,y) = \sqrt{(y - \alpha x)(y - \beta x)}\,\chi(x,y),$$

si φ est homogène du degré m et χ homogène du degré $m - 2$. On le reconnaît en posant d'abord $y = tx$, puis, pour faire disparaître l'irrationnelle (n° 146),

$$t = \frac{\beta - \alpha\theta^2}{1 - \theta^2}.$$

La courbe gauche représentée par les équations

$$x = \frac{A}{D}, \quad y = \frac{B}{D}, \quad z = \frac{C}{D}$$

est dite aussi unicursale si A, B, C, D sont des fonctions

entières du degré n en t. Le degré d'une courbe gauche étant le nombre des points (réels ou imaginaires) où elle est coupée par un plan quelconque, on voit, en raisonnant comme pour les unicursales planes, que la courbe considérée est du degré n.

§ XII. — *Points singuliers.* — *Construction de courbes.*

246. $x = \frac{3a}{2}$, point d'inflexion.

247. $x = 0$ et $x = c\left(\frac{c}{a}\right)^{\frac{1}{3}}$, points d'inflexion.

248. $x = \pm \frac{a}{6^{\frac{1}{2}}}$, point d'inflexion.

249. $\frac{m}{n} > 1$; $x = a$, point d'inflexion;

la tangente en ce point est parallèle à l'axe des x.

$$\frac{m}{n} < 1; \quad x = a, \quad \text{point d'inflexion;}$$

tangente perpendiculaire à l'axe des x.

250. (*Fig.* 16.) L'origine est un point triple; l'une des

Fig. 16.

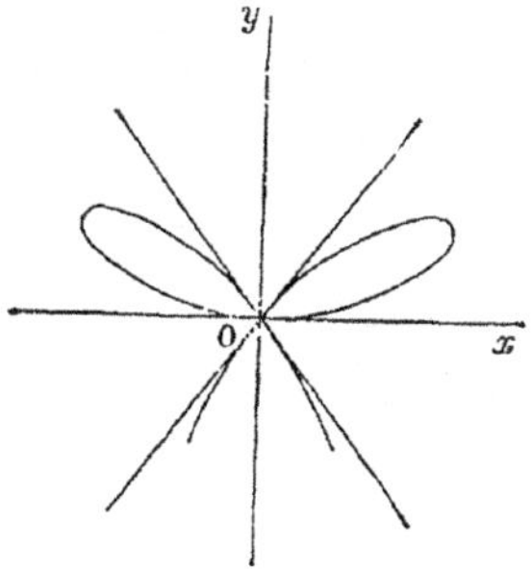

branches touche l'axe des x, les deux autres font avec ce

même axe des angles dont les tangentes sont $\sqrt{\frac{a}{b}}$ et $-\sqrt{\frac{a}{b}}$. La courbe est unicursale, comme on le voit en remplaçant dans l'équation y par tx.

(*Remarque du n°* 245.)

251. (*Fig.* 17.) Point triple à l'origine. En ce point $\frac{dy}{dx}$ a les trois valeurs o, $\sqrt{3}$, $-\sqrt{3}$.

La courbe est unicursale (n° 245).

Fig. 17.

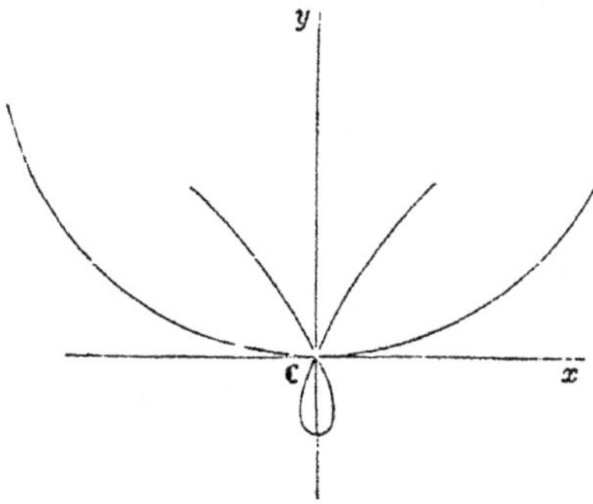

252. (*Fig.* 18.) Trois points doubles :

Fig. 18.

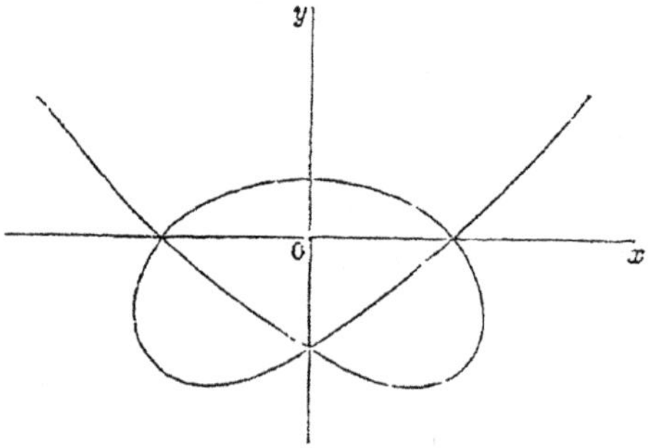

$$y = 0, \qquad x = a, \qquad \frac{dy}{dx} = \pm\left(\frac{4}{3}\right)^{\frac{1}{2}};$$

$$y = 0, \qquad x = -a, \quad \frac{dy}{dx} = \pm\left(\frac{4}{3}\right)^{\frac{1}{2}};$$

$$y = -a, \quad x = 0, \qquad \frac{dy}{dx} = \pm\left(\frac{2}{3}\right)^{\frac{1}{2}}.$$

253 (*Fig.* 19.) Point double à l'origine. De l'équation

Fig. 19.

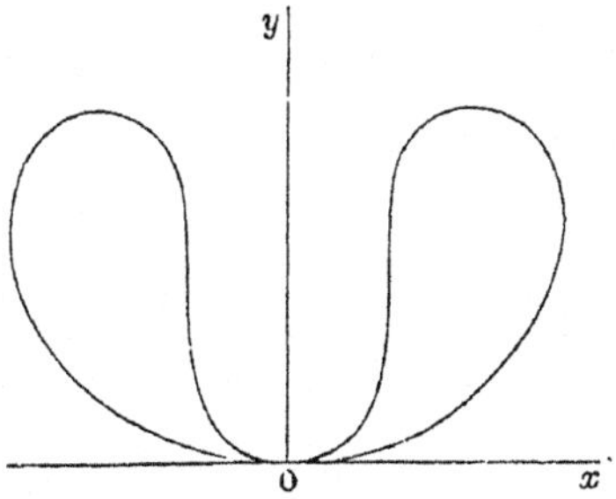

$$2x = \sqrt{8ay - y^2} \pm \sqrt{4ay - y^2}$$

on tire $\dfrac{8a(\sqrt[3]{2} - 1)}{\sqrt[3]{16} - 1}$ pour l'ordonnée des points d'inflexion.

254. Rebroussement de première espèce pour $x = a$.

Fig. 20.

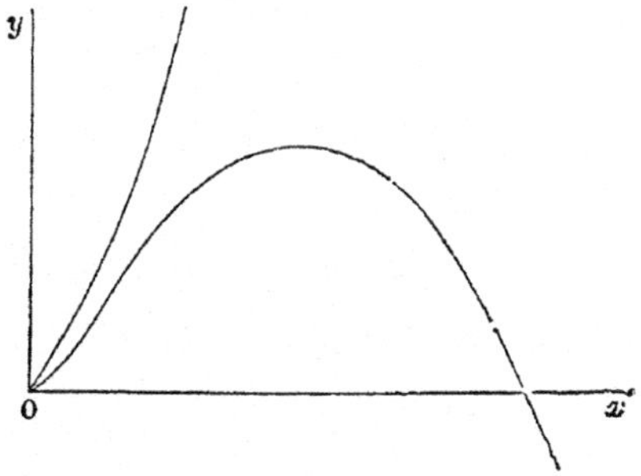

255. Quatre directions infinies. Deux branches asympto-

tiques. Rebroussement de seconde espèce à l'origine, l'axe des x étant la tangente commune.

256. (*Fig.* 20.) Deux branches infinies sans asymptotes. Point d'inflexion pour $x = \frac{64}{225}a$ sur la branche qui s'étend indéfiniment au-dessous de l'axe des x. Rebroussement de seconde espèce à l'origine.

257. (*Fig.* 21.) Deux points doubles pour $x = \pm 2a$. En ces points $\frac{dy}{dx} = \pm \frac{1}{2^{\frac{1}{2}}}$. Quatre points d'inflexion.

Fig. 21.

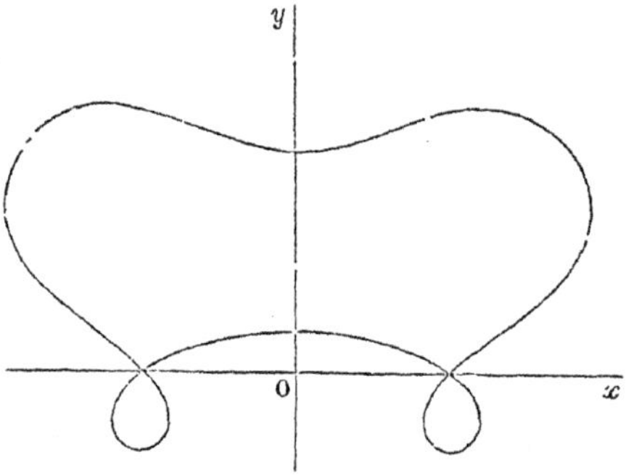

258. (*Fig.* 22.) Asymptotes : $x = \frac{a}{2}$, $y = \frac{1}{2^{\frac{1}{3}}}\left(x + \frac{a}{6}\right)$.

A l'origine, rebroussement de première espèce. Quatre points d'inflexion, dont deux situés sur l'axe des x.

259. La courbe a trois points d'inflexion, l'un à l'origine, les autres aux points dont les coordonnées satisfont aux équations

$$(1) \qquad \frac{x^2}{a^2} = \frac{\sqrt[4]{12}(\sqrt{3} - 1)}{2}, \quad \frac{y}{x} = 1 + \frac{\sqrt[4]{12}(\sqrt{3} + 1)}{2}.$$

Les trois points, comme on voit, sont situés sur la droite représentée par la seconde des équations (1). C'est là une application de ce théorème général, dû à Maclaurin : *Quand une courbe du troisième degré a trois points d'inflexion réels* (*ce qui est le plus grand nombre qu'elle en puisse avoir*), *ces points sont en ligne droite.*

(*Voir* Briot, *Complément de Géométrie analytique.*)

Fig. 22.

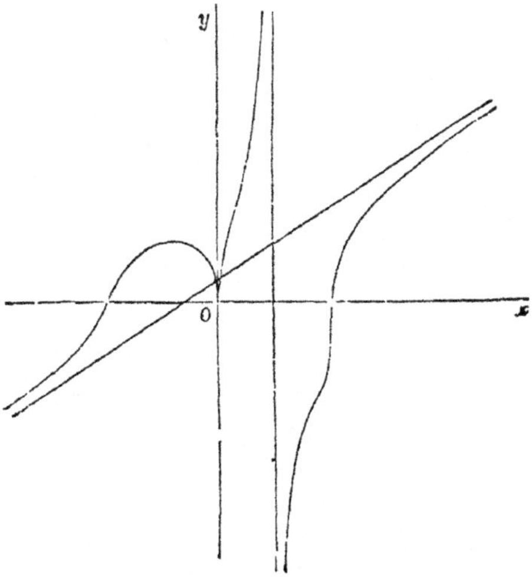

260. (*Fig.* 23.) En substituant des coordonnées polaires aux coordonnées rectilignes, l'équation est résoluble par rapport au rayon vecteur. On la discute d'ailleurs, sans changer de coordonnées, en prenant une inconnue auxiliaire $t = \frac{x}{y}$, ce qui donne

$$2x = \pm t(a^2t^8 + 4b^2t)^{\frac{1}{2}} - at^5,$$

$$2y = \pm (a^2t^8 + 4b^2t)^{\frac{1}{2}} - at^4.$$

L'origine est un point triple, un point d'inflexion et un point de rebroussement. Les points de la portion fermée de

Fig. 23.

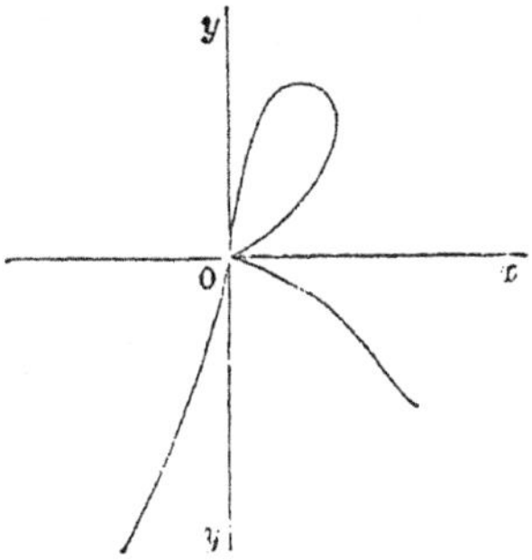

la courbe qui sont les plus éloignés de l'axe des x et des y ont respectivement pour coordonnées

$$x = b\left(\frac{108\,b^3}{3125\,a^3}\right)^{\frac{4}{7}},\quad y = b\left(\frac{24\,b}{625\,a}\right)^{\frac{1}{7}};$$

$$x = \frac{b}{2}\left(\frac{9\,b^3}{8\,a^3}\right)^{\frac{1}{7}},\qquad y = \frac{b}{2}\left(\frac{27\,b}{2\,a}\right)^{\frac{1}{7}}.$$

L'examen de la dérivée exprimée en fonction de t fait connaître l'existence d'un point d'inflexion sur la branche infinie située à droite de l'axe des y.

261. La courbe a une infinité de points doubles, pour lesquels $\frac{dy}{dx} = \pm (k\pi)^{\frac{1}{2}}$, k recevant toutes les valeurs entières positives. Elle a aussi une infinité de points isolés.

262. Lorsque les courbes sont représentées par des équations en coordonnées polaires, on trouve généralement les points d'inflexion en posant [formule (b), p. 178]

$$\text{(A)}\qquad r^2 + 2\frac{dr^2}{d\theta^2} - r\frac{d^2r}{d\theta^2} = 0 \quad \text{ou} \quad = \infty.$$

Il est quelquefois avantageux de remplacer cette condition par celle-ci, qui lui est équivalente :

$$\text{(B)} \qquad \frac{du}{d\theta} + \frac{d^2 u}{d\theta^2} = 0 \quad \text{ou} \quad = \infty,$$

u étant l'inverse du rayon vecteur.

Pour la courbe dont il s'agit ici, la condition indiquée donne

$$a^2(4\theta^2 - 1) = 0;$$

d'où

$$\theta = \frac{1}{2}, \qquad r = a\sqrt{2}.$$

Cette courbe, cas particulier des spirales dont l'équation est $r = a\theta^n$, a été désignée par Cotes sous le nom de *Lituus* (*Harmonia mensurarum*).

263. L'équation (A) ou l'équation (B) du numéro précédent devient ici

$$b\cos^3\theta + 3a\cos^2\theta - 2a = 0,$$

ou, en posant $\frac{1}{\cos\theta} = z$,

$$\text{(1)} \qquad 2az^3 - 3az - b = 0.$$

Si l'on a $a \geqq b$, les trois racines de l'équation (1) sont réelles, mais l'une d'elles ne satisfait pas à la condition $-1 < \cos\theta < 1$.

Si $a < b$, deux racines sont imaginaires. Il en résulte que la conchoïde a quatre points d'inflexion quand a est plus grand que b, et deux seulement quand a est plus petit que b.

Il y a également deux points d'inflexion si $a = b$.

La conchoïde peut se construire de la manière suivante : d'un point fixe A on mène un rayon vecteur quelconque indéfini qui rencontre en B une droite XX' dont la position est invariable. A partir de B, on porte sur le rayon vecteur, et dans les deux sens, des longueurs BM, BN égales à une ligne donnée a; la conchoïde est le lieu décrit par les points M et N, quand on suppose que le rayon vecteur tourne autour du point A.

Cette courbe fut imaginée par le géomètre Nicomède (environ 150 ans avant J.-C.) pour résoudre les deux problèmes, si célèbres chez les anciens, de la duplication du cube et de la trisection de l'angle. Newton en a fait usage pour la construction des équations du troisième degré (*Arithmétique universelle*), et les architectes Vignole et Blondel l'ont utilisée pour le tracé des fûts de colonne (*Cours d'Architecture,* par d'Aviler). On peut substituer

Fig. 24.

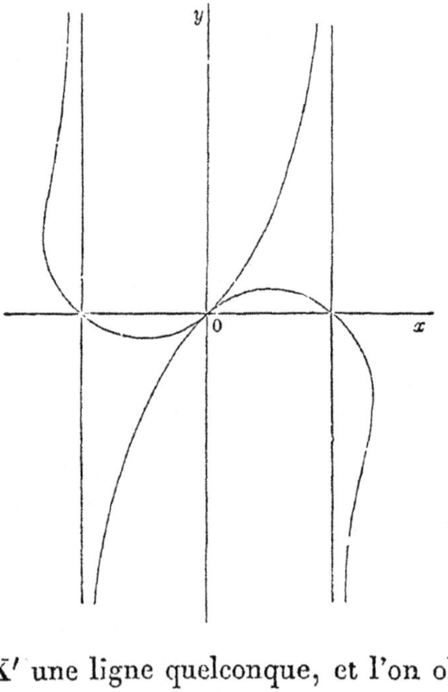

à la base XX′ une ligne quelconque, et l'on obtient alors des *conchoïdes d'ordre supérieur*. Dans le cas où l'on prend un cercle et où le point A est sur la circonférence, on trouve le limaçon de Pascal (n° 479). De La Hire a donné, dans les *Mémoires de l'Académie des Sciences* (année 1708), un long travail sur les conchoïdes à base quelconque.

264. (*Fig.* 24.) Asymptotes répondant à $\theta = \frac{\pi}{2}$ et $\theta = \frac{3\pi}{2}$, à la distance a du pôle. L'origine est un point double, et la tangente en ce point est la bissectrice de l'angle des axes. Les points d'inflexion sont donnés par l'équation

$$3\cos\theta + 2\sin^3\theta = 0,$$

ou

$$2\tan g^3\theta + 3\tan g^2\theta + 3 = 0,$$

dont une seule racine est réelle.

265. (*Fig.* 25.) L'axe des y est une asymptote.

Fig. 25.

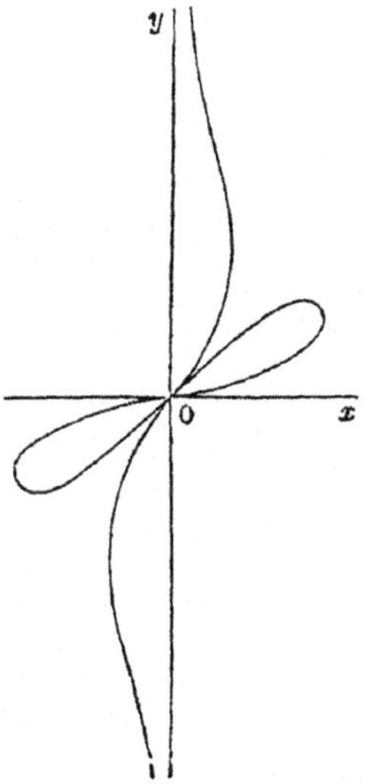

Les points d'inflexion autres que l'origine sont déterminés par l'équation

$$8\cos^3 2\theta + 3\cos^2 2\theta + 6\cos 2\theta + 10 = 0,$$

qui ne donne qu'une valeur réelle pour $\cos 2\theta$.

La plupart des courbes données dans ce paragraphe sont tirées de l'*Introduction à l'analyse des lignes courbes*, par Cramer (Genève, 1750).

§ XIII. — *Rayons de courbure et développées des courbes planes.*

Notations et formules. — ρ, rayon de courbure en un point (x, y) ou (r, θ) d'une courbe donnée par l'équation

$$f(x, y) = 0, \quad \text{ou} \quad F(r, \theta) = 0;$$

ε, angle de la tangente avec l'axe des x ou l'axe polaire;
p, distance de l'origine à la tangente;
α et β, coordonnées du centre de courbure;
$u = \frac{1}{r}$.

$$(a) \quad \left\{ \begin{aligned} \rho &= \frac{ds^3}{dx\, d^2y - dy\, d^2x} \\ &= \frac{\left[\left(\frac{df}{dx}\right)^2 + \left(\frac{df}{dy}\right)^2\right]^{\frac{3}{2}}}{\left(\frac{df}{dx}\right)^2 \frac{d^2f}{dy^2} - 2\frac{df}{dx}\frac{df}{dy}\frac{d^2f}{dx\,dy} + \left(\frac{df}{dy}\right)^2 \frac{d^2f}{dx^2}}. \end{aligned} \right.$$

$$(b) \qquad \rho = \frac{\left[r^2 + \left(\frac{dr}{d\theta}\right)^2\right]^{\frac{3}{2}}}{r^2 + 2\left(\frac{dr}{d\theta}\right)^2 - r\frac{d^2r}{d\theta^2}} = \frac{\left[u^2 + \left(\frac{du}{d\theta}\right)^2\right]^{\frac{3}{2}}}{u^3\left(u + \frac{d^2u}{d\theta^2}\right)}.$$

$$(c) \qquad \rho = \frac{ds}{d\varepsilon} = p + \frac{d^2p}{d\varepsilon^2} = r\frac{dr}{dp}$$

(n° 277).

Les quantités p et r se rapportant à un point d'une courbe, p_1 et r_1 au point correspondant de la développée, on a

$$(d)\qquad r_1^2 = r^2 + \rho^2 - 2p\rho, \quad p_1^2 = r^2 - p^2,$$

$$(e)\qquad 6 - y = \frac{1+\left(\frac{dy}{dx}\right)^2}{\left(\frac{d^2y}{dx^2}\right)}, \quad \alpha - x = -\frac{dy}{dx}\,\frac{1+\left(\frac{dy}{dx}\right)^2}{\left(\frac{d^2y}{dx^2}\right)}.$$

Si ω désigne l'angle des axes, on a

$$(f)\qquad \rho = \frac{\left[1 + 2\cos\omega\frac{dy}{dx} + \left(\frac{dy}{dx}\right)^2\right]^{\frac{3}{2}}}{\frac{d^2y}{dx^2}\sin\omega}.$$

266. On tire immédiatement de l'équation

$$y' = \frac{p+qx}{y}, \qquad 1 + y'^2 = \frac{y^2(1+q)+p^2}{y^2}, \qquad y'' = -\frac{p^2}{y^3}.$$

Par suite,

$$\rho = \frac{[y^2(1+q)+p^2]^{\frac{3}{2}}}{p^2}.$$

On a aussi

$$\beta - y = -y\frac{y^2(1+q)+p^2}{p^2};$$

d'où

$$(1)\qquad y = -\left(\frac{p^2 6}{1+q}\right)^{\frac{1}{3}}.$$

De plus,

$$\alpha - x = (p+qx)\frac{y^2(1+q)+p^2}{p^2},$$

ce qui donne

$$p + qx = \frac{p^2(p+q\alpha)}{(1+q)(qy^2+p^2)};$$

et comme l'équation proposée peut s'écrire

$$qy^2 = (p + qx)^2 - p^2,$$

il en résulte

$$(1 + q)^2 (qy^2 + p^2)^3 = p^4 (p + q\alpha)^2;$$

ou bien, en tenant compte de la relation (1),

$$(2) \qquad \left(\frac{p + q\alpha}{p}\right)^{\frac{2}{3}} - q\left(\frac{\beta}{p}\right)^{\frac{2}{3}} = (1 + q)^{\frac{2}{3}}.$$

Pour $q = 0$, l'équation (2) se réduit à une identité; mais en la mettant sous la forme

$$\left(\frac{\beta}{p}\right)^{\frac{2}{3}} = \frac{\left(\frac{p + q\alpha}{p}\right)^{\frac{2}{3}} - (1 + q)^{\frac{2}{3}}}{q}$$

et prenant la vraie valeur du second membre pour $q = 0$, on trouve

$$\beta^2 = \frac{8}{27p}(\alpha - p)^3,$$

équation connue de la développée de la parabole.

267. $y^2 = \dfrac{(4a + 3x)^3 x}{12a^2}.$

$$\alpha = -\left(x + \frac{3x^2}{2a}\right), \quad \beta = 4(a + x)\left(\frac{x}{3a}\right)^{\frac{1}{2}};$$

d'où

$$81\beta^2 + 16\left[a^2 + 18a\alpha \pm a^{\frac{1}{2}}(a - 6\alpha)^{\frac{3}{2}}\right] = 0.$$

La parabole semi-cubique est la première courbe qui ait été rectifiée. Cette rectification fut trouvée presque en même temps par Van Heuraet, Neil et Fermat.

268. $$\alpha = \frac{ax(5x - 12a)}{3(2a - x)^2}, \quad \beta = \frac{8ax^{\frac{1}{2}}}{3(2a - x)^{\frac{1}{2}}} = \frac{8a}{3}\frac{y}{x},$$

$$\rho = \frac{a(8a - 3x)^{\frac{3}{2}}x^{\frac{1}{2}}}{3(2a - x)^2},$$

$$\left(\frac{3\beta}{8}\right)^4 + 6a^2\left(\frac{3\beta}{8}\right)^2 + 3a^3\alpha = 0.$$

Quand une courbe est unicursale (n° 245), il est manifeste que sa développée l'est également. Si l'on pose ici $x = ty$, on trouve en effet

$$\alpha = -\frac{a(1 + 6t^2)}{3t^4}, \quad \beta = \frac{8a}{3t}.$$

269. $$\alpha = x + 3(xy^2)^{\frac{1}{3}}, \quad \beta = y + (3x^2y)^{\frac{1}{3}},$$

$$\rho = 3(axy)^{\frac{1}{3}},$$

$$(\alpha + \beta)^{\frac{2}{3}} + (\alpha - \beta)^{\frac{2}{3}} = 2a^{\frac{2}{3}}.$$

En faisant tourner les axes d'un angle de 45° autour de l'origine, on reconnaît que la développée est aussi une astroïde (n° 232).

270. $$\rho = \frac{(a^2 + y^2)^{\frac{3}{2}}}{ay}.$$

$$\beta = \frac{a\left(2e^{\frac{2x}{a}} + 1\right)}{e^{\frac{x}{a}}}, \quad \alpha = x - a\left(e^{\frac{2x}{a}} + 1\right);$$

d'où

$$e^{\frac{x}{a}} = \frac{\beta \pm (\beta^2 - 8a^2)^{\frac{1}{2}}}{4a}, \quad \frac{x}{a} = \log\frac{\beta \pm (\beta^2 - 8a^2)^{\frac{1}{2}}}{4a},$$

et enfin

$$\alpha = a\log\frac{\beta \pm (\beta^2 - 8a^2)^{\frac{1}{2}}}{4a} - \frac{\beta^2 + 4a^2 \pm \beta(\beta^2 - 8a^2)^{\frac{1}{2}}}{8a}.$$

Cette courbe a été nommée *logarithmique* par Huyghens, qui l'a étudiée (*De causa gravitatis*, *Opera reliqua*).

271. $\rho = \frac{y^2}{a}.$

$$6 = a\left(e^{\frac{x}{a}} + e^{-\frac{x}{a}}\right),$$

$$\alpha = x - \frac{a}{4}\left(e^{\frac{2x}{a}} - e^{-\frac{2x}{a}}\right),$$

d'où

$$\alpha = a \log \frac{6 \pm (6^2 - 4a^2)^{\frac{1}{2}}}{2a} \mp \frac{6(6^2 - 4a^2)^{\frac{1}{2}}}{4a}.$$

La chaînette est la courbe que figure un fil homogène pesant, flexible et inextensible, et dont les extrémités sont fixes. A l'origine du Calcul différentiel, les géomètres s'en sont beaucoup occupés, notamment Leibnitz, qui la construisit au moyen de la logarithmique (n° 270), et Jean Bernoulli, qui en donna le premier l'équation et les propriétés principales.

272. $\rho = \frac{a(a^2 - y^2)^{\frac{1}{2}}}{y}.$

$$6 = \frac{a^2}{y^2}, \quad \alpha = -a \log \frac{a + (a^2 - y^2)^{\frac{1}{2}}}{y};$$

d'où

$$6 = \frac{a}{2}\left(e^{\frac{a}{\alpha}} + e^{-\frac{a}{\alpha}}\right).$$

La chaînette est donc la développée de la tractoire (n° 473).

La tractoire ou tractrice est la courbe décrite par l'extrémité d'un fil inextensible et sans masse, situé dans un plan horizontal, et dont l'autre extrémité est *tirée* le long d'une ligne droite. Il faut ajouter que la vitesse acquise du point mobile est incessamment détruite par la résistance du plan, ce qui revient à supposer le frottement infini. Leibnitz a démontré que la portion de la tangente à cette courbe comprise entre le point de contact et la droite directrice est constante, d'où le nom de *courbe aux tangentes égales* donné à la tractoire. Huyghens en a fait l'objet d'intéressants travaux; Clairaut l'a beaucoup généralisée en prenant une ligne quelconque pour directrice.

273. En faisant usage des formules (c) et (d) de ce paragraphe (p. 178 et 179), et posant

$$\frac{\alpha}{(1+\alpha^2)^{\frac{1}{2}}} = m,$$

on a

$$p = mr, \quad \rho = \frac{r}{m}, \quad p_1 = mr_1.$$

Il en résulte que la développée est une spirale logarithmique égale à la proposée; elle se confond d'ailleurs avec le lieu des extrémités de la sous-normale polaire.

La spirale logarithmique peut être à elle-même sa développée. Pour qu'il en soit ainsi, il faut et il suffit que l'extrémité du rayon r_1 aboutisse à la courbe. On doit donc avoir en même temps, puisque les deux rayons r et r_1 sont perpendiculaires,

$$r = ae^{\frac{\theta}{\alpha}}, \quad r_1 = ae^{\frac{\theta}{\alpha} + \frac{\left(2k\pi + \frac{\pi}{2}\right)}{\alpha}}$$

Comme on a de plus $r = \alpha r_1$, la condition cherchée revient à celle-ci :

$$\alpha = e^{-\frac{(4k+1)\pi}{2\alpha}} \quad \text{ou} \quad \alpha^\alpha = e^{-\frac{(4k+1)\pi}{2}}$$

Il faut et il suffit qu'on puisse déterminer un nombre entier k satisfaisant à cette équation.

Cette courbe se reproduit de plusieurs autres manières :

sa développante, ses caustiques par réflexion et par réfraction en supposant le point lumineux au pôle, le lieu du pôle d'une spirale roulant sur une spirale fixe égale, sont des courbes égales à la proposée. Ces propriétés remarquables ont vivement frappé Jacques Bernoulli. A ses yeux, la spirale logarithmique n'est rien moins que le type de la constance et le symbole de la résurrection. Voici le curieux passage où il donne carrière à son enthousiasme :

« Cum autem ob proprietatem tam singularem tamque » admirabilem mire mihi placeat spira hæc mirabilis, sic » ut ejus contemplatione satiari vix queam, cogitavi illam » ad res varias symbolice repræsentandas non inconcinne » adhiberi posse. Quoniam enim semper similem et eamdem spiram gignit, utcumque volvatur, evolvatur, radiet, » hinc poterit esse vel sobolis parentibus per omnia similis » emblema : *simillima filia matri*.... Aut, si mavis, quia » curva nostra mirabilis in ipsa mutatione semper sibi con- » stantissime manet similis et numero eadem, poterit esse » vel fortitudinis et constantiæ in adversitatibus, vel etiam » carnis nostræ, post varias alterationes et tandem ipsam » quoque mortem, ejusdem numero resurrecturæ symbo- » lum; adeo quidem ut si Archimedem imitandi hodie nunc » consuetudo obtineret, libenter spiram hanc tumulo meo » juberem incidi cum epigraphe : *Eadem mutata resurgo.* » (*Acta eruditorum*, ann. 1692, p. 212.)

Descartes s'est occupé le premier de la spirale logarithmique. Il la définit par la propriété que possède le rayon vecteur de faire un angle constant avec la tangente.

274. Soit φ l'angle du rayon vecteur avec la tangente en un point de la courbe; l'équation revient à celle-ci :

$$\operatorname{tang}\varphi = \frac{(r^2 - a^2)^{\frac{1}{2}}}{a};$$

par suite,

(1) $$p = r\sin\varphi = (r^2 - a^2)^{\frac{1}{2}},$$

et, en vertu de la formule (c), p. 178,

(2) $$\rho^2 = r^2 - a^2.$$

Rapprochant ces résultats des formules (d), p. 179, il vient

$$p_1 = r_1$$

pour l'équation de la développée, laquelle est évidemment un cercle.

On reconnaît d'ailleurs, dans l'équation proposée, l'équation différentielle de la développante du cercle.

275. L'équation de la courbe étant

$$r^2 = a^2\cos 2\theta,$$

et aussi

$$(x^2 + y^2)^2 = a^2(x^2 - y^2),$$

on trouve d'abord

$$\rho = \frac{a^2}{3(x^2 + y^2)^{\frac{1}{2}}} = \frac{a^2}{3r} = \frac{a}{3(\cos 2\theta)^{\frac{1}{2}}};$$

puis

$$\beta = -\frac{y(a^2 - x^2 - y^2)}{3(x^2 + y^2)} = -\frac{2a\sin^3\theta}{3(\cos 2\theta)^{\frac{1}{2}}},$$

$$\alpha = \frac{x(a^2 + x^2 + y^2)}{3(x^2 + y^2)} = \frac{2a\cos^3\theta}{3(\cos 2\theta)^{\frac{1}{2}}},$$

d'où

(1) $$\left(\alpha^{\frac{2}{3}} + \beta^{\frac{2}{3}}\right)\left(\alpha^{\frac{2}{3}} - \beta^{\frac{2}{3}}\right)^{\frac{1}{2}} = \frac{2a}{3}.$$

Si l'on passe aux coordonnées polaires, en posant

$$\alpha = r\cos\theta, \quad \beta = r\sin\theta,$$

l'équation (1) devient

$$r^2 = \frac{4a^2}{9} \frac{1 + \tang^2\theta}{\left(1 + \tang^{\frac{2}{3}}\theta\right)\left(1 - \tang^{\frac{4}{3}}\theta\right)} = \frac{4a^2}{9} \frac{1 - \tang^{\frac{2}{3}}\theta + \tang^{\frac{4}{3}}\theta}{1 - \tang^{\frac{2}{3}}\theta}.$$

On voit que cette courbe est unicursale (245) en posant

$$\tang\theta = \frac{1 - t^2}{1 + t^2}.$$

276. L'épicycloïde étant représentée (n° 234) par les deux équations

$$(1)\qquad \begin{cases} x = (a + b)\cos t - b\cos\dfrac{a + b}{b}\,t, \\ y = (a + b)\sin t - b\sin\dfrac{a + b}{b}\,t, \end{cases}$$

on en tire

$$(2)\qquad \begin{cases} \dfrac{dx}{dt} = 2(a + b)\cos\dfrac{a + 2b}{2b}\,t\sin\dfrac{at}{2b}, \\ \dfrac{dy}{dt} = 2(a + b)\sin\dfrac{a + 2b}{2b}\,t\sin\dfrac{at}{2b}, \end{cases}$$

$$\frac{dy}{dx} = \tang\frac{a + 2b}{2b}\,t, \quad \frac{d^2y}{dx^2} = \frac{a + 2b}{4b(a + b)} \frac{1}{\cos^3\dfrac{a + 2b}{2b}\,t\sin\dfrac{at}{2b}}.$$

Par suite

$$(3)\qquad \begin{cases} \dfrac{1 + y'^2}{y''} = \dfrac{4b(a + b)}{a + 2b}\cos\dfrac{a + 2b}{2b}\,t\sin\dfrac{at}{2b} = \beta - y. \\ -\dfrac{1 + y'^2}{y''}\,y' = -\dfrac{4b(a + b)}{a + 2b}\sin\dfrac{a + 2b}{2b}\,t\sin\dfrac{at}{2b} = \alpha - x. \end{cases}$$

De là et des équations (1) résultent les relations

$$(4)\qquad \rho = \frac{4b(a + b)}{a + 2b}\sin\frac{at}{2b},$$

$$(5)\qquad \begin{cases} \alpha = \dfrac{ab}{a + 2b}\left(\dfrac{a + b}{b}\cos t + \cos\dfrac{a + b}{b}\,t\right), \\ \beta = \dfrac{ab}{a + 2b}\left(\dfrac{a + b}{b}\sin t + \sin\dfrac{a + b}{b}\,t\right). \end{cases}$$

Il suffirait de remplacer b par $-b$ pour avoir les formules qui conviennent à l'hypocycloïde.

Les équations (5) représentent la développée demandée; on voit qu'elle est aussi une courbe du genre épicycloïde. En changeant d'axes rectangulaires sans déplacer l'origine, on peut mettre les équations (5) sous la forme des équations (1).

L'équation (4), qui donne la valeur de ρ, peut s'obtenir presque sans calcul en employant la formule (p. 178)

$$\rho = \frac{r\,dr}{dp} \qquad (\text{n}^\circ\ 277).$$

Pour cela, il est nécessaire d'avoir une relation entre r et p. Or on tire d'abord des équations (1) et (2)

$$x^2 + y^2 = r^2 = a^2 + 4b(a+b)\sin^2\frac{at}{2b},$$

$$\frac{x\,dy - y\,dx}{dt} = 2(a+b)(a+2b)\sin^2\frac{at}{2b},$$

$$\frac{ds}{dt} = 2(a+b)\sin\frac{at}{2b};$$

puis

$$p = \frac{x\,dy - y\,dx}{ds} = (a+2b)\sin\frac{at}{2b},$$

et enfin

$$(6) \qquad p^2 = \frac{(a+2b)^2(r^2-a^2)}{4b(a+b)},$$

relation qui, différentiée, conduit immédiatement à l'équation (4). Cette relation (6), qu'on peut regarder comme l'équation de l'épicycloïde, est d'un emploi commode dans plusieurs cas (n°s 481 et 489).

277. 1° De l'équation évidente

$$p = x\sin\varepsilon - y\cos\varepsilon,$$

on tire

$$dp = (x \cos \varepsilon + y \sin \varepsilon)\, d\varepsilon,$$

$$\frac{d^2 p}{d\varepsilon^2} = -p + \cos \varepsilon \frac{dx}{d\varepsilon} - \sin \varepsilon \frac{dy}{d\varepsilon}.$$

Or

$$\cos \varepsilon = \frac{dx}{ds}, \quad \sin \varepsilon = \frac{dy}{ds}, \quad \rho = \frac{ds}{d\varepsilon};$$

donc

$$\rho = p + \frac{d^2 p}{d\varepsilon^2}.$$

2° Pour obtenir la relation $\rho = \frac{r\, dr}{dp}$, il suffit de différentier l'équation

$$p = \frac{r^2}{\left[r^2 + \left(\frac{dr}{d\theta}\right)^2\right]^{\frac{1}{2}}},$$

et de comparer le résultat à la formule (b) de ce paragraphe, p. 178.

278. La relation proposée se ramène à celle-ci :

$$2a \frac{dx}{ds} = \frac{b^2 + y^2}{y},$$

où le premier membre peut être regardé comme précédé du signe $\pm$; et comme on a généralement

$$\frac{1}{\rho} = -\frac{d\left(\frac{dx}{ds}\right)}{dy},$$

il en résulte

$$\rho = \frac{2ay^2}{b^2 - y^2}.$$

On a d'ailleurs, N étant la longueur de la normale,

$$N = y \frac{ds}{dx} = \frac{2ay^2}{y^2 + b^2};$$

par suite

$$\frac{1}{N} - \frac{1}{\rho} = \frac{1}{a}.$$

L'équation proposée appartient à la courbe décrite par l'un des foyers d'une ellipse qui roule sans glisser sur l'axe des x (DELAUNAY, *Journal de Liouville*, t. VI). Cette courbe jouit aussi de la propriété d'engendrer, par sa révolution autour du même axe, la surface minimum qui renferme un volume donné (n° 686).

279. La variable indépendante étant x, on trouve

$$(1)\qquad \frac{1}{3}\frac{d\rho}{ds} = y' - \frac{(1+y'^2)y'''}{3y''^2},$$

et pour le maximum ou le minimum,

$$3y'y''^2 - (1+y'^2)y''' = 0.$$

D'ailleurs, l'équation du cercle osculateur étant

$$(X-x)^2 + (Y-y)^2 = \rho^2,$$

on a

$$(X-x) + (Y-y)\frac{dY}{dX} = 0,$$

$$(2)\qquad 1 + \left(\frac{dY}{dX}\right)^2 + (Y-y)\frac{d^2Y}{dX^2} = 0,$$

$$(3)\qquad \frac{dY}{dX} = y', \quad \frac{d^2Y}{dX^2} = y''.$$

Différentiant l'équation (2) par rapport à X, il vient

$$3\frac{dY}{dX}\frac{d^2Y}{dX^2} + (Y-y)\frac{d^3Y}{dX^3} = 0,$$

et, à cause des relations (3),

$$\frac{d^3Y}{dX^3} = y''',$$

ce qui démontre le théorème énoncé.

Si l'on joint le point m d'une courbe avec le milieu μ d'une corde parallèle à la tangente en ce point et infiniment voisine, l'angle de la normale avec la direction limite de la droite $m\mu$ a été nommé par Transon la *déviation de la courbe* en m. La tangente de cet angle a précisément pour valeur le second membre de l'équation (1). (Voir *Journal de Liouville*, 1841, p. 191.)

280. L'équation proposée peut s'écrire

$$(1) \qquad \sum \frac{a}{\delta} = \frac{m}{\Delta},$$

en supposant les courbes rapportées à des coordonnées polaires dont O est le pôle, et désignant par $\delta_1, \delta_2, \ldots, \delta_n, \Delta$ les rayons vecteurs des points $A_1, A_2, \ldots, A_n$, M.

Les quantités δ ainsi que Δ sont des fonctions de l'angle que fait la transversale avec l'axe polaire; en différentiant deux fois l'équation (1) par rapport à cet angle, il vient

$$(2) \qquad \sum \frac{a(\delta\delta'' - 2\delta'^2)}{\delta^3} = \frac{m(\Delta\Delta'' - 2\Delta'^2)}{\Delta^3}.$$

D'un autre côté

$$\cos\alpha = \frac{\delta}{(\delta^2 + \delta'^2)^{\frac{1}{2}}}, \qquad \frac{1}{\rho} = \frac{\delta^2 + 2\delta'^2 - \delta\delta''}{(\delta^2 + \delta'^2)^{\frac{3}{2}}};$$

d'où

$$\frac{1}{\rho\cos^3\alpha} = \frac{\delta^2 + 2\delta'^2 - \delta\delta''}{\delta^3};$$

de même

$$\frac{1}{R\cos^3\mu} = \frac{\Delta^2 + 2\Delta'^2 - \Delta\Delta''}{\Delta^3}.$$

Donc, en tenant compte des équations (1) et (2),

$$\sum \frac{a}{\rho\cos^3\alpha} = \sum \frac{a}{\delta} + \sum a\,\frac{2\delta'^2 - \delta\delta''}{\delta^3} = \frac{m}{R\cos^3\mu}.$$

C. Q. F. D.

§ XIV. — *Géométrie à trois dimensions.*

Formules relatives aux courbes gauches. — En un point $m(x, y, z)$ d'une courbe on peut concevoir trois lignes droites rectangulaires entre elles, savoir : la tangente, la normale principale et la perpendiculaire au plan osculateur. Sur chacune de ces droites il existe deux directions différentes : l'une est définie par les cosinus des angles que fait cette direction avec les directions positives des axes coordonnés, et l'autre, qui lui est opposée, par ces mêmes cosinus changés de signe. Pour abréger, nous appellerons *cosinus directeurs* d'une droite ou d'une direction quelconque ceux qui définissent ainsi une direction convenue; et ces mots : *la direction* (a, b, c), désigneront celle que déterminent les cosinus a, b, c. On pourra même souvent substituer à ces cosinus des quantités qui leur seront proportionnelles.

Quelques-uns des résultats exprimés par les formules qui suivent seront démontrés dans ce paragraphe.

a, b, c, cosinus directeurs de la tangente;
λ, μ, ν, cosinus directeurs de la normale principale;
α, β, γ, cosinus directeurs de l'*axe* du plan osculateur ou simplement de l'*axe;*
ω, angle de contingence ou première flexion;
u, angle de torsion ou seconde flexion;
ρ, rayon de courbure; r, rayon de la seconde courbure.

$$(a)\begin{cases} a^2+b^2+c^2=1, & \lambda^2+\mu^2+\nu^2=1, & \alpha^2+\beta^2+\gamma^2=1;\\ a\alpha+b\beta+c\gamma=0, & a\lambda+b\mu+c\nu=0, & \alpha\lambda+\beta\mu+\gamma\nu=0.\end{cases}$$

$$(a')\begin{cases} a^2+\alpha^2+\lambda^2=1, & b^2+\beta^2+\mu^2=1, & c^2+\gamma^2+\nu^2=1,\\ ab+\alpha\beta+\lambda\mu=0, & bc+\beta\gamma+\mu\nu=0, & ca+\gamma\alpha+\nu\lambda=0.\end{cases}$$

$$(b)\quad\begin{cases}\alpha = b\nu - c\mu, & \beta = c\lambda - a\nu, & \gamma = a\mu - b\lambda;\\ \lambda = \beta c - \gamma b, & \mu = \gamma a - \alpha c, & \nu = \alpha b - \beta a;\\ a = \mu\gamma - \nu\beta, & b = \nu\alpha - \lambda\gamma, & c = \lambda\beta - \mu\alpha.\end{cases}$$

$$(c)\quad\begin{cases}a = \dfrac{dx}{ds}, \quad b = \dfrac{dy}{ds}, \quad c = \dfrac{dz}{ds};\\[2ex] \lambda = \dfrac{d\left(\dfrac{dx}{ds}\right)}{\omega}, \quad \mu = \dfrac{d\left(\dfrac{dy}{ds}\right)}{\omega}, \quad \nu = \dfrac{d\left(\dfrac{dz}{ds}\right)}{\omega};\\[2ex] \alpha = \dfrac{dy\,d^2z - dx\,d^2y}{\omega^2\,ds}, \quad \beta = \dfrac{dz\,d^2x - dx\,d^2z}{\omega^2\,ds}, \quad \gamma = \dfrac{dx\,d^2y - dy\,d^2x}{\omega^2\,ds}.\end{cases}$$

$$(d)\quad\begin{cases}\dfrac{1}{\rho} = \dfrac{\omega}{ds} = \dfrac{\left[\left(d\dfrac{dx}{ds}\right)^2 + \left(d\dfrac{dy}{ds}\right)^2 + \left(d\dfrac{dz}{ds}\right)^2\right]^{\frac{1}{2}}}{ds}\\[3ex] \quad = \dfrac{\left[(dx\,d^2y - dy\,d^2x)^2 + (dy\,d^2z - dz\,d^2y)^2 + (dz\,d^2x - dx\,d^2z)^2\right]^{\frac{1}{2}}}{ds^3}.\end{cases}$$

$$(e)\quad\begin{cases}\dfrac{1}{r} = \dfrac{u}{ds}\\[2ex] \quad = \dfrac{dx(d^2y\,d^3z - d^2z\,d^3y) + dy(d^2z\,d^3x - d^2x\,d^3z) + dz(d^2x\,d^3y - d^2y\,d^3x)}{(dy\,d^2z - dz\,d^2y)^2 + (dz\,d^2x - dx\,dz^2)^2 + (dx\,d^2y - dy\,d^2x)^2}\end{cases}$$

(nº **283**).

$$(f)\quad \lambda = \frac{da}{\omega} = -\frac{d\alpha}{u},\quad \mu = \frac{db}{\omega} = -\frac{d\beta}{u},\quad \nu = \frac{dc}{\omega} = -\frac{d\gamma}{u}\qquad \text{(nº 282)},$$

$$(g)\quad d\lambda = \alpha u - a\omega,\quad d\mu = \beta u - b\omega,\quad d\nu = \gamma u - c\omega\qquad \text{(nº 284)}.$$

Les formules (f) jouent un rôle assez important dans l'étude des courbes à double courbure. On peut remarquer que l'une quelconque des égalités

$$(h)\quad \frac{da}{\omega} = -\frac{d\alpha}{u},\quad \frac{db}{\omega} = -\frac{d\beta}{u},\quad \frac{dc}{\omega} = -\frac{d\gamma}{u}$$

n'est que l'expression analytique de ce théorème :

« Le rapport des flexions d'une courbe en un point est égal au rapport des accroissements que subissent, en passant de ce point à un point infiniment voisin, les cosinus des angles d'une droite quelconque avec la tangente et l'axe du plan osculateur ([1]). »

Plusieurs des formules précédentes se simplifient quand on prend l'une des coordonnées pour variable indépendante. Si, par exemple, cette variable est x, en posant pour abréger

$$\sqrt{1+y'^2+z'^2}=\mathrm{D},$$

on trouve

$$a=\frac{1}{\mathrm{D}},\quad b=\frac{y'}{\mathrm{D}},\quad c=\frac{z'}{\mathrm{D}},$$

$$\lambda=-\rho\frac{y'y''+z'z''}{\mathrm{D}^4},\quad \mu=\rho\frac{y''-z'(y'z''-z'y'')}{\mathrm{D}^4},$$

$$\nu=\rho\,\frac{z''+y'(y'z''-z'y'')}{\mathrm{D}^4},$$

$$\alpha=\rho\frac{y'z''-z'y''}{\mathrm{D}^3},\quad \beta=-\rho\frac{z''}{\mathrm{D}^3},\quad \gamma=\rho\frac{y''}{\mathrm{D}^3};$$

$$\rho=\frac{\mathrm{D}^3}{\left[(y'z''-z'y'')^2+y''^2+z''^2\right]^{\frac{1}{2}}},$$

$$r=\frac{(y'z''-z'y'')^2+y''^2+z''^2}{y''z'''-z''y'''}.$$

([1]) Dans le *Traité de Calcul différentiel* de M. Bertrand, les formules (h) sont désignées sous le nom de *formules de M. Serret*. C'est là une dénomination erronée, comme l'a reconnu M. Bertrand lui-même (*Rapport sur les progrès les plus récents de l'Analyse mathématique*, 1867, p. 27). Le théorème cité dans le texte, et qui, sauf la notation algébrique, est identique aux formules (h), a été donné par l'auteur du présent Recueil dans une Thèse imprimée à Toulouse en 1847; le travail de M. Serret sur ce point n'a paru que trois ans plus tard. De plus, un développement de la Thèse renfermant ces formules et plusieurs de leurs conséquences avait été mis, dès la fin de 1847, entre les mains de l'illustre rédacteur du *Journal de Mathématiques* (*voir* les *Nouvelles Annales de Mathématiques*, 1864, p. 284).

Il est quelquefois commode de calculer r par la formule

$$r = \frac{(1 + y'^2 + z'^2)^3}{\rho^2 (y'' z''' - z'' y''')}.$$

281. 1° Soient x, y, z les coordonnées d'un point M de la droite D; x_1, y_1, z_1 celles d'un point M_1 de la droite D_1, et posons

$$(1) \qquad \frac{x - a}{\alpha} = \frac{y - b}{\beta} = \frac{z - c}{\gamma} = h,$$

$$(2) \qquad \frac{x_1 - a_1}{\alpha_1} = \frac{y_1 - b_1}{\beta_1} = \frac{z_1 - c_1}{\gamma_1} = h_1.$$

La condition du minimum donne la relation

$$\begin{aligned} &(x - x_1)\,dx + (y - y_1)\,dy + (z - z_1)\,dz \\ &= (x - x_1)\,dx_1 + (y - y_1)\,dy_1 + (z - z_1)\,dz_1. \end{aligned}$$

D'ailleurs,

$$dx = \alpha\,dh, \qquad dy = \beta\,dh, \qquad dz = \gamma\,dh,$$

$$dx_1 = \alpha_1\,dh_1, \quad dy_1 = \beta_1\,dh_1, \quad dz_1 = \gamma_1\,dh_1;$$

d'où, à cause de l'indépendance de h et h_1,

$$(3) \qquad (x - x_1)\alpha + (y - y_1)\beta + (z - z_1)\gamma = 0.$$

$$(4) \qquad (x - x_1)\alpha_1 + (y - y_1)\beta_1 + (z - z_1)\gamma_1 = 0,$$

Ces équations expriment que la ligne MM_1 est perpendiculaire à chacune des droites données. On en tire

$$(5) \qquad \frac{x - x_1}{\beta\gamma_1 - \gamma\beta_1} = \frac{y - y_1}{\gamma\alpha_1 - \alpha\gamma_1} = \frac{z - z_1}{\alpha\beta_1 - \beta\alpha_1}.$$

La valeur commune de ces rapports est

$$\frac{\pm\sqrt{(x - x_1)^2 + (y - y_1)^2 - (z - z_1)^2}}{\sqrt{(\beta\gamma_1 - \gamma\beta_1)^2 + (\gamma\alpha_1 - \alpha\gamma_1)^2 + (\alpha\beta_1 - \beta\alpha_1)^2}} = \frac{\pm\delta}{\sin V},$$

en désignant par δ la plus courte distance, et par V l'angle des deux droites.

Il résulte de là que les valeurs p, q, r des *cosinus directeurs* de l'une des directions de la plus courte distance sont données par les formules

$$(6)\qquad p=\frac{\beta\gamma_1-\gamma\beta_1}{\sin V},\quad q=\frac{\gamma\alpha_1-\alpha\gamma_1}{\sin V},\quad r=\frac{\alpha\beta_1-\beta\alpha_1}{\sin V}.$$

2° On déduit des équations (5) et (6)

$$x-x_1=\pm p\delta,\quad y-y_1=\pm q\delta,\quad z-z_1=\pm r\delta,$$

et par suite,

$$(7)\quad \delta(p^2+q^2-r^2)=\delta=\pm[p(x-x_1)+q(y-y_1)+r(z-z_1)].$$

D'un autre côté,

$$(8)\qquad \begin{cases} x-x_1=a-a_1+\alpha h-\alpha_1 h_1,\\ y-y_1=b-b_1+\beta h-\beta_1 h_1,\\ z-z_1=c-c_1+\gamma h-\gamma_1 h_1,\end{cases}$$

d'où

$$p(x-x_1)+b(y-y_1)+r(z-z_1)=p(a-a_1)+q(b-b_1)+r(c-c_1),$$

en tenant compte des relations évidentes

$$(9)\qquad p\alpha+q\beta+r\gamma=0,\quad p\alpha_1+q\beta_1+r\gamma_1=0.$$

Les relations (7) et (9) donnent enfin

$$\delta=\pm[p(a-a_1)+q(b-b_1)+r(c-c_1)],$$

c'est-à-dire

$$\delta=\pm\frac{(a-a_1)(\beta\gamma_1-\gamma\beta_1)+(b-b_1)(\gamma\alpha_1-\alpha\gamma_1)+(c-c_1)(\alpha\beta_1-\beta\alpha_1)}{\sin V},$$

où l'on peut concevoir $\sin V$ remplacé par sa valeur

$$\sqrt{(\beta\gamma_1-\gamma\beta_1)^2+(\gamma\alpha_1-\alpha\gamma_1)^2+(\alpha\beta_1-\beta\alpha_1)^2}.$$

3° Pour le calcul des coordonnées des points M et M_1, il suffit de déterminer h et h_1. Or, si l'on multiplie respectivement par α, β, γ les équations (8) et qu'on ajoute le résultats, il vient

$$o = \alpha(a - a_1) + \beta(b - b_1) + \gamma(c - c_1) + h - h_1 \cos V$$

On trouverait semblablement

$$o = \alpha_1(a - a_1) + \beta_1(b - b_1) + \gamma_1(c - c_1) + h \cos V - h_1,$$

d'où

$$(10) \quad -h \sin^2 V = (a - a_1)(\alpha_1 \cos V - \alpha) + (b - b_1)(\beta_1 \cos V - \beta) + (c - c_1)(\gamma_1 \cos V - \gamma).$$

Observant que le binôme $\alpha_1 \cos V - \alpha$ peut être mis sous la forme

$$\alpha_1(\alpha\alpha_1 + \beta\beta_1 + \gamma\gamma_1) - \alpha = \gamma_1(\gamma\alpha_1 - \gamma_1\alpha) - \beta_1(\alpha\beta_1 - \alpha_1\beta) = \sin V(q\gamma_1 - r\beta_1),$$

il vient

$$h = \frac{(a-a_1)(q\gamma_1 - r\beta_1) + (b-b_1)(r\alpha_1 - p\gamma_1) + (c-c_1)(p\beta_1 - q\alpha_1)}{\sin V}.$$

On obtiendrait pour h_1 une formule tout à fait semblable.

L'analogie des expressions h et δ est manifeste. Elle tient précisément à cette circonstance, facile à reconnaitre par la Géométrie, que la longueur $h \sin V$ est la plus courte distance de la droite D_1 et d'une parallèle à la perpendiculaire commune, menée par le point (a, b, c).

282. Démontrons d'abord que la droite dont la direction est définie par les cosinus $\frac{d\alpha}{u}$, $\frac{d\beta}{u}$, $\frac{d\gamma}{u}$ est perpendiculaire à la fois à la tangente et à l'axe du plan osculateur. Il suffit, pour cela, d'établir les équations

$$a\,d\alpha + b\,d\beta + c\,d\gamma = o,$$
$$\alpha\,d\alpha + \beta\,d\beta + \gamma\,d\gamma = o;$$

or la dernière résulte évidemment de

$$\alpha^2 + \beta^2 + \gamma^2 = 1,$$

et la première, de celle qu'on obtient en différentiant la relation manifeste

$$\alpha a + \beta b + \gamma c = 0,$$

et remarquant qu'on a

$$\alpha\, da + \beta\, db + \gamma\, dc = 0$$

en vertu des équations données.

Il suit de là que l'on peut poser

$$\lambda = \pm \frac{d\alpha}{u}, \quad \mu = \pm \frac{d\beta}{u}, \quad \nu = \pm \frac{d\gamma}{u};$$

mais il est permis de choisir pour l'angle de torsion un signe tel, que ces relations coïncident avec les équations (2).

283. Ces équations donnent

$$u = -(\lambda\, d\alpha + \mu\, d\beta + \nu\, d\gamma) = \alpha\, d\lambda + \beta\, d\mu + \gamma\, d\nu.$$

De la relation

$$\lambda = \frac{da}{\omega} = \frac{ds\, d^2x - dx\, d^2s}{\omega\, ds^2}$$

on tire

$$\omega\, ds^2 d\lambda + \lambda\, d(\omega\, ds^2) = ds\, d^3x - dx\, d^3s;$$

on aurait aussi

$$\omega\, ds^2 d\mu + \mu\, d(\omega\, ds^2) = ds\, d^3y - dy\, d^3s,$$

$$\omega\, ds^2 d\nu + \nu\, d(\omega\, ds^2) = ds\, d^3z - dz\, d^3s.$$

Si l'on multiplie par α la première de ces équations, par β la deuxième, par γ la troisième, et qu'on ajoute les résultats, il vient

$$\omega\, ds\, u = \alpha\, d^3x + \beta\, d^3y + \gamma\, d^3z.$$

Remplaçant dans cette relation α par $\dfrac{dy\, d^2z - dz\, d^2y}{\omega\, ds}$, β et γ

par des expressions analogues, on trouve la formule en question [formule (e), p. 192].

284. En un point M d'une courbe, la tangente, la normale principale et l'axe du plan osculateur déterminent trois plans qui forment huit angles trièdres trirectangles. Les arêtes de l'un de ces trièdres sont parfaitement définies par les *cosinus directeurs* a, b, c; λ, μ, ν; α, 6, γ, entre lesquels on a les relations (p. 191 et 192)

$$a^2 + \alpha^2 + \lambda^2 = 1, \quad b^2 + 6^2 + \mu^2 = 1, \quad c^2 + \gamma^2 + \nu^2 = 1,$$
$$\lambda = 6c - \gamma b, \quad \mu = \gamma a - \alpha c, \quad \nu = \alpha b - 6a.$$

En différentiant les trois premières et tenant compte des formules (f) de la page 192,

$$(f) \quad \lambda = \frac{da}{\omega} = -\frac{d\alpha}{u}, \quad \mu = \frac{db}{\omega} = -\frac{d6}{u}, \quad \nu = \frac{dc}{\omega} = -\frac{d\gamma}{u},$$

on obtient immédiatement les relations (1).

On y arriverait aussi, mais d'une manière moins rapide, en différentiant les trois dernières et ayant égard aux équations (f).

Si les directions (λ, μ, ν), $(\lambda + \Delta\lambda, \mu + \Delta\mu, \nu + \Delta\nu)$ font un angle ψ, on trouve en général

$$4 \sin^2 \frac{\psi}{2} = \Delta\lambda^2 + \Delta\mu^2 + \Delta\nu^2,$$

et par suite

$$(3) \qquad \psi^2 = d\lambda^2 + d\mu^2 + d\nu^2 = u^2 + \omega^2,$$

puisqu'on a

$$\alpha a + 6b + \gamma c = 0.$$

La relation (3) est due à Lancret.

285. Si l'on convient de représenter les quantités relatives à M_1 par les lettres adoptées pour les quantités analogues qui se rapportent à M, en les accompagnant de l'indice 1, on a

$$x_1 - x = \rho\lambda, \quad y_1 - y = \rho\mu, \quad z_1 - z = \rho\nu;$$

d'où

$$dx_1 = dx + \rho\, d\lambda + \lambda\, d\rho,$$
$$dy_1 = dy + \rho\, d\mu + \mu\, d\rho,$$
$$dz_1 = dz + \rho\, d\nu + \nu\, d\rho;$$

ou bien, en remplaçant $d\lambda$, $d\mu$, $d\nu$ par leurs valeurs (nº 284),

$$a_1\, ds_1 = \alpha\rho u + \lambda\, d\rho, \quad b_1\, ds_1 = \beta\rho u + \mu\, d\rho, \quad c_1\, ds_1 = \gamma\rho u + \nu\, d\rho.$$

Il en résulte

(1) $$a a_1 + b b_1 + c c_1 = 0,$$

(2) $$\lambda a_1 + \mu b_1 + \nu c_1 = \frac{d\rho}{ds_1},$$

(3) $$\alpha a_1 + \beta b_1 + \gamma c_1 = \frac{\rho u}{ds_1};$$

et par suite

$$ds_1^2 = d\rho^2 + \rho^2 u^2.$$

Les équations (1), (2) et (3) montrent que la tangente au lieu des centres de courbure est dans le plan normal de la courbe donnée, et fait avec la normale principale au point M un angle dont la tangente est $\frac{\rho u}{d\rho}$. Cet angle n'est égal à zéro, en général, que pour les courbes planes.

Par suite d'un calcul incomplet, Lagrange avait été conduit à ce résultat, que le lieu des centres de courbure peut avoir pour tangentes les normales principales de la courbe (*Fonctions analytiques*). Cette assertion inexacte ne lui serait pas échappée, comme l'a fait voir Poinsot, s'il eût poussé ses calculs un peu plus loin.

286. Le plan rectifiant au point (x, y, z) a pour équation (p. 191)

(1) $$(X - x)\lambda + (Y - y)\mu + (Z - z)\nu = 0.$$

En la combinant avec celle-ci,

$$(X - x)\,d\lambda + (Y - y)\,d\mu + (Z - z)\,d\nu = \lambda\,dx + \mu\,dy + \nu\,dz = 0,$$

on en conclut les équations de la droite rectifiante, qui sont

$$\frac{X - x}{\mu\,d\nu - \nu\,d\mu} = \frac{Y - y}{\nu\,d\lambda - \lambda\,d\nu} = \frac{Z - z}{\lambda\,d\mu - \mu\,d\lambda}.$$

Remarquant qu'on a [formules (b) et (g), p. 191 et 192]

$$\mu\,d\nu - \nu\,d\mu = \mu(\gamma u - c\omega) - \nu(\beta u - b\omega) = au + \alpha\omega,$$

et des expressions analogues pour les autres dénominateurs, on met ces équations sous la forme

$$\frac{X - x}{au + \alpha\omega} = \frac{Y - y}{bu + \beta\omega} = \frac{Z - z}{cu + \gamma\omega},$$

d'où résulte que les cosinus directeurs de la rectifiante sont

$$\frac{au + \alpha\omega}{\sqrt{u^2 + \omega^2}}, \quad \frac{bu + \beta\omega}{\sqrt{u^2 + \omega^2}}, \quad \frac{cu + \gamma\omega}{\sqrt{u^2 + \omega^2}};$$

par suite, cette droite fait avec la tangente un angle dont le cosinus est égal à $\dfrac{u}{\sqrt{u^2 + \omega^2}}$. Si donc on prend sur cette tangente à partir du point M une longueur $MA = \rho$, et qu'on mène par le point A une parallèle à l'axe du plan osculateur, cette parallèle rencontre la rectifiante en un point B tel, qu'on a

$$AB = \frac{ds}{u} = r.$$

287. Le plan normal au point (x, y, z) de la courbe a pour équation (p. 191)

(1) $$(X - x)\,a + (Y - y)\,b + (Z - z)\,c = N = 0,$$

et la recherche des coordonnées du centre de la sphère osculatrice revient à déterminer les valeurs de X, Y, Z qui satisfont au système

$$(2)\qquad N=0,\quad dN=0,\quad d^2N=0,$$

les différentielles étant prises par rapport à une variable indépendante dont toutes les autres variables sont des fonctions. La seconde équation de ce système prend la forme

$$(3)\qquad (X-x)\frac{da}{ds}+(Y-y)\frac{db}{ds}+(Z-z)\frac{dc}{ds}=1,$$

et la troisième revient à

$$(4)\qquad (X-x)d\frac{da}{ds}+(Y-y)d\frac{db}{ds}+(Z-z)d\frac{dc}{ds}=0.$$

Les équations (1) et (4) donnent immédiatement

$$\frac{X-x}{bd\frac{dc}{ds}-cd\frac{db}{ds}}=\frac{Y-y}{cd\frac{da}{ds}-ad\frac{dc}{ds}}=\frac{Z-z}{ad\frac{db}{ds}-bd\frac{da}{ds}},$$

ou

$$\frac{X-x}{d\left(\frac{bdc-cdb}{ds}\right)}=\frac{Y-y}{d\left(\frac{cda-adc}{ds}\right)}=\frac{Z-z}{d\left(\frac{adb-bda}{ds}\right)}.$$

Or on a [formules (f), p. 192]

$$\frac{bdc-cdb}{ds}=\frac{b\nu-c\mu}{\rho}=\frac{\alpha}{\rho};$$

$$d\frac{\alpha}{\rho}=\frac{\rho d\alpha-\alpha d\rho}{\rho^2}=-\frac{\rho u\lambda+\alpha d\rho}{\rho^2}.$$

De là, et d'autres transformations analogues, on conclut

$$\frac{X-x}{\rho u\lambda+\alpha d\rho}=\frac{Y-y}{\rho u\mu+6 d\rho}=\frac{Z-z}{\rho u\nu+\gamma d\rho}$$
$$=\frac{(X-x)\lambda+(Y-y)\mu+(Z-z)\nu}{\rho u}.$$

D'ailleurs l'équation (3) peut s'écrire

$$(X - x)\lambda + (Y - y)\mu + (Z - z)\nu = \rho;$$

par suite, les coordonnées ξ, η, ζ de m et le rayon R de la sphère osculatrice sont donnés par les formules

$$\frac{\xi - x - \rho\lambda}{\alpha} = \frac{\eta - y - \rho\mu}{\beta} = \frac{\zeta - z - \rho\nu}{\gamma} = r\frac{d\rho}{ds},$$

$$R^2 = \rho^2 + \frac{r^2 d\rho^2}{ds^2}.$$

288. D'après les formules (f) (p. 192), on a

$$\frac{da}{d\alpha} = \frac{db}{d\beta} = \frac{dc}{d\gamma} = -\frac{\omega}{u} = m,$$

m étant une constante. On tire de là, A, B, C désignant trois autres constantes,

$$a = m\alpha + A, \quad b = m\beta + B, \quad c = m\gamma + C,$$

$$a^2 + b^2 + c^2 = m(a\alpha + b\beta + c\gamma) + Aa + Bb + Cc.$$

La dernière équation se réduit à

$$A\frac{dx}{ds} + B\frac{dy}{ds} + C\frac{dz}{ds} = 1,$$

ce qui montre que la tangente en chaque point de la courbe fait un angle constant avec une droite fixe dont les cosinus directeurs sont proportionnels à A, B, C. Cette propriété définit précisément l'hélice tracée sur un cylindre à base quelconque, la génératrice étant parallèle à la droite fixe.

Réciproquement, l'axe des z étant supposé parallèle à la génératrice du cylindre sur lequel l'hélice est tracée, on a les équations (p. 191 et 192)

$$dc = -\nu u, \quad c^2 + \gamma^2 + \nu^2 = 1, \quad d\nu = \gamma\eta - c\omega,$$

d'où il résulte que, pour c constant, ν est nul, γ constant, et par suite aussi le rapport des courbures.

289. Les formules (d), (e), (f) de la page 192 donnent les relations

$$\rho \frac{da}{ds} + r \frac{d\alpha}{ds} = 0,$$

$$\rho \frac{db}{ds} + r \frac{d\beta}{ds} = 0,$$

$$\rho \frac{dc}{ds} + r \frac{d\gamma}{ds} = 0;$$

d'où, en désignant par A, B, C des constantes arbitraires,

$$(1) \qquad \rho a + r\alpha = A, \quad \rho b + r\beta = B, \quad \rho c + r\gamma = C.$$

On déduit de là sans difficulté

$$A\lambda + B\mu + C\nu = 0, \quad Aa + Bb + Cc = \rho, \quad A\alpha + B\beta + C\gamma = r.$$

Ces dernières équations montrent qu'il existe une droite fixe, perpendiculaire à la normale principale de la courbe, et faisant des angles constants avec la tangente et l'axe du plan osculateur. Les *cosinus directeurs* de cette droite sont proportionnels à A, B, C, et si l'on suppose qu'elle soit prise pour l'axe des z, on a

$$A = 0, \quad B = 0,$$

d'où résulte

$$(1) \qquad \rho a + r\alpha = 0, \quad \rho b + r\beta = 0, \quad \nu = 0.$$

On trouve aussi c constant, ce qui devait être (n° 288). Si l'on observe qu'en général

$$\alpha = b\nu - c\mu, \quad \beta = c\lambda - a\nu,$$

les équations (1) nous donnent

$$\rho a = cr\mu, \quad \rho b = -cr\lambda,$$

ou bien

$$a = cr\frac{db}{ds}, \quad b = -cr\frac{da}{ds},$$

ou enfin

$$dx = cr\,d\frac{dy}{ds}, \quad dy = -\,cr\,d\frac{dx}{ds}.$$

On tire immédiatement de là, en désignant par x_0 et y_0 deux constantes arbitraires,

$$x - x_0 = cr\frac{dy}{ds}, \quad y - y_0 = -\,cr\frac{dx}{ds},$$

et par suite,

$$(x - x_0)\,dx + (y - y_0)\,dy = 0;$$

par conséquent

$$(x - x_0)^2 + (y - y_0)^2 = \text{const.},$$

équation qui représente un cylindre à base circulaire.

290. Désignons toutes les quantités qui se rapportent au point M_1 de la deuxième courbe par les mêmes lettres adoptées pour les quantités relatives au point M, en les accompagnant de l'indice 1. On a (p. 191)

$$x_1 - x = h\lambda, \quad y_1 - y = h\mu, \quad z_1 - z = h\nu.$$

On en tire

$$dx_1 = dx + h\,d\lambda, \quad dy_1 = dy + h\,d\mu, \quad dz_1 = dz + h\,d\nu,$$

ou bien

$$a_1\,ds_1 = a\,ds + h\,d\lambda, \quad b_1\,ds_1 = b\,ds + h\,d\mu, \quad c_1\,ds_1 = c\,ds + h\,d\nu.$$

Il en résulte

$$aa_1 + bb_1 + cc_1 = \frac{ds - h\omega}{ds_1}.$$

Telle est la valeur du cosinus de l'angle que fait la tangente en M_1 avec la tangente en M. Quant au cosinus de l'angle que la première tangente fait avec la normale principale en M, il est égal à zéro, puisqu'on a

$$\lambda a_1 + \mu b_1 + \nu c_1 = h(\lambda\,d\lambda + \mu\,d\mu + \nu\,d\nu).$$

On trouve enfin, pour le cosinus du troisième angle cherché,

$$\alpha a_1 + 6 b_1 + \gamma c_1 = \frac{hu}{ds_1}.$$

D'ailleurs, la somme des carrés de ces trois cosinus doit être égale à 1 ; d'où résulte

$$ds_1 = \sqrt{(ds - h\omega)^2 + h^2 u^2} = ds \left[\left(1 - \frac{h}{\rho}\right)^2 + \frac{h^2}{r^2}\right]^{\frac{1}{2}}.$$

291. 1° Conservant les mêmes notations que dans le précédent numéro, il faut et il suffit que la tangente en M_1 soit perpendiculaire au plan normal en M, ce qui exige qu'on ait

$$\alpha a_1 + 6 b_1 + \gamma c_1 = hu,$$

ou bien

$$u = 0,$$

c'est-à-dire que la courbe soit plane.

2° Les *cosinus directeurs* de la normale principale en M_1 sont

$$\frac{da_1}{\omega_1}, \quad \frac{db_1}{\omega_1}, \quad \frac{dc_1}{\omega_1};$$

il faut et il suffit que sa direction soit perpendiculaire au plan *rectifiant* en M (n° 286), ce qui conduit à chercher la valeur du trinôme

$$\alpha\, da_1 + 6\, db_1 + \gamma\, dc_1.$$

Or on a (n° **290**)

$$\alpha a_1 + 6 b_1 + \gamma c_1 = \frac{hu}{ds_1},$$

par suite,

$$\alpha\, da_1 + 6\, db_1 + \gamma\, dc_1 + a_1 d\alpha + b_1 d6 + c_1 d\gamma = d\left(\frac{hu}{ds_1}\right);$$

et en vertu des relations (f) de la page 192

$$d\alpha = -\lambda u, \quad d6 = -\mu u, \quad d\gamma = -\nu u,$$

la dernière équation se réduit à

$$\alpha\, da_1 + \text{ɛ}\, db_1 + \gamma\, dc_1 = d\left(\frac{hu}{ds_1}\right);$$

la condition cherchée est donc exprimée par

$$d\left(\frac{hu}{ds_1}\right) = 0,$$

d'où l'on tire (n° 290)

$$\frac{h}{\rho} + \frac{k}{r} = 1,$$

k désignant une constante.

Ce résultat est dû à M. Bertrand.

292. En prenant x pour variable indépendante et posant $p^4 + 2x^4 = m^4$, on obtient les résultats suivants :

$$(1)\quad \left\{\begin{array}{lll} a = \dfrac{2p^2x^2}{m^4}, & b = \dfrac{2x^4}{m^4}, & c = -\dfrac{p^4}{m^4}; \\[2ex] \lambda = \dfrac{p^4 - 2x^4}{m^4}, & \mu = \dfrac{2p^2x^2}{m^4}, & \nu = \dfrac{2p^2x^2}{m^4}; \\[2ex] \alpha = \dfrac{2p^2x^2}{m^4}, & \text{ɛ} = \dfrac{-p^4}{m^4}, & \gamma = \dfrac{2x^4}{m^4}; \\[2ex] \rho = \dfrac{m^8}{8p^4x^3}, & \dfrac{da}{d\alpha} = 1, & r = -\rho. \end{array}\right.$$

La dernière équation fait voir que la courbe est du genre hélice (n° 288). On peut la concevoir tracée sur un cylindre dont la génératrice est parallèle à la droite qui a pour équations

$$x = 0, \quad y + z = 0,$$

la tangente faisant avec cette droite un angle de 45. Si l'on cherche les cosinus directeurs de la droite rectifiante (n° 286), on reconnaît qu'elle se confond en chaque point avec la génératrice.

Si l'on met la première des équations (1) sous la forme

$$ds = \frac{p^2\,dx}{2x^2} + \frac{x^2\,dx}{p^2} = -\,dz + dy,$$

on en conclut $s = y - z$, pourvu que l'on convienne de compter les arcs à partir du point pour lequel $z = y$.

293. La variable indépendante étant x, on trouve pour l'équation du plan normal

$$Xyz - Yzx - Zxy + xyz = 0\,;$$

pour celle du plan osculateur,

$$(a^2 - b^2)x^3X + b^2y^3Y - a^2z^3Z = (a^2 - b^2)a^2b^2\,;$$

et pour les rayons de courbure,

$$\rho^2 = \frac{(x^2y^2 + y^2z^2 + z^2x^2)^3}{(a^2 - b^2)^2x^6 + b^4y^6 + a^4z^6},$$

$$r = \frac{(a^2 - b^2)^2x^6 + b^4y^6 + a^4z^6}{3a^2b^2(a^2 - b^2)xyz}.$$

294. La variable indépendante étant z, on a (p. 193)

$$yx' = p - z, \qquad y'x = 2p - z,$$

$$(2) \qquad \frac{x''}{x} = \frac{y''}{y} = \frac{-2p^2}{x^2y^2} = \frac{x'y'' - y'x''}{-p} = \frac{x'x'' + y'y''}{xx' + yy'},$$

$$\frac{a}{x(p - z)} = \frac{b}{y(2p - z)} = \frac{c}{xy} = \frac{1}{\sqrt{x^2(p - z)^2 + y^2(2p - z)^2 + x^2y^2}},$$

$$\frac{\alpha}{y} = \frac{\beta}{-x} = \frac{\gamma}{p} = \frac{1}{\sqrt{x^2 + y^2 + p^2}}.$$

On déduit de là l'équation du plan normal et celle du plan osculateur. La dernière, qui prend la forme simple

$$Xy - Yx + (Z - z)p = 0,$$

fait voir que toute parallèle au plan Xy, menée par un point de la courbe dans le plan osculateur, rencontre l'axe des z.

On tire aussi des mêmes formules

$$\rho = \frac{x^2 y^2 (x'^2 + y'^2 + 1)^{\frac{3}{2}}}{2p^2 (x^2 + y^2 + p^2)^{\frac{1}{2}}},$$

$$\frac{\rho}{r} = -\frac{d\gamma}{d\varepsilon} = -p\left(\frac{xx' + yy'}{x'x'' + y'x''}\right)\left(\frac{x'^2 + y'^2 + 1}{x^2 + y^2 + p^2}\right)^{\frac{3}{2}} \quad \text{(p. 192)},$$

et par suite, en tenant compte des relations (2),

$$r = \frac{x^2 + y^2 + p^2}{p}.$$

On peut remarquer que l'élément de l'arc

$$ds = dz\,\frac{\sqrt{x^2(p-z)^2 + y^2(2p-z)^2 + x^2y^2}}{xy}$$

se simplifie quand on élimine p de la quantité placée sous le radical. On a, en effet, en désignant cette quantité par h^2 et ayant égard aux équations (1),

$$9z^2h^2 = y^2[9y^4 - 4y^3(x+z) + 4y^2(x^2+z^2) + x^4 + z^4],$$

ce qui conduit à poser $x + z = u$; il en résulte

$$9z^2h^2 = y^2(u-y)^2(u^2 + 2uy + 3y^2),$$

et par suite, à cause de la relation $(x+y)(z+x-y) = py$,

$$\frac{ds}{dz} = \frac{py}{x+y}\sqrt{(x+y+z)^2 + 2xz}.$$

En posant $y = tx$, on voit que la courbe est unicursale et du troisième degré (*Rem.* du n° 245). Elle est d'ailleurs un cas particulier de l'intersection de deux hyperboloïdes ayant une génératrice commune. Si l'on prend cette génératrice pour axe des z, et pour axes des x et des y des génératrices appartenant, dans chaque surface, au système différent de celui dont fait partie l'axe des z, il résulte immédiatement des équations obtenues que l'intersection est unicursale et du troisième degré, d'où le nom de *cubique gauche* par lequel on la désigne ordinairement. Observons que si l'on en cherchait les projections sur l'un des plans coordonnés, on trouverait généralement une courbe du quatrième degré, puisque chaque hyperboloïde est du second. Cette circonstance tient à ce que l'intersection *complète* renferme à la fois la cubique gauche et la génératrice commune. Généralement, si m et n sont les degrés des deux cylindres qui projettent une courbe parallèlement à deux des axes, leur intersection complète étant du degré mn, il en résulte qu'elle renferme nécessairement des points étrangers à la courbe si le degré de celle-ci est un nombre premier.

La cubique gauche jouit de propriétés dont les plus importantes ont été données par Chasles. M. Cremona (*Nouv. Ann. de Math.*, 1862) en a fait l'objet d'un travail remarquable et très-instructif.

295. (*Fig.* 26.) Soient M un point du lieu, H et K les

Fig. 26.

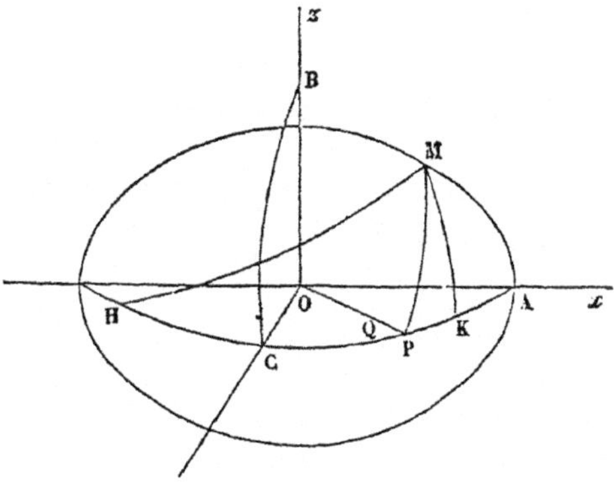

points fixes dans le plan xy, C le milieu de HK, O le centre de la sphère dont on suppose le rayon égal à 1, MP un arc de grand cercle perpendiculaire à HK; on a de plus

$$\text{MH} + \text{MK} = 2p, \quad \text{HC} = \text{CK} = q,$$
$$\text{MP} = \theta, \quad \text{CP} = \varphi.$$

L'angle P étant droit, la formule fondamentale de la Trigonométrie sphérique donne les relations

$$\cos \text{MK} = \cos\theta \cos(q - \varphi),$$
$$\cos \text{MH} = \cos\theta \cos(q + \varphi);$$

d'où l'on tire

$$\cos \frac{\text{MH} - \text{MK}}{2} = \frac{\cos\theta \cos\varphi \cos q}{\cos p},$$
$$\sin \frac{\text{MH} - \text{MK}}{2} = \frac{\cos\theta \sin\varphi \sin q}{\sin p};$$

par suite,

$$1 = \cos^2\theta \left(\frac{\cos^2 q}{\cos^2 p} \cos^2\varphi + \frac{\sin^2 q}{\sin^2 p} \sin^2\varphi \right).$$

Or il est facile de voir sur la figure qu'on a

$$x = \cos\theta \sin\varphi, \quad y = \cos\theta \cos\varphi;$$

par conséquent

$$\frac{\sin^2 q}{\sin^2 p} x^2 + \frac{\cos^2 q}{\cos^2 p} y^2 = 1.$$

Si le rayon de la sphère est R, la projection de la courbe cherchée sur le plan xy a pour équation

$$\frac{\sin^2 q}{\sin^2 p} x^2 + \frac{\cos^2 q}{\cos^2 p} y^2 = \text{R}^2;$$

la courbe résulte donc de l'intersection de la sphère avec un cylindre.

En combinant la dernière équation avec celle de la sphère,

$$(1) \qquad x^2 + y^2 + z^2 = \text{R}^2,$$

on en déduit

$$\cos^2 q\, x^2 + (1 - \operatorname{tang}^2 p \cos^2 q) y^2 + z^2 = R^2 \cos^2 p,$$

ou bien

$$(2) \qquad l^2 x^2 + m^2 y^2 + n^2 z^2 = 1,$$

en posant

$$l^2 = \frac{\cos^2 q}{R^2 \cos^2 p}, \quad m^2 = \frac{1 - \operatorname{tang}^2 p \cos^2 q}{R^2 \cos^2 p}, \quad n^2 = \frac{1}{R^2 \cos^2 p}.$$

Si l'on prend x pour variable indépendante, on tire des équations (1) et (2)

$$y' = \frac{(n^2 - l^2)x}{(m^2 - n^2)y}, \quad z' = \frac{(l^2 - m^2)x}{(m^2 - n^2)z},$$

$$1 + y'^2 + z'^2 = \frac{(l^4 x^2 + m^4 y^2 + n^4 z^2)R^2 - 1}{(m^2 - n^2) y^2 z^2};$$

$$y'' = \frac{(n^2 - l^2)(1 - n^2 R^2)}{(m^2 - n^2)^2 y^3}, \quad z'' = \frac{(m^2 - l^2)(1 - m^2 R^2)}{(m^2 - n^2)^2 z^3},$$

$$y' z'' - z' y'' = -\frac{(l^2 - m^2)(l^2 - n^2)(1 - l^2 R^2) x^3}{(m^2 - n^2)^3 z^3 y^3};$$

$$y''' = -\frac{3x(n^2 - l^2)^2 (1 - n^2 R^2)}{(m^2 - n^2)^3 y^5}, \quad z''' = \frac{3x(m^2 - l^2)^2 (1 - m^2 R^2)}{(m^2 - n^2)^3 z^5},$$

$$y'' z''' - z'' y''' = \frac{3x(n^2 - l^2)(m^2 - l^2)(1 - l^2 R^2)(1 - m^2 R^2)(1 - n^2 R^2)}{(m^2 - n^2)^5 y^5 z^5}.$$

De ces résultats, on déduit pour l'équation du plan normal

$$\frac{X}{x}(m^2 - n^2) + \frac{Y}{y}(n^2 - l^2) + \frac{Z}{z}(l^2 - m^2) = 0;$$

pour celle du plan osculateur

$$\frac{(1 - l^2 R^2) x^3}{m^2 - n^2}(X - x) + \frac{(1 - m^2 R^2) y^3}{n^2 - l^2}(Y - y)$$
$$+ \frac{(1 - n^2 R^2) z^3}{l^2 - m^2}(Z - z) = 0,$$

et pour les rayons de courbure

$$\rho = \frac{\left[(l^4 x^2 + m^4 y^2 + n^4 z^2) R^2 - 1\right]^{\frac{3}{2}}}{(l^2 - m^2)(m^2 - n^2)(n^2 - l^2) H},$$

$$r = \frac{(l^2 - m^2)(m^2 - n^2)(n^2 - l^2) H^2}{3xyz(l^2 R^2 - 1)(m^2 R^2 - 1)(n^2 R^2 - 1)},$$

où l'on a fait

$$H^2 = \frac{(l^2 R^2 - 1)^2}{(m^2 - n^2)^2} x^6 + \frac{(m^2 R^2 - 1)^2}{(n^2 - l^2)^2} y^6 + \frac{(n^2 R^2 - 1)^2}{(l^2 - m)^2} z^6.$$

La courbe dont on vient de s'occuper est *l'ellipse sphérique*. Pour étudier les courbes tracées comme celle-ci sur la sphère, il est avantageux d'employer un système de coordonnées pris sur la sphère même. Consulter à ce sujet le *Journal de Crelle*, t. VI et XIII; les *Transactions philosophiques*, t. XII; les *Nouvelles Annales de Mathématiques*, t. VI et VII, et divers travaux de MM. Chasles, Gudermann, Borgnet, etc.

296. Des relations données par l'énoncé,

$$x^2 + y^2 + z^2 = R^2, \quad \text{arc sin} \frac{z}{R} = n \,\text{arc tang} \frac{y}{x},$$

on tire, en posant $p^2 = R^2 - z^2 = R^2 \cos^2 n\theta$,

$$(1) \quad x\,dx + y\,dy + z\,dz = 0, \quad ny\,dx - nx\,dy + p\,dz = 0,$$

et par suite

$$(2) \quad \frac{dx}{-py - nxz} = \frac{dy}{px - nyz} = \frac{dz}{np^2} = \frac{ds}{p\sqrt{R^2 n^2 + p^2}}.$$

Ces équations déterminent les cosinus directeurs a, b, c de la tangente à la courbe, et aussi l'équation du plan normal qui peut s'écrire

$$(n \,\text{tang}\, n\theta \cos\theta + \sin\theta) X + (n \,\text{tang}\, n\theta \sin\theta - \cos\theta) Y = nZ.$$

Si l'on prend z pour variable indépendante, les équations (1) deviennent

$$xx' + yy' + z = 0, \quad nyx' - ny'x + p = 0,$$

et l'on en déduit, en faisant pour abréger $\sqrt{R^2 n^2 + p^2} = R\nu$,

$$n^2 p^4 x'' = npyz - R^2 \nu^2 x, \quad n^2 p^4 y'' = -npxz - R^2 \nu^2 y,$$
$$n^2 p^4 (x'y'' - y'x'') = p(n^2 z^2 + R^2 \nu^2).$$

Ces relations donnent les cosinus directeurs α, β, γ de l'axe du plan osculateur, et, pour l'équation de ce plan,

$$n(nxz + R^2\nu^2 \sin\theta) X + n(nyz - R^2\nu^2 \cos\theta) Y$$
$$+ (n^2 z^2 + R^2 \nu^2) Z = R^2 z (n^2 + \nu^2).$$

On tire des mêmes relations, en exprimant z en fonction de ν,

$$n^6 p^6 [x''^2 + y''^2 + (x'y'' - y'x'')^2]$$
$$= R^4 [(1 - n^2)\nu^4 + n^2(n^2 + 2)\nu^2 + n^4(n^2 + 1)];$$

et comme on a d'autre part, d'après les relations (2),

$$c = \frac{1}{\sqrt{1 + x'^2 + y'^2}} = \frac{np}{R\nu},$$

il en résulte

$$\rho^2 = \frac{R^2 \nu^6}{(1 - n^2)\nu^4 + n^2(n^2 + 2)\nu^2 + n^4(n^2 + 1)}.$$

Pour calculer $\frac{r}{\rho} = -\frac{dc}{d\gamma}$, observons qu'on a d'abord

$$\frac{dc}{d\nu} = \frac{n^2}{p\nu^2};$$

puis, si l'on représente le dénominateur de ρ^2 par H^2,

$$H\gamma = (1 - n^2)\nu^2 + n^2(n^2 + 1),$$
$$\frac{d\gamma}{d\nu} = -\frac{n^4 \nu}{H^3}[(1 - n^2)\nu^2 + 3n^2(n^2 - 1)].$$

On déduit de là

$$\frac{r}{\rho} = \frac{H^3}{n \cos n\theta [(1 - n^2)\nu^2 + 3n^2(n^2 + 1)]\nu^3};$$

par suite,

$$\rho^2 = \frac{R^2 (n^2 + \cos^2 n\theta)^3}{H^2},$$

$$r = \frac{R}{n \cos n\theta} \frac{H^2}{(1 - n^2)\cos^2 n\theta + 2n^2(n^2 + 2)},$$

où H représente l'expression

$$(1-n^2)\cos^4 n\theta - n^2(n^2-4)\cos^2 n\theta + n^4(n^2+4).$$

Si $n=1$, la courbe est l'intersection de la sphère donnée et du cylindre dont l'équation est $x^2+y^2=ax$; on la rencontre dans le problème célèbre de Viviani (n° 510). Pour ce cas particulier, l'équation du plan normal est

$$X\sin 2\theta - Y\cos 2\theta = Z\cos\theta,$$

celle du plan osculateur

$$X\sin\theta(2\cos^2\theta+1) - 2Y\cos^3\theta + 2Z = \sin\theta(2+\cos^2\theta)R,$$

et l'on a, pour les rayons de courbure,

$$\rho^2 = R^2\frac{(1+\cos^2\theta)^3}{5+3\cos^2\theta}, \quad r = R\,\frac{5+3\cos^2\theta}{6\cos\theta}.$$

Pour $n=\frac{1}{4}$, la courbe est l'intersection de la sphère avec le cylindre dont la génératrice est parallèle à l'axe des z et dont la base est la courbe représentée par l'équation

$$\sqrt{x^2+y^2} = R\cos\frac{\theta}{4}.$$

Cette intersection a été étudiée par Pappus (n° 510).

297. En général, la condition pour qu'une courbe, tracée sur la surface dont l'équation est $F(x,y,z)=0$, ait son plan osculateur normal à la surface, s'exprime par les relations

$$(1)\qquad \frac{1}{F'_x}d\left(\frac{dx}{ds}\right) = \frac{1}{F'_y}d\left(\frac{dy}{ds}\right) = \frac{1}{F'_z}d\left(\frac{dz}{ds}\right).$$

L'équation de la surface de révolution pouvant être mise sous la forme

$$x^2+y^2=\varphi(z),$$

on en déduit

$$(2) \qquad x\frac{dy}{ds} - y\frac{dx}{ds} = \text{const.}$$

D'ailleurs, φ est le complément de l'angle que fait la tangente en m avec la tangente du parallèle, et comme les cosinus directeurs de cette dernière sont respectivement $-\frac{y}{r}, -\frac{x}{r}$, o, il en résulte que le premier membre de l'équation (2) est égal à $r\sin\varphi$.

Les courbes jouissant de la propriété définie par les relations (1) sont dites les *courbes géodésiques* des surfaces sur lesquelles elles sont tracées. En particulier, l'équation $r\sin\varphi =$ const. est l'équation des géodésiques des surfaces de révolution.

298. 1° et 2° Soient x, y, z les coordonnées d'un point M de la courbe C qu'on peut appeler la *courbe directrice*; l, m, n les cosinus directeurs de la génératrice qui passe en M. Pour un point voisin de la courbe, les quantités analogues seront $x+\Delta x$, $y+\Delta y$, $z+\Delta z$, $l+\Delta l$, $m+\Delta m$, $n+\Delta n$. Les équations du n° 281 donnent immédiatement, pour les *cosinus directeurs* de la plus courte distance de deux génératrices dont l'angle est ν,

$$\frac{m\Delta n - n\Delta m}{\sin\nu}, \quad \frac{n\Delta l - l\Delta n}{\sin\nu}, \quad \frac{l\Delta m - m\Delta l}{\sin\nu},$$

et pour la plus courte distance elle-même,

$$\delta = \frac{\Delta x(m\Delta n - n\Delta m) + \Delta y(n\Delta l - l\Delta n) + \Delta z(l\Delta m - m\Delta l)}{\sin\nu}.$$

Les limites cherchées sont alors

$$\frac{m\,dn - n\,dm}{\nu}, \quad \frac{n\,dl - l\,dn}{\nu}, \quad \frac{l\,dm - m\,dl}{\nu},$$

$$\frac{\delta}{\nu} = \frac{dx(m\,dn - n\,dm) + dy(n\,dl - l\,dn) + dz(l\,dm - m\,dl)}{\nu^2},$$

où

$$v = \sqrt{dl^2 + dm^2 + dn^2}.$$

3° Soit h la distance du point M au point cherché M_1 dont les coordonnées sont x_1, y_1, z_1; on a

$$(1) \qquad x_1 - x = hl, \quad y_1 - y = hm, \quad z_1 - z = hn,$$

et par suite [n° 273, éq. (10)]

$$h = -\frac{dx\,dl + dy\,dm + dz\,dn}{v^2}.$$

Le point M_1 que cette équation détermine sur la génératrice G a été nommé *point central* par Chasles, et le lieu de tous les points centraux est dit la *ligne de striction* de la surface réglée. Au point central se rattachent une droite et un plan. La droite est celle qui occupe la position limite de la plus courte distance entre G et la génératrice infiniment voisine, et l'on pourrait, pour abréger, l'appeler *droite centrale*. Le plan, que Bour a nommé *plan central*, est celui qui contient cette droite et la génératrice, et dont l'équation est par conséquent

$$(X - x_1)dl + (Y - y_1)\,dm + (Z - z_1)\,dn,$$

ou, ce qui revient au même à cause des équations (1),

$$(X - x)\,dl + (Y - y)\,dm + (Z - z)\,dn = 0.$$

Si $h = 0$, la courbe C est elle-même la courbe de striction, et l'on voit que le plan central contient la tangente à cette ligne; ce plan est donc tangent à la surface réglée en chacun des points de la ligne de striction. Observons que la droite centrale ne se confond pas généralement, comme le pensait Lacroix (*Calc. différ. et intég.*, t. III, p. 668), avec la tangente à la ligne de striction. Cela ne peut avoir lieu, en effet, que lorsque cette tangente est perpendiculaire à la génératrice, laquelle est nécessairement perpendiculaire à la droite centrale.

299. Soient

$$x = m_1 z + p_1, \quad y = n_1 z + q_1$$

les équations de la génératrice D_1 répondant à la valeur $t + \Delta t$ de la variable. Pour trouver le point μ où la perpendiculaire commune à cette droite et à D rencontre cette dernière, on considère le plan mené par D parallèlement à D_1 et dont l'équation est

$$\Delta n(x - mz - p) = \Delta m(y - nz - q),$$

Δm, Δn, ... désignant les différences $m_1 - m$, $n_1 - n$, ..., puis on fait passer par D_1 un plan perpendiculaire au précédent. Ce nouveau plan, qui a pour équation

$$\frac{x - m_1 z - p_1}{\Delta n + m_1(m\Delta n - n\Delta m)} = \frac{y - n_1 z - p_1}{n_1(m\Delta n - n\Delta m) - \Delta m},$$

rencontre D au point μ, dont le z est par conséquent donné par la relation

$$\frac{z\Delta m + \Delta p}{\Delta n + m_1(m\Delta n - n\Delta m)} = \frac{z\Delta n + \Delta q}{n_1(m\Delta n - n\Delta m) - \Delta m}.$$

Les coordonnées du point central sont donc fournies par le système formé des équations (D) et de celle-ci :

$$\text{(Z)} \qquad \frac{z\,dm + dp}{(1 + m^2)dn - mn\,dm} = \frac{z\,dn + dq}{mn\,dn - (1 + n^2)dm}.$$

300. Les deux systèmes de génératrices de la surface sont donnés par les deux groupes d'équations (A) et (B),

$$\text{(A)} \qquad \frac{x}{a} + \frac{y}{b} = tz, \quad \frac{x}{a} - \frac{y}{b} = \frac{1}{t},$$

$$\text{(B)} \qquad \frac{x}{a} - \frac{y}{b} = tz, \quad \frac{x}{a} + \frac{y}{b} = \frac{1}{t}.$$

Les équations (A) peuvent s'écrire

$$x = \frac{atz}{2} + \frac{a}{2}t^{-1}, \quad y = \frac{btz}{2} - \frac{b}{2}t^{-1}.$$

Appliquant ici l'équation (Z) du numéro précédent, il vient

$$z = \frac{a^2 - b^2}{(a^2 + b^2)t^2};$$

d'où, en éliminant z et t entre cette équation et celles du système (A),

$$\frac{x}{a^3} + \frac{y}{b^3} = 0,$$

équation d'un plan coupant la surface suivant une parabole qui est la ligne de striction de ce système. Le second donnerait une autre parabole située dans le plan représenté par l'équation

$$\frac{x}{a^3} - \frac{y}{b^3} = 0.$$

301. Les équations des génératrices de la surface peuvent être mises sous la forme (*Voir* Briot et Bouquet, *Géométrie analytique*)

$$\frac{x}{a} = \frac{z}{c}\cos\varphi \mp \sin\varphi, \quad \frac{y}{b} = \frac{z}{c}\sin\varphi \pm \cos\varphi.$$

Appliquant la formule (Z) du nº 299 au système donné par les signes supérieurs, on a, φ étant le paramètre variable,

$$\text{(A)} \quad \begin{cases} \dfrac{z}{c} = \dfrac{c^2(b^2 - a^2)\sin\varphi\cos\varphi}{a^2b^2 + a^2c^2\sin^2\varphi + b^2c^2\cos^2\varphi}, \\[2ex] \dfrac{x}{a} = \dfrac{-a^2(b^2 + c^2)\sin\varphi}{a^2b^2 + a^2c^2\sin^2\varphi + b^2c^2\cos^2\varphi}, \\[2ex] \dfrac{y}{b} = \dfrac{b^2(c^2 + a^2)\cos\varphi}{a^2b^2 + a^2c^2\sin^2\varphi + b^2c^2\cos^2\varphi}. \end{cases}$$

Si l'on pose, pour abréger,

$$A = \frac{1}{b^2} + \frac{1}{c^2}, \quad B = \frac{1}{c^2} + \frac{1}{a^2}, \quad C = \frac{1}{a^2} - \frac{1}{b^2} = B - A,$$

l'élimination de φ entre les équations (A) conduit à celle-ci

$$(2) \qquad \frac{a^2A^2}{x^2} + \frac{b^2B^2}{y^2} = \frac{c^2C^2}{z^2},$$

équation d'un cône dont l'intersection avec la surface renferme la ligne de striction cherchée.

Au lieu d'éliminer φ comme on vient de le faire, on peut exprimer rationnellement les coordonnées x, y, z au moyen d'une même variable $t = \operatorname{tang}\frac{\varphi}{2}$, ce qui donne

$$\frac{x}{a} = \frac{-2At(1+t^2)}{D}, \quad \frac{y}{b} = \frac{B(1-t^4)}{D}, \quad \frac{z}{c} = \frac{2C(1-t^2)}{D}$$

où l'on a fait

$$Bt^4 + 2(A-C)t^2 + B = D.$$

On voit que la ligne de striction répondant aux génératrices du premier système est unicursale et du quatrième degré. (*Remarque* du n° 245.) Celle relative aux génératrices du second système est définie par des formules qu'on tire des précédentes en y changeant le signe de c. Les deux solutions du problème se trouvent ainsi données par des formules *distinctes*, tandis que l'ensemble des équations (1) et (2), où c n'entre que par son carré, les confond dans une même courbe gauche du huitième degré. Cette courbe, comme on le voit, n'est pas irréductible, contrairement à l'opinion de Chasles (QUETELET, *Corresp. math.*, t. XI). L'observation qu'on vient de faire est de M. Migotti.

302. Si l'on pose $\frac{dx}{ds} = a$, $\frac{dy}{ds} = b$, $\frac{dz}{ds} = c$, et qu'on développe suivant la série de Taylor toutes les différences Δ qui entrent dans l'expression de δ (n° 298), l'arc s de la courbe directrice étant pris pour variable indépendante et Δs étant désigné par ε, on a

$$\Delta x = a\varepsilon + a'\frac{\varepsilon^2}{2} + a''\frac{\varepsilon^3}{1.2.3} + \cdots,$$

$$\Delta l = l'\varepsilon + l''\frac{\varepsilon^2}{2} + l'''\frac{\varepsilon^3}{1.2.3} + \cdots,$$

et d'autres formules analogues pour Δy, Δz, Δm, Δn.

Pour trouver ce que devient alors δ, il suffit, à cause de la symétrie des calculs, de considérer l'expression

$$\Delta x (m\Delta n - n\Delta m),$$

qui prend la forme

$$\varepsilon^2 a(mn' - nm') + \frac{\varepsilon^3}{2}\frac{d[a(mn' - nm')]}{ds} + \ldots;$$

par suite,

$$\delta = \frac{\varepsilon}{\sin V}\left(\varepsilon P + \frac{\varepsilon^2}{2}\frac{dP}{ds} + \ldots\right),$$

où

$$P = a(mn' - nm') + b(nl' - ln') + c(lm' - ml').$$

Si cette quantité est nulle identiquement, $\frac{dP}{ds}$ l'est aussi, ce qui démontre le théorème énoncé.

303. En égalant à zéro la quantité P du numéro précédent, on a l'équation

$$\text{(A)} \quad dx(m\,dn - n\,dm) + dy(n\,dl - l\,dn) + dz(l\,dm - m\,dl) = 0.$$

Elle exprime que, pour toute surface réglée qui y satisfait, la direction définie par les binômes

$$m\,dn - n\,dm, \quad n\,dl - l\,dn, \quad l\,dm - m\,dl,$$

déjà perpendiculaire à la génératrice, l'est aussi à la courbe directrice au point M où cette courbe est rencontrée par la génératrice. C'est donc aussi la direction de la normale en M à la surface; et comme elle ne diffère pas de la direction limite de la plus courte distance de la génératrice considérée à la génératrice infiniment voisine, elle ne dépend nullement de la courbe directrice et demeure la même tout le long de la génératrice. On peut d'ailleurs reconnaître facilement que cette direction est perpendiculaire à toute courbe tracée sur la surface au point $\mu(\xi, \eta, \zeta)$ où cette courbe rencontre la génératrice. On a en effet, en posant $M\mu = R$,

$$\xi - x = Rl, \quad \eta - y = Rm, \quad \zeta - z = Rn,$$

et par suite,

$$d\xi = dx + R\,dl + l\,dR, \quad d\eta + dy + R\,dm + m\,dR,$$
$$d\zeta + dz + R\,dn + n\,dR,$$

d'où l'on tire

$$d\xi(m\,dn - n\,dm) + d\eta(n\,dl - l\,dn) + d\zeta(l\,dm - m\,dl) = 0.$$

L'équation (A) caractérise les *surfaces développables* et les définit analytiquement.

304. Prenons un point $\mu(\xi, \eta, \zeta)$ sur la génératrice qui passe en M, et désignons par R la distance μM. On a

$$d\xi - dx = R\,dl + l\,dR,$$
$$d\eta - dy = R\,dm + m\,dR,$$
$$d\zeta - dz = R\,dn + n\,dR,$$

et il s'agit de prouver qu'on peut déterminer le point μ de telle sorte que les quantités $d\xi$, $d\eta$, $d\zeta$ soient proportionnelles à l, m, n. Or la direction l, m, n est perpendiculaire à celle de la plus courte distance, et aussi à l'axe du *plan central* (n° 298), dont les cosinus directeurs sont $\frac{dl}{\nu}$, $\frac{d\mu}{\nu}$, $\frac{d\nu}{\nu}$; il faut donc qu'on ait

$$d\xi(m\,dn - n\,dm) + d\eta(n\,dl - l\,dn) + d\zeta(l\,dm - m\,dl) = 0$$

et

$$d\xi\,dl + d\eta\,dm + d\zeta\,dn = 0.$$

On sait que la première équation est satisfaite (n° 303), et la seconde le sera également si l'on pose

$$R = -\frac{dx\,dl + dy\,dm + dz\,dn}{dl^2 + dm^2 + dn^2}.$$

Ce résultat démontre que les génératrices de la surface sont les tangentes de la ligne de striction (n° 299), qui prend le nom d'*arête de rebroussement* quand la surface réglée est développable.

La réciproque du théorème se voit immédiatement.

305. Si l'on prend l'arète de rebroussement pour *courbe directrice* de la surface développable (n° 304), les cosinus l, m, n deviennent respectivement égaux à a, b, c (p. 191). Or l'axe du plan osculateur de l'arête de rebroussement est perpendiculaire à la direction (a, b, c) et à la direction (da, db, dc); la normale à la surface l'est également, puisqu'on a la relation

$$dx(mdn - ndm) + dy(ndl - ldn) + dz(ldm + mdl) = 0,$$

et l'identité

$$dl(mdn - ndm) + dm(ndl - ldn) + dn(ldm - mdl) = 0;$$

le théorème est donc démontré.

306. Outre l'équation (A) du n° 303, qui peut s'écrire

$$dl(bn - cm) + dm(cl - an) + dn(am - bl) = 0,$$

on a

$$ldl + mdm + ndn = 0;$$

d'où

$$\frac{dl}{m(am - bl) - n(cl - an)} = \frac{dm}{n(bn - cm) - l(am - bl)}$$
$$= \frac{dn}{l(cl - an) - m(bn - cm)}.$$

Or

$$m(am - bl) - n(cl - an) = a - l(al + bm + cn) = a - l\cos\theta,$$

et les autres dénominateurs donnent des résultats semblables.

307. 1° Les équations générales du n° 306 deviennent ici

$$(1)\qquad \frac{dl}{a}=\frac{dm}{b}=\frac{dn}{c}=\sqrt{dl^2+dm^2+dn^2}.$$

Si l'on désigne par φ l'angle de la génératrice avec l'axe du plan osculateur au point M de la courbe directrice, on a

$$(2)\qquad l\alpha+m\beta+n\gamma=\cos\varphi,\quad \lambda l+\mu m+\nu n=\sin\varphi,$$

et par conséquent

$$(3)\qquad l\,d\alpha+m\,d\beta+n\,d\gamma+\alpha\,dl+\beta\,dm+\gamma\,dn=-\sin\varphi\,d\varphi.$$

Transformant ce résultat au moyen des équations (1) et des formules connues (p. 192),

$$(4)\qquad \frac{d\alpha}{\lambda}=\frac{d\beta}{\mu}=\frac{d\gamma}{\nu}=-u,$$

il vient

$$d\varphi=u.$$

Telle est la relation nécessaire qui régit les variations de l'angle que fait la génératrice avec l'axe du plan osculateur.

2° La relation $d\varphi=u$ étant supposée exister, la surface est développable. En effet, si l'on en tient compte ainsi que des formules (2) et (4), l'équation (3) se réduit à

$$\alpha\,dl+\beta\,dm+\gamma\,dn=0.$$

On a d'ailleurs

$$l\,dl+m\,dm+n\,dn=0,$$

et par suite

$$\frac{dl}{m\gamma-n\beta}=\frac{dm}{n\alpha-l\gamma}=\frac{dn}{l\beta-m\alpha}.$$

Or la direction définie par les dénominateurs de ces rapports est celle d'une droite perpendiculaire à la génératrice et à l'axe du plan osculateur, c'est-à-dire celle de la tangente, ce qui conduit aux relations (1).

Les arêtes de rebroussement des surfaces développables définies par l'équation (5) sont dites les *développées* de la courbe directrice. Comme cette équation ne renferme que la différentielle de l'angle φ et non cet angle lui-même, il en résulte qu'une courbe à double courbure admet une infinité de développées. Si la courbe est plane, φ est une quantité constante.

308. 1° Désignons les quantités qui se rapportent à l'arête de rebroussement par les lettres affectées aux quantités analogues relatives à la courbe directrice, en les accompagnant de l'indice 1. Nous excepterons seulement les *cosinus directeurs* de la tangente, qui seront toujours l, m, n. Cela posé, en se reportant aux notations et aux formules des pages 191 et 192, on a

$$\frac{dl}{\omega_1} = -\frac{d\alpha_1}{u_1}, \quad \frac{dm}{\omega_1} = -\frac{d\beta_1}{u_1}, \quad \frac{dn}{\omega_1} = -\frac{d\gamma_1}{u_1};$$

et, à cause des formules (1) du n° 307,

$$(1) \qquad \left\{ \begin{aligned} dl &= a\omega_1, \\ dm &= b\omega_1, \\ dn &= c\omega_1, \end{aligned} \right.$$

$$(2) \qquad \left\{ \begin{aligned} d\alpha_1 &= -au_1, \\ d\beta_1 &= -bu_1, \\ d\gamma_1 &= -cu_1; \end{aligned} \right.$$

d'où

$$\omega_1 = a\,dl + b\,dm + c\,dn,$$

$$(3) \qquad u_1 = -(a\,d\alpha_1 + b\,d\beta_1 + c\,d\gamma_1).$$

Or, par hypothèse,

$$al + bm + cn = 0,$$

et par suite,

$$a\,dl + b\,dm + c\,dn = -(l\,da + m\,db + n\,dc) = -\omega \sin\varphi,$$

en désignant par φ l'angle de la génératrice avec l'axe du plan osculateur au point M de la directrice; donc

$$(4) \qquad \omega_1 = -\omega \sin\varphi.$$

D'un autre côté, le plan tangent à la surface étant osculateur à l'arête de rebroussement (n° 305), les cosinus directeurs de l'axe de ce plan sont donnés par les relations

$$\alpha_1 = bn - cm, \quad 6_1 = cl - an, \quad \gamma_1 = am - bl.$$

On en déduit

$$\alpha_1 a + 6_1 b + \gamma_1 c = 0,$$

$$(5) \quad \left\{ \begin{aligned} a\,d\alpha_1 + b\,d6_1 + c\,d\gamma_1 &= -(\alpha_1\,da + 6_1\,db + \gamma_1\,dc) \\ &= -\omega(\alpha_1\lambda + 6_1\mu + \gamma_1\nu), \end{aligned} \right.$$

puis

$$\alpha_1\lambda + 6_1\mu + \gamma_1\nu = -(\alpha l + 6m + \gamma n) = -\cos\varphi.$$

Ces résultats transforment l'équation (3) en celle-ci :

$$(6) \qquad u_1 = -\omega \cos\varphi.$$

Des valeurs (4) et (6) on tire

$$\frac{\omega_1}{u_1} = \operatorname{tang}\varphi;$$

il suit de là que, si la courbe directrice est plane, l'arête de rebroussement de la surface développable est une hélice (n° 288). Cette remarque a été faite par M. A. Serret dans le cas particulier où la génératrice est normale à une surface S sur laquelle la courbe est tracée, c'est-à-dire lorsque cette courbe est une ligne de courbure de S.

2° On a trouvé généralement (n° 298), pour la distance $MM_1 = h$,

$$h = -\frac{dx\,dl + dy\,dm + dz\,dn}{dl^2 + dm^2 + dn^2},$$

formule qui donne ici

$$(7) \qquad h = -\frac{ds}{\omega_1}.$$

D'un autre côté, des relations évidentes

$$x_1 - x = lh, \quad y_1 - y = mh, \quad z_1 - z = nh,$$

on tire

$$dx_1 - dx = ldh + hdl,$$
$$dy_1 - dy = mdh + hdm,$$
$$dz_1 - dz = ndh + hdn;$$

et par suite, à cause des équations (1) et (7),

$$dx_1 = ldh, \quad dy_1 = mdh, \quad dz_1 = ndh,$$

résultat facile à trouver par la Géométrie.

On en déduit

$$ds_1 = dh,$$

ce qui fait voir que la génération des développées de la courbe directrice est tout à fait semblable à celle de la développée d'une courbe plane.

309. Soit $z = \varphi(x, y)$ l'équation de la surface donnée; si l, m, n représentent les cosinus directeurs de la normale au point M, on sait qu'on a

$$l = Np, \quad m = Nq, \quad n = -N,$$

avec

$$N = (1 + p^2 + q^2)^{-\frac{1}{2}},$$

et

$$dz = pdx + qdy.$$

D'ailleurs, la courbe directrice (n° 298) étant ici une ligne de courbure, les formules du n° 306 deviennent

$$(1) \qquad \frac{dl}{a} = \frac{dm}{b} = \frac{dn}{c},$$

ou bien

$$(2)\qquad \frac{d(\mathrm{N}p)}{dx}=\frac{d(\mathrm{N}q)}{dy}=\frac{-d(\mathrm{N})}{dz}.$$

Il est manifeste que $d(\mathrm{N}p)$ est une différentielle totale, ainsi que $d(\mathrm{N}q)$ et $d(\mathrm{N})$.

On tire de là

$$-\frac{\mathrm{N}\,dz}{d\mathrm{N}}=\frac{dx+p\,dz}{dp}=\frac{dy+q\,dz}{dq}.$$

L'égalité des deux derniers rapports donne immédiatement l'équation connue des lignes de courbures.

Les équations (1), cas particulier de celles que nous avons données dans le n° 306, sont dues à O. Rodrigues.

310. 1° Puisque la courbe AB appartient à la surface S, on a (n° 295)

$$(1)\qquad \frac{dl}{dx}=\frac{dm}{dy}=\frac{dn}{dz}=\frac{\sqrt{dl^2+dm^2+dn^2}}{ds}=\frac{\nu}{ds},$$

l, m, n étant les cosinus directeurs de la normale à cette surface au point $\mathrm{M}(x, y, z)$ de la courbe.

On a de même

$$(2)\qquad \frac{dl_1}{dx}=\frac{dm_1}{dy}=\frac{dn_1}{dz}-\frac{\nu_1}{ds},$$

l_1, m_1, n_1 et ν_1 se rapportant à la surface S_1.

De plus,

$$\cos\theta = ll_1+mm_1+nn_1,$$

θ désignant l'angle sous lequel les deux surfaces se coupent au point M. De là résulte la relation

$$(3)\qquad -\sin\theta\,d\theta = l\,dl_1+m\,dm_1+n\,dn_1+l_1\,dl+m_1\,dm+n_1\,dn;$$

ou, à cause des équations (1) et (2) et des identités évidentes

$$l\,dx + m\,dy + n\,dz = 0, \quad l_1\,dx + m_1\,dy + n_1\,dz = 0,$$

$$\theta = \text{const.}$$

2° Réciproquement, si $\theta = \text{const.}$, et qu'on ait en même temps les équations (1), l'équation (3) conduit à celle-ci :

$$(4) \qquad l\,dl_1 + m\,dm_1 + n\,dn_1 = 0;$$

et comme on a d'ailleurs

$$(5) \qquad l_1\,dl_1 + m_1\,dm_1 + n_1\,dn_1 = 0,$$

les équations (4) et (5) expriment que la direction (dl_1, dm_1, dn_1) est perpendiculaire à la direction (l, m, n) et à la direction (l_1, m_1, n_1), c'est-à-dire qu'elle se confond avec la direction (dx, dy, dz). C. Q. F. D.

311. L'équation de l'ellipsoïde étant

$$\frac{X^2}{a^2} + \frac{Y^2}{b^2} + \frac{Z^2}{c^2} = 1,$$

on aura pour celle du plan tangent au point (x, y, z)

$$(1) \qquad \frac{Xx}{a^2} + \frac{Yy}{b^2} + \frac{Zz}{c^2} = 1,$$

avec la relation

$$(2) \qquad \frac{x^2}{a^2} + \frac{y^2}{b^2} + \frac{z^2}{c^2} = 1.$$

Les équations d'une perpendiculaire à ce plan, menée par l'origine, peuvent s'écrire

$$(3) \qquad \frac{aX}{\left(\frac{x}{a}\right)} = \frac{bY}{\left(\frac{y}{b}\right)} = \frac{cZ}{\left(\frac{z}{c}\right)}.$$

Pour éliminer x, y, z entre les équations (1), (2), (3), comme la valeur commune des rapports (3) est

$$(a^2X^2 + b^2Y^2 + c^2Z^2)^{\frac{1}{2}},$$

il suffit d'observer qu'on a

$$\frac{aX}{\left(\frac{x}{a}\right)} X\frac{x}{a^2} + \frac{bY}{\left(\frac{y}{b}\right)} Y\frac{y}{b^2} + \frac{cZ}{\left(\frac{z}{c}\right)} Z\frac{z}{c^2} = (a^2X^2 + b^2Y^2 + c^2Z^2)^{\frac{1}{2}};$$

d'où

$$X^2 + Y^2 + Z^2 = (a^2X^2 + b^2Y^2 + c^2Z^2)^{\frac{1}{2}}.$$

La *podaire* de l'ellipsoïde (n° 235) relativement à son centre est donc la *surface d'élasticité* (224).

312. Le plan tangent a pour équation

(1) $$(a^2 - z^2)xX - b^2yY - x^2zZ + x^2z^2 = 0.$$

Pour déterminer son intersection avec la surface, il faut combiner l'équation (1) avec la suivante :

(2) $$(a^2 - Z^2)X^2 - b^2Y^2 = 0,$$

sachant qu'on a d'ailleurs

(3) $$(a^2 - z^2)x^2 - b^2y^2 = 0.$$

Si l'on élimine y et Y entre ces trois équations, on trouve

$$(a^2 - z^2)^{\frac{1}{2}}(a^2 - Z^2)^{\frac{1}{2}}X = xz(z - Z) + (a^2 - z^2)X,$$

et, par suite,

$$(a^2 - z^2)(z^2 - Z^2)X^2 = x^2z^2(z - Z)^2 + 2xz(a^2 - z^2)(z - Z)X.$$

Cette équation peut s'écrire

$$(z - Z)\left\{(a^2 - z^2)[X^2(z + Z) - 2xzX] - x^2z^2(z - Z)\right\} = 0;$$

ce qui montre que le plan tangent coupe la surface suivant une ligne droite et une courbe du troisième degré.

La surface considérée est un conoïde droit dont la génératrice se meut parallèlement au plan XY, en rencontrant constamment l'axe des z et le cercle qui a pour équations

$$x = b, \quad y^2 + z^2 = a^2;$$

c'est le *conoïde de la voûte d'arête en tour ronde*, nommé aussi *coin conique de Wallis*.

313. Le plan tangent a pour équation

$$k(xY - yX) + (x^2 + y^2)(Z - z) = 0.$$

la distance demandée est

$$z\left(\frac{x^2 + y^2}{x^2 + y^2 + k^2}\right)^{\frac{1}{2}}.$$

314. Les équations de l'hélice étant

$$X = a\cos\theta, \quad Y = a\sin\theta, \quad Z = k\theta,$$

celles de la tangente peuvent être mises sous la forme

$$(1) \qquad \begin{cases} a\sin\theta(z - k\theta) = -k(x - a\cos\theta) \\ a\cos\theta(z - k\theta) = k(y - a\sin\theta), \end{cases}$$

et l'on en tire

$$(2) \qquad \theta = \frac{z}{k} - \frac{(x^2 + y^2 + z^2)^{\frac{1}{2}}}{a},$$

$$(3) \qquad x\cos\theta + y\sin\theta - a = 0.$$

La dernière de ces équations peut être considérée comme celle de l'hélicoïde développable, en y supposant θ remplacé par la valeur que donne la précédente. Si l'on représente par u le premier membre de (3), on est conduit à calculer l'expression

$$\frac{\partial u}{\partial z}\left(\frac{\partial u^2}{\partial x^2}+\frac{\partial u^2}{\partial y^2}+\frac{\partial u^2}{\partial z^2}\right)^{-\frac{1}{2}}.$$

En différentiant et tenant compte de la relation

$$y\cos\theta - x\sin\theta = (x^2+y^2-a^2)^{\frac{1}{2}},$$

qui se déduit facilement des équations (1), on trouve

$$\frac{\partial u}{\partial x}=\cos\theta-\frac{x}{a},\quad \frac{\partial u}{\partial y}=\sin\theta-\frac{y}{a},\quad \frac{\partial u}{\partial z}=\frac{(x^2+y^2-a^2)^{\frac{1}{2}}}{k},$$

et, par suite, pour l'expression cherchée,

$$\frac{k}{(a^2+k^2)^{\frac{1}{2}}},$$

quantité constante identique au sinus de l'angle que la tangente à l'hélice directrice fait avec le plan xy.

315. r étant la distance d'un point de la surface à l'origine, on trouve pour l'équation du plan tangent

$$(2r^2-a^2)xX+(2r^2-b^2)yY+(2r^2-c^2)zZ=r^4,$$

et pour la distance cherchée,

$$r^4(a^4x^2+b^4y^2+c^4z^2)^{-\frac{1}{2}}.$$

316. 1° *Surfaces à centre.* Il suffit de considérer l'ellipsoïde rapporté à son centre et à ses axes. Appliquant l'équation connue des rayons de courbure principaux

$$(1)\quad \begin{cases}\rho^2(rt-s^2)-\rho(1+p^2+q^2)^{\frac{1}{2}}\\ \times[(1+p^2)t-2pqs+(1+q^2)r]+(1+p^2+q^2)^2=0,\end{cases}$$

on trouve

$$D^4\rho^2+(a^2+b^2+c^2-x^2-y^2-z^2)D^3\rho+a^2b^2c^2=0,$$

où D représente la distance de l'origine au plan tangent.

L'inverse du produit des rayons de courbure principaux étant, d'après Gauss, la *mesure de la courbure,* ou simplement la *courbure* de cette surface, cette courbure est ici la même pour tous les points dont les plans tangents sont à égale distance du centre.

2° *Paraboloïdes.* — L'équation de ces surfaces étant

$$\frac{y^2}{2a} + \frac{z^2}{2b} = x,$$

on a

$$\rho^2 - (a + b + 2x)\frac{x}{D}\rho + \frac{abx^2}{D^4}; \quad \frac{1}{D} = \frac{1}{x}\left(1 + \frac{y^2}{a^2} + \frac{z^2}{b^2}\right)^{\frac{1}{2}}.$$

317. $\rho^2 - 2(x^2 + y^2 + z^2)\dfrac{\rho}{D} + \dfrac{27m^6}{D^4}; \quad \dfrac{1}{D} = \dfrac{1}{3}\left(\dfrac{1}{x^2} + \dfrac{1}{y^2} + \dfrac{1}{z^2}\right)^{\frac{1}{2}}$

318. 1° Les équations (1) du n° 314 donnent celles-ci :

$$\frac{a\cos\theta - x}{a\sin\theta} = \frac{y - a\sin\theta}{a\cos\theta} = \frac{y\cos\theta - x\sin\theta}{a} = \frac{z - k\theta}{k}.$$

La dernière, jointe à la relation (3) du même numéro, représente la surface, et l'on en tire en différentiant

$$ap = -k\sin\theta, \quad aq = k\cos\theta,$$

$$\frac{r}{\cos^2\theta} = \frac{s}{\sin\theta\cos\theta} = \frac{t}{\sin^2\theta} = \frac{k}{a(x^2 + y^2 - a^2)^{\frac{1}{2}}}.$$

La formule (1) du n° 316 montre que l'un des rayons de courbure est infini, et que le carré de l'autre est

$$\frac{a^2 + k^2}{k^2}(x^2 + y^2 - a^2);$$

2° $$a\rho = \pm(x^2 + y^2 + k^2).$$

En appelant *courbure moyenne* la demi-somme des rayons principaux de courbure, on voit que la courbure moyenne de l'hélicoïde gauche est toujours nulle.

§ XV. — *Enveloppes des lignes et des surfaces.*

319. k désignant une constante, l'équation générale de ces ellipses sera

$$\frac{x^2}{a^2} + \frac{y^2}{(k-a)^2} = 1.$$

En différentiant par rapport à a, on trouve

$$a = \frac{kx^{\frac{2}{3}}}{x^{\frac{2}{3}} + y^{\frac{2}{3}}}, \quad k - a = \frac{ky^{\frac{2}{3}}}{x^{\frac{2}{3}} + y^{\frac{2}{3}}},$$

et par suite,

$$x^{\frac{2}{3}} + y^{\frac{2}{3}} = k^{\frac{2}{3}}.$$

(n°s 232 et 234.)

320. Soient k la longueur de la ligne, a et b les segments qu'elle intercepte sur chacun des axes coordonnés à partir de l'origine; son équation sera

$$\frac{x}{a} + \frac{y}{b} = 1,$$

avec la condition $a^2 + b^2 = k^2$. Différentiant ces deux équations par rapport aux paramètres a et b, et désignant par λ un multiplicateur indéterminé, il vient

$$\lambda \frac{x}{a^2} = a, \quad \lambda \frac{y}{b^2} = b,$$

et aussi

$$\lambda \left(\frac{x}{a} + \frac{y}{b}\right) = \lambda = k^2;$$

par conséquent l'enveloppe a pour équation

$$x^{\frac{2}{3}} + y^{\frac{2}{3}} = k^{\frac{2}{3}},$$

qui représente l'hypocycloïde du numéro précédent.

321. On trouve

$$x^2 = 4c(c - y).$$

C'est l'équation de l'enveloppe des paraboles que décrit un projectile lancé dans le vide avec une vitesse constante, mais sous une inclinaison variable. Fatio proposa ce problème à Jean Bernoulli, qui le résolut; ce fut le premier exemple de la détermination de l'enveloppe d'une suite de ligne courbes.

322. $y^2 = 4m(x + m)$.

323. Soient OA l'axe des x, OB celui des y, et posons

$$\text{OA} = a, \quad \text{OA} = b, \quad oa = p, \quad ob = q;$$

on demande l'enveloppe des droites données par l'équation

$$(1) \qquad \frac{x}{p} + \frac{y}{q} = 1,$$

sachant qu'on a

$$(a) \qquad pq = (a - p)(b - q),$$

ou

$$(2) \qquad \frac{p}{a} + \frac{q}{b} = 1.$$

En différentiant les équations (1) et (2) par rapport aux paramètres variables, on a

$$\frac{x}{p^2}dp + \frac{y}{q^2}dq = 0, \quad \frac{dp}{a} + \frac{dq}{b} = 0;$$

par suite,

$$\frac{ax}{p^2} = \frac{by}{q^2},$$

ou bien

$$(3) \qquad \frac{(ax)^{\frac{1}{2}}}{p} = \frac{\pm (by)^{\frac{1}{2}}}{q},$$

Le résultat de l'élimination de p et de q entre les équations (1), (2), (3) peut s'écrire

$$\left(\frac{x}{a}\right)^{\frac{1}{2}} + \left(\frac{y}{b}\right)^{\frac{1}{2}} = 1;$$

c'est l'équation d'une parabole.

Cette enveloppe est employée quelquefois dans la construction des routes comme courbe de raccordement.

On peut généraliser le problème en remplaçant la condition (a) par celle-ci :

$$(b) \qquad aq + bp + cpq = ab.$$

Le calcul conduit alors à éliminer p et q entre cette équation et les suivantes :

$$pq = py + qx, \quad q^2x(a + cp) = p^2y(b + cy).$$

On tire successivement des deux dernières

$$aq^2x - bp^2y = cpq(py - qx),$$
$$q^2x(a + cx) = p^2y(b + cy),$$
$$p(b + cy) - q(a + cx) = ay - bx;$$

et, comme on déduit de l'équation (b)

$$p(b + cy) + q(a + cx) = ab,$$

il en résulte pour l'équation de l'enveloppe

$$\frac{x^2}{a^2} + \frac{y^2}{b^2} + (2c + 1)\frac{xy}{ab} - \frac{2x}{a} - \frac{2y}{b} + 1 = 0.$$

Les deux systèmes de points déterminés sur les axes par la droite mobile, en vertu de l'équation (b), sont dits *homographiques*. On voit que le calcul précédent démontre ce théorème :

Une droite qui se meut dans un plan en en déterminant sur deux droites fixes des divisions homographiques.

enveloppe une conique tangente à ces deux droites. (*Voir* Briot et Bouquet, *Géom. analyt.*, chap. XI).

324. Appelant x_1 et y_1 les coordonnées de l'extrémité d'un diamètre, celles de son conjugué seront

$$-\frac{a}{b}y_1, \quad \frac{b}{a}x_1,$$

et la ligne qui joint ces deux points a pour équation

$$bx_1(ay + bx) + ay_1(ay - bx) - a^2b^2 = 0.$$

On trouve pour l'équation de l'enveloppe

$$\frac{2x^2}{a^2} + \frac{2y^2}{b^2} = 1.$$

325. Si, dans l'équation de la tangente en un point d'une conique, on remplace les coordonnées du point par les coordonnées α, β d'un autre point μ, on sait que la nouvelle équation représente la *polaire* du point par rapport à la conique, le point μ étant le *pôle* de cette droite. Cela posé, si la courbe C a pour équation

$$(1) \qquad ax^2 + 2bxy + cy^2 + 2fx + 2gy + h = 0,$$

la question revient à trouver l'enveloppe de la droite dont l'équation est

$$(2) \qquad \alpha(px + qy) + \beta(qx + ry) - 1 = 0,$$

les paramètres α et β satisfaisant à la condition

$$(3) \qquad a\alpha^2 + 2b\alpha\beta + c\beta^2 + 2f\alpha + 2g\beta + h = 0$$

Faisant pour abréger $px + qy = \mathrm{P}$, $qx = ry = \mathrm{Q}$ et nommant λ un facteur indéterminé, on trouve

$$(4) \qquad \begin{cases} \lambda\mathrm{P} + a\alpha + b\beta + f = 0, \\ \lambda\mathrm{Q} + b\alpha + c\beta + g = 0. \end{cases}$$

d'où

$$(5)\qquad -\lambda + f\alpha + g\beta + h = 0.$$

On obtient le résultat de l'élimination de λ, α, β entre les équations (2), (3), (4) et (5) en posant

$$\begin{vmatrix} 0 & P & Q & -1 \\ P & a & b & f \\ Q & b & c & g \\ -1 & f & g & h \end{vmatrix} = 0.$$

Il en résulte, pour l'équation de l'enveloppe cherchée,

$$(g^2 - ch)P^2 + 2(bh - fg)PQ + (f^2 - ag)Q^2$$
$$+ 2(bg - cf)P + 2(bf - ag)Q + b^2 - ac = 0.$$

En cherchant l'enveloppe des polaires des points de cette courbe par rapport à la conique (P), on retrouve C. Le fait est général : si les polaires des points d'une courbe quelconque A enveloppent une courbe B, réciproquement les polaires des points de B par rapport à la même conique enveloppent la courbe A. De là vient le nom de *polaires réciproques* donné à ces courbes (*Voir* Briot et Bouquet, *Géom. analyt.*, chap. X).

326. Quelle que soit la relation $\varphi(u, v) = 0$ à laquelle doivent satisfaire les paramètres, on est conduit à les éliminer entre l'équation de la droite et celles-ci :

$$\frac{\varphi'_u}{x} = \frac{\varphi'_v}{y} = u\varphi'_u + v\varphi'_v.$$

Ces dernières deviennent ici

$$\frac{3a(au-1)^2}{x} = \frac{-2bv}{y} = (au-1)^2(au+2),$$

d'où résulte pour l'équation de l'enveloppe

$$27a^2(a-x)y^2 = 4bx^3.$$

Si $4b = 27a^2$, on a une cissoïde.

Les quantités u et v, considérées comme des variables indépendantes, déterminent dans le plan une infinité de positions pour la droite représentée par $ux + vy = 1$; on les nomme les *coordonnées tangentielles* de la droite. Cette droite variable a une enveloppe, quand il existe entre u et v une relation $\varphi(u, v) = 0$, qui est dite alors l'*équation tangentielle* de la courbe enveloppe.

La considération des coordonnées tangentielles, due à Plücker (*Journal de Crelle*, t. V) se rattache au *Principe de dualité*, l'une des conceptions les plus importantes de la Géométrie analytique. (*Voir* CHASLES, *Aperçu historique*.)

327. L'équation de la spirale.

$$r = ae^{\frac{\theta}{\omega}},$$

peut être mise sous la forme

$$\text{arc tang}\,\frac{y}{x} = \frac{\omega}{2}\log\frac{x^2 + y^2}{a^2}.$$

Celle d'une hyperbole équilatère étant

$$x^2 - y^2 = r^2\cos 2\theta = m^2$$

cette courbe touchera la spirale au point $\theta = \omega$ si l'on a

$$(1) \qquad m^2 = a^2 e^2 \cos 2\omega,$$

$$(2) \qquad \omega \,\text{tang}\, 2\omega = 1.$$

La polaire d'un point (x, y), pris sur la spirale, ayant pour équation $Xx - Yy = m^2$, l'enveloppe des positions de cette droite s'obtient en éliminant x et y entre les équations

$$(3) \qquad \left\{\begin{aligned} & Xx - Yy = m^2, \\ & \text{arc tang}\,\frac{y}{x} = \frac{\omega}{2}\log\frac{x^2 + y^2}{a^2}, \\ & \frac{y + \omega x}{X} = \frac{x - \omega y}{Y}. \end{aligned}\right.$$

Si l'on passe aux coordonnées polaires, et qu'on fasse

$$X = r_1 \cos\theta_1, \quad Y = r_1 \sin\theta_1,$$

comme on a déjà $x = r\cos\theta$, $y = r\sin\theta$, le système (3) revient à celui-ci :

$$(4) \quad rr_1 \cos(\theta + \theta_1) = m^2, \quad r = ae^{\frac{\theta}{\omega}}, \quad \frac{1}{\omega} = \operatorname{tang}(\theta + \theta_1).$$

En vertu de la condition (2), la dernière des équations (4) donne

$$\theta + \theta_1 = 2\omega \pm \frac{k\pi}{2},$$

où k désigne, en général, un nombre entier, lequel est ici égal à zéro, puisque les angles θ et θ_1 prennent simultanément la valeur ω. De là résulte

$$rr_1 = a^2 e^2,$$

et, par suite,

$$r_1 = ae^{\frac{\theta_1}{\omega}}.$$

C. Q. F. T.

328. 1° Soit α l'angle de la droite variable D avec la normale au point $m(x, y)$ de la courbe donnée. L'équation de cette droite sera

$$(1) \quad (Y - y)(\operatorname{tang}\alpha - y') = (X - x)(1 + y' \operatorname{tang}\alpha).$$

Une position de la droite variable, infiniment voisine de la première, détermine sur celle-ci un point limite μ dont les coordonnées X, Y satisfont à l'équation (1) et à la suivante

$$(2) \quad (Y - y)(\operatorname{tang}\alpha - y'') + 1 + y'^2 = (X - x)\left(y' \frac{\alpha'}{\cos^2\alpha} - y'' \operatorname{tang}\alpha\right),$$

qu'on obtient en différentiant l'équation (1) par rapport à x.

On déduit de là

$$(3)\quad \begin{cases} X - x = \dfrac{\cos\alpha(\sin\alpha - y'\cos\alpha)(1 + y'^2)}{y'' - (1 + y'^2)\alpha'}, \\ Y - y = \dfrac{\cos\alpha(\cos\alpha + y'\sin\alpha)(1 + y'^2)}{y'' - (1 + y'^2)\alpha'}, \end{cases}$$

et par suite,

$$m\mu = \pm \frac{\cos\alpha(1 + y'^2)^{\frac{3}{2}}}{y'' - (1 + y'^2)\alpha'}.$$

Soit ρ le rayon de courbure de la courbe donnée; si l'on pose

$$(4)\qquad \frac{\cos\alpha(1 + y'^2)^{\frac{3}{2}}}{y'' - (1 + y'^2)\alpha'} = r,$$

la quantité r, qu'on peut désigner sous le nom de *rayon de courbure oblique,* se réduit à ρ quand α est nul.

L'équation (4) revient à celle-ci :

$$(6)\qquad \frac{\cos\alpha}{r} = \frac{1}{\rho} - \frac{d\alpha}{ds},$$

qu'il est facile de démontrer géométriquement.

2° Pour trouver l'élément dS de la courbe lieu des points μ, on a les équations

$$(7)\qquad (X - x)^2 + (Y - y)^2 = r^2,$$

$$(8)\qquad (X - x)\,dX + (Y - y)\,dY = (X - x)\,dx + (Y - y)\,dy + r\,dr,$$

$$(9)\qquad \frac{X - x}{r}\frac{dX}{dS} + \frac{Y - y}{r}\frac{dY}{dS} = 1.$$

Or, des relations (3) mises sous la forme

$$(10)\quad \begin{cases} X - x = -r\dfrac{\cos\alpha\,dy - \sin\alpha\,dx}{ds}, \\ Y - y = r\dfrac{\sin\alpha\,dy + \cos\alpha\,dx}{ds}, \end{cases}$$

on tire

$$(11) \qquad (X - x)\,dx + (Y - y)\,dy = r\,ds\sin\alpha.$$

En rapprochant les équations (8), (9) et (11), on est conduit à ce résultat simple :

$$(12) \qquad dS = dr + \sin\alpha\,ds,$$

qu'on trouve aussi par la Géométrie.

329. r étant la portion du rayon incident comprise entre les courbes A et C, si l'on applique à ces deux courbes la formule (6) du numéro précédent, on trouve

$$\frac{\cos\alpha}{r} = \frac{1}{\rho} - \frac{d\alpha}{ds};$$

et de même, r_1 désignant la portion du rayon réfracté comprise entre les courbes A_1 et C, on a

$$\frac{\cos\alpha_1}{r_1} = \frac{1}{\rho} - \frac{d\alpha_1}{ds}.$$

D'ailleurs,

$$\cos\alpha\,d\alpha = n\cos\alpha_1\,d\alpha_1,$$

d'où

$$\cos\alpha\left(\frac{1}{\rho} - \frac{\cos\alpha}{r}\right) = n\cos\alpha_1\left(\frac{1}{\rho} - \frac{\cos\alpha_1}{r_1}\right).$$

Cette formule générale a été démontrée par C. Lambert (*Annales de Mathématiques*, t. XX). Petit l'avait donnée pour le cas du cercle, dans la *Correspondance sur l'École Polytechnique*, t. II.

Quand on suppose que la courbe A se réduit à un point, l'équation (12) du numéro précédent devient

$$dr + \sin\alpha\,ds = 0.$$

Si la courbe A_1 se réduit aussi à un point, on a de même

$$dr_1 + \sin\alpha_1\, ds = 0;$$

par suite,

$$\frac{dr}{dr_1} = \frac{\sin\alpha}{\sin\alpha_1} = n,$$

d'où

$$r = nr_1 + \text{const.}$$

C'est l'équation des *ovales de Descartes* ou *lignes aplanétiques* (CHASLES, *Aperçu historique*, etc., Note 21).

330. Prenons pour origine le sommet du parallélépipède qui appartient au tétraèdre, pour axes les arêtes qui passent en ce point; appelons a, b, c les longueurs interceptées sur ces arêtes à partir du sommet; l'équation du plan sera

$$\frac{x}{a} + \frac{y}{b} + \frac{z}{c} = 1,$$

avec la condition

$$abc = m^3 = \text{const.}$$

L'enveloppe a pour équation

$$xyz = \frac{m^3}{27}.$$

331. On a l'équation

$$(x - a)^2 + (y - b)^2 + z^2 = r^2$$

avec la condition

$$a^2 + b^2 = c^2 = \text{const.}$$

Si λ est un multiplicateur indéterminé, on trouve les relations

$$\lambda a + x - a = 0, \quad \lambda b + y - b = 0;$$

d'où

$$\frac{x}{a} = \frac{y}{b},$$

et par suite,

$$\frac{ax + by}{a^2 + b^2} = \frac{ax + by}{c^2} = \pm \frac{(x^2 + y^2)^{\frac{1}{2}}}{c};$$

on déduit de là

$$\left[c \pm (x^2 + y^2)^{\frac{1}{2}}\right]^2 = r^2 - z^2.$$

C'est l'équation du *tore*, qu'on obtient également, comme on sait, en cherchant la surface engendrée par la révolution d'un cercle tournant autour d'un axe situé dans son plan.

332. $x^2 + y^2 = h^2 z^2$, équation du cône donné; $lx + my + nz = p$, équation du plan variable, dans laquelle l, m, n sont les cosinus des angles qu'il fait avec les plans coordonnés, et p la distance de l'origine à ce plan;

$$(1) \qquad (x^2 + y^2)^{\frac{1}{2}} = \frac{hp}{n} - \frac{h(lx + my)}{n}$$

sera l'équation de la courbe suivant laquelle se projette, sur le plan des xy, l'intersection du cône et du plan. La valeur de $(x^2 + y^2)^{\frac{1}{2}} = r$ fait voir que l'origine est un foyer de cette projection. Si l'on compare l'équation (1) avec l'équation

$$r = \frac{a(1 - e^2)}{1 + e\cos(\theta - \alpha)},$$

qui est celle des sections coniques en coordonnées polaires, le pôle étant au foyer, comme cette dernière peut s'écrire

$$r + re\cos\theta\cos\alpha + re\sin\theta\sin\alpha = a(1 - e^2),$$

ou bien

$$(x^2 + y^2)^{\frac{1}{2}} = a(1 - e^2) - ex\cos\alpha - ey\sin\alpha,$$

on en déduit

$$a(1-e^2)=\frac{hp}{n},\quad e^2=\frac{h^2(l^2+m^2)}{n^2}.$$

Il suit de là que l'aire de la projection est

$$\frac{\pi n h^2 p^2}{[n^2-h^2(l^2+m^2)]^{\frac{3}{2}}},$$

et celle de la section même

$$\frac{\pi h^2 p^2}{[n^2-h^2(l^2+m^2)]^{\frac{3}{2}}}.$$

Le cône oblique détaché a donc pour expression

$$\frac{\pi h^2}{3}\,\frac{p^3}{[n^2(1+h^2)-h^2]^{\frac{3}{2}}}.$$

Cette quantité devant être constante, on peut la faire égale à $\frac{\pi h^2}{3}a^3$, et la question se ramène alors à chercher l'enveloppe du plan

$$lx+my+nz=p,$$

l, m, n, p étant liés par les relations

$$l^2+m^2+n^2=1,\quad p^2=a^2(1+h^2)n^2-a^2h^2.$$

On trouve

$$h^2z^2-(x^2+y^2)=a^2h^2.$$

333. Les paramètres x, y, z étant liés par les relations

$$\frac{x^2}{a^2}+\frac{y^2}{b^2}+\frac{z^2}{c^2}=1,\quad lx+my+nz=p,$$

on est conduit à chercher l'enveloppe des plans représentés par l'équation

$$\frac{Xx}{a^2}+\frac{Yy}{b^2}+\frac{Zz}{c^2}=1$$

ce qui donne, en désignant par λ et μ deux coefficients indéterminés,

$$\lambda\frac{x}{a^2}+\mu\frac{X}{a^2}+l=0,\quad \lambda\frac{y}{b^2}+\mu\frac{Y}{b^2}+m=0,$$

$$\lambda\frac{z}{c^2}+\mu\frac{Z}{c^2}+n=0;$$

et par suite,

$$\lambda+\mu+p=0$$

On déduit de là

$$\mu(X-x)=px-a^2l,\quad \mu(Y-y)=py-b^2m,$$

$$\mu(Z-z)=pz-c^2n,$$

et aussi

$$\text{(1)}\qquad \frac{X-x}{px-a^2l}=\frac{Y-y}{py-b^2m}=\frac{Z-z}{pz-c^2n}.$$

Soit k la valeur commune de ces trois rapports; multipliant les deux termes de chacun d'eux respectivement par $\frac{X}{a^2}$, $\frac{Y}{b^2}$, $\frac{Z}{c^2}$, on trouve facilement

$$k=\frac{\frac{X^2}{a^2}+\frac{Y^2}{b^2}+\frac{Z^2}{c^2}-1}{p-(lX+mY+nZ)}.$$

Multipliant encore les deux termes de chacun des rapports (1) respectivement par l, m, n, on en déduira

$$k=\frac{p-(lX+mY+nZ)}{a^2l^2+b^2m^2+c^2n^2-p^2};$$

d'où résulte pour l'équation de l'enveloppe

$$\frac{x^2}{a^2}+\frac{y^2}{b^2}+\frac{z^2}{c^2}-1=\frac{(lx+my+nz-p)^2}{a^2l^2+b^2m^2+c^2n^2-p^2}.$$

334. λ et μ étant des multiplicateurs indéterminés, les conditions du problème fournissent les relations

$$(1)\qquad \lambda x = \mu l + \frac{l}{p^2 - a^2},$$

$$(2)\qquad \lambda y = \mu m + \frac{m}{p^2 - b^2},$$

$$(3)\qquad \lambda z = \mu n + \frac{n}{p^2 - c^2},$$

$$(4)\qquad \lambda = p\left[\frac{l^2}{(p^2 - a^2)^2} + \frac{m^2}{(p^2 - b^2)^2} + \frac{n^2}{(p^2 - c^2)^2}\right].$$

Des équations (1), (2) et (3) on tire $\lambda p = \mu$, et aussi

$$\lambda(x^2 + y^2 + z^2) = \lambda r^2 = \mu p + \frac{lx}{p^2 - a^2} + \frac{my}{p^2 - b^2} + \frac{nz}{p^2 - c^2}.$$

Élevant ces mêmes équations au carré, puis les ajoutant membre à membre, il vient

$$\lambda^2 r^2 = \mu^2 + \frac{l^2}{(p^2 - a^2)^2} + \frac{m^2}{(p^2 - b^2)^2} + \frac{n^2}{(p^2 - c^2)^2}.$$

On déduit de là

$$\lambda^2(r^2 - p^2) = \frac{l^2}{(p^2 - a^2)^2} + \frac{m^2}{(p^2 - b^2)^2} + \frac{n^2}{(p^2 - c^2)^2} = \frac{\lambda}{p},$$

et par suite,

$$\lambda = \frac{1}{p(r^2 - p^2)}, \qquad \mu = \frac{1}{r^2 - p^2}.$$

Ces valeurs, substituées dans les équations (1), (2), (3), conduisent aux relations

$$\frac{x}{r^2 - a^2} = \frac{pl}{p^2 - a^2},$$

$$\frac{y}{r^2 - b^2} = \frac{pm}{p^2 - b^2},$$

$$\frac{z}{r^2 - c^2} = \frac{pn}{p^2 - c^2}.$$

En les multipliant respectivement par x, y, z et ajoutant les résultats, elles donnent enfin

$$\frac{x^2}{r^2 - a^2} + \frac{y^2}{r^2 - b^2} + \frac{z^2}{r^2 - c^2} = 1.$$

C'est l'équation de la *surface de l'onde lumineuse* qui se propage dans un milieu cristallisé. En en retranchant membre à membre l'identité

$$\frac{x^2 + y^2 + z^2}{r^2} = 1,$$

on trouve

$$\frac{a^2 x^2}{r^2 - a^2} + \frac{b^2 y^2}{r^2 - b^2} + \frac{c^2 z^2}{r^2 - c^2} = 0.$$

Telle est la forme donnée par Fresnel.

335. Les deux sphères ont pour équation

$$x^2 + y^2 + z^2 = h^2, \quad (x - a)^2 + (y - b)^2 + (z - c)^2 = k^2.$$

L'équation d'un plan tangent à la première au point (x_1, y_1, z_1) sera

$$(1) \qquad xx_1 + yy_1 + zz_1 = h^2.$$

Pour exprimer que ce plan est aussi tangent à la seconde au point (x_2, y_2, z_2), on a les relations

$$x_1 x_2 + y_1 y_2 + z_1 z_2 = h^2,$$

$$\frac{x_2 - a}{x_1} = \frac{y_2 - b}{y_1} = \frac{z_2 - c}{z_1},$$

d'où l'on tire

$$\frac{x_2 - a}{x_1} = \frac{y_2 - b}{y_1} = \frac{z_2 - c}{z_1} = \pm \frac{k}{h} = \frac{h^2 - (ax_1 + by_1 + cz_1)}{h^2};$$

par suite,

$$(2) \qquad ax_1 + by_1 + cz_1 = h(h \pm k).$$

La question revient à trouver la surface enveloppe d'un plan dont l'équation est (1), les paramètres x_1, y_1, z_1 devant satisfaire à l'équation

$$(3)\qquad x_1^2 + y_1^2 + z_1^2 = h^2,$$

et à la relation (2).

Différentiant les équations (1), (2), (3) par rapport aux paramètres, il vient

$$(4)\qquad x\,dx_1 + y\,dy_1 + z\,dz_1 = 0,$$

$$(5)\qquad x_1\,dx_1 + y_1\,dy_1 + z_1\,dz_1 = 0,$$

$$(6)\qquad a\,dx_1 + b\,dy_1 + c\,dz_1 = 0.$$

Ajoutons entre elles ces dernières équations après avoir multiplié la première par λ et la seconde par μ, λ et μ étant deux indéterminées, puis égalons à zéro les multiplicateurs des différentielles; on trouve ainsi

$$\lambda x = \mu x_1 + a, \quad \lambda y = \mu y_1 + b, \quad \lambda z = \mu z_1 + c.$$

Ces relations, multipliées respectivement par x, y, z et ajoutées, donneront

$$\lambda h^2 = \mu h^2 + h(h \pm k).$$

Tirant μ de là, on obtient enfin, eu égard à la symétrie des calculs,

$$\frac{x - x_1}{ha - (h \pm k)x_1} = \frac{y - y_1}{hb - (h \pm k)y_1} = \frac{z - z_1}{hc - (h \pm k)z_1}.$$

Ces trois rapports ont une valeur commune

$$\frac{x^2 + y^2 + z^2 - h^2}{h(ax + by + cz) - (h \pm k)h^2},$$

et aussi

$$\frac{ax + by + cz - h(h \pm k)}{h(a^2 + b^2 + c^2) - h(h \pm k)^2}.$$

Il en résulte l'équation

$$(x^2+y^2+z^2-h^2)[a^2+b^2+c^2-(h\pm k)^2]$$
$$=[ax+by+cz-h(h\pm k)]^2,$$

qui représente deux cônes, comme on pouvait le prévoir.

336. L'équation du plan normal à la courbe au point (x, y, z) est la suivante :

$$(1)\qquad a^2(b^2-c^2)\frac{X}{x}+b^2(c^2-a^2)\frac{Y}{y}+\ (a^2-b^2)\frac{Z}{z}=0,$$

x, y et z étant liées par les deux relations

$$(2)\qquad x^2+y^2+z^2=r^2,$$

$$(3)\qquad \frac{x^2}{a^2}+\frac{y^2}{b^2}+\frac{z^2}{c^2}=1.$$

Différentiant ces trois équations par rapport à x, y et z, il vient

$$(4)\quad a^2(b^2-c^2)\frac{X}{x^2}dx+b^2(c^2-a^2)\frac{Y}{y^2}dy+c^2(a^2-b^2)\frac{Z}{z^2}dz=0,$$

$$(5)\qquad x\,dx+y\,dy+z\,dz=0,$$

$$(6)\qquad \frac{x\,dx}{a^2}+\frac{y\,dy}{b^2}+\frac{z\,dz}{c^2}=0.$$

En faisant usage des indéterminées λ et μ comme dans le numéro précédent, on trouve

$$a^2(b^2-c^2)\frac{X}{x^2}+\lambda x+\mu\frac{x}{a^2}=0,$$

$$b^2(c^2-a^2)\frac{Y}{y^2}+\lambda y+\mu\frac{y}{a^2}=0,$$

$$c^2(a^2-b^2)\frac{Z}{z^2}+\lambda z+\mu\frac{z}{a^2}=0.$$

Multiplions respectivement par x, y, z ces dernières équations, et ajoutons les résultats, il vient

$$\lambda r^2 + \mu = 0,$$

et par suite

$$x^3 = \frac{x^4}{\lambda}\frac{b^2 - c^2}{r^2 - a^2}X, \quad y^3 = \frac{b^4}{\lambda}\frac{c^2 - a^2}{r^2 - b^2}Y, \quad z^3 = \frac{c^4}{\lambda}\frac{a^2 - b^2}{r^2 - c^2}Z.$$

D'ailleurs, de la combinaison des équations (2) et (3) on déduit

$$x^2\left(\frac{1}{a^2} - \frac{1}{r^2}\right) + y^2\left(\frac{1}{b^2} - \frac{1}{r^2}\right) + z^2\left(\frac{1}{c^2} - \frac{1}{r^2}\right) = 0;$$

et en substituant à x, y, z leurs valeurs tirées des équations précédentes, on arrive à un résultat de la forme

$$\left(\frac{X}{A}\right)^{\frac{2}{3}} + \left(\frac{Y}{B}\right)^{\frac{2}{3}} + \left(\frac{Z}{C}\right)^{\frac{2}{3}} = 0$$

Cette équation homogène par rapport aux variables représente une surface conique, résultat facile à prévoir puisque tous les plans normaux passent par le centre de la sphère.

DEUXIÈME PARTIE.

CALCUL INTÉGRAL.

QUESTIONS.

§ I. — *Intégration par substitution.*

337. $$\int \frac{x\,dx}{(a^4 - x^4)^{\frac{1}{2}}}.$$

338. $$\int \frac{x\,dx}{a^4 + x^4}.$$

339. $$\int \frac{x\,dx}{(x^2 - a^2)^{\frac{1}{2}} (b^2 - x^2)^{\frac{1}{2}}},$$

340. $$\int \frac{dx}{a + bx + cx^2}.$$

341. $$\int \frac{dx}{(a + bx \pm cx^2)^{\frac{1}{2}}}$$

342. $$\int \frac{(ax + b)\,dx}{x^2 + px + q}.$$

343. $$\int \left(\frac{1 + x}{1 - x}\right)^{\frac{1}{2}} dx.$$

344. $$\int \frac{(x^2 - a^2)^{\frac{1}{2}}\,dx}{x}.$$

345. $$\int \frac{(x^2 + a^2)^{\frac{1}{2}}\,dx}{x}.$$

346. $\displaystyle\int \frac{(x+a)^{\frac{1}{2}}}{x(x-a)^{\frac{1}{2}}}\,dx.$

347. $\displaystyle\int \frac{dx}{(x+a)^{\frac{1}{2}}+(x+b)^{\frac{1}{2}}}.$

348. $\displaystyle\int \frac{dx}{(a+bx^2)^{\frac{3}{2}}}.$

349. $\displaystyle\int \frac{dx}{x^2(1-x^2)^{\frac{1}{2}}}.$

350. $\displaystyle\int \frac{dx}{(a+bx^n)^{\frac{n+1}{n}}}.$

351. $\displaystyle\int \frac{x^2\,dx}{(a^2-x^2)^{\frac{1}{2}}}.$

352. $\displaystyle\int (a^2-x^2)^{\frac{1}{2}}\,dx.$

353. $\displaystyle\int \frac{dx}{x(a+bx+cx^2)^{\frac{1}{2}}}.$

354. $\displaystyle\int \frac{dx}{(a+bx+cx^2)^{\frac{3}{2}}}.$

355. $\displaystyle\int \frac{x\,dx}{(a+bx+cx^2)^{\frac{3}{2}}}.$

356. $\displaystyle\int \frac{xe^x\,dx}{(1+x)^2}.$

357. $\displaystyle\int \frac{dx}{1+e^x}.$

358. $\displaystyle\int \operatorname{tang}^2 x\,dx.$

359. $\displaystyle\int \frac{dx}{\sin^2 x \cos^2 x}$

360. $\int \frac{dx}{1 + \cos x}$.

361. $\int \frac{dx}{a + b \cos x}$.

362. $\int \frac{dx}{a \cos^2 x + b \sin^2 x}$

363. $\int \frac{dx}{1 + \cos^2 x}$.

364. $\int \frac{\sin x \cos^2 x \, dx}{1 + a^2 \cos^2 x}$.

365. $\int \frac{dx}{a + b \operatorname{tang} x}$.

366. $\int \frac{\operatorname{tang} x \, dx}{(a + b \operatorname{tang}^2 x)^{\frac{1}{2}}}$.

367. $\int \cos x \cos 2x \cos 3x \, dx$.

§ II. — *Intégration par parties.*

368. $\int \frac{\operatorname{arc} \sin x}{(1 - x^2)^{\frac{3}{2}}} \, dx$.

369. $\int \frac{\operatorname{arc} \sin x}{(1 - x^2)^{\frac{1}{2}}} \, x \, dx$.

370. $\int \operatorname{arc} \sin \left(\frac{x}{a + x}\right)^{\frac{1}{2}} dx$.

371. $\int x \operatorname{arc} \sin \left(\frac{2a - x}{4a}\right)^{\frac{1}{2}} dx$.

372. $\int \operatorname{arc} \operatorname{tang} x \, dx$.

373. $\int \frac{x^2}{1 + x^2} \operatorname{arc} \operatorname{tang} x \, dx$.

374. $\displaystyle\int \frac{e^{a \operatorname{arc\,tang} x}}{(1+x^2)^{\frac{1}{2}}}\,dx.$

375. $\displaystyle\int \frac{e^{a \operatorname{arc\,tang} x}}{(1+x^2)^{\frac{1}{2}}}\,x\,dx.$

§ III. — *Intégration par les fractions rationnelles.*

376. $\displaystyle\int \frac{(x^2-x+2)\,dx}{x^4-5x^2+4}.$

377. $\displaystyle\int \frac{x^p\,dx}{(x-a_1)(x-a_2)\ldots(x-a_n)}; \quad p<n.$

378. $\displaystyle\int \frac{2x^3+7x^2+6x+2}{x^4+3x^3+2x^2}\,dx.$

379. $\displaystyle\int \frac{x^2\,dx}{x^3+5x^2+8x+4}.$

380. $\displaystyle\int \frac{dx}{x^n(x-1)^n}.$

381. $\displaystyle\int \frac{x^2\,dx}{x^4+x^2-2}.$

382. $\displaystyle\int \frac{3x^2+x-2}{(x-1)^3(x^2+1)}\,dx.$

383. $\displaystyle\int \frac{dx}{x^5+2x^3+3x^2}.$

384. $\displaystyle\int \frac{dx}{x^5+x^4+2x^3+2x^2+x+1}.$

385. $\displaystyle\int \frac{(x^2+3x-2)\,dx}{(x^2-x+1)^2(x-1)^2}.$

386. $\displaystyle\int \frac{dx}{1+x^4}.$

387. $\displaystyle\int \frac{dx}{1-x^4}.$

388. $\displaystyle\int \frac{x^2\,dx}{1-x^6}.$

389 $\displaystyle\int \frac{dx}{1-x^8}.$

§ IV. — *Expressions qu'on intègre en les rendant rationnelles.*

390. $\int \frac{x^3\,dx}{(x-1)^{\frac{1}{2}}}\cdot$

391. $\int \frac{dx}{x(a+bx)^{\frac{1}{2}}}\cdot$

392. $\int \frac{dx}{x(bx-a)^{\frac{1}{2}}}\cdot$

393. $\int \frac{dx}{x^3(x-1)^{\frac{1}{2}}}\cdot$

394. $\int x^2(a+x)^{\frac{1}{2}}\,dx.$

395. $\int \frac{x\,dx}{(a+bx)^{\frac{3}{2}}}\cdot$

396. $\int (a+bx)^{\frac{3}{2}}\,x\,dx.$

397. $\int \frac{x^2\,dx}{(a+bx)^{\frac{5}{2}}}\cdot$

398. $\int (a+x)^{\frac{1}{3}}\,x\,dx$

399. $\int (a+x)^{\frac{2}{3}}\,x^3\,dx.$

400. $\int \frac{x^6\,dx}{(1+x^2)^{\frac{1}{2}}}\cdot$

401. $\int \frac{x^4\,dx}{(1-x^2)^{\frac{3}{2}}}\cdot$

402. $\displaystyle\int \frac{dx}{x^2(a+bx^2)^{\frac{3}{2}}}.$

403. $\displaystyle\int \frac{dx}{(1+x^2)^{\frac{5}{2}}}.$

404. $\displaystyle\int \frac{x^2dx}{(a+bx^2)^{\frac{5}{2}}}.$

405. $\displaystyle\int \frac{x^{-\frac{3}{4}}}{1+x^{\frac{1}{3}}}\,dx.$

406. $\displaystyle\int \frac{dx}{(2+x)(1+x)^{\frac{1}{2}}}.$

407. $\displaystyle\int \frac{dx}{(1+x^2)(1-x^2)^{\frac{1}{2}}}.$

408. $\displaystyle\int \frac{dx}{(1-x^2)(1+x^2)^{\frac{1}{2}}}.$

409. $\displaystyle\int \frac{dx}{(a+bx^2)^{\frac{1}{2}}(h+kx^2)}.$

410. $\displaystyle\int \frac{dx}{x(a+bx^n)^{\frac{1}{2}}}.$

411. $\displaystyle\int \frac{dx}{x(ax^{2n}-b)^{\frac{1}{2}}}.$

412. $\displaystyle\int \frac{dx}{(1+x)(1+x-x^2)^{\frac{1}{2}}}.$

413. $\displaystyle\int \frac{dx}{(1+x)(1-x-x^2)^{\frac{1}{2}}}.$

414. $\displaystyle\int X\left[x+(1+x^2)^{\frac{1}{2}}\right]^{\frac{m}{n}}dx;$ m et n entiers.

X est une fonction rationnelle de x et de $(1+x^2)^{\frac{1}{2}}$.

415. $\int \frac{(1 \pm x^2)\,dx}{(1 \mp x^2)(1 + x^4)^{\frac{1}{2}}}.$

416. $\int \frac{(1 + x^4)^{\frac{1}{2}}\,dx}{1 - x^4}.$

417. $\int \frac{(ax^4 + 2bx^2 + a)\,dx}{(1 - x^4)(1 + x^4)^{\frac{1}{2}}}.$

418. $\int \frac{dx}{(1 + x^4)\left[(1 + x^4)^{\frac{1}{2}} - x^2\right]^{\frac{1}{2}}}.$

419. $\int \frac{dx}{(1 - x^2)(2x^2 - 1)^{\frac{1}{4}}}.$

420. $\int \frac{dx}{(1 - 2^m)(2x^m - 1)^{\frac{1}{2m}}}.$

421. $\int \frac{x^{-\frac{1}{2}}\,dx}{(1 - x^m)(2x^m - 1)^{\frac{1}{2m}}}.$

§ V. — *Intégration par réductions successives.*

422. $\int \frac{dx}{(a^2 + x^2)^n}.$

423. $\int \frac{x^n\,dx}{(a^2 + x^2)^p}.$

424. $\int (a^2 - x^2)^{\frac{n}{2}}\,dx$; n impair.

425. $\int \frac{dx}{x^n(x^2 - 1)^{\frac{1}{2}}}.$

426. $\int \frac{dx}{x^n(x^2 + 1)^{\frac{1}{2}}}.$

427. $\int \frac{x^n\,dx}{(a + bx)^{\frac{1}{2}}}$

428. $\displaystyle\int \frac{dx}{x^n(a+bx)^{\frac{1}{2}}}.$

429. $\displaystyle\int \frac{x^n\,dx}{(a+bx)^{\frac{1}{3}}}.$

430. $\displaystyle\int \frac{x^n\,dx}{(a+bx+cx^2)^{\frac{1}{2}}}.$

431. $\displaystyle\int \frac{dx}{(a+b\cos x)^n}$; n entier positif.

§ VI. — *Intégrales définies.*

432. Si la fonction $F(x,y)$ ne change pas quand on y remplace x par y et y par x, on a

$$u=\int_0^{\infty}\frac{dx}{xF\left(x,\frac{1}{x}\right)}=2\int_0^{1}\frac{dx}{xF\left(x,\frac{1}{x}\right)}.$$

433. Démontrer la relation

$$\int_0^a dx\int_0^{\varphi(x)}f(y)\,dy=a\int_0^{\varphi(a)}f(y)\,dy-\int_{\varphi(0)}^{\varphi(a)}f(y)\psi(y)\,dy,$$

en supposant qu'on a

$$\psi[\varphi(x)]=x.$$

434. Trouver la règle de la différentiation sous le signe $\int$ dans le cas où les limites sont variables, en le ramenant au cas où elles sont constantes.

435. $\displaystyle u=\int_0^{\infty}\frac{x^{n-1}-1}{\log x}\,dx.$

436. $\displaystyle u=\int_0^{1}\frac{\log(1+x)}{1+x^2}\,dx.$

437. $\displaystyle u=\int_0^{\infty}\left(e^{-\frac{a^2}{x^2}}-e^{-\frac{b^2}{x^2}}\right)dx.$

438. $u = \int_0^1 \frac{x \log x}{(1 - x^2)^{\frac{1}{2}}} dx.$

439. $u = \int_0^{\frac{\pi}{2}} \log(\sin x)\, dx.$ (EULER.)

440. $u = \int_0^1 \frac{\log x\, dx}{(1 - x^2)^{\frac{1}{2}}}.$

441. $u = \int_0^1 \frac{x \log x}{(1 - x^2)^{\frac{1}{2}}} dx.$ (EULER.)

442. $u = \int_0^{\pi} \frac{x \sin x}{1 + \cos^2 x} dx.$

443. $u = \int_0^{\pi} \log(1 - 2a \cos x + a^2)\, dx.$ (POISSON.)

444. $u = \int_0^1 \frac{\log x}{1 + x} dx.$ (EULER.)

445. $u = \int_0^1 \frac{\log x}{1 - x} dx.$ (EULER.)

446. Démontrer la relation

$$\Gamma\left(\frac{1}{n}\right) \Gamma\left(\frac{2}{n}\right) \Gamma\left(\frac{3}{n}\right) \cdots \Gamma\left(\frac{n-1}{n}\right) = (2\pi)^{\frac{n-1}{2}} n^{-\frac{1}{2}},$$

n désignant un nombre entier positif.

447. $u = \int_0^{\infty} x^{2n} e^{-x^2} dx.$

448. Réduire aux fonctions eulériennes de seconde espèce l'expression

$$\int_0^1 \frac{x^{a-1}(1 - x)^{b-1}}{(x + h)^{a+b}} dx. \quad \text{(ABEL.)}$$

449. $u = \int_0^\infty \frac{x \sin ax}{1 + x^2}\, dx.$ (LAPLACE.)

450 $u = \int_0^\infty \frac{\sin ax\, dx}{x(1 + x^2)}.$ (LAPLACE.)

451. $u = \int_0^\infty \frac{dx}{1 + x^2} \frac{1}{1 - 2a \cos bx + a^2};$ $a < 1.$

(LEGENDRE.)

452. $u = \int_0^\infty \frac{x\, dx}{1 + x^2} \frac{\sin bx}{1 - 2a \cos bx + a^2};$ $a < 1.$

(LEGENDRE.)

453. $u = \int_0^\pi \frac{\cos bx\, dx}{1 - 2a \cos x + a^2};$ b entier, $a < 1.$

(EULER.)

454. $u = \int_0^\infty e^{-\left(x^2 + \frac{a^2}{x^2}\right)} dx.$ (LAPLACE.)

455. $u = \int_0^\infty e^{-a^2x^2} \cos 2bx\, dx.$

456. $u = \int_0^\pi \frac{\sin^{2n} x\, dx}{(1 - 2a \cos x + a^2)^n};$ $a < 1,$ n entier.

(POISSON.)

457. $\int_0^{m^{\frac{1}{n}}} \left(1 - \frac{x^n}{m}\right)^m dx = \frac{mn}{mn + 1} \int_0^{m^{\frac{1}{n}}} \left(1 - \frac{x^n}{m}\right)^{m-1} dx.$

Valeur du premier membre pour m entier positif.

(STURM, *Cours d'Analyse*).

458. $n^{\frac{1}{n}} \int_0^\infty e^{-x^n}\, dx$

$$= \left[\frac{n}{1}\left(\frac{n}{n+1}\right)^{n-1} \frac{2n}{n+1}\left(\frac{2n}{2n+1}\right)^{n-1} \frac{3n}{2n+1}\left(\frac{3n}{3n+1}\right)^{n-1} \cdots\right]^{\frac{1}{n}}.$$

Cas où $n = 2.$ (STURM, *Cours d'Analyse*).

§ VII. — *Intégration des fonctions de plusieurs variables.*

459. $du = (a^2y + x^3)dx + (a^2x + b^3)dy.$

460. $du = (3xy^2 - x^2)dx - (1 + 6y^2 - 3x^2y)dy.$

461. $du = \dfrac{x\,dx}{y(x^2+y^2)^{\frac{1}{2}}} - \dfrac{x^2\,dy}{y^2(x^2+y^2)^{\frac{1}{2}}}.$

462. $du = \dfrac{(x-2y)\,dx}{(y-x)^2} + \dfrac{y\,dy}{(y-x)^2}.$

463. $du = \dfrac{dx}{(x^2+y^2)^{\frac{1}{2}}} + \dfrac{(x^2+y^2)^{\frac{1}{2}} - x}{y(x^2+y^2)^{\frac{1}{2}}}\,dy.$

464. $du = \dfrac{x(x^2+y^2)^{\frac{1}{2}} + y}{x^2+y^2}\,dx + \dfrac{y(x^2+y^2)^{\frac{1}{2}} - x}{x^2+y^2}\,dy.$

465. $du = (2x\cos y - y^2\sin x)dx + (2y\cos x - x^2\sin y)dy.$

466. $du = \dfrac{y^2\,dx}{(x+y)^2(y^2+2xy)^{\frac{1}{2}}} - \dfrac{xy\,dy}{(x+y)^2(y^2+2xy)^{\frac{1}{2}}}.$

467. $du = \dfrac{y\,dx}{a-z} + \dfrac{x\,dy}{a-z} + \dfrac{xy\,dz}{(a-z)^2}.$

468. $du = (y+z)dx + (z+x)dy + (x+y)dz.$

469. $du = \dfrac{a\,dx}{z} - \dfrac{b\,dy}{z} + \dfrac{by - ax}{z^2}\,dz.$

470. $du = \dfrac{y^2e^z\,dx}{(x^2+y^2)^{\frac{3}{2}}} - \dfrac{xye^z\,dy}{(x^2+y^2)^{\frac{3}{2}}} + \dfrac{xe^z\,dz}{(x^2+y^2)^{\frac{1}{2}}}.$

471. $du = z\left(\dfrac{1}{x^2y} - \dfrac{1}{x^2+z^2}\right)dx + \dfrac{z\,dy}{xy^2} + \left(\dfrac{x}{x^2+z^2} - \dfrac{1}{xy}\right)dz.$

472. $du = \left[\dfrac{\alpha}{x+z} - \dfrac{(y^2+z^2)^{\frac{1}{2}}}{x^2}\right]dx + \left[\dfrac{y(y^2+z^2)^{-\frac{1}{2}}}{x} - \dfrac{\alpha}{y+z}\right]dy$

$$+\left[\dfrac{z(y^2+z^2)^{-\frac{1}{2}}}{x} - \dfrac{x-y}{x+z}\,\dfrac{\alpha}{y+z}\right]dz.$$

On représente par α^2 la quantité

$$\frac{z+y}{2x-y+z}.$$

§ VIII. — *Quadrature des courbes planes.*

473. Tractoire (n° 272).
474. Cissoïde (n° 268).
475. Chaînette (n° 271).
476. Développée de l'ellipse.
477. Lemniscate (n° 275).
478. $r^2 \cos 2\theta = 1$.

Exprimer r et θ en fonction de l'aire obtenue, cette aire étant supposée nulle pour $\theta = 0$.

479. $r = a\cos\theta + b;\quad a > b$.
480. Conchoïde (n° 263).
481. Épicycloïde (n° 234).
482. $x^4 + y^4 - ax^2y = 0$.
483. $y^3 + x^3 - axy = 0$. (*Folium* de Descartes.)

§ IX. — *Rectification des courbes.*

484. $x^{\frac{2}{3}} + y^{\frac{2}{3}} = a^{\frac{2}{3}}$ (n° 232).
485. Chaînette (n° 475).
486. Tractoire (n° 473).
487. Cissoïde (n° 474).
488. Développée de l'ellipse (n° 476).
489. Épicycloïde (n° 481).
490. Loxodromie. Cette courbe a pour équations

$$(x^2+y^2)^{\frac{1}{2}}\left(e^{n\,\mathrm{arc\,tang}\frac{y}{x}} + e^{-n\,\mathrm{arc\,tang}\frac{y}{x}}\right) = 2a,$$

$$x^2 + y^2 + z^2 = a^2.$$

491. Soient OM_1, OM_2 les arcs de deux courbes ayant

une tangente commune à l'origine O et leurs tangentes aux *points correspondants* quelconques $M_1(x_1, y_1)$ et $M_2(x_2, y_2)$ parallèles entre elles. $OM = s$ étant l'arc d'une troisième courbe dont un point quelconque M est déterminé par les équations

$$x = a_1 x_1 + a_2 x_2, \quad y = a_1 y_1 + a_2 y_2,$$

on aura, s_1 et s_2 désignant les deux premiers arcs,

$$s = a_1 s_1 + a_2 s_2.$$

492. Deux rayons vecteurs r et r_1 de la lemniscate (n° 477) étant liés par la relation

$$r_1 = \frac{2a^2 r (a^4 - r^4)^{\frac{1}{2}}}{a^4 + r^4},$$

prouver que l'arc sous-tendu par le rayon r_1 est double de l'arc sous-tendu par le rayon r.

493. Deux courbes étant représentées par les équations

$$(1) \qquad r^{\frac{2}{3}} = a^{\frac{2}{3}} \cos\frac{2}{3}\theta,$$

$$(2) \qquad a^2 = r^2 \cos 2\theta,$$

prouver que la longueur totale de la première est égale à six fois la différence entre l'arc infini de la seconde et son asymptote. L'arc de la seconde courbe et son asymptote commencent à l'axe polaire. (W. ROBERTS.)

§ X. — *Cubature.*

494. Volume engendré par la chaînette (n° 485) tournant autour de l'axe des y.

495. Volume engendré par la cissoïde (n° 487) tournant autour de son asymptote.

496. Volume engendré par la conchoïde (n° 480) tournant autour de son asymptote.

497. Volume engendré par la révolution d'une section conique autour de son axe focal.

498. Paraboloïde elliptique.

499. $c^2 z^2 = y^2(a^2 - x^2)$. (n° 312.)

500. $z = x\varphi\left(\frac{y}{x}\right)$.

501. Volume commun à deux cylindres droits égaux dont les axes se coupent rectangulairement (n° 509).

502. Trouver la portion de sphère comprise dans un cylindre droit dont l'axe passe par le centre de la sphère.

503. On donne une sphère de rayon a dont le centre est à l'origine des axes et un cylindre droit qui a pour base la courbe c représentée dans le plan xy par l'équation $\rho = a \cos n\theta$, ρ étant le rayon vecteur; trouver le volume commun à la sphère et au cylindre (n° 510).

504. Volume commun au paraboloïde et au cylindre qui ont pour équations

$$y^2 + z^2 = 4ax, \quad x^2 + y^2 = 2ax.$$

505. Les axes de deux cylindres droits égaux se coupent en faisant un angle α; évaluer le volume commun à ces deux solides.

506. Un plan passe par le centre de base d'un cylindre droit en faisant avec cette base l'angle α; évaluer les volumes des deux portions de cylindre ainsi obtenues (n° 513).

§ XI. — *Quadrature des surfaces courbes.*

507. Surface engendrée par la cycloïde tournant autour de sa base.

508. Surface engendrée par la révolution de la tractoire (n° 486) tournant autour de l'axe des x.

509. Les données étant celles du n° 501, évaluer la portion de surface de l'un des cylindres comprise dans l'autre.

510. Les données étant celles du n° 503, trouver l'aire de la portion de surface sphérique comprise dans le cylindre.

511. Évaluer l'aire de la surface dont l'équation est

$$(x^2+y^2+z^2)^2 = a^2(x^2-y^2).$$

512. Les surfaces A et B ayant pour équations

$$\text{(A)} \qquad z = a \log \frac{\sqrt{x^2+y^2}+y}{x},$$

$$\text{(B)} \qquad y^2(a^2+x^2) = x^2(b^2-x^2),$$

trouver la portion de l'aire de A comprise dans le cylindre B et entre deux plans menés par l'axe des z.

513. Les données étant celles du n° 506, évaluer les surfaces des deux portions du cylindre.

§ XII. — *Changement de variables sous le signe d'intégration.*

514. Étant données les relations

$$x+y=u, \quad y=uv,$$

transformer l'intégrale

$$\int\int x^{m-1}y^{n-1}\,dx\,dy$$

en une autre où les variables soient u et v.

515. Étant données les relations

$$x = r\cos\theta, \quad y = r\sin\theta,$$

transformer l'intégrale

$$\int\int e^{x^2+y^2}\,dx\,dy$$

en une autre où les variables soient r et θ.

516. Étant données les relations

$$x = r\cos\theta,\quad y = r\sin\theta\sin\varphi,\quad z = r\sin\theta\cos\varphi,$$

transformer l'intégrale

$$\int\int\int \mathrm{V}\,dx\,dy\,dz$$

en une autre où les variables soient r, θ et φ.

517. z étant une fonction de x et y déterminée par l'équation

$$\frac{x^2}{a^2} + \frac{y^2}{b^2} + \frac{z^2}{c^2} = 1,$$

transformer l'intégrale

$$\int\int dx\,dy\left(1 + \frac{\partial z^2}{\partial x^2} + \frac{\partial z^2}{\partial y^2}\right)^{\frac{1}{2}}$$

en une autre où les variables soient θ et φ, sachant qu'on a

$$x = a\sin\theta\cos\varphi,\quad y = b\sin\theta\sin\varphi.$$

§ XIII. — *Équations linéaires à coefficients constants.*

518. $\dfrac{dy}{dx} - ay = x^4.$

519. $\dfrac{d^2y}{dx^2} + 3\dfrac{dy}{dx} + 2y = \dfrac{x}{(1+x)^2}.$

520. $\dfrac{d^2y}{dx^2} - 4\dfrac{dy}{dx} + 4y = x^2.$

521. $\dfrac{d^2y}{dx^2} - 2m\dfrac{dy}{dx} + m^2y = \sin nx.$

522. $\dfrac{d^2y}{dx^2} + n^2y = \cos mx.$ Cas où $m = n$.

523. $\frac{d^4y}{dx^4} + 5\frac{d^2y}{dx^2} + 6y = \sin mx.$

524. $\frac{d^2y}{dx^2} + y = x^n.$

525. $\frac{d^4y}{dx^4} - a^4y = x^3.$

526. $\frac{d^4y}{dx^4} + 2a^2\frac{d^2y}{dx^2} + a^4y = \cos x.$

527. $\frac{d^5y}{dx^5} - 2\frac{d^4y}{dx^4} + 5\frac{d^3y}{dx^3} - 10\frac{d^2y}{dx^2} - 36\frac{dy}{dx} + 72y = e^{mx}.$

528. $\frac{d^3y}{dx^3} + \frac{d^2y}{dx^2} - \frac{dy}{dx} + 15y = x^2.$

§ XIV. — *Équations linéaires à coefficients variables.*

529. $(1 - x^2)\frac{dy}{dx} + xy = ax.$

530. $(1 + x^2)^{\frac{1}{2}}\frac{dy}{dx} + ny = a(1 + x^2)^{\frac{1}{2}}.$

531. $\frac{dy}{dx} + \frac{ay}{1 - x^2} = \frac{1 + x}{(1 - x)^2}.$

532. $(1 - x^2)^{\frac{1}{2}}\frac{dy}{dx} - ny = x(1 - x^2)^{\frac{1}{2}}.$

533. $x^2\frac{d^2y}{dx^2} + x\frac{dy}{dx} - y = x^m.$

534. $x^2\frac{d^2y}{dx^2} + 3x\frac{dy}{dx} + y = \frac{1}{(1 - x)^2}.$

535. $(1 + x)^3\frac{d^3y}{dx^3} + (1 + x)^2\frac{d^2y}{dx^2}$

$$+ 3(1 + x)\frac{dy}{dx} - 8y = \frac{x}{(1 + x)^{\frac{1}{2}}}.$$

536. $x^3\frac{d^3y}{dx^3} - 3x^2\frac{d^2y}{dx^2} + 7x\frac{dy}{dx} - 8y = \varphi(x).$

537. $\frac{d^2y}{dx^2} + \frac{2}{x}\frac{dy}{dx} - a^2 y = 0.$

538. $\frac{d^2y}{dx^2} + \frac{2}{x}\frac{dy}{dx} + \left(n^2 - \frac{2}{x^2}\right) y = 0.$

539. $x^4 \frac{d^2y}{dx^2} - c^2 y = 0.$

540. $x^{\frac{4}{3}} \frac{d^2y}{dx^2} - c^2 y = 0.$

541. $x^{\frac{8}{5}} \frac{d^2y}{dx^2} - c^2 y = 0.$

§ XV. — *Équations différentielles non linéaires.*

542. $a\,dy + y\,dx = \frac{x\,dx}{y^{n-1}}.$

543 $dy + \frac{xy\,dx}{1 - x^2} = xy^{\frac{1}{2}}\,dx.$

544. $ay\,dy - by^2 dx = cx\,dx.$

545. $xy^2 dy + y^3 dx = \frac{a^3 dx}{x}.$

546. $y\,dy - \frac{ay^2}{x^2}\,dx = \frac{b}{x^3}\,dx.$

547. $dx - xy\,dy = x^2 y^3 dy.$

548. $x\,dx + y\,dy = my\,dx.$

549. $y^3 dy + 3y^2 x\,dx + 2x^3 dx = 0.$

550. $xy\,dy - y^2 dx = (x + y)^2 e^{-\frac{y}{x}}\,dx.$

551. $x^3 dy - x^2 y\,dx + y^3 dx - xy^2 dy = 0.$

552. $\varphi\left(\frac{y}{x}\right) dx + \psi\left(\frac{y}{x}\right) dy = ax^m(x\,dy - y\,dx).$

553. $(a + a_1 x + a_2 y)(x\,dy - y\,dx)$
$= (b + b_1 x + b_2 y)\,dy - (c + c_1 x + c_2 y)\,dx.$
(JACOBI.)

554. $dy + y^2 dx = x^{-\frac{4}{3}}\,dx.$

555. $dy - y^2 dx = 2x^{-\frac{8}{3}} dx.$

556. $ay\,dx + bx\,dy + x^m y^n (cy\,dx + ex\,dy) = 0.$

557. $(y - x)(1 + x^2)^{\frac{1}{2}} dy = n(1 + y^2)^{\frac{3}{2}} dx.$

558. $$\left(\frac{dy}{dx}\right)^3 - (x^2 + xy + y^2)\left(\frac{dy}{dx}\right)^2 + (x^3 y + x^2 y^2 + xy^3)\frac{dy}{dx} - x^3 y^3 = 0.$$

559. $(a^2 - x^2)\left(\frac{dy}{dx}\right)^3 + bx(a^2 - x^2)\left(\frac{dy}{dx}\right)^2 - \frac{dy}{dx} - bx = 0.$

560. $\left[1 - \frac{y^2}{x^2}(x^2 + y^2)^2\right]\left(\frac{dy}{dx}\right)^2 - \frac{2y}{x}\frac{dy}{dx} + \frac{y^2}{x^2} = 0.$

561. $y - x\frac{dy}{dx} = nx\left[1 + \left(\frac{dy}{dx}\right)^2\right]^{\frac{1}{2}}.$

562. $y\left(1 + \frac{dy^2}{dx^2}\right)^{\frac{1}{2}} = n\left(x + y\frac{dy}{dx}\right).$

563. $y = x + x\frac{dy}{dx} + \frac{dy^2}{dx^2}.$

564. $(4x^2 - a^2)\left(\frac{dy}{dx}\right)^2 - 4xy\frac{dy}{dx} + y^2 - a^2 = 0.$

565. $y = x\left[\frac{dy}{dx} - \left(1 + \frac{dy^2}{dx^2}\right)^{\frac{1}{2}}\right].$

566. $\frac{d^2y}{dx^2} + f(x)\frac{dy}{dx} + \varphi(y)\frac{dy^2}{dx^2} = 0$

(LIOUVILLE.)

567. $x^3\frac{d^2y}{dx^2} = \left(y - x\frac{dy}{dx}\right)^2.$

568. $x^2\frac{dy}{dx}\frac{d^2y}{dx^2} - x\frac{dy}{dx} + y = 0.$

569. $y\dfrac{d^2y}{dx^2}-\dfrac{dy^2}{dx^2}=\dfrac{y\dfrac{dy}{dx}}{(a^2+x^2)^{\frac{1}{2}}}.$

570. $xy\dfrac{d^2y}{dx^2}=y\dfrac{dy}{dx}+x\dfrac{dy^2}{dx^2}+\dfrac{nx\dfrac{dy^2}{dx^2}}{(a^2-x^2)^{\frac{1}{2}}}.$

571. $\left(1+\dfrac{dy^2}{dx^2}\right)^{\frac{3}{2}}=\dfrac{a^2}{2x}\dfrac{d^2y}{dx^2}.$

572. $1+\dfrac{dy^2}{dx^2}+x\dfrac{dy}{dx}\dfrac{d^2y}{dx^2}=a\dfrac{d^2y}{dx^2}\left(1+\dfrac{dy^2}{dx^2}\right)^{\frac{1}{2}}.$

573. $a^2\dfrac{d^2y}{dx^2}(a^2+x^2)^{\frac{1}{2}}+a^2\dfrac{dy}{dx}=x^2.$

574. $(x+a)\dfrac{d^2y}{dx^2}+x\dfrac{dy^2}{dx^2}=\dfrac{dy}{dx}.$

575. $\left(y^2+\dfrac{dy^2}{dx^2}\right)^{\frac{3}{2}}=y\left(2\dfrac{dy^2}{dx^2}+y^2+y\dfrac{d^2y}{dx^2}\right).$

576. $\dfrac{dy^2}{dx^2}-y\dfrac{d^2y}{dx^2}=n\left[\dfrac{dy^2}{dx^2}+a^2\left(\dfrac{d^2y}{dx^2}\right)^2\right]^{\frac{1}{2}}.$

§ XVI. — *Solutions singulières des équations différentielles du premier ordre.*

577. $y^2-2xy.\dfrac{dy}{dx}+(1+x^2)\dfrac{dy^2}{dx^2}-1=0.$

578. $y+(y-x)\dfrac{dy}{dx}+(a-x)\dfrac{dy^2}{dx^2}=0.$

579. $\left(1+\dfrac{dy^2}{dx^2}\right)\left(y-x\dfrac{dy}{dx}\right)^2-a^2\dfrac{dy^2}{dx^2}=0.$

580. $\left(1+\dfrac{dy^2}{dx^2}\right)y^2-2a\left(x+y\dfrac{dy}{dx}\right)=0.$

581. $3\dfrac{dy^3}{dx^3}-x^4\dfrac{dy}{dx}+2x^3y=0.$

582. $(a^2 - x^2)\dfrac{dy}{dx^2} + 2xy\dfrac{dy}{dx} + x^2 = 0.$

583. Les équations

$$y^2 = 2x + 1 \quad \text{et} \quad y^2 + x^2 = 0$$

satisfont à l'équation différentielle

$$y\frac{dy^2}{dx^2} + 2x\frac{dy}{dx} - y = 0;$$

ces intégrales sont-elles singulières ou particulières?

584. $xy^2\dfrac{dy^2}{dx^2} - y^3\dfrac{dy}{dx} + a^2x = 0.$

585. $x^2\dfrac{dy^2}{dx^2} - 3xy\dfrac{dy}{dx} + 2y^2 + x^3 = 0.$

586. $\dfrac{dy^2}{dx^2} + y\dfrac{dy}{dx} + x = 0.$

587. $(2xy - x^2)\dfrac{dy^2}{dx^2} - 2xy\dfrac{dy}{dx} + 2xy - y^2 = 0.$

§ XVII. — *Équations différentielles simultanées.*

588. $\dfrac{dx}{dt} + 4x + 3y = t,$

$\dfrac{dy}{dt} + 2x + 5y = e^t.$

589. $\dfrac{dx}{dt} + 5x + y = e^t,$

$\dfrac{dy}{dt} + 3y - x = e^{2t}.$

590. $\dfrac{dx}{dt} + by + cz = 0,$

$\dfrac{dy}{dt} + a'x + c'z = 0,$

$\dfrac{dz}{dt} + a''x + b''y = 0.$

591. $$\frac{d^2x}{dt^2} = ay + bx + c,$$
$$\frac{d^2y}{dt^2} = a'y + b'x + c'.$$

592. $$\frac{d^2x}{dt^2} - 2\frac{dx}{dt} - 2\frac{dy}{dt} + x = \cos 2t,$$
$$\frac{d^2y}{dt^2} + 2\frac{dy}{dt} + \frac{dx}{dt} + 6y + 5x = \sin t.$$

593. $$r\frac{d^2\theta}{dt^2} + 2\frac{dr}{dt}\frac{d\theta}{dt} + m\sin\theta = 0,$$
$$\frac{d^2r}{d\theta^2} - r\frac{d\theta^2}{dt^2} - m\cos\theta = 0.$$

594. $$a\frac{dx}{dt} + (c-b)yz = 0,$$
$$b\frac{dy}{dt} + (a-c)zx = 0,$$
$$c\frac{dz}{dt} + (b-a)xy = 0.$$

595. $$\frac{d^2x}{dt^2} = \frac{dR}{dx}, \quad \frac{d^2y}{dt^2} = \frac{dR}{dy}, \quad \frac{d^2z}{dt^2} = \frac{dR}{dz};$$

x, y, z sont des fonctions de t, et R est une fonction de $r = (x^2 + y^2 + z^2)^{\frac{1}{2}}$.

§ XVIII. — *Équations linéaires aux dérivées partielles du premier ordre.*

596. $$x\frac{\partial z}{\partial x} - y\frac{\partial z}{\partial y} = \frac{x^2}{y}.$$

597. $$\frac{\partial z}{\partial x} - \frac{\partial z}{\partial y} = \frac{z}{x+y}.$$

598. $$y\frac{\partial z}{\partial x} + x\frac{\partial z}{\partial y} = z.$$

599. $$\frac{1}{x}\frac{\partial z}{\partial x} + \frac{1}{y}\frac{\partial z}{\partial y} = \frac{z}{y^2}.$$

600. $x\frac{\partial z}{\partial x} + y\frac{\partial z}{\partial y} = \frac{xy}{z}.$

601. $y^3\frac{\partial z}{\partial y} - xy^2\frac{\partial z}{\partial x} = axz.$

602. $\frac{\partial z}{\partial x} - a\frac{\partial z}{\partial y} = e^{mx}\cos py.$

603. $\frac{\partial u}{\partial x} + b\frac{\partial u}{\partial y} + c\frac{\partial u}{\partial z} = xyz.$

604. $(y+x)\frac{\partial z}{\partial x} + (y-x)\frac{\partial z}{\partial y} = z.$

605. $\text{séc}\, x\frac{\partial z}{\partial x} + a\frac{\partial z}{\partial y} = z\cot y.$

606. $(y-bz)\frac{\partial z}{\partial x} - (x-az)\frac{\partial z}{\partial y} = bx-ay.$

607. $x^2\frac{\partial z}{\partial x} + y^2\frac{\partial z}{\partial y} = \frac{x^3}{y}.$

608. $x\frac{\partial z}{\partial x} + y\frac{\partial z}{\partial y} = 2xy(a^2-z^2)^{\frac{1}{2}}.$

609. $x\frac{\partial z}{\partial x} + (1+y^2)^{\frac{1}{2}}\frac{\partial z}{\partial y} = xy.$

610. $x\frac{\partial u}{\partial x} + y\frac{\partial u}{\partial y} + z\frac{\partial u}{\partial z} = au + \frac{xy}{z}.$

611. $(y+z+u)\frac{\partial u}{\partial x} + (z+u+x)\frac{\partial u}{\partial y}$

$$+ (u+x+y)\frac{\partial u}{\partial z} = x+y+z.$$

§ XIX. — *Équations non linéaires aux dérivées partielles du premier ordre à deux variables indépendantes.*

612. $\left(\frac{\partial z}{\partial x}\right)^m + \left(\frac{\partial z}{\partial y}\right)^m - z^n = 0.$

613. $x\frac{\partial z^2}{\partial x^2}+y\frac{dz^2}{\partial y^2}=z^2.$

614. $y\frac{\partial z}{\partial x}-x\frac{\partial z}{\partial y}=a\frac{\partial z}{\partial x}\frac{\partial z}{\partial y}.$

615. $xz\frac{\partial z}{\partial x}+yz\frac{\partial z}{\partial y}+xy\frac{\partial z}{\partial x}\frac{\partial z}{\partial y}=0.$

616. $f(z)\frac{\partial z^m}{\partial x^m}=\frac{\partial z}{\partial y}.$

617. $f_1(x)f_2(y)f_3(z)\frac{\partial z^m}{\partial x^m}=\frac{\partial z}{\partial y}.$

618. $\frac{\partial z^2}{\partial x^2}+\frac{\partial z^2}{\partial y^2}+zx\frac{\partial z}{\partial x}+zy\frac{\partial z}{\partial y}=(x+y)^2z^2.$

619. $y^2\left(x\frac{\partial z}{\partial x}+y\frac{\partial z}{\partial y}\right)\frac{\partial z}{\partial x}=z+y\frac{\partial z}{\partial y}.$

620. $z^3+\left(x\frac{\partial z}{\partial x}+y\frac{\partial z}{\partial y}\right)z^2+a\frac{\partial z}{\partial x}\frac{\partial z}{\partial y}=0.$

621. $2x\frac{\partial z}{\partial x}+2y\frac{\partial z}{\partial y}+\varphi\left(\frac{\partial z}{\partial x},\frac{\partial z}{\partial y}\right)=z.$

φ désigne une fonction homogène du second degré.

622. $2z\frac{\partial z^2}{dy^2}=\frac{\partial z}{\partial x}\frac{\partial z}{\partial y}\left(\frac{\partial z^2}{\partial y^2}+2a\right)+b.$

§ XX. — *Calcul des variations.*

623. Trouver la fonction qui rend maximum l'expression

$$\int_{x_0}^{x_1}\left[1-\frac{x}{(x^2+y^2)^{\frac{1}{2}}}+ay^2\right]dx.$$

624. Par deux points donnés A et B faire passer une

courbe plane telle, que la surface comprise entre l'arc AB, les rayons de courbure extrêmes et l'arc de développée correspondant, ait une valeur minimum.

625. Trouver la courbe qui rend maximum ou minimum l'expression

$$\int_{x_0}^{x_1} \rho^n ds,$$

ρ désignant le rayon de courbure et ds l'élément de l'arc.

626. Trouver la courbe qui rend maximum ou minimum l'expression

$$\int_{x_0}^{x_1} (x^2+y^2)^{\frac{n}{2}} \left(1+\frac{dy^2}{dx^2}\right)^{\frac{1}{2}} dx.$$

627. Trouver la courbe qui rend maximum ou minimum l'expression

$$\int_{x_1}^{x_1} (x-x_0)^n ds.$$

628. Plus courte distance de deux points sur la surface d'un cylindre quelconque. Cas du cylindre droit.

629. Parmi toutes les courbes planes passant par deux points fixes, tournant autour du même axe situé dans leur plan, et engendrant une aire de révolution donnée, trouver celle qui donne lieu au volume de révolution maximum.

630. Par deux points donnés A et B on abaisse sur une droite OX deux perpendiculaires AC, BD; déterminer un arc de courbe AMB, de longueur donnée, de manière que l'aire constante AMBDC tournant autour de OX engendre un volume maximum ou minimum.

631. Faire passer par deux points donnés une courbe telle, que le produit de l'arc par l'aire comprise entre cet

arc, l'axe des x et les ordonnées extrêmes, soit un minimum.

632. Trouver la courbe qui, passant par deux points donnés, rend maximum ou minimum l'expression

$$\int_{x_0}^{x_1} s^n\,dx,$$

s désignant la longueur de l'arc.

633. Parmi toutes les courbes de même longueur, trouver celle qui, passant par deux points donnés, rend minimum l'expression

$$\frac{\int_{x_0}^{x_1} x\varphi\,ds}{\int_{x_0}^{x_1} \varphi\,ds},$$

φ étant une fonction connue de l'arc s.

634. Soient y_1, y_2, ..., y_n des fonctions de x indépendantes entre elles; toute fonction u de ces quantités, homogène du degré p par rapport à leurs dérivées premières, qui rend $\int_{x_0}^{x_1} u\,dx$ maximum ou minimum, est égale à une constante pour toutes les valeurs de p autres que l'unité.

Vérifier le théorème sur l'équation

$$u = y_1 \frac{dy_1}{dx}\frac{dy_2}{dx} - h\left(\frac{dy_1}{dx}\right)^2.$$

CALCUL INTÉGRAL.

SOLUTIONS.

FORMULES FONDAMENTALES.

(a) $$\int x^n dx = \frac{x^{n+1}}{n+1} + C, \text{ excepté pour } n = -1.$$

(b) $$\int \frac{dx}{x} = \log x + C.$$

(c) $$\int \cos x\, dx = \sin x + C.$$

(d) $$\int \sin x\, dx = -\cos x + C.$$

(e) $$\int \frac{dx}{\cos^2 x} = \operatorname{tang} x + C.$$

(f) $$\int \frac{dx}{(a^2 - x^2)^{\frac{1}{2}}} = \operatorname{arc} \sin \frac{x}{a} + C.$$

(g) $$\int \frac{-dx}{(a^2 - x^2)^{\frac{1}{2}}} = \operatorname{arc} \cos \frac{x}{a} + C.$$

(h) $$\int \frac{dx}{a^2 + x^2} = \frac{1}{a} \operatorname{arc tang} \frac{x}{a} + C.$$

(i) $$\int \frac{dx}{x(x^2 - a^2)^{\frac{1}{2}}} = \frac{1}{a} \operatorname{arc séc} \frac{x}{a} + C.$$

(k) $$\int a^x dx = \frac{a^x}{\log a} + C.$$

A ces formules on peut ajouter les suivantes, qui sont d'un fréquent usage :

$$(l)\qquad \int \frac{dx}{x^2 - a^2} = \frac{1}{2a}\log\left(\frac{x-a}{x+a}\right) + C.$$

$$(m)\qquad \int \frac{dx}{(x^2 \pm a^2)^{\frac{1}{2}}} = \log\left[\frac{(x^2 \pm a^2)^{\frac{1}{2}} + x}{a}\right] + C.$$

$$(n)\qquad \int \frac{dx}{x(a^2 \pm x^2)^{\frac{1}{2}}} = \frac{1}{a}\log\left[\frac{x}{(a^2 \pm x^2)^{\frac{1}{2}} + a}\right] + C.$$

Nous désignerons ordinairement par S l'intégrale cherchée, *abstraction faite de la constante.*

§ I. — *Intégration par substitution.*

337. $S = \frac{1}{2}\int \frac{d(x^2)}{[a^4 - (x^2)^2]^{\frac{1}{2}}} = \frac{1}{2}\,\text{arc sin}\,\frac{x^2}{a^2}.$

338. $S = \frac{1}{2a^2}\,\text{arc tang}\,\frac{x^2}{a^2}.$

339. $S = \int \frac{d(x^2 - a^2)^{\frac{1}{2}}}{[b^2 - a^2 - (x^2 - a^2)]^{\frac{1}{2}}} = \text{arc sin}\left(\frac{x^2 - a^2}{b^2 - a^2}\right)^{\frac{1}{2}}.$

340. $S = \frac{1}{c}\int \frac{dx}{\left(x + \frac{b}{2c}\right)^2 + \frac{4ac - b^2}{4c^2}}.$

On intègre au moyen des formules (h), (l) ou (a) (formules fondamentales, p. 277 et 278), selon qu'on a

$$4ac - b^2 > 0,\quad 4ac - b^2 < 0,\quad \text{ou}\quad 4ac - b^2 = 0.$$

Le dernier cas se tire aussi des deux autres par la théorie des expressions qui se présentent sous la forme $\frac{0}{0}$.

341. $$S = c^{-\frac{1}{2}} \int \frac{dx}{\left[\left(x + \frac{b}{2c}\right)^2 + \frac{4ac - b^2}{4c^2}\right]^{\frac{1}{2}}},$$

quand on prend le signe +, et

$$S = c^{-\frac{1}{2}} \int \frac{dx}{\left[\frac{4ac + b^2}{4c^2} - \left(x - \frac{b}{2c}\right)^2\right]^{\frac{1}{2}}},$$

quand on prend le signe — On intègre au moyen des formules (m) et (f), p. 277 et 278.

342. $$S = \left(b - \frac{ap}{2}\right) \int \frac{dx}{x^2 + px + q} + \frac{a}{2} \int \frac{(2x + p)\,dx}{x^2 + px + q}.$$

Cette expression s'intègre au moyen du n° 340 et de la formule (b), p. 277.

Comme application, on trouve

$$\int \frac{(1 - x\cos\theta)\,dx}{1 - 2x\cos\theta + x^2}$$

$$= \sin\theta \operatorname{arc\,tang} \frac{x - \cos\theta}{\sin\theta} - \cos\theta \log(1 - 2x\cos\theta + x^2)^{\frac{1}{2}}.$$

La décomposition de cette intégrale en deux autres s'obtient rapidement, si l'on observe qu'on a

$$1 = \sin^2\theta + \cos^2\theta.$$

343. Si l'on multiplie haut et bas sous le signe par $(1 + x)^{\frac{1}{2}}$, il vient

$$S = \int \frac{(1 + x)\,dx}{(1 - x^2)^{\frac{1}{2}}} = \operatorname{arc\,sin} x - (1 - x^2)^{\frac{1}{2}}.$$

Remarque. — Il est souvent utile d'opérer comme dans cet exemple.

344. $S = (x^2 - a^2)^{\frac{1}{2}} - a \operatorname{arcséc} \frac{x}{a}$. Formule ($i$), p. 277.

345. $S = (x^2 + a^2)^{\frac{1}{2}} + a \log \frac{x}{(x^2 - a^2)^{\frac{1}{2}} + a}$. Form. ($n$) p. 278.

346. $S = \operatorname{arcséc} \frac{x}{a} + \log \frac{x + (x^2 - a^2)^{\frac{1}{2}}}{a}$. Form. ($m$), p. 278.

347. $S = \frac{a}{3(a-b)}\left[(x+a)^{\frac{3}{2}} - (x+b)^{\frac{3}{2}}\right]$. Rem. du n° 343.

Si $a = b$, cette formule donne encore l'intégrale demandée, comme on le voit par la théorie des fonctions qui prennent la forme $\frac{0}{0}$.

348. $S = \int \frac{x^{-3}dx}{(ax^{-2} + b)^{\frac{3}{2}}} = \frac{x}{a(a + bx^2)^{\frac{1}{2}}}$.

349. $S = \int \frac{x^{-3}dx}{(x^{-2} - 1)^{\frac{1}{2}}} = -\frac{(1 - x^2)^{\frac{1}{2}}}{x}$.

350. $S = \frac{x}{a(a + bx^n)^{\frac{1}{n}}}$.

351. $$S = \frac{1}{2}\int \frac{x^2 d.x^2}{\left[\frac{a^4}{4} - \left(x^2 - \frac{a^2}{2}\right)^2\right]^{\frac{1}{2}}}$$

$$= \frac{a^2}{4}\int \frac{d\left(x^2 - \frac{a^2}{2}\right)}{\left[\frac{a^4}{4} - \left(x^2 - \frac{a^2}{2}\right)^2\right]^{\frac{1}{2}}} + \frac{1}{2}\int \frac{zdz}{\left(\frac{a^4}{4} - z^2\right)^{\frac{1}{2}}},$$

en posant

$$x^2 - \frac{a^2}{2} = z.$$

La première intégrale se réduisant à $\frac{a^2}{2}.\int \frac{dx}{(a^2 - x^2)^{\frac{1}{2}}}$, il en résulte

$$S = \frac{a^2}{2} \text{arc sin} \frac{x}{a} - \frac{x}{2} (a^2 - x^2)^{\frac{1}{2}}.$$

352. $$S = \int \frac{a^2 dx}{(a^2 - x^2)^{\frac{1}{2}}} - \int \frac{x^2 dx}{(a^2 - x^2)^{\frac{1}{2}}}$$

$$= \frac{a^2}{2} \text{arc sin} \frac{x}{a} + \frac{x}{2} (a^2 - x^2)^{\frac{1}{2}} \quad (\text{n}^\circ\ 351).$$

353. $$S = \int \frac{x^{-2} dx}{(ax^{-2} + bx^{-1} + c)^{\frac{1}{2}}} = -\int \frac{d.x^{-1}}{(ax^{-2} + bx^{-1} + c)^{\frac{1}{2}}}.$$

Cette expression s'intègre comme celle du n° 341.

354. $$S = \int \frac{dx}{\left[\left(x\sqrt{c} + \frac{b}{2\sqrt{c}}\right)^2 + \frac{4ac - b^2}{4c}\right]^{\frac{3}{2}}}$$

$$= \frac{2(2cx + b)}{(4ac - b^2)(a + bx + cx^2)^{\frac{1}{2}}} \quad (\text{n}^\circ\ 350).$$

355. $$S = \int \frac{x^{-2} dx}{(ax^{-2} + bx^{-1} + c)^{\frac{3}{2}}}$$

$$= -\frac{2(2a + bx)}{(4ac - b^2)(a + bx + cx^2)^{\frac{1}{2}}} \quad (\text{n}^\circ\ 350).$$

356. $$S = \int dx e^x \left[\frac{1}{1 + x} - \frac{1}{(1 + x)^2}\right].$$

Sous cette forme, on voit que le second terme de la parenthèse est la dérivée du premier; et comme la dérivée de e^x est e^x, on en conclut que l'expression sous le signe est la dérivée du produit $e^x \frac{1}{1 + x}$.

357. $$S = \int \frac{e^{-x}dx}{e^{-x}+1} = \log \frac{e^x}{1+e^x}.$$

358. $$S = \int (\text{séc}^2 x - 1)\,dx = \text{tang}\,x - x.$$

359. $$S = \int \left(\frac{1}{\cos^2 x} + \frac{1}{\sin^2 x}\right) dx = -2\cot 2x.$$

360. $$S = \int \frac{d\frac{x}{2}}{\cos^2\frac{x}{2}} = \text{tang}\,\frac{x}{2}.$$

361. $$S = \int \frac{dx}{(a+b)\cos^2\frac{x}{2} + (a-b)\sin^2\frac{x}{2}}$$

$$= \int \frac{\dfrac{dx}{\cos^2\frac{x}{2}}}{(a+b)+(a-b)\,\text{tang}^2\frac{x}{2}}.$$

En posant $\text{tang}\,\frac{x}{2} = z$, on trouve, pour $a > b$,

$$S = \frac{1}{(a^2-b^2)^{\frac{1}{2}}} \text{arc cos}\, \frac{b+a\cos x}{a+b\cos x}$$

$$= \frac{2}{(a^2-b^2)^{\frac{1}{2}}} \text{arc tang}\left[\left(\frac{a-b}{a+b}\right)^{\frac{1}{2}} \text{tang}\,\frac{x}{2}\right];$$

pour $a < b$,

$$S = \frac{1}{(b^2-a^2)^{\frac{1}{2}}} \log \frac{(b+a)^{\frac{1}{2}} + (b-a)^{\frac{1}{2}}\,\text{tang}\frac{x}{2}}{(b+a)^{\frac{1}{2}} - (b-a)^{\frac{1}{2}}\,\text{tang}\frac{x}{2}}.$$

Pour $a=b$, ces résultats prennent la forme $\frac{0}{0}$. En leur appliquant la règle connue, on retrouve l'intégrale du numéro précédent.

362. $S=(ab)^{-\frac{1}{2}}\operatorname{arc\,tang}\left[\left(\frac{b}{a}\right)^{\frac{1}{2}}\operatorname{tang}x\right]$ (n° 361).

363. $S=\frac{1}{\sqrt{2}}\operatorname{arc\,tang}\left(\frac{\operatorname{tang}x}{\sqrt{2}}\right)$ (n° 407).

Ce résultat peut se déduire du précédent.

364.
$$S=\frac{1}{a^2}\int\frac{\sin x(1+a^2\cos^2x-1)}{1+a^2\cos^2x}dx$$
$$=-\frac{\cos x}{a^2}+\frac{1}{a^3}\operatorname{arc\,tang}(a\cos x).$$

365.
$$S=\int\left(\frac{\cos x}{a\cos x+b\sin x}-\frac{a}{a^2+b^2}\right)dx+\frac{ax}{a^2+b^2}.$$
$$=\frac{1}{a^2+b^2}[ax+b\log(a\cos x+b\sin x)].$$

366.
$$S=\int\frac{\sin x\,dx}{[b-(b-a)\cos^2x]^{\frac{1}{2}}}$$
$$=\frac{1}{(b-a)^{\frac{1}{2}}}\operatorname{arc\,cos}\left[\left(\frac{b-a}{b}\right)^{\frac{1}{2}}\cos x\right].$$

367. Au moyen des formules qui permettent de transformer en une somme un produit de sinus et de cosinus, on trouve

$$S=\frac{1}{4}\left(\frac{\sin 6x}{6}+\frac{\sin 4x}{4}+\frac{\sin 2x}{2}+x\right).$$

§ II. — *Intégration par parties.*

368. $S = \dfrac{x \arcsin x}{(1 - x^2)^{\frac{1}{2}}} + \log(1 - x^2)^{\frac{1}{2}}.$

369. $S = x - (1 - x^2)^{\frac{1}{2}} \arcsin x.$

370. $S = (x + a) \arcsin\left(\dfrac{x}{a + x}\right)^{\frac{1}{2}} - (ax)^{\frac{1}{2}}.$

371. $S = \dfrac{x^2}{2} \arcsin \dfrac{1}{2}\left(\dfrac{2a - x}{a}\right)^{\frac{1}{2}} + \dfrac{1}{4}\displaystyle\int \dfrac{x^2\,dx}{(4a^2 - x^2)^{\frac{1}{2}}}$

$$= \frac{x^2}{2} \arcsin \frac{1}{2}\left(\frac{2a - x}{a}\right)^{\frac{1}{2}}$$

$$+ \frac{a^2}{2} \arcsin \frac{x}{2a} - \frac{x}{8}(4a^2 - x^2)^{\frac{1}{2}}.$$

372. $S = x \operatorname{arc\,tang} x - \log(1 + x^2)^{\frac{1}{2}}.$

373. $S = \left(x - \dfrac{1}{2} \operatorname{arc\,tang} x\right) \operatorname{arc\,tang} x - \log(1 + x^2)^{\frac{1}{2}}.$

374. En intégrant deux fois par parties, on trouve

$$S = \frac{e^{a \operatorname{arc\,tang} x}(a + x)}{(1 + a^2)(1 + x^2)^{\frac{1}{2}}}.$$

375. $S = \dfrac{e^{a \operatorname{arc\,tang} x}(ax - 1)}{(1 + a^2)(1 + x^2)^{\frac{1}{2}}}.$

§ III. — *Intégration par les fractions rationnelles.*

376. $S = \dfrac{1}{3} \log \dfrac{(x + 1)^2 (x - 2)}{(x - 1)(x + 2)^2}.$

377. $$S = \frac{a_1^p \log(x - a_1)}{(a_1 - a_2)(a_1 - a_3)\ldots(a_1 - a_n)} + \frac{a_2^p \log(x - a_2)}{(a_2 - a_1)(a_2 - a_3)\ldots(a_2 - a_n)} + \ldots + \frac{a_n^p \log(x - a_n)}{(a_n - a_1)(a_n - a_2)\ldots(a_n - a_{n-1})}.$$

378. $$S = \log \frac{x^{\frac{3}{2}}(x+1)}{(x+2)^{\frac{1}{2}}} - \frac{1}{x}.$$

379. $$S = \frac{4}{x+2} + \log(x+1).$$

380. Si l'on a généralement

$$\frac{f(x)}{F(x)} = \frac{f(x)}{\varphi(x)(x-a)^n} = \frac{A}{(x-a)^n} + \frac{A_1}{(x-a)^{n-1}} + \ldots + \frac{A_{n-1}}{x-a} + \frac{\psi(x)}{\varphi(x)},$$

f et F désignant des fonctions qui n'ont pas de facteurs communs et $\varphi(x)$ n'étant pas divisible par $x - a$, il est aisé de démontrer que A_p est égal à ce que devient $\frac{1}{1.2\ldots p} \frac{d^p\left(\frac{fx}{\varphi x}\right)}{dx^p}$ quand on y remplace x par a. En s'appuyant sur cette proposition, on trouve, pour n pair,

$$\frac{1}{x^n(1-x)^n} = \frac{1}{x^n} + \frac{1}{(1-x)^n} + n\left[\frac{1}{x^{n-1}} + \frac{1}{(1-x)^{n-1}}\right] + \frac{n(n+1)}{1.2}\left[\frac{1}{x^{n-2}} + \frac{1}{(1-x)^{n-2}}\right] + \ldots + \frac{n(n+1)\ldots[n+(n-2)]}{1.2\ldots(n-1)}\left(\frac{1}{x} + \frac{1}{1-x}\right);$$

par suite

$$S = \frac{1}{n-1}\left[\frac{1}{(1-x)^{n-1}} - \frac{1}{x^{n-1}}\right] + \frac{n}{n-2}\left[\frac{1}{(1-x)^{n-2}} - \frac{1}{x^{n-2}}\right] + \ldots$$
$$+ \frac{n(n+1)(n+2)\ldots[n+(n-2)]}{1.2\,3\ldots(n-1)} \log\frac{x}{1-x}.$$

Pour n impair, on obtiendrait un résultat analogue.

381. $S = \frac{1}{6}\log\frac{x-1}{x+1} + \frac{2^{\frac{1}{2}}}{3}\operatorname{arc\,tang}\frac{x}{2^{\frac{1}{2}}}.$

382. $S = \frac{3}{4}\log\frac{x^2+1}{(x-1)^2} - \operatorname{arc\,tang} x - \frac{1}{2(x-1)^2} + \frac{5}{2(x-1)}.$

383. $$S = \frac{1}{90}\ \text{og}\frac{(x^2-x+3)(x+1)^{18}}{x^{20}} - \frac{1}{3x}$$
$$- \frac{13}{45.11^{\frac{1}{2}}}\operatorname{arc\,tang}\frac{2x-1}{11^{\frac{1}{2}}}.$$

384. $S = \frac{x+1}{4(x^2+1)} + \frac{1}{2}\operatorname{arc\,tang} x + \frac{1}{4}\log\frac{x+1}{(x^2+1)^{\frac{1}{2}}}.$

385. $$S = -\frac{5x-7}{3(x^2-x+1)} - \frac{2}{x-1} - \frac{25}{3^{\frac{3}{2}}}\operatorname{arc\,tang}\frac{2x-1}{3^{\frac{1}{2}}}$$
$$- \log\frac{(x^2-x+1)^{\frac{1}{2}}}{x-1}.$$

386. $S = \frac{1}{2^{\frac{5}{2}}}\log\frac{1+2^{\frac{1}{2}}x+x^2}{1-2^{\frac{1}{2}}x+x^2} + \frac{1}{2^{\frac{3}{2}}}\operatorname{arc\,tang}\frac{2^{\frac{1}{2}}x}{1-x^2}.$

387. $S = \frac{1}{4}\log\frac{1+x}{1-x} + \frac{1}{2}\operatorname{arc\,tang} x.$

388. $S = \frac{1}{4}\log\frac{1+x}{1-x} - \frac{1}{2}\operatorname{arc\,tang} x.$

389. $S = \frac{1}{6}\log\frac{1+x}{1-x}\left(\frac{1+x+x^2}{1-x+x^2}\right)^{\frac{1}{2}} + \frac{1}{2.3^{\frac{1}{2}}}\operatorname{arc\,tang}\frac{3^{\frac{1}{2}}x}{1-x^2}.$

§ IV. — *Expressions qu'on intègre en les rendant rationnelles.*

390. $$S = 2(x-1)^{\frac{1}{2}}\left[\frac{(x-1)^3}{1} + \frac{3}{5}(x-1)^2 + x\right].$$

391. $$S = a^{-\frac{1}{2}}\log\frac{(a+bx)^{\frac{1}{2}} - a^{\frac{1}{2}}}{(a+bx)^{\frac{1}{2}} + a^{\frac{1}{2}}}.$$

392. $$S = 2a^{-\frac{1}{2}}\operatorname{arc\,tang}\left[\frac{(bx-a)}{a}\right]^{\frac{1}{2}} = 2a^{-\frac{1}{2}}\operatorname{arc\,cos}\left(\frac{a}{bx}\right)^{\frac{1}{2}}.$$

393. $$S = (x-1)^{\frac{1}{2}}\frac{3x+2}{4x^2} + \frac{3}{4}\operatorname{arc\,cos}\left(\frac{1}{x}\right)^{\frac{1}{2}}.$$

394. $$S = 2(a+x)^{\frac{3}{2}}\left[\frac{(a+x)^2}{7} - \frac{2a(a+x)}{5} + \frac{a^2}{3}\right].$$

395. $$S = \frac{2}{b^2}\frac{2a+bx}{(a+bx)^{\frac{1}{2}}}.$$

396. $$S = \frac{2(a+bx)^{\frac{5}{2}}}{b^2}\left(\frac{a+bx}{7} - \frac{a}{5}\right).$$

397. $$S = \frac{2}{3b^3}\frac{3(a+bx)^2 + 6a(a+bx) - a^2}{(a+bx)^{\frac{3}{2}}}.$$

398. $$S = \frac{3(a+x)^{\frac{4}{3}}}{4}\left(\frac{4x-3a}{7}\right).$$

399. $$S = 3(a+x)^{\frac{5}{3}}\left[\frac{(a+x)^3}{14} - \frac{3a(a+x)^2}{11} + \frac{3a^2(a+x)}{8} - \frac{a^3}{5}\right].$$

400. $$S = (1 + x^2)^{\frac{1}{2}} \left(\frac{x^5}{6} - \frac{5x^3}{6.4} + \frac{5.3.x}{6.4.2} \right) - \frac{5.3}{6.4.2} \log \left[x + (1 + x^2)^{\frac{1}{2}} \right].$$

401. $$S = -\frac{x(x^2 - 3)}{2(1 - x^2)^{\frac{1}{2}}} - \frac{3}{2} \text{arc sin}\, x.$$

402. $$S = -\frac{a + 2bx^2}{a^2 x (a + bx^2)^{\frac{1}{2}}}.$$

403. $$S = \frac{x(2x^2 + 3)}{3(1 + x^2)^{\frac{3}{2}}}.$$

404. $$S = \frac{x^3}{3a(a + bx^2)^{\frac{3}{2}}}.$$

405. $$S = \frac{3}{2^{\frac{1}{2}}} \left(\log \frac{x^{\frac{1}{6}} - 2^{\frac{1}{2}} x^{\frac{1}{12}} + 1}{x^{\frac{1}{6}} + 2^{\frac{1}{2}} x^{\frac{1}{12}} + 1} + 2 \text{ arc tang} \frac{2^{\frac{1}{2}} x^{\frac{1}{12}}}{1 - x^{\frac{1}{6}}} \right).$$

406. $$S = 2 \text{ arc tang} (1 + x)^{\frac{1}{2}}.$$

407. $$S = 2^{-\frac{1}{2}} \text{arc tang} \frac{2^{\frac{1}{2}} x}{(1 - x^2)^{\frac{1}{2}}}.$$

408. $$S = 2^{-\frac{1}{2}} \log \frac{(1 + x^2)^{\frac{1}{2}} + 2^{\frac{1}{2}} x}{(1 + x^2)^{\frac{1}{2}}}.$$

409. $$S = \frac{1}{(bh^2 - ahk)^{\frac{1}{2}}} \log \frac{h(a + bx^2)^{\frac{1}{2}} + x(bh^2 - ahk)^{\frac{1}{2}}}{(h + kx^2)^{\frac{1}{2}}}.$$

pour $ak - bh < 0$;

$$S = \frac{1}{(ahk - bh^2)^{\frac{1}{2}}} \text{arc sin}\, x \left(\frac{ak - bh}{ah + akx^2} \right)^{\frac{1}{2}},$$

pour $ak - bh > 0$;

$$S = \frac{x}{h(a + bx^2)^{\frac{1}{2}}}, \quad \text{pour } ak - bh = 0.$$

410. $$S = \frac{2}{na^{\frac{1}{2}}} \log \frac{(a + bx^n)^{\frac{1}{2}} - a^{\frac{1}{2}}}{(bx^n)^{\frac{1}{2}}}.$$

411. En posant

$$a^{\frac{1}{2}} x^n = b^{\frac{1}{2}} \operatorname{séc} \varphi,$$

il vient

$$S = \frac{1}{nb^{\frac{1}{2}}} \operatorname{arc\,séc} \left(\frac{a^{\frac{1}{2}} x^n}{b^{\frac{1}{2}}} \right).$$

412. $$S = \operatorname{arc\,tang} \frac{1 + 3x}{2(1 + x - x^2)^{\frac{1}{2}}}.$$

413. $$S = \log \frac{3 + x - 2(1 - x - x^2)^{\frac{1}{2}}}{1 + x}.$$

414. Cette expression est rendue rationnelle en posant

$$x + (1 + x^2)^{\frac{1}{2}} = z^n.$$

On tire en effet de là

$$x = \frac{z^{2n} - 1}{2z^n}, \quad dx = \frac{n(z^{2n} + 1)\,dz}{2z^{n+1}},$$

$$(1 + x^2)^{\frac{1}{2}} = \frac{z^{2n} + 1}{2z^n}.$$

On trouve, comme application,

$$\int \frac{\left[x + (1 + x^2)^{\frac{1}{2}}\right]^{\frac{m}{n}}}{(1 + x^2)^{\frac{1}{2}}} dx = \frac{n}{m} \left[x + (1 + x^2)^{\frac{1}{2}}\right]^{\frac{m}{n}}.$$

415. Prenant les signes supérieurs et observant que la différentielle peut s'écrire

$$\frac{\left(\frac{1}{x}+x\right)dx}{x\left(\frac{1}{x}-x\right)\left(x^2+\frac{1}{x^2}\right)^{\frac{1}{2}}},$$

on est conduit à essayer la substitution

$$x+\frac{1}{x}=y,$$

ce qui donne

$$dx=\frac{x\,dy}{2x-y},\quad 2x=y\pm\sqrt{y^2-4},\quad x^2+\frac{1}{x^2}=y^2-2;$$

et il suffit maintenant de poser $y^2-2=z^2$ pour que l'expression sous le signe devienne rationnelle. Par suite

$$S=\frac{1}{\sqrt{2}}\log\frac{\sqrt{1+x^4}+x\sqrt{2}}{1-x^2}.$$

Ce résultat s'obtiendrait, comme on voit, par une substitution unique, en posant tout d'abord

$$x^2+\frac{1}{x^2}=z^2,$$

et l'on aurait à faire usage des formules

$$(A)\qquad\left\{\begin{array}{l} x^4+1=x^2z^2,\quad 2x^2=z^2+\sqrt{z^4-4},\\ \dfrac{x^2+1}{x^2-1}=\dfrac{\sqrt{z^2+2}}{\sqrt{z^2-2}},\quad \dfrac{dx}{x}=\dfrac{z\,dz}{\sqrt{z^4-4}}, \end{array}\right.$$

où le radical $\sqrt{z^4-4}$ est supposé précédé du signe $\pm$.

Si l'on prend les signes inférieurs dans la proposée,

$$S=\frac{1}{\sqrt{2}}\arc\sin\frac{x\sqrt{2}}{1+x^2}.$$

416. On est conduit à poser, comme dans le numéro

précédent,

$$x^2 + x^{-2} = z^2,$$

et les formules (A) de ce numéro donnent immédiatement

$$S = \frac{1}{2\sqrt{2}} \log \frac{\sqrt{1+x^4} + x\sqrt{2}}{1-x^2} - \frac{1}{2\sqrt{2}} \operatorname{arc\,tang} \frac{\sqrt{1+x^4}}{x\sqrt{2}}.$$

417. En opérant comme dans le n° 415, on trouve

$$S = \frac{a+b}{2\sqrt{2}} \log \frac{\sqrt{1+x^4} + x\sqrt{2}}{1-x^2} - \frac{a-b}{2\sqrt{2}} \operatorname{arc\,tang} \frac{\sqrt{1+x^4}}{x\sqrt{2}}.$$

418. La différentielle, étant mise sous la forme

$$\frac{\dfrac{dx}{x}}{(1+x^4)\left[\left(\dfrac{1+x^4}{x^4}\right)^{\frac{1}{2}} - 1\right]^{\frac{1}{2}}},$$

renferme seulement la variable x^4 et sa différentielle; il suffit donc, pour obtenir une expression rationnelle, de poser

$$\left(\frac{1+x^4}{x^4}\right)^{\frac{1}{2}} - 1 = z^2;$$

d'où l'on déduit

$$S = \operatorname{arc\,tang} \frac{x}{\left[(1+x^4)^{\frac{1}{2}} - x^2\right]^{\frac{1}{2}}}.$$

En opérant comme on vient de le faire sur l'expression

$$\int \frac{dx}{(1+x^{2p})\left[(1+x^{2p})^{\frac{1}{p}} - x^2\right]^{\frac{1}{2}}},$$

on trouve

$$S = \operatorname{arc\,tang} \frac{x}{(1+x^{2p})\left[(1+x^{2p})^{\frac{1}{p}} - x^2\right]^{\frac{1}{2}}}.$$

419. On abaisse évidemment au second degré l'irrationnelle du dénominateur en faisant $2x^2 - 1 = y^4$, et la différentielle qu'on obtient ainsi s'intègre comme celle du n° **417** dans laquelle elle est comprise. On est donc conduit à égaler tout d'abord l'expression

$$\sqrt{2x^2-1} + \frac{1}{\sqrt{2x^2-1}} = \frac{2x^2}{\sqrt{2x^2-1}}$$

au carré d'une nouvelle variable qu'il sera commode, pour simplifier, de représenter par $u\sqrt{2}$. Il en résulte

$$u = \frac{x}{\sqrt[4]{2x^2-1}}, \quad dx = \frac{x^3\,du}{u^3\sqrt{u^4-1}},$$

$$S = \frac{1}{4}\log\frac{\sqrt[4]{2x^2-1}+x}{\sqrt[4]{2x^2-1}-x} - \frac{1}{2}\operatorname{arc\,tang}\frac{\sqrt[4]{2x^2-1}}{x}.$$

La différentielle proposée, mise sous la forme

$$\frac{\dfrac{dx}{x}}{(1-x^2)\left(\dfrac{2x^2-1}{x^4}\right)^{\frac{1}{4}}},$$

ne renferme que la variable x^2, son carré et sa différentielle; on est donc assuré qu'en posant $2x^2 - 1 = x^4 z^4$, l'expression transformée ne contiendra pas de radical dont le degré soit plus grand que 2. La nouvelle substitution ne diffère pas d'ailleurs de la première, car $zu = 1$.

420. L'analogie de cette question avec la précédente conduit à poser

$$\sqrt{2x^m-1} + \frac{1}{\sqrt{2x^m-1}} = \frac{2x^m}{\sqrt{2x^m-1}} = 2u^m,$$

d'où résulte

$$S = \int \frac{du}{1-u^{2m}}.$$

Observons encore que, la différentielle de l'expression proposée pouvant s'écrire

$$\frac{\frac{dx}{x}}{(1-x^m)\left(\frac{2x^m-1}{x^{2m}}\right)^{\frac{1}{2m}}},$$

cette forme suggère assez naturellement la substitution $2x^m - 1 = x^{2m}z^{2m}$, qui ne diffère pas au fond de celle qu'on vient d'employer.

421. En posant successivement

$$x = y^2, \quad 2y^{2m} - 1 = y^{2m}z^{2m},$$

on trouve

$$z = \frac{(2x^m - 1)^{\frac{1}{2m}}}{\sqrt{x}}, \quad S = 2\int \frac{z^{2m-2}\,dz}{1 - z^{2m}}.$$

Les dernières intégrales de ce paragraphe, à partir du n° 415, ont été données par Euler, mais sans indiquer la voie qui a pu le guider dans le choix des substitutions.

§ V. — *Intégration par réductions successives.*

422. $S = \frac{1}{2(n-1)}\frac{x}{a^2(a^2+x^2)^{n-1}} + \frac{2n-3}{2(n-1)}\frac{1}{a^2}\int\frac{dx}{(a^2+x^2)^{n-1}}.$

Si n est positif et entier, l'intégrale est ramenée à $\int\frac{dx}{a^2+x^2}$.

Pour $n = 4$, on trouve

$$S = \frac{1}{6}\frac{5}{a^2(a^2+x^2)^3} + \frac{5}{6.4}\frac{x}{a^4(a^2+x^2)^2} + \frac{5.3}{6.4.2}\frac{x}{a^6(a^2+x^2)} + \frac{5.3}{6.4.2}\frac{1}{a^7}\operatorname{arc\,tang}\frac{x}{a}.$$

423. $S = -\frac{1}{2(p-1)}\frac{x^{n-1}}{(a^2+x^2)^{p-1}} + \frac{n-1}{2(p-1)}\int\frac{x^{n-2}\,dx}{(a^2+x^2)^{p-1}}.$

n et p étant positifs et entiers, l'intégrale se réduit à l'une des trois formes

$$\int \frac{dx}{(a^2+x^2)^k}, \quad \int \frac{x\,dx}{(a^2+x^2)^k}, \quad \int x^k\,dx,$$

où k désigne un nombre entier positif.

Pour $n=4$, $p=2$, on trouve

$$S = -\frac{x^3}{2(a^2+x^2)} + \frac{3}{2}\left(x - \operatorname{arc\,tang}\frac{x}{a}\right).$$

424. $S = \dfrac{x(a^2-x^2)^{\frac{n}{2}}}{n+1} + \dfrac{na^2}{n+1}\displaystyle\int (a^2-x^2)^{\frac{n-2}{2}}\,dx.$

Pour $n=5$,

$$S = \frac{x(a^2-x^2)^{\frac{5}{2}}}{6} + \frac{5}{6.4}a^2x(a^2-x^2)^{\frac{3}{2}} + \frac{5.3}{6.4.2}a^4x(a^2-x^2)^{\frac{1}{2}} + \frac{5.3}{6.4.2}a^6 \arcsin\frac{x}{a}.$$

425. $S = \dfrac{1}{n-1}\dfrac{(x^2-1)^{\frac{1}{2}}}{x^{n-1}} + \dfrac{n-2}{n-1}\displaystyle\int \frac{dx}{x^{n-2}(x^2-1)^{\frac{1}{2}}}.$

Si n est impair, l'intégrale se ramène à

$$\int \frac{dx}{x(x^2-1)^{\frac{1}{2}}} = \operatorname{arc\,séc} x;$$

si n est pair, à

$$\int \frac{dx}{x^2(x^2-1)^{\frac{1}{2}}} = \frac{(x^2-1)^{\frac{1}{2}}}{x}.$$

426. $S = -\dfrac{1}{n-1}\dfrac{(x^2+1)^{\frac{1}{2}}}{x^{n-1}} - \dfrac{n-2}{n-1}\displaystyle\int \frac{dx}{x^{n-2}(x^2+1)^{\frac{1}{2}}}.$

Pour $n = 6$,

$$S = -\frac{1}{5}\frac{(1+x^2)^{\frac{1}{2}}}{x^5} + \frac{4}{5\,3}\frac{(1+x^2)^{\frac{1}{2}}}{x^3} - \frac{4.2}{5.3}\frac{(1+x^2)^{\frac{1}{2}}}{x}.$$

427. $$S = \frac{2x^n(a+bx)^{\frac{1}{2}}}{(2n+1)b} - \frac{2n}{2n+1}\frac{a}{b}\int\frac{x^{n-1}dx}{(a+bx)^{\frac{1}{2}}}.$$

Pour $n = 3$,

$$S = 2\left(\frac{x^3}{7b} - \frac{6}{7.5}\frac{ax^2}{b^2} + \frac{6.4}{7.5.3}\frac{a^2x}{b^3} + \frac{6.4.2}{7.5.3}\frac{a^3}{b^4}\right)(a+b)x^{\frac{1}{2}}$$

Pour $n = 4$, $b = 1$,

$$S = 2(a+x)^{\frac{1}{2}}\left(\frac{x^4}{9} - \frac{8}{9.7}ax^3 + \frac{8.6}{9.7.5}a^2x^2\right.$$
$$\left. - \frac{8.6.4}{9.7.5.3}a^3x + \frac{8.6.4}{9.7.5.3}.2a^4\right).$$

428. $$S = -\frac{1}{(n-1)a}\frac{(a+bx)^{\frac{1}{2}}}{x^{n-1}} - \frac{b}{2a}\frac{2n-3}{n-1}\int\frac{dx}{x^{n-1}}(a+bx)^{\frac{1}{2}}.$$

Pour $n = 3$,

$$S = \left(\frac{3b}{4a^2x} - \frac{1}{2ax^2}\right)(a+bx)^{\frac{1}{2}} + \frac{3b^2}{8a^{\frac{5}{2}}}\log\frac{(a+bx)^{\frac{1}{2}} - a^{\frac{1}{2}}}{(a+bx)^{\frac{1}{2}} + a^{\frac{1}{2}}}.$$

429. $$S = \frac{3x^n(a+bx)^{\frac{2}{3}}}{(3n+2)b} - \frac{3n}{3n+2}\frac{a}{b}\int\frac{x^{n-1}dx}{(a+bx)^{\frac{1}{3}}}.$$

Pour $n = 2$,

$$S = \frac{3(a+bx)^{\frac{2}{3}}}{b^3}\left[\frac{(a+bx)^2}{8} - \frac{2}{5}a(a+bx) + \frac{a^2}{2}\right].$$

430. $$S = \frac{x^{n-1}(a+bx+cx^2)^{\frac{1}{2}}}{nc} - \frac{n-1}{n}\frac{a}{c}\int\frac{x^{n-2}dx}{(a+bx+cx^2)^{\frac{1}{2}}}$$
$$- \frac{2n-1}{2n}\frac{b}{c}\int\frac{x^{n-1}dx}{(a+bx+cx^2)^{\frac{1}{2}}}.$$

Pour $n=3$, $a=1$, $b=c=-1$,

$$S=-\frac{(1-x-x^2)^{\frac{1}{2}}}{24}(8x^2-10x+31)-\frac{17}{16}\,\text{arc}\sin\frac{2x+1}{5^{\frac{1}{2}}}.$$

431. $$S=\frac{-b\sin x}{(n-1)(a^2-b^2)(a+b\cos x)^{n-1}}$$
$$+\frac{(2n-3)a}{(n-1)(a^2-b^2)}\int\frac{dx}{(a+b\cos x)^{n-1}}$$
$$-\frac{n-2}{(n-1)(a^2-b^2)}\int\frac{dx}{(a+b\cos x)^{n-2}}.$$

En faisant $n=2$, la dernière intégrale disparaît, et il vient

$$\int\frac{dx}{(a+b\cos x)^2}=\frac{1}{(a^2-b^2)}$$
$$\times\left\{\frac{-b\sin x}{a+b\cos x}+\frac{2a}{(a^2-b^2)^{\frac{1}{2}}}\,\text{arc tang}\left[\left(\frac{a-b}{a+b}\right)^{\frac{1}{2}}\text{tang}\,\frac{x}{2}\right]\right\}.$$

S pourra donc s'obtenir au moyen de cette dernière formule et de celle du n° 361.

On déduirait facilement de là

$$(a^2-b^2)\int\frac{\cos x\,dx}{(a+b\cos x)^2}$$
$$=\frac{a\sin x}{a+b\cos x}-\frac{2b}{(a^2-b^2)^{\frac{1}{2}}}\,\text{arc tang}\left[\left(\frac{a-b}{a+b}\right)^{\frac{1}{2}}\text{tang}\,\frac{x}{2}\right].$$

On peut remarquer que l'expression plus générale

$$\int\frac{f(\cos x)\,dx}{(a+b\cos x)^n},$$

où l'on désigne par f une fonction entière de degré $p<n$, se ramène à la proposée. Soit, en effet,

$$a+b\cos x=z;$$

il en résulte, en faisant pour abréger $bh = -a$,

$$f(\cos x) = f(h) + \frac{z}{b} f'(h) + \frac{z^2}{b^2} \frac{f''(h)}{1.2} + \dots + \frac{z^p}{b^p} \frac{f^{(p)}(h)}{1.2\dots p};$$

et, par suite,

$$S = f(h) \int \frac{dx}{z^n} + \dots + \frac{f^{(\alpha)}(h)}{1.2\dots\alpha.b^\alpha} \int \frac{dx}{z^{n-\alpha}} + \dots$$
$$+ \frac{f^p(h)}{1.2\dots p.b^p} \int \frac{dx}{z^{n-p}}.$$

§ VI. — *Intégrales définies.*

Formules d'un usage fréquent :

(A) $$\Gamma(n) = \int_0^\infty e^{-x} x^{n-1} dx = \frac{1}{n} \int_0^\infty e^{-x^{\frac{1}{n}}} dx.$$

(B) $$\Gamma\left(\frac{1}{2}\right) = 2 \int_0^\infty e^{-x^2} dx = \pi^{\frac{1}{2}}.$$

(C) $$\Gamma(n+1) = n\Gamma(n).$$

(D) $$\Gamma(n)\Gamma(1-n) = \frac{\pi}{\sin n\pi}, \quad 0 < n < 1.$$

(E) $$\int_0^\infty \frac{x^{n-1} dx}{1+x} = \int_0^1 \frac{x^{n-1} - x^{-n}}{1+x} dx = \frac{\pi}{\sin n\pi}; \quad 0 < n < 1.$$

(F) $$(a, b) = \int_0^1 x^{a-1}(1-x)^{b-1} dx = \frac{\Gamma(a)\Gamma(b)}{\Gamma(a+b)}.$$

(G) $$\int_0^\infty \frac{\sin ax}{x} = \frac{\pi}{2}, \quad a > 0.$$

(H) $$\int_0^\infty \frac{\cos ax}{1+x^2} dx = \frac{\pi}{2} e^{-a}, \quad a > 0.$$

432. $$u = \int_0^1 \frac{dx}{x\mathrm{F}\left(x, \frac{1}{x}\right)} + \int_1^\infty \frac{dx}{x\mathrm{F}\left(x, \frac{1}{x}\right)}.$$

Posant $x = \frac{1}{z}$ dans la dernière intégrale, elle devient

$$-\int_1^0 \frac{dz}{zF\left(\frac{1}{z}, z\right)} = \int_0^1 \frac{dx}{xF\left(x, \frac{1}{x}\right)}. \quad \text{C. Q. F. D.}$$

433. Soit

$$F(x) = \int_0^{\varphi(x)} f(y)\, dy;$$

il vient, en intégrant par parties,

$$\int_0^a dx \int_0^{\varphi(x)} f(y)\, dy = [xF(x)]_0^a - \int_0^a x \frac{dF}{dx}\, dx$$

$$= a\int_0^{\varphi(a)} f(y)\, dy - \int_0^a x f[\varphi(x)]\, \varphi'(x)\, dx.$$

Si l'on fait

$$\varphi(x) = y, \quad \text{d'où} \quad x = \psi(y),$$

la seconde intégrale du second membre prend la forme

$$\int_{\varphi(0)}^{\varphi(a)} \psi(y) f(y)\, dy.$$

434. Soit

$$u = \int_a^b f(x, \alpha)\, dx$$

une intégrale définie telle qu'on ait

$$a = \varphi(\alpha), \quad b = \psi(\alpha).$$

A ces limites on peut généralement en substituer d'autres quelconques, p et q, en posant

$$(1) \qquad x - a = \frac{b-a}{q-p}(z-p)$$

Si l'on suppose les nouvelles limites p et q indépendantes de α, le changement de variable donne ici

$$u = \int_p^q f(x, \alpha) \frac{b-a}{q-p} dz,$$

relation où l'on regarde x comme remplacé par sa valeur en z tirée de l'équation (1). Il résulte de là

$$\frac{du}{d\alpha} = \int_p^q \frac{df}{d\alpha} \frac{b-a}{q-p} dz + \lambda,$$

en faisant, pour abréger,

$$\lambda = \int_p^q \frac{df}{dx} \frac{dx}{d\alpha} \frac{b-a}{q-p} dz + \int_p^q f(x, \alpha) \left(\frac{db}{d\alpha} - \frac{da}{d\alpha} \right) \frac{dz}{q-p}.$$

Revenant à la variable x, on a

$$\frac{du}{d\alpha} = \int_a^b \frac{df}{d\alpha} dx + \lambda,$$

et

$$\lambda(b-a) = \int_a^b \left[\frac{df}{dx} \frac{dx}{d\alpha} (b-a) + f(x, \alpha) \left(\frac{db}{d\alpha} - \frac{da}{d\alpha} \right) \right] dx$$

Or on déduit de (1)

$$(b-a) \frac{dx}{d\alpha} = \frac{da}{d\alpha} (b-x) + \frac{db}{d\alpha} (x-a),$$

et par suite

$$(b-a)\lambda = \frac{db}{d\alpha} \int_a^b \left[(x-a) \frac{df}{dx} + f(x, \alpha) \right] dx$$
$$+ \frac{da}{d\alpha} \int_a^b \left[(b-x) \frac{df}{dx} - f(x, \alpha) \right] dx;$$

d'où

$$\lambda = f(b, \alpha) \frac{db}{d\alpha} - f(a, \alpha) \frac{da}{d\alpha}.$$

435. Le multiplicateur de dx a x^{n-1} pour dérivée par rapport à n; d'ailleurs

$$\int_0^1 x^{n-1}\,dx = \frac{1}{n};$$

si donc on multiplie les deux membres de cette égalité par dn et si l'on intègre, il viendra

$$\int_1^n dn \int_0^1 x^{n-1}\,dx = \int_0^1 \frac{x^{n-1}-1}{\log x}\,dx = \log n.$$

On aurait de la même manière

$$\int_0^1 \frac{x^{m-1}-x^{n-1}}{\log x}\,dx = \log\frac{m}{n},$$

ce qui se déduit aussi immédiatement du résultat qui précède.

436. Soit

$$x = \operatorname{tang}\varphi;$$

u devient

$$\int_0^{\frac{\pi}{4}} \log(1+\operatorname{tang}\varphi)\,d\varphi = \int_0^{\frac{\pi}{4}} \log\frac{2^{\frac{1}{2}}\cos\left(\frac{\pi}{4}-\varphi\right)}{\cos\varphi}\,d\varphi$$

$$= \frac{\pi}{8}\log 2 + \int_0^{\frac{\pi}{4}} \log\cos\left(\frac{\pi}{4}-\varphi\right)d\varphi - \int_0^{\frac{\pi}{4}} \log\cos\varphi\,d\varphi.$$

On voit sans calcul que les deux dernières intégrales se détruisent; donc

$$u = \frac{\pi}{8}\log 2.$$

437. Si l'on pose

$$\int_0^h e^{-\frac{a^2}{x^2}}\,dx = \mathrm{A},$$

et qu'on fasse

$$z = \frac{a}{x},$$

il vient

$$A = \int_{\frac{a}{h}}^{\infty} e^{-z^2} z^{-2} dz.$$

Or

$$\int e^{-z^2} z^{-2} dz = - z^{-1} e^{-z^2} - 2 \int e^{-z^2} dz;$$

et par suite

$$A = h e^{-\frac{a^2}{h^2}} - 2a \int_{\frac{a}{h}}^{\infty} e^{-z^2} dz.$$

De même,

$$\int_0^h e^{-\frac{b^2}{x^2}} dx = B = h e^{-\frac{b^2}{h^2}} - 2b \int_{\frac{b}{h}}^{\infty} e^{-z^2} dz.$$

Si donc on fait croître h indéfiniment, on a

$$\lim(A - B) = (b - a)\pi^{\frac{1}{2}} + \lim h\left(e^{-\frac{a^2}{h^2}} - e^{-\frac{b^2}{h^2}}\right);$$

et, la limite qui figure au second membre étant nulle, il vient

$$u = (b - a)\pi^{\frac{1}{2}}.$$

438. On trouve, au moyen de l'intégration par parties,

$$\int \frac{x \log x \, dx}{(1 - x^2)^{\frac{1}{2}}} = (1 - x^2)^{\frac{1}{2}} - \log\left[1 + (1 - x^2)^{\frac{1}{2}}\right] + \left[1 - (1 - x^2)^{\frac{1}{2}}\right] \log x;$$

et en ayant égard aux limites,

$$u = \log 2 - 1.$$

439. $$u = \lim \frac{\pi}{2n}\left[\log\sin\left(\frac{1}{n}\frac{\pi}{2}\right) + \log\sin\left(\frac{2}{n}\frac{\pi}{2}\right) + \ldots + \log\sin\left(\frac{n-1}{n}\frac{\pi}{2}\right)\right]$$

$$= \lim \frac{\pi}{2n}\log\left[\sin\left(\frac{1}{n}\frac{\pi}{2}\right)\sin\left(\frac{2}{n}\frac{\varpi}{2}\right)\ldots\sin\left(\frac{n-1}{n}\frac{\varpi}{2}\right)\right],$$

n croissant indéfiniment.

On a d'ailleurs, par le théorème de Cotes,

$$\frac{z^{2n}-1}{z^2-1} = \left(z^2 - 2z\cos\frac{1}{n}\pi + 1\right)\left(z^2 - 2z\cos\frac{2}{n}\pi + 1\right)\ldots \times\left(z^2 - 2z\cos\frac{n-1}{n}\pi + 1\right).$$

Pour $z = 1$, cette relation donne

$$n = 2^{2(n-1)}\sin^2\left(\frac{1}{n}\frac{\pi}{2}\right)\sin^2\left(\frac{2}{n}\frac{\pi}{n}\right)\ldots\sin^2\left(\frac{n-1}{n}\frac{\pi}{2}\right),$$

et par suite

$$\frac{\log n - 2(n-1)\log 2}{2} = \log\left[\sin\left(\frac{1}{n}\frac{\pi}{2}\right)\sin\left(\frac{2}{n}\frac{\pi}{2}\right)\ldots\sin\left(\frac{n-1}{n}\frac{\pi}{2}\right)\right].$$

Multipliant les deux membres de cette égalité par $\frac{\pi}{2n}$ et passant aux limites, il vient

$$u = \frac{\pi}{2}\log\frac{1}{2}.$$

440. Cette intégrale se ramène immédiatement à la précédente en posant

$$x = \sin u.$$

441. L'intégration par parties donne la relation

$$\int \frac{x^2 \log x \, dx}{(1-x^2)^{\frac{1}{2}}} = -\frac{x(1-x^2)^{\frac{1}{2}}}{2} \log x$$
$$+ \frac{1}{2}\int dx (1-x^2)^{\frac{1}{2}} + \frac{1}{2}\int \frac{\log x \, dx}{(1-x^2)^{\frac{1}{2}}}.$$

En passant aux limites et tenant compte de l'intégrale du numéro précédent, il vient

$$u = \frac{\pi}{4}(1 - \log 2).$$

442. $$u = \int_0^{\frac{\pi}{2}} \frac{x \sin x \, dx}{1+\cos^2 x} + \int_{\frac{\pi}{2}}^{\pi} \frac{x \sin x \, dx}{1+\cos^2 x}.$$

Faisant dans la seconde intégrale

$$x = \pi - y,$$

elle devient

$$-\int_0^{\frac{\pi}{2}} \frac{y \sin y \, dy}{1+\cos^2 y} + \pi \int_0^{\frac{\pi}{2}} \frac{\sin y \, dy}{1+\cos^2 y}.$$

On a donc simplement

$$u = \pi \int_0^{\frac{\pi}{2}} \frac{\sin y \, dy}{1+\cos^2 y} = \frac{\pi^2}{4}.$$

443. L'intégrale proposée peut s'obtenir de la même manière que celle du n° 439, qu'on en tire d'ailleurs en faisant ici $a = 1$. La question revient, en effet, à chercher la limite de l'expression

$$\frac{\pi}{n}\left[\log\left(a^2 - 2a\cos\frac{1}{n}\pi + 1\right) + \log\left(a^2 - 2a\cos\frac{2}{n}\pi + 1\right)\ldots\right.$$
$$\left. + \log\left(a^2 - 2a\cos\frac{n-1}{a}\pi + 1\right)\right],$$

quand n croît indéfiniment.

Or cette expression peut s'écrire

$$\frac{\pi}{n}\log\left[\left(a^2-2a\cos\frac{1}{n}\pi+1\right)\left(a^2-2a\cos\frac{2}{n}\pi+1\right)\right.$$
$$\left.\times\left(a^2-2a\cos\frac{n-1}{n}\pi+1\right)\right];$$

et comme, en vertu du théorème de Cotes, la quantité comprise entre les crochets est égale à

$$\frac{a^{2n}-1}{a^2-1},$$

on trouve

$$u=\lim\left(\frac{\pi}{n}\log\frac{a^{2n}-1}{a^2-1}\right).$$

Pour $a<1$, cette limite est zéro.
Pour $a>1$ elle est $2\pi\log a$.

444. On a

$$\int\frac{\log x\,dx}{1+x}=\log x\log(1+x)-\int\frac{\log(1+x)\,dx}{x},$$

et par suite

$$u=-\int_0^1\frac{\log(1+x)}{x}\,dx.$$

Développant $\log(1+x)$ en série, il vient

$$u=-1+\frac{1}{2^2}-\frac{1}{3^2}+\frac{1}{4^2}-\ldots;$$

Or, des séries qui représentent $\tang x$ dans les n^{os} **140** et **142**, on tire

$$\frac{\pi^2}{8}=1+\frac{1}{3^2}+\frac{1}{5^2}+\ldots,\quad \frac{\pi^2}{6}=1+\frac{1}{2^2}+\frac{1}{3^2}+\ldots;$$

il en résulte immédiatement

$$u=-\frac{\pi^2}{12}.$$

445. On trouve, au moyen de l'intégration par parties,

$$u = \int_0^1 \frac{\log(1-x)}{x}\,dx.$$

D'un autre côté,

$$\int_0^1 \frac{\log(1-x)}{x}\,dx + \int_0^1 \frac{\log(1+x)\,dx}{x} = \frac{1}{2}\int_0^1 \log\frac{(1-x^2)\,dx^2}{x^2},$$

ou bien

$$\int_0^1 \frac{\log(1-x)\,dx}{x} = -2\int_0^1 \frac{\log(1+x)\,dx}{x} = -\frac{\pi^2}{6},$$

en vertu du numéro précédent.

Cette intégrale aurait pu s'obtenir aussi en développant $\log(1-x)$ en série.

On déduirait facilement de ce numéro et du précédent

$$\int_0^1 \frac{\log x\,dx}{1-x} = \int_0^1 \frac{\log x\,dx}{2(1-x)} + \int_0^1 \frac{\log x\,dx}{2(1+x)} = -\frac{\pi^2}{8},$$

et

$$\int_0^1 \frac{x\log x\,dx}{1-x^2} = \frac{1}{4}\int_0^1 \frac{\log x^2\,dx^2}{1-x^2} = -\frac{\pi^2}{24}.$$

446. Si l'on suppose d'abord n pair et égal à $2a$, le premier membre de l'égalité qu'il faut établir renferme $a-1$ facteurs de la forme $\Gamma(r)\Gamma(1-r)$, plus le facteur du milieu $\Gamma\left(\frac{1}{2}\right) = \pi^{\frac{1}{2}}$. Ce premier membre peut alors s'écrire [formule (D), p. 297]

$$\frac{\pi^{a-\frac{1}{2}}}{\sin\left(\frac{1}{a}\frac{\pi}{2}\right)\sin\left(\frac{2}{a}\frac{\pi}{2}\right)\ldots\sin\left(\frac{a-1}{a}\frac{\pi}{2}\right)}.$$

D'ailleurs, on a trouvé (n° 439)

$$n.2^{-2(n-1)} = \sin^2\left(\frac{1}{n}\frac{\pi}{2}\right)\sin^2\left(\frac{2}{n}\frac{\pi}{2}\right)\ldots\sin^2\left(\frac{n-1}{n}\frac{\pi}{2}\right);$$

le produit considéré est donc bien égal à

$$(2\pi)^{\frac{n-1}{2}} n^{-\frac{1}{2}}.$$

Si n est impair, le nombre des facteurs est pair, et en recourant encore à la théorie des équations binômes, on retrouve la valeur précédente.

447. On tire de l'équation

$$\int_0^\infty e^{-ax^2}dx = \frac{1}{2}\left(\frac{\pi}{a}\right)^{\frac{1}{2}} \quad \text{[formule (B), p. 297]},$$

en la différentiant n fois par rapport à a et posant ensuite $a = 1$,

$$\int_0^\infty x^{2n}e^{-x^2}dx = \frac{1.3.5\ldots(2n-1)}{2^{n+1}}\pi^{\frac{1}{2}}.$$

448. Posant

$$\frac{x}{x+h} = \frac{y}{1+h},$$

l'intégrale devient

$$\frac{1}{h^b(1+h)^a}\int_0^1 y^{a-1}(1-y)^{b-1}dy$$

$$= \frac{1}{h^b(1+h)^a}\frac{\Gamma(a)\Gamma(b)}{\Gamma(a+b)} \quad \text{[formule (F), p. 297]}.$$

449. En différentiant par rapport à a l'équation connue [formule (H), p. 297],

$$\int_0^\infty \frac{\cos ax\,dx}{1+x^2} = \frac{\pi}{2}e^{-a},$$

il vient

$$u = \frac{\pi}{2}e^{-a}.$$

450. En multipliant par da les deux membres de la formule employée dans le numéro précédent, intégrant entre les limites o et ∞, puis déterminant la constante arbitraire de telle sorte que l'intégrale s'évanouisse avec a, on trouve

$$u = \frac{\pi}{2}(1 - e^{-a}).$$

451. On a, pour toutes les valeurs de a moindres que l'unité,

$$(1 - 2a\cos bx + a^2)^{-1}$$
$$= \frac{1}{1-a^2}(1 + 2a\cos bx + 2a^2\cos 2bx + 2a^3\cos 3bx + \ldots).$$

Multipliant par $\frac{dx}{1+x^2}$ les deux membres de cette égalité, puis intégrant entre les limites o et ∞, en tenant compte de la formule (H), p. 297, on trouve

$$u = \frac{\pi}{2}\,\frac{1}{1-a^2}\,\frac{1+ae^{-b}}{1-ae^{-b}}.$$

452. On a, pour toutes les valeurs de a moindres que l'unité (n° 24),

$$\frac{\sin bx}{1 - 2a\cos bx + a^2} = \sin bx + a\sin 2bx + a^2\sin 3bx + \ldots;$$

multipliant les deux membres par $\frac{x\,dx}{1+x^2}$, intégrant entre les limites o et ∞ et ayant égard à l'intégrale du n° 449, il vient

$$u = \frac{1}{2}\,\frac{\pi}{e^b - a}.$$

453. En opérant comme dans le n° 451 et observant qu'on a toujours

$$\int_0^\pi \cos bx \cos b'x\,dx = 0,$$

tant que les nombres entiers b et b' sont différents l'un de l'autre, on trouve

$$u = \frac{\pi a^b}{1 - a^2}.$$

Si le nombre a surpasse l'unité, on obtient la formule

$$u = \frac{\pi}{a^b(a^2 - 1)}.$$

454. Différentiant par rapport à a, il vient

$$\frac{du}{da} = -2a \int_0^\infty \frac{dx}{x^2} e^{-\left(x^2 + \frac{a^2}{x^2}\right)}.$$

Si l'on remplace $\frac{a}{x}$ par z, le second membre se réduit à $-2u$, ce qui donne

$$u = Ce^{-2a}.$$

Pour déterminer C, on fait $a = 0$ dans les deux valeurs de u, d'où résulte

$$C = \int_0^\infty e^{-x^2} dx = \frac{1}{2} \pi^{\frac{1}{2}};$$

et par suite,

$$u = \frac{\pi^{\frac{1}{2}}}{2} e^{-2a}.$$

455. On a

$$\frac{du}{db} = -2 \int_0^\infty x e^{-a^2 x^2} dx.$$

En appliquant l'intégration par parties au second membre, on trouve qu'il est égal à $-\frac{2b}{a^2} u$; par conséquent

$$u = Ce^{-\frac{b^2}{a^2}}.$$

La constante se détermine par l'hypothèse $b = 0$, ce qui

donne

$$C = \int_0^\infty e^{-a^2x^2}\,dx = \frac{\pi^{\frac{1}{2}}}{2a} \quad \text{(formule B, p. 297).}$$

456. On trouve par la différentiation

$$(1) \qquad \frac{du}{da} = 2n\int_0^\pi \frac{(\cos x - a)\sin^{2n}x\,dx}{(1 - 2a\cos x + a^2)^{n+1}},$$

$$(2) \qquad \left\{ \begin{aligned} \frac{d^2u}{da^2} &= 4n(n+1)\int_0^\pi \frac{(\cos x - a)^2\sin^{2n}x\,dx}{(1 - 2a\cos x + a^2)^{n+2}} \\ &\quad - 2n\int_0^\pi \frac{\sin^{2n}x\,dx}{(1 - 2a\cos x + a^2)^{n+1}}. \end{aligned} \right.$$

L'intégration par parties donne en outre

$$\int_0^\pi \frac{\cos x \sin^{2n}x\,dx}{(1 - 2a\cos x + a^2)^{n+1}} = \frac{2(n+1)a}{2n+1}\int_0^\pi \frac{\sin^{2n+2}x\,dx}{(1 - 2a\cos x + a^2)^{n+2}};$$

d'où

$$\begin{aligned} \frac{du}{da} &= \frac{4n(n+1)}{2n+1}\int_0^\pi \frac{\sin^{2n+2}x\,dx}{(1 - 2a\cos x + a^2)^{n+2}} \\ &\quad - 2na\int_0^\pi \frac{\sin^{2n}x\,dx}{(1 - 2a\cos x + a^2)^{n+1}}. \end{aligned}$$

Si l'on élimine la première intégrale du second membre entre cette dernière équation et l'équation (2), il viendra

$$\frac{d^2u}{da^2} + \frac{2n+1}{a}\frac{du}{da} = 0;$$

d'où l'on déduit facilement

$$u = c + c'a^{-2n}.$$

a étant < 1, c' doit être nul, sans quoi l'intégrale devrait croître indéfiniment quand on fait tendre indéfiniment a vers zéro, ce qui ne peut avoir lieu. La valeur de c résulte d'ailleurs de l'hypothèse $a = 0$ qui donne

$$u = \int_0^{\pi} \sin^{2n} x\, dx = \frac{(2n-1)(2n-3)\ldots3.1}{2n(2n-2)\ldots4.2}\frac{\pi}{2}.$$

Si l'on suppose $a > 1$, on voit sans peine que l'intégrale s'obtient en multipliant l'expression précédente par a^{-2n}.

457. Si l'on pose

$$A_p = \int_0^{m^{\frac{1}{n}}} \left(1 - \frac{x^n}{m}\right)^p dx, \quad \frac{x^n}{m} = u,$$

il vient

$$A_p = \frac{m^{\frac{1}{n}}}{n}\int_0^1 (1-u)^p u^{\frac{1}{n}-1} du$$

et, en intégrant par parties,

$$A_p = p m^{\frac{1}{n}} \int_0^1 (1-u)^{p-1} u^{\frac{1}{n}} du.$$

D'ailleurs

$$\int_0^1 (1-u)^{p-1} u^{\frac{1}{n}} du = \int_0^1 (1-u)^{p-1} u^{\frac{1}{n}-1}[1-(1-u)]\,du;$$

d'où

$$(np+1)\int_0^1 (1-u)^p u^{\frac{1}{n}-1} du = np \int_0^1 (1-u)^{p-1} u^{\frac{1}{n}-1} du,$$

et par suite

$$(np+1)A_p = np A_{p-1}.$$

Si $p = m$, on a la relation proposée. En donnant à p toutes les valeurs entières depuis m jusqu'à 1, on trouve

$$A_m = \frac{n}{n+1}\frac{2n}{2n+1}\frac{3n}{3n+1}\cdots\frac{mn}{mn+1} m^{\frac{1}{n}}.$$

458. On sait que l'expression $\left(1-\frac{x^n}{m}\right)^m$, toujours plus petite que e^{-x^n}, se rapproche autant qu'on veut de cette limite, quand on fait croître indéfiniment le nombre entier m. On peut conclure de là

$$(1)\qquad \int_0^\infty e^{-x^n}dx = \lim \int_0^{m^{\frac{1}{n}}} \left(1-\frac{x^n}{m}\right)^m dx.$$

Pour établir cette relation en toute rigueur, considérons les trois intégrales

$$\int_0^h e^{-x^n}dx = \mathrm{A},$$

$$\int_0^h \left(1-\frac{x^n}{m}\right)^m dx = \mathrm{B},$$

$$\int_0^{m^{\frac{1}{n}}} \left(1-\frac{x^n}{m}\right)^m dx = \mathrm{C},$$

où l'on suppose $h < m^{\frac{1}{n}}$, et par suite

$$\mathrm{C} > \mathrm{B}.$$

On peut toujours prendre m assez grand pour avoir $\mathrm{A} = \mathrm{B} + \alpha$, α désignant un nombre aussi près de zéro qu'on voudra. On peut également donner à h une assez grande valeur pour qu'on ait aussi

$$\int_0^\infty e^{-x^n}dx = \mathrm{A} + \beta,$$

β étant du même ordre de grandeur que α. Il suit de là que la différence positive $\int_0^\infty e^{-x^n}dx - \mathrm{B}$ est infiniment petite pour m et h infiniment grands; il en est *à fortiori* de même pour la différence positive $\int_0^\infty e^{-x^n}\,dx - C$, ce qui démontre la relation (1).

Cette relation devient intuitive si l'on construit les courbes données par les équations

$$y = e^{-x^n}, \quad y = \left(1 - \frac{x^n}{m}\right)^m.$$

En rapprochant de l'équation (1) la valeur trouvée pour A_m dans le numéro précédent, il vient

$$\int_0^\infty e^{-x^n}\,dx = \lim\left(\frac{n}{n+1}\,\frac{2n}{2n+1}\cdots\frac{mn}{mn+1}\,m^{\frac{1}{n}}\right)_{m=\infty}$$

Pour $n = 2$, on sait que le premier membre est égal à $\frac{1}{2}\pi^{\frac{1}{2}}$. Quant au second, il se présente sous une forme peu commode pour le calcul, mais il est facile de le ramener à celle de la formule de Wallis (n° 642) avec laquelle il présente de l'analogie. En posant

$$u = \left(\frac{2}{3}\,\frac{4}{5}\,\frac{6}{7}\cdots\frac{2m}{2m+1}\right) m^{\frac{1}{2}},$$

on a également

$$u = \left(\frac{2}{1}\,\frac{4}{3}\,\frac{6}{5}\,\frac{8}{7}\cdots\frac{2m}{2m-1}\right)\frac{m^{\frac{1}{2}}}{2m+1};$$

d'où

$$u^2 = \left(\frac{2}{1}\,\frac{2}{3}\,\frac{4}{3}\,\frac{4}{5}\cdots\frac{2m}{2m-1}\,\frac{2m}{2m+1}\right)\frac{m}{2m+1},$$

et par suite

$$\lim u = \frac{1}{2^{\frac{1}{2}}}\left(\frac{2}{1}\,\frac{2}{3}\,\frac{4}{3}\,\frac{4}{5}\cdots\right)^{\frac{1}{2}},$$

ce qui s'accorde bien avec la formule de Wallis.

Le cas général peut se traiter d'une manière semblable. On a, en effet, d'après le numéro précédent,

$$A_m = \frac{n}{n+1}\,\frac{2n}{2n+1}\cdots\frac{mn}{mn+1}\,m^{\frac{1}{n}},$$

$$A_m = \frac{n}{1}\,\frac{2n}{n+1}\,\frac{3n}{2n+1}\cdots\frac{mn}{(m-1)n+1}\,\frac{m^{\frac{1}{n}}}{mn+1},$$

$$A_m^{n-1} = \left(\frac{n}{n+1}\right)^{n-1}\left(\frac{2n}{2n+1}\right)^{n-1}\cdots\left(\frac{mn}{mn+1}\right)^{n-1} m^{\frac{n-1}{n}}.$$

On déduit de ces relations

$$A_m^n = \frac{n}{1}\left(\frac{n}{n+1}\right)^{n-1}\left(\frac{2n}{n+1}\right)\left(\frac{2n}{2n+1}\right)^{n-1}\cdots$$
$$\times\left(\frac{mn}{(m-1)n+1}\right)\left(\frac{mn}{mn+1}\right)^{n-1}\frac{m}{mn+1},$$

et par suite

$$\lim A_m = \left(\frac{1}{n}\right)^{\frac{1}{n}}\left[\frac{n}{1}\left(\frac{n}{n+1}\right)^{n-1}\frac{2n}{n+1}\left(\frac{2n}{2n+1}\right)^{n-1}\cdots\right]^{\frac{1}{n}}.$$

§ VII. — *Intégration des fonctions de plusieurs variables.*

Lorsque les conditions d'intégrabilité sont remplies, les expressions

$$\varphi(x,y)\,dx+\psi(x,y)\,dy,\quad \varphi(x,y,z)\,dx+\psi(x,y,z)\,dy+\chi(x,y,z)\,dz,$$

ont respectivement pour intégrales

$$\int_{x_0}^{x}\varphi(x,y)\,dx+\int_{y_0}^{y}\psi(x_0,y)\,dy+C,$$

$$\int_{x_0}^{x}\varphi(x,y,z)\,dx+\int_{y_0}^{y}\psi(x_0,y,z)\,dy+\int_{z_0}^{z}\chi(x_0,y_0,z)\,dz+C.$$

La première peut être remplacée par celle-ci,

$$\int_{y_0}^{y}\psi(x,y)\,dy+\int_{x_0}^{x}\varphi(x,y_0)\,dx,$$

et la seconde, en y permutant convenablement les variables, les fonctions et les limites des intégrales, en fournit cinq autres qui représentent chacune la même fonction. On choisit, selon les cas, l'ordre d'intégration qui paraît le plus avantageux. On assigne de même à x_0, y_0, z_0 les valeurs qui donnent les résultats les plus simples.

459. $u = \frac{x^4}{4} - a^2 xy + b^3 y + C.$

460. $u = \frac{3x^2y^2}{2} - \frac{x^3}{3} - y - 2y^3 + C.$

461. $u = \frac{(x^2 + y^2)^{\frac{1}{2}}}{y} + C.$

462. $u = \log(y - x) - \frac{y}{y - x} + C.$

463. $u = \log\left[x + (x^2 + y^2)^{\frac{1}{2}}\right] + C.$

464. $u = (x^2 + y^2)^{\frac{1}{2}} + \text{arc tang}\,\frac{x}{y} + C.$

465. $u = x^2 \cos y + y^2 \cos x + C.$

466. $u = \text{arc sin}\,\frac{x}{x + y} - \frac{(y^2 + 2xy)^{\frac{1}{2}}}{x + y} + C.$

467. $u = \frac{xy}{a - z} + C.$

468. $u = xy + yz + zx + C.$

469. $u = \frac{ax - by}{z} + C.$

470. $u = \frac{e^3 x}{(x^2 + y^2)^{\frac{1}{2}}} + C.$

471. $u = \text{arc tang}\,\frac{z}{x} - \frac{z}{xy} + C.$

472. $u = \text{arc sin}\,\frac{x - y}{x + z} + \frac{(y^2 + z^2)^{\frac{1}{2}}}{x} + C.$

§ VIII. — *Quadrature des courbes planes.*

On désignera généralement par A l'aire considérée.

473. Il faut calculer

$$-\int (a^2 - y^2)^{\frac{1}{2}} dy \quad (\text{n}^\circ\ 352).$$

Si l'on prend a et o pour limites, cette expression se réduit à $\frac{\pi a^2}{4}$. Telle est donc la portion de surface comprise entre la courbe et les parties positives des axes.

474. L'équation de la courbe étant

$$y^2(2a - x) = x^3,$$

on trouve, en intégrant par parties,

$$A = -2x(2ax - x^2)^{\frac{1}{2}} + 3\int (2ax - x^2)^{\frac{1}{2}} dx.$$

La portion de plan comprise entre l'asymptote et la courbe est égale à trois fois l'aire du cercle de rayon a.

475. $A = \frac{a^2}{2}\left(e^{\frac{x}{a}} - e^{-\frac{x}{a}}\right) = a(y^2 - a^2)^{\frac{1}{2}}.$

476. L'équation de la courbe étant $\left(\frac{x}{\alpha}\right)^{\frac{2}{3}} + \left(\frac{y}{6}\right)^{\frac{2}{3}} = 1$, on est conduit à une différentielle binôme. Le calcul donne $\frac{3\pi\alpha 6}{8}$ pour l'aire totale.

On arrive plus rapidement à ce résultat au moyen du théorème suivant, dû à M. Lejeune-Dirichlet. Soit

$$V = \int dx \int dy \int dz \ldots x^{a-1} y^{b-1} z^{c-1} \ldots .$$

Les limites étant données par la condition qu'on ait toujours

$$\left(\frac{x}{\alpha}\right)^p + \left(\frac{y}{\beta}\right)^q + \left(\frac{z}{\gamma}\right)^r + \ldots \overline{\overline{<}} 1,$$

et les quantités $a, b, c, \ldots, \alpha, \beta, \gamma, \ldots, p, q, r, \ldots,$ étant positives, la fonction V aura pour valeur

$$\frac{\alpha^a \beta^b \gamma^c}{pqr} \frac{\Gamma\left(\frac{a}{p}\right)\Gamma\left(\frac{b}{q}\right)\Gamma\left(\frac{c}{r}\right)\cdots}{\Gamma\left(1 + \frac{a}{p} + \frac{b}{q} + \frac{c}{r} + \ldots\right)}.$$

Or l'aire cherchée A a pour expression $4\int\int dx\,dy$, les limites des intégrales étant assujetties à la condition

$$\left(\frac{x}{\alpha}\right)^{\frac{2}{3}} + \left(\frac{y}{\beta}\right)^{\frac{2}{3}} = 1;$$

on a donc

$$\frac{A}{4} = \frac{9\alpha\beta}{4} \frac{\left[\Gamma\left(\frac{3}{2}\right)\right]^2}{\Gamma(4)},$$

et comme, d'après les formules (D) et (C), p. 297,

$$\Gamma(4) = 1.2.3, \quad \Gamma\left(\frac{3}{2}\right) = \Gamma\left(1 + \frac{1}{2}\right) = \frac{1}{2}\Gamma\left(\frac{1}{2}\right), \quad \Gamma\left(\frac{1}{2}\right) = \sqrt{\pi},$$

on retombe sur l'expression déjà obtenue. Le théorème de Lejeune-Dirichlet se trouve dans le Tome IV du *Journal de Liouville*.

On peut remarquer que la courbe représentée par l'équation

$$\left(\frac{x}{\alpha}\right)^{\frac{1}{n}} + \left(\frac{y}{\beta}\right)^{\frac{1}{n}} = 1,$$

est toujours carrable quand n est entier ou la moitié d'un nombre entier.

477. En employant les coordonnées polaires, il vient

$$A = \frac{1}{4} a^2 \sin 2\theta + C.$$

L'aire totale est égale à a^2.

478. $$A = \frac{1}{2}\int_0^\theta \frac{d\theta}{\cos 2\theta} = \frac{1}{4}\log\frac{1+\tan\theta}{1-\tan\theta}.$$

On tirera de là

$$\tan\theta = \frac{e^{2A} - e^{-2A}}{e^{2A} + e^{-2A}}, \quad r^2 = e^{4A} + e^{-4A}$$

La courbe est une hyperbole équilatère ayant pour équation, en coordonnées rectangulaires,

$$x^2 - y^2 = 1.$$

Si l'on exprime aussi les coordonnées x et y en fonction de A, on trouve

$$x = \frac{e^{2A} + e^{-2A}}{2}, \quad y = \frac{e^{2A} - e^{-2A}}{2}.$$

La grande analogie de ces résultats avec les formules connues

$$\cos 2A = \frac{e^{2Ai} + e^{-2Ai}}{2}, \quad \sin 2A = \frac{e^{2Ai} - e^{-2Ai}}{2i}$$

a fait donner à l'abscisse le nom de *cosinus hyperbolique* de 2A, et à l'ordonnée celui de *sinus hyperbolique* de la même grandeur, ce qui conduit à écrire généralement sous forme abrégée

$$\text{(H)} \qquad \frac{e^\alpha + e^{-\alpha}}{2} = \text{Ch}\,\alpha, \quad \frac{e^\alpha - e^{-\alpha}}{2} = \text{Sh}\,\alpha.$$

Si l'on rapproche de l'hyperbole considérée le cercle qui a pour équation

$$x^2 + y^2 = 1,$$

en appelant A_1 le secteur circulaire correspondant au même angle θ que le secteur hyperbolique A, on trouve que l'abscisse et l'ordonnée du point déterminé sur le cercle par cet angle θ ont respectivement pour valeurs $\cos 2A_1$ et $\sin 2A_1$, ce qui rend plus complète encore l'analogie qu'on vient de signaler.

La considération des fonctions *hyperboliques* $\mathrm{Sh}\,x$ et $\mathrm{Ch}\,x$ a conduit à d'autres définies par les équations

$$\mathrm{Th}\,x = \frac{\mathrm{Sh}\,x}{\mathrm{Ch}\,x} = \frac{1}{\mathrm{Coth}\,x}, \quad \mathrm{Séch}\,x = \frac{1}{\mathrm{Ch}\,x}, \quad \mathrm{Coséch}\,x = \frac{1}{\mathrm{Sh}\,x}.$$

De plus, à chaque fonction correspond la fonction inverse. Par exemple, de l'équation $\mathrm{Sh}\,x = y$, où x est l'*argument* de la fonction Sh, on tire $x = \arg \mathrm{Sh}\,y$, et ainsi des autres.

Le Tableau suivant montre que l'analogie entre les fonctions hyperboliques et les fonctions trigonométriques subsiste dans un grand nombre de cas.

Formules relatives aux fonctions hyperboliques.

$$\mathrm{Sh}\,x = \frac{e^x - e^{-x}}{2}, \qquad \mathrm{Ch}\,x = \frac{e^x + e^{-x}}{2}, \qquad \mathrm{Th}\,x = \frac{e^x - e^{-x}}{e^x + e^x}.$$

$$\mathrm{Sh}(ix) = i \sin x, \qquad \mathrm{Ch}(ix) = \cos x, \qquad \mathrm{Th}(ix) = i \,\mathrm{tang}\, x,$$

$$\sin(ix) = i\,\mathrm{Sh}\,x, \qquad \cos(ix) = \mathrm{Ch}\,x, \qquad \mathrm{tang}(ix) = i\,\mathrm{Th}\,x.$$

$$\mathrm{Sh}\,0 = 0, \qquad \mathrm{Ch}\,0 = 1, \qquad \mathrm{Th}\,0 = 0,$$

$$\mathrm{Sh}\,\infty = \infty, \qquad \mathrm{Ch}\,\infty = \infty, \qquad \mathrm{Th}\,\infty = 1.$$

$$\mathrm{Sh}(-x) = -\mathrm{Sh}\,x, \quad \mathrm{Ch}(-x) = \mathrm{Ch}\,x, \quad \mathrm{Th}(-x) = -\mathrm{Th}\,x,$$

$$\mathrm{Ch}^2 x - \mathrm{Sh}^2 x = 1.$$

$$\mathrm{Sh}(x \pm y) = \mathrm{Sh}\,x\,\mathrm{Ch}\,y \pm \mathrm{Ch}\,x\,\mathrm{Sh}\,y,$$

$$\mathrm{Ch}(x \pm y) = \mathrm{Ch}\,x\,\mathrm{Ch}\,y \pm \mathrm{Sh}\,x\,\mathrm{Sh}\,y,$$

$$\mathrm{Th}(x \pm y) = \frac{\mathrm{Th}\,x \pm \mathrm{Th}\,y}{1 \pm \mathrm{Th}\,x\,\mathrm{Th}\,y}.$$

$$d\,\mathrm{Sh}\,x = \mathrm{Ch}\,x\,dx, \quad d\,\mathrm{Ch}\,x = \mathrm{Sh}\,x\,dx, \quad d\,\mathrm{Th}\,x = \frac{dx}{\mathrm{Ch}^2 x}.$$

$$e^x = \mathrm{Ch}\,x + \mathrm{Sh}\,x, \quad (\mathrm{Ch}\,x \pm \mathrm{Sh}\,x)^n = \mathrm{Ch}\,nx \pm \mathrm{Sh}\,nx.$$

$$\mathrm{Sh}\,x = x + \frac{x^3}{1.2.3} + \frac{x^5}{1.2.3.4.5} + \ldots$$

$$\mathrm{Ch}\,x = 1 + \frac{x^2}{1.2} + \frac{x^4}{1.2.3.4} + \ldots$$

$$\mathrm{Sh}\,x = x\left(1 + \frac{x^2}{\pi^2}\right)\left(1 + \frac{x^2}{4\pi^2}\right)\left(1 + \frac{x^2}{9\pi^2}\right)\ldots$$

$$\mathrm{Ch}\,x = \left(1 + \frac{4x^2}{\pi^2}\right)\left(1 + \frac{4x^2}{9\pi^2}\right)\left(1 + \frac{4x^2}{16\pi^2}\right)\ldots \quad (\text{n}^\circ\ 139).$$

Les *fonctions hyperboliques* se rencontrent dans plusieurs questions. Lambert s'en est beaucoup occupé et en a le premier donné une petite Table; depuis, les travaux étendus de M. Gudermann (*Journal de Crelle*, t. VI et suiv.), et les Tables développées de M. Gronau (Dantzig, 1863) ont mis en lumière l'importance et l'utilité pratique de ces fonctions. On consultera avec intérêt et profit, sur cette matière, l'excellent *Recueil de Formules et de Tables numériques* publié en 1866 par M. Houël, l'*Essai* de M. Laisant (1874) et le *Traité* de M. Günther (1881).

479. (*Fig.* 27, p. 320.) Pour avoir l'aire enfermée dans la ligne ODGAHC, on intègre depuis $\theta = 0$ jusqu'à la première valeur de θ qui annule le rayon vecteur, et l'on double le résultat. Soit α cette valeur fournie par l'équation de la courbe, on trouve

$$\text{aire ODGAHC} = \frac{1}{2}\left[(a^2 + 2b^2)\alpha + 3b(a^2 - b^2)^{\frac{1}{2}}\right].$$

On a aussi

$$\text{aire OEBF} = \frac{1}{2}\left[(a^2 + 2b^2)(\pi - \alpha) - 5b(a^2 - b^2)^{\frac{1}{2}}\right].$$

Roberval, qui a calculé le premier l'aire de cette courbe, lui a donné le nom de *limaçon de Pascal*. C'est une conchoïde du cercle, dont la construction a été déjà indiquée

Fig. 27.

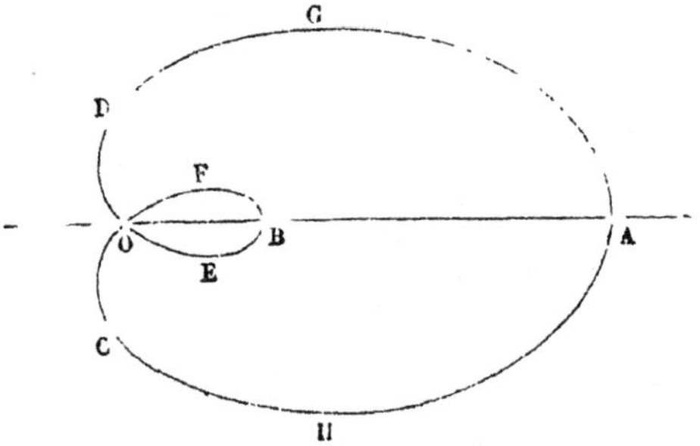

(n° 263). Cette même construction montre qu'elle est la podaire d'un cercle (235) par rapport à un point quelconque de la circonférence.

Le limaçon de Pascal, qui figure parmi les épicycloïdes, est aussi un cas particulier des *ovales de Descartes* ou *courbes aplanétiques* (n° 329).

480. $A = \frac{1}{2}\left[a^2 \operatorname{tang}\theta + 2ab \log \operatorname{tang}\left(\frac{\pi}{4} + \frac{\theta}{2}\right) + b^2\theta\right] + C.$

481. En faisant usage des coordonnées du n° 277, on trouve facilement

$$r^2 d\theta = p\, ds = p\,(dr^2 + r^2 d\theta^2)^{\frac{1}{2}},$$

et par suite,

$$\frac{1}{2}\int r^2 d\theta = \frac{1}{2}\int \frac{pr\, dr}{(r^2 - p^2)^{\frac{1}{2}}}.$$

Appliquant cette formule à l'épicycloïde, dont l'équation

est mise sous la forme

$$p^2 = \frac{(a+2b)^2(r^2-a^2)}{(a+2b)^2-a^2} = \frac{c^2(r^2-a^2)}{c^2-a^2},$$

obtenue à la fin du n° 276, il vient

$$A = \frac{c}{2a}\int \frac{r\,dr(r^2-a^2)^{\frac{1}{2}}}{(c^2-r^2)^{\frac{1}{2}}} = \frac{c}{2a}\int \frac{r\,dr(r^2-a^2)^{\frac{1}{2}}}{[c^2-a^2-(r^2-a^2)]^{\frac{1}{2}}}$$

$$= -\frac{c(r^2-a^2)^{\frac{1}{2}}(c^2-r^2)^{\frac{1}{2}}}{4a} + \frac{c(c^2-a^2)}{4a}\arcsin\left(\frac{r^2-a^2}{c^2-a^2}\right)^{\frac{1}{2}}$$

On déduit de là que l'aire engendrée par le rayon vecteur pendant une révolution entière du cercle mobile a pour expression

$$\frac{c(c^2-a^2)\pi}{4a} = \frac{\varpi b}{a}(a^2+3ab+2b^2),$$

en remplaçant c par sa valeur $a+2b$.

Cette expression renferme, outre l'aire comprise entre le cercle fixe et l'épicycloïde, un secteur du cercle fixe dont l'arc a pour longueur la circonférence mobile. Ce secteur ayant pour valeur ϖab, la surface restante est égale à

$$\frac{\varpi b^2}{a}(3a+2b).$$

482. En coordonnées polaires la courbe a pour équation

$$r^2 = \frac{a^2\sin\theta\cos\theta}{\sin^4\theta+\cos^4\theta};$$

par suite,

$$A = \frac{a^2}{2}\int_0^\theta \frac{\sin\theta\cos\theta\,d\theta}{\sin^4\theta+\cos^4\theta} = \frac{a^2}{2}\int_0^\theta \frac{\operatorname{tang}\theta\,d(\operatorname{tang}\theta)}{1+\operatorname{tang}^4\theta}$$

$$= \frac{a^2}{4}\operatorname{arc\,tang}(\operatorname{tang}^2\theta).$$

L'aire contenue dans l'une des boucles de la courbe est donc égale à $\frac{\pi a^2}{8}$.

483. Par un changement d'axes de coordonnées, l'équation prend la forme

$$y = x\sqrt{\frac{a - x\sqrt{2}}{a + 3x\sqrt{2}}}.$$

En posant $a - x\sqrt{2} = z^2$, il vient

$$S = -\int \frac{(a - z^2)\, z^2 dz}{\sqrt{4a - 3z^2}}.$$

Or

$$\begin{aligned}
&\int \frac{z^4 dz}{\sqrt{4a - 3z^2}} \\
&= -\frac{1}{3}\int z^3 d\sqrt{4a - 3z^2} \\
&= -\frac{z^3}{3}\sqrt{4a - 3z^2} + \int \frac{4az^2}{\sqrt{4a - 3z^2}}dz - 3\int \frac{z^4 dz}{\sqrt{4a - 3z^2}};
\end{aligned}$$

donc

$$4\int \frac{z^4 dz}{\sqrt{4a - 3z^2}} - 4a\int \frac{z^2 dz}{\sqrt{4a - 3z^2}} = -\frac{z^3}{3}\sqrt{4a - 3z^2}.$$

On a, par conséquent,

$$A = -\frac{z^3}{12}(4a - 3z^2)^{\frac{1}{2}} + C.$$

On déduit de là que l'aire de la courbe renfermée dans la boucle est égale à $\frac{a^2}{6}$, et il en est de même pour la surface comprise entre la courbe et son asymptote.

Cette courbe, que Roberval appelait *feuille de jasmin*, a été signalée par Descartes dans une de ses Lettres comme échappant à la méthode des tangentes donnée par Fermat. C'est Huygens qui en a le premier trouvé la quadrature.

§ IX. — *Rectification des courbes.*

On désignera généralement l'arc cherché par S.

484. La longueur totale de la courbe est égale à $6a$.

485. $ds = \text{Ch}\,x\,dx = d.\text{Sh}\,x.$ (*Voir* p. 319.)

Le rapport de l'arc à l'aire correspondante est constant. Cette propriété est caractéristique de la chaînette.

486. $S = a \log \frac{a}{y}$, l'arc étant supposé nul pour $y = a$.

487. $S = a \int \frac{1}{2a - x} \left(\frac{8a - 3x}{2a - x} \right)^{\frac{1}{2}} dx + C.$

La longueur de l'arc, à partir de l'origine, est

$$2a \left(\frac{8a - 3x}{2a - x} \right)^{\frac{1}{2}} - 4a + 2a\sqrt{3} \log \frac{(8a - 3x)^{\frac{1}{2}} - (6a - 3x)^{\frac{1}{2}}}{\sqrt{8a} - \sqrt{6a}}.$$

Si l'on fait croître y indéfiniment, la différence $S - y$ tend vers la limite $2a\left[\sqrt{3}\log(2 + \sqrt{3}) - 2\right]$.

488. On est conduit à une différentielle binôme. Il en résulte

$$S = \frac{\left[(\alpha^2 x)^{\frac{2}{3}} + (\beta^2 y)^{\frac{2}{3}}\right]^{\frac{3}{2}} - \beta^3}{\alpha^2 - \beta^2},$$

ce qui donne $\frac{a^3 - b^3}{ab}$ pour le quart de la longueur de la courbe. On obtiendrait le même résultat en observant que, pour rectifier la développée d'une courbe connue, il suffit de prendre la différence des rayons de la développante qui correspondent aux extrémités de l'arc dont on veut trouver la longueur.

489. En faisant $a + b = bn$ dans les formules (D) du nº 234, on en tire

$$S = \int_0^t 2bn \sin \frac{n-1}{2} t\, dt = \frac{4(a+b)b}{a} \sin^2 \frac{at}{4b}.$$

Pour l'hypocycloïde, il suffirait de changer le signe de b dans la parenthèse.

La question proposée se résout très-simplement au moyen des coordonnées r et p (nº 481).

490. La courbe étant située sur une sphère, les coordonnées d'un de ses points M peuvent s'écrire

$$x = a \cos\theta \sin\varphi, \quad y = a \sin\theta \sin\varphi, \quad z = a \cos\varphi.$$

On tire de là

$$ds^2 = a^2 (\sin^2\varphi\, d\theta^2 + d\varphi^2),$$

et les angles φ et θ sont liés par la relation

$$\sin\varphi \left(\frac{e^{n\theta} + e^{-n\theta}}{2} \right) = \sin\varphi\, \mathrm{Ch}.n\theta = 1. \quad (\textit{Voir pages 318 et 319.})$$

On en déduit, en supposant $n\theta$ positif,

$$(1) \qquad \cos\varphi = \mathrm{Th}\, n\theta, \quad \frac{n\, d\theta}{d\varphi} = -\frac{\cos\varphi}{\sin\varphi} \frac{\mathrm{Sh}\, n\theta}{\mathrm{Ch}\, n\theta} = -\frac{1}{\sin\varphi},$$

et, par suite, si l'on fait $n \operatorname{tang} \alpha = 1$,

$$S = \frac{\varphi - \varphi_0}{\cos\alpha}.$$

La loxodromie est la courbe qu'un vaisseau décrit sur la mer en coupant tous les méridiens sous un angle constant, qui est ici α. Nonius (1492) s'en est occupé le premier.

Halley a trouvé que la projection stéréographique de cette courbe sur l'équateur est une spirale logarithmique (273), ce qui résulte immédiatement d'une propriété bien connue de ce genre de projection. On le démontre d'ailleurs aisément par ce qui précède, car l'équateur étant pris pour le plan xy et r désignant la projection stéréographique sur ce plan du rayon vecteur de M, on a d'abord

$$r = a \operatorname{tang} \frac{\varphi}{2};$$

puis, en vertu de la première des équations (1),

$$\operatorname{tang}^2 \frac{\varphi}{2} = \frac{1 - \cos\varphi}{1 + \cos\varphi} = \frac{\operatorname{Ch} n\theta - \operatorname{Sh} n\theta}{\operatorname{Ch} n\theta + \operatorname{Sh} n\theta} = e^{-2n\theta}.$$

Maupertuis s'est également occupé de la loxodromie (*Mémoire sur la parallaxe de la Lune* et *Mémoires de l'Académie des Sciences* pour 1744).

491. Les tangentes en M_1 et M_2 étant parallèles entre elles, on a

$$\frac{dy_1}{dx_1} = \frac{dy_2}{dx_2} = \frac{d(a_1 y_1 + a_2 y_2)}{d(a_1 x_1 + a_2 x_2)} = \frac{dy}{dx};$$

la tangente en M leur est donc aussi parallèle, et par conséquent

$$\frac{dx}{ds} = \frac{dx_1}{ds_1} = \frac{dx_2}{ds_2} = \frac{d(a_1 x_1 + a_2 x_2)}{d(a_1 s_1 + a_2 s_2)},$$

puis

$$s = a_1 s_1 + a_2 s_2,$$

en faisant commencer tous les arcs au point O.

492. En différentiant l'équation donnée, on trouve

$$dr_1 = 2a^2 \frac{a^8 - 6a^4 r^4 + r^8}{(a^4 + r^4)^2 \sqrt{a^4 + r^4}} dr.$$

D'ailleurs,

$$a^4 - r_1^4 = a^4 \frac{(a^4 + r^4)^4 - 16a^4r^4(a^4 - r^4)^2}{(a^4 + r^4)^4};$$

d'où résulte

$$\frac{dr}{\sqrt{a^4 - r_1^4}} = 2\frac{a^8 - 6a^4r^4 + r^8}{\sqrt{(a^4 + r^4)^4 - 16a^4r^4(a^4 - r^4)^2}}\frac{dr}{\sqrt{a^4 - r^4}};$$

or on a

$$(a^8 - 6a^4r^4 + r^8)^2 = (a^4 + r^4)^4 - 16a^4r^4(a^4 - r^4)^2;$$

par conséquent,

$$\int_0^{r_1}\frac{dr_1}{\sqrt{a^4 - r_1^4}} = 2\int_0^r\frac{dr}{\sqrt{a^4 - r^4}}.$$

C. Q. F. D.

Ce résultat est dû à Fagnano.

493. En désignant par s la moitié de la longueur de la première courbe, par s_1 un arc quelconque de l'hyperbole, on trouve

$$s = a^{\frac{2}{3}}\int_0^a \frac{dr}{\left(a^{\frac{4}{3}} - r^{\frac{4}{3}}\right)^{\frac{1}{2}}},\quad s_1 = \int_a^r \frac{r^2dr}{(r^4 - a^4)^{\frac{1}{2}}}.$$

Il faut démontrer que la valeur absolue de la différence $r - s_1$ tend vers $\frac{s}{3}$ quand on suppose que r croît indéfiniment. Pour rapprocher les formes des intégrales qu'il s'agit de comparer, faisons dans la première $r = az^3$, et dans la seconde $a = rz$; il vient

$$s = 3a\int_0^1 \frac{z^2dz}{(1 - z^4)^{\frac{1}{2}}},\quad s_1 = a\int_z^1 \frac{dz}{z^2(1 - z^4)^{\frac{1}{2}}},$$

et

$$r - s_1 = a\left[\frac{1}{z} - \int_z^1 \frac{dz}{z^2(1-z^4)^{\frac{1}{2}}}\right].$$

Or

$$\int \frac{z^2\,dz}{(1-z^4)^{\frac{1}{2}}} = \int \frac{dz}{z^2(1-z^4)^{\frac{1}{2}}} - \int \frac{(1-z^4)^{\frac{1}{2}}\,dz}{z^2};$$

et comme on trouve, en intégrant par parties,

$$\int \frac{(1-z^4)^{\frac{1}{2}}\,dz}{z^2} = -\frac{(1-z^4)^{\frac{1}{2}}}{z} - 2\int \frac{z^2\,dz}{(1-z^4)^{\frac{1}{2}}},$$

il en résulte

$$\int_z^1 \frac{dz}{z^2(1-z^4)^{\frac{1}{2}}} = \frac{(1-z^4)^{\frac{1}{2}}}{z} - \int_z^1 \frac{z^2\,dz}{(1-z^4)^{\frac{1}{4}}},$$

et par suite

$$r - s_1 = a\left[\frac{1}{z} - \frac{(1-z^4)^{\frac{1}{2}}}{z} + \int_z^1 \frac{z^2\,dz}{(1-z^4)^{\frac{1}{2}}}\right].$$

On conclut de là

$$\lim(r - s_1) = a\int_0^1 \frac{z^2\,dz}{(1-z^4)^{\frac{1}{2}}} = \frac{s}{3},$$

ce qui démontre la proposition énoncée.

M. Faure (*Nouvelles Annales de Mathématiques*, 1853) a généralisé la question précédente en remplaçant l'hyperbole par la courbe qui a pour équation

$$r^n \cos n\theta = a^n \quad (\text{n}^\circ\ \mathbf{242}).$$

§ X. — *Cubature.*

On désignera généralement par V le volume cherché.

494. Le volume étant supposé nul pour $x=0$, on a

$$V=\pi a\left(\frac{x^2}{2}+a^2\right)\left(e^{\frac{x}{a}}+e^{-\frac{x}{a}}\right)-\pi a^2 x\left(e^{\frac{x}{a}}-e^{-\frac{x}{a}}\right)-2\pi a^3$$

$$=\pi a^2 y\left[\log\frac{y+(y^2-a^2)^{\frac{1}{2}}}{a}\right]^2$$

$$-2\pi a^2(y^2-a^2)^{\frac{1}{2}}\log\frac{y+(y^2-a^2)^{\frac{1}{2}}}{a}+2\pi a^2(y-a).$$

495. En prenant l'asymptote pour axe des x, la cissoïde a pour équation

$$x^2 y=(2a-y)^3;$$

il en résulte

$$V=\varpi\int y^2 dx=-\frac{\varpi}{2}\int_0^{2a}dy\left[3y^{\frac{3}{2}}(2a-y)^{\frac{1}{2}}+y^{\frac{1}{2}}(2a-y)^{\frac{3}{2}}\right]$$

$$=\varpi\int_0^{2a}dy(a+y)(2ay-y^2)^{\frac{1}{2}}=2\varpi^2 a^3.$$

496. L'équation de la conchoïde étant

$$xy=(a+y)(b^2-y^2)^{\frac{1}{2}},$$

le volume engendré par la révolution de cette courbe autour de l'axe des x a pour expression

$$V=\frac{\varpi^2 ab^2}{2}-\varpi ab^2\arcsin\frac{y}{b}+\frac{\varpi}{3}(b^2-y^2)^{\frac{1}{2}}(y^2+2b^2).$$

En faisant $y=0$ et doublant le résultat, on trouve pour le volume total

$$\varpi b^2\left(\varpi a+\frac{4b}{3}\right).$$

497. Lorsque l'équation d'une courbe est donnée en coordonnées polaires, l'élément du volume de révolution, engendré par le secteur infiniment petit dont l'aire est $\frac{1}{2} r^2 \, d\theta$, a pour expression $\frac{2\pi}{3} r^3 \sin\theta \, d\theta$. Appliquant cette formule à l'équation

$$r = \frac{p}{1 + e\cos\theta},$$

il vient

$$V = \frac{2\pi}{3} p^3 \int_{\theta_0}^{\theta} (1 + e\cos\theta)^{-3} \sin\theta \, d\theta$$

$$= \frac{2\pi}{3} \frac{p}{e} \int_{r_0}^{r} r\,dr = \frac{\pi p}{3e} (r^2 - r_0^2).$$

498. Le paraboloïde elliptique a pour équation

$$\frac{z^2}{a} + \frac{y^2}{b} = 2x.$$

Soit

$$y_1 = (2bx)^{\frac{1}{2}};$$

on en déduit

$$V = \int_0^x \int_0^{y_1} z \, dx \, dy = \left(\frac{a}{b}\right)^{\frac{1}{2}} \int_0^x \int_0^{y_1} dx\,dy\,(2bx - y^2)^{\frac{1}{2}}$$

$$= \frac{\varpi}{4} x^2 (ab)^{\frac{1}{2}}.$$

499. Si l'on désigne par y_1 une constante, on trouve

$$V = \frac{1}{c} \int_0^a \int_0^{y_1} y(a^2 - x^2)^{\frac{1}{2}} dx\,dy = \frac{\varpi a^2 y_1^2}{8c}.$$

500. $V = \int_0^x \int_0^{y_1} x\varphi\left(\frac{y}{x}\right) dx\,dy,$

y_1 étant donné par l'équation

$$\varphi\left(\frac{y_1}{x}\right) = 0;$$

on a donc

$$y_1 = \alpha x,$$

en désignant par α une contante. Soit fait $\frac{y}{x} = \omega$, il en résulte

$$V = \int_0^x \int_0^\alpha x^2 dx\, \varphi(\omega)\, d\omega = \frac{x^3}{3}\int_0^\alpha \varphi(\omega)\, d\omega.$$

Appelons S l'aire de la section faite dans la surface par un plan parallèle à zy et à une distance x de ce plan, on aura

$$S = \int_0^{\alpha x} z\, dy = x^2 \int_0^\alpha \varphi(\omega)\, d\omega,$$

et par suite

$$V = \frac{Sx}{3},$$

résultat facile à prévoir puisqu'il s'agit d'une surface conique.

501. Soient

$$x^2 + z^2 = a^2, \quad x^2 + y^2 = a^2$$

les équations des deux cylindres; on a, en posant $y_1 = (a^2 - x^2)^{\frac{1}{2}}$,

$$\frac{V}{8} = \int_0^a \int_0^{y_1} dx\, dy\, (a^2 - x^2)^{\frac{1}{2}} = \frac{2a^3}{3}.$$

502. Soient

$$x^2 + y^2 + z^2 = a^2, \quad x^2 + y^2 = b^2$$

les équations de la sphère et du cylindre; si l'on pose

$$x = r\cos\theta,\quad y = r\sin\theta,$$

il viendra

$$\frac{V}{2} = \int_0^b\int_0^{2\pi} z\,r\,dr\,d\theta = \int_0^b\int_0^{2\pi} r\,dr\,d\theta(a^2 - r^2)^{\frac{1}{2}}$$

$$= \frac{2\pi}{3}\left[a^2 - (a^2 - b^2)^{\frac{3}{2}}\right].$$

503. Observons que l'intersection C de la sphère et du cylindre est une courbe qu'on peut concevoir engendrée comme il a été dit au n° 296. L'angle θ détermine en effet un point m de C auquel correspond un point M de l'intersection, et, si l'on désigne l'angle Mom par φ, on trouve, en vertu de l'équation de la courbe, $\varphi = n\theta$.

Cela posé, en considérant seulement la demi-sphère située dans la région des z positifs, le volume V, limité par le plan ZOX, le plan ZOm et la surface cylindrique, a pour expression

$$\int_0^\theta\int_0^{a\cos n\theta} r\,dr\,d\theta(a^2 - r^2)^{\frac{1}{2}} = \frac{a^3\theta}{3} - \frac{a^3}{3}\int_0^\theta \sin^3 n\theta\,d\theta.$$

Le premier terme $\frac{a^3\theta}{3}$ mesure la portion de la demi-sphère comprise entre les mêmes plans que le volume V; le second, qui a pour valeur

$$\frac{a^3}{18n}\left(9\sin^2\frac{\varphi}{2} - \sin^2\frac{3\varphi}{2}\right) = E,$$

est donc l'excès de cette pyramide sphérique sur V. Pour $\varphi = \frac{\pi}{2}$ cet excès se réduit à $\frac{2a^3}{9n}$.

On peut trouver directement l'excès E, sans recourir aux

intégrales doubles, en considérant le segment sphérique dont une base est celle de la demi-sphère, et l'autre un petit cercle qui passe en M. La hauteur du segment étant $a\sin\varphi$, son volume sera, d'après la formule connue,

$$\frac{\varpi a^3 \sin\varphi}{3}(2+\cos^2\varphi),$$

et la différentielle de la portion de ce volume comprise entre les plans ZOX et ZOm est, à un infiniment petit près de sa valeur,

$$a^3 \sin\varphi \left(\frac{2+\cos^2\varphi}{6}\right) d\theta.$$

En en retranchant le cylindre infinitésimal qui a pour volume

$$a \sin\theta \frac{\rho^2 d\theta}{2} = \frac{a^3}{2}\sin\varphi\cos^2\varphi\, d\theta,$$

on retrouve $\frac{a^3}{3}\sin^3\varphi\, d\theta$ pour l'élément de E.

Si $n=1$, l'excès du volume de la demi-sphère située dans la région des x positifs sur celui qu'en détache le cylindre entier est égal au neuvième du cube du diamètre. Ce résultat a été donné par Bossut.

Pour $n=\frac{1}{4}$, C est la courbe étudiée par Pappus (n° 296), et l'excès du volume de la demi-sphère située dans la région des z positifs sur celui que le cylindre en détache est encore égal au neuvième du cube du diamètre.

504. On a (n° 352)

$$\frac{V}{4} = \int\int dx\, dy\,(4ax-y^2)^{\frac{1}{2}}$$

$$= \frac{1}{2}\int_0^{2a} dx \left[x(4a^2-x^2)^{\frac{1}{2}} + 4ax \operatorname{arc}\sin\frac{1}{2}\left(\frac{2a-x}{a}\right)^{\frac{1}{2}}\right]$$

$$= a^3\left(\frac{4}{3}+\frac{\pi}{2}\right);$$

par suite

$$V = a^3 \left(\frac{16}{3} + 2\pi \right).$$

505. ABDC (*fig.* 28) représente la section faite dans le solide par le plan qui contient les deux axes. Le point le

Fig. 28.

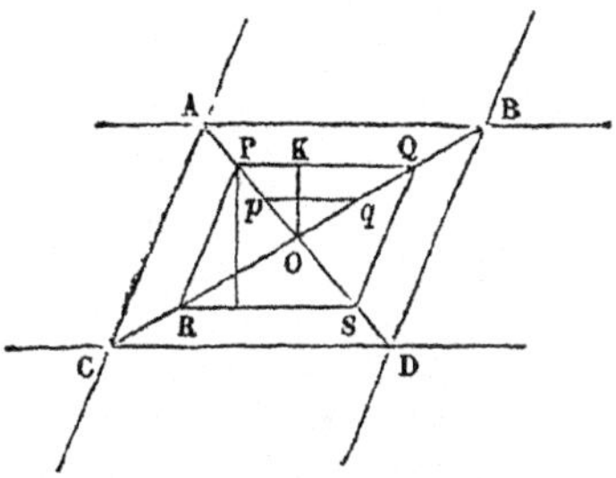

plus haut de la portion de volume située au-dessus de ABDC se projette en O, point de rencontre des diagonales de ce losange. A une distance z du plan des axes, menons un plan qui lui soit parallèle; la section obtenue se projettera en PQSR qui est sa vraie grandeur. Soient A la section, a le rayon de base commun aux deux cylindres, V le volume cherché; on aura

$$V = 2 \int_0^a A \, dz.$$

Abaissons $OK = p$ perpendiculaire sur PQ, il en résulte

$$2p = PQ \sin \alpha, \quad A = \frac{4p^2}{\sin \alpha}.$$

D'ailleurs, p, z et a formant un triangle rectangle,

$$p^2 = a^2 - z^2;$$

d'où enfin

$$V = \frac{8}{\sin \alpha} \int_0^a (a^2 - z^2) \, dz = \frac{16 a^3}{3 \sin \alpha}.$$

506. Il suffit d'évaluer le volume QEDB (*fig.* 29). AB est perpendiculaire à ED, trace du plan sécant sur la base

Fig. 29.

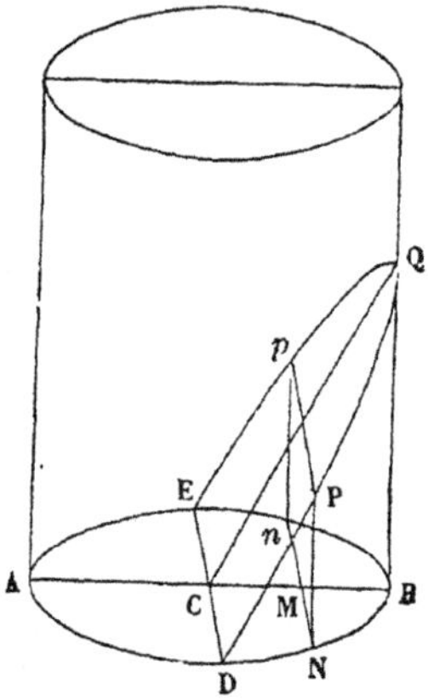

dont le centre est C. Soit PNnp = A la section faite par un plan perpendiculaire à la base et dont la trace Nn est parallèle à ED; si l'on pose

$$CB = a, \quad CM = x, \quad MN = y, \quad PN = z,$$

on aura (n° 459)

$$V = \int_0^a A\,dx = 2\int_0^a yz\,dx.$$

Or

$$z = x \operatorname{tang}\alpha, \quad y^2 + x^2 = a^2;$$

donc

$$V = \frac{2}{3} a^3 \operatorname{tang}\alpha.$$

§ XI. — *Quadrature des surfaces courbes.*

On désigne généralement par S la surface cherchée.

507. L'équation différentielle de la cycloïde étant

$$\frac{dy}{dx} = \left(\frac{2a}{y} - 1\right)^{\frac{1}{2}},$$

on a

$$S = 2\pi(2a)^{\frac{1}{2}} \int_0^y \frac{y\,dy}{\sqrt{2a-y}}$$
$$= \frac{4}{3}\pi(2a)^{\frac{1}{2}}\left[4a(2a)^{\frac{1}{2}} - (2a-y)^{\frac{1}{2}}(4a+y)\right].$$

Il suit de là que la surface engendrée par la révolution de la cycloïde entière a pour expression

$$\frac{64}{3}\pi a^2.$$

508. $$2\pi \int_0^\infty y\left(1 + \frac{dy^2}{dx^2}\right)^{\frac{1}{2}} dx = 2\pi a^2.$$

509. Les équations des surfaces étant

$$x^2 + z^2 = a^2, \quad x^2 + y^2 = a^2,$$

on tire de la première

$$\frac{dz}{dx} = -\frac{x}{z}, \quad \frac{dz}{dy} = 0;$$

et, en posant $y_1 = (a^2 - x^2)^{\frac{1}{2}}$,

$$S = 8a \int_0^a \int_0^{y_1} \frac{dx\,dy}{(a^2 - x^2)^{\frac{1}{2}}} = 8a^2.$$

510. En nommant A la portion de l'aire cherchée, limitée, comme le volume V du n° 503, par les plans ZOX, ZOm

et la surface cylindrique, on a

$$A = a\int_0^\theta\int_0^{a\cos n\theta}\frac{r\,dr\,d\theta}{(a^2-r^2)^{\frac{1}{2}}} = a^2\theta - a^2\int_0^\theta \sin n\theta\,d\theta.$$

L'intégrale du second membre, qui a pour valeur $\frac{2a^2}{n}\sin^2\frac{?}{2}$, représente l'excès sur A de l'aire du triangle sphérique limité par les mêmes plans que A. L'élément de cet excès s'obtiendrait aussi directement en calculant l'aire de la zone qui répond au segment de sphère considéré dans le n° 503.

Pour $n = \frac{1}{4}$, la courbe tracée sur la sphère est la spirale de Pappus (n° 296), et l'on voit que la surface comprise entre cette courbe et la base de la demi-sphère est égale au carré du diamètre. Ce théorème, dû à Pappus (*Collect. Math.*, Liv. IV, prop. 3), est le premier exemple de la quadrature d'une surface courbe.

Si $n = 1$, l'excès de la surface de la demi-sphère située dans la région des x positifs sur celle que le cylindre droit en détache a pour valeur $4a^2$. Ce résultat résout le problème qui consiste à percer un dôme hémisphérique de quatre fenêtres égales telles, que le reste de la surface soit équivalent à un carré, problème que Viviani proposa sous forme d'énigme aux géomètres de son temps. Voici en quels termes il s'exprime dans les *Acta eruditorum* de 1692 :

Ænigma geometricum de miro opificio testudinis quadrabilis hæmisphericæ, autore D. Pio Lisci Pusillo Geometra.

« Inter venerabilia olim Græciæ monumenta extat adhuc
» perpetuo quidem duraturum templum augustissimum
» ichnographia circulari *almæ Geometriæ* dicatum, quod
» testudine intus perfecte hemisphærica operitur; sed in
» hac fenestrarum quatuor æquales areæ (circum ac supra
» basin hemisphæræ ipsius dispositarum) tali configura-
» tione, amplitudine, tantaque industria ac ingenii acu-
» mine sunt extructæ, ut his detractis superstes curva

» testudinis superficies, pretioso opere musivo ornata,
» tetragonismi vere geometrici sit capax. » (n° 503.)

Sous l'anagramme qui dissimulait le nom de l'auteur, on trouve : *Postremo Galilei discipulo*. Le problème était en effet une épreuve à laquelle un des élèves les plus distingués de Galilée voulait soumettre la nouvelle analyse créée par Leibnitz. Celui-ci en trouva la solution le jour même où le programme de Viviani lui parvint (*Acta erudit.*, 1692). Jacques Bernoulli résolut aussi la question et montra qu'on y pouvait arriver d'une infinité de manières. La construction géométrique donnée par Viviani lui-même est ingénieuse, mais manque de rigueur. Un religieux camaldule, Urbain Grandi, en fit connaître une plus satisfaisante en 1699. Il prouva en outre qu'on peut détacher d'un cône droit une portion de surface quarrable, à laquelle il donna le nom de *voile du Camaldule;* mais cette remarque avait déjà été faite en 1696 par Jacques Bernoulli. On peut d'ailleurs la formuler ainsi : *Tout prisme droit dont la base s'appuie sur celle d'un cône droit détache du cône une surface dont le rapport à la base du prisme est égal à celui du côté du cône au rayon de sa base.*

Bossut, comme on l'a vu (n° 503), a démontré que le volume du *dôme* de Viviani est égal au neuvième du cube du diamètre de la sphère. Euler a beaucoup généralisé le problème de Viviani (*Comm. nov. Acad. Petrop.*, 1759).

511. L'élément de la surface a pour valeur

$$a\left(\frac{x^2+y^2}{x^2-y^2}\right)^{\frac{1}{2}}\frac{dxdy}{2z}.$$

En transformant cette expression au moyen des coordonnées polaires dans le plan xy, elle devient

$$\frac{a^2 r dr d\theta}{2\rho\sqrt{rv-r^2}},$$

où l'on a fait $\nu^2 = a^2 \cos 2\theta$. Il résulte de là

$$S = \frac{a^2}{2}\int_0^\theta \frac{d\theta}{\nu}\int_0^\nu \frac{r\,dr}{\sqrt{r\nu - r^2}} = \frac{\pi a^2}{4}\theta.$$

La surface totale est égale à $\frac{\pi^2 a^2}{2}$.

512. L'élément ω de la surface ayant pour valeur

$$dx\,dy\,\frac{\sqrt{a^2 + x^2}}{x},$$

la nature même des limites indiquées conduit à transformer cette expression au moyen des coordonnées polaires dans le plan xy, ce qui donne les relations

$$\omega = dr\,d\theta\,\frac{\sqrt{r^2\cos^2\theta + a^2}}{\cos\theta}, \quad \nu^2 = b^2 - a^2 \operatorname{tang}^2\theta,$$

où ν désigne le rayon vecteur de la courbe suivant laquelle le cylindre B coupe le plan xy. On a, par suite, zOx étant l'un des plans fixes,

$$S = \int_0^\theta \int_0^\nu dr\,d\theta\,\frac{\sqrt{r^2\cos^2\theta + a^2}}{\cos\theta}.$$

Si l'on intègre par rapport à r et qu'on fasse $a^2 + b^2 = c^2$, on trouve pour l'aire cherchée

$$\frac{c}{2}\int_0^\theta d\theta\,\frac{\sqrt{c^2\cos^2\theta - a^2}}{\cos\theta} + \frac{a^2}{2}\int_0^\theta \frac{d\theta}{\cos^2\theta}\log\frac{\sqrt{c^2\cos^2\theta - a^2} + c\cos\theta}{a},$$

ou bien

$$\frac{b^2}{2}\arcsin\left(\frac{c\sin\theta}{b}\right) + \frac{a^2}{2}\operatorname{tang}\theta\log\frac{\sqrt{c^2\cos^2\theta - a^2} + c\cos\theta}{a}.$$

Pour $\theta = \operatorname{arc\,tang}\frac{b}{a}$, cette expression se réduit à $\frac{\pi b^2}{4}$, quantité indépendante de a. Si l'on n'avait en vue que ce dernier cas, on obtiendrait le résultat d'une manière beaucoup plus prompte en conservant les coordonnées rectilignes.

513. (*Voir* n° 506 et *fig.* 29) ds désignant l'élément de

l'arc DNB, la surface QDNB a pour expression

$$\int z\,ds = a \tang \alpha \int_0^a \frac{x\,dx}{(a^2-x^2)^{\frac{1}{2}}} = a^2 \tang \alpha.$$

L'aire de la surface QEDB est donc

$$2a^2 \tang \alpha.$$

§ XII. — *Changement de variables sous le signe d'intégration.*

514. La relation générale

$$dx\,dy = \left(\frac{\partial x}{\partial u}\frac{\partial y}{\partial v} - \frac{\partial x}{\partial v}\frac{\partial y}{\partial u}\right) du\,dv$$

se réduit ici à

$$dx\,dy = u\,du\,dv;$$

on a donc

$$\int\int x^m y^n\,dx\,dy = \int\int u^{m+n+1}(1-v)^m v^n\,du\,dv.$$

Cette transformation a été donnée par Jacobi (*Journal de Crelle*, t. XI); elle est d'un grand usage dans la recherche des intégrales définies.

515. $\int\int e^{x^2+y^2}\,dx\,dy = \int\int e^{r^2}\,r\,dr\,d\theta.$

516. $\int\int\int \mathrm{V}\,dx\,dy\,dz = \int\int\int \mathrm{V}\,r^2\,dr \sin\theta\,d\theta\,d\varphi.$

On reconnaît ici la transformation usitée quand on passe des coordonnées rectangles aux coordonnées polaires.

517. Il résulte des équations données qu'on a

$$z = c\cos\theta, \quad \frac{dz}{dx} = -\frac{c\sin\theta\cos\varphi}{a\cos\theta},$$

$$\frac{dz}{dy} = -\frac{c\sin\theta\cos\varphi}{b\cos\theta}.$$

D'ailleurs,

$$dx\,dy = ab\cos\theta\sin\theta\,d\theta\,d\varphi;$$

l'intégrale prend alors la forme

$$\int\int d\theta\,d\varphi\,\sin\theta\left[a^2b^2\cos^2\theta + c^2\sin^2\theta(a^2\sin^2\varphi + b^2\cos^2\varphi)\right]^{\frac{1}{2}}.$$

(Ivory.)

§ XIII. — *Équations linéaires à coefficients constants.*

518. Par la méthode de la variation des constantes on trouve

$$y = Ce^{ax} - \frac{x^4}{a} - \frac{4x^3}{a^2} - \frac{4.3x^2}{a^3} - \frac{4.3.2x}{a^4} - \frac{4.3.2.1}{a^5}.$$

On arriverait au même résultat en observant que, le second membre étant une fonction entière du quatrième degré en x, si l'on pose

$$y_1 = A + Bx + Cx^2 + Dx^3 + Ex^4,$$

il sera facile de déterminer les coefficients A, B, ..., de telle sorte que y_1 soit une intégrale particulière de l'équation proposée. Pour avoir l'intégrale générale, il suffira d'ajouter à y_1 l'intégrale générale de l'équation privée du second membre.

La méthode précédente peut toujours s'appliquer lorsque le second membre de l'équation est une fonction entière de x; elle convient encore quand il renferme linéairement des exponentielles, des sinus, des cosinus, dans lesquels x n'entre qu'au premier degré. Si, par exemple, le second membre contient e^{ax} ou $\sin ax$, on introduit dans l'expression de y_1 la quantité Ae^{ax} ou $A\sin ax + B\cos ax$, A et B étant deux indéterminées.

Le procédé qu'on vient d'indiquer abrége souvent les calculs.

519. $y = Ae^{-2x} + Be^{-x}$.

A et B sont deux fonctions de x déterminées par les relations

$$A = -\int \frac{e^{2x} x\,dx}{(1+x)^2}, \quad B = \int \frac{e^{x} x\,dx}{(1+x)^2}.$$

On trouve

$$B = \frac{e^x}{1+x} + C, \quad A = -\frac{e^{2x}}{1+x} + \int \frac{e^{2x}\,dx}{1+x} + C';$$

et par suite,

$$y = e^{-2x} \int \frac{e^{2x}\,dx}{1+x} + Ce^{-x} + C' e^{-2x}.$$

520. $y = \frac{x^2}{4} + \frac{x}{2} + \frac{3}{8} + e^{2x}(C + C'x)$.

521. $y = \frac{(m^2 - n^2)\sin nx + 2mn\cos nx}{(m^2 + n^2)^2} + e^{mx}(C + C'x)$.

Si l'on pose

$$\frac{m}{(m^2 + n^2)^{\frac{1}{2}}} = \cos\theta, \quad \frac{n}{(m^2 + n^2)^{\frac{1}{2}}} = \sin\theta,$$

y prend la forme plus simple

$$\frac{\sin(nx + 2\theta)}{m^2 + n^2} + e^{mx}(C + C'x).$$

522. $y = \frac{\cos mx}{n^2 - m^2} + C\cos nx + C'\sin nx$.

Cette expression peut s'écrire

$$y = C'\sin nx + C''\cos nx - \frac{\cos mx - \cos nx}{m^2 - n^2},$$

et l'on voit que pour $m = n$ elle se réduit à

$$y = C'\sin nx + C''\cos nx + \frac{x\sin nx}{2n}.$$

523. $y = \frac{\sin mx}{m^4 - 5m^2 + 6} + C\cos\left(2^{\frac{1}{2}}x + \alpha\right) + C'\cos\left(3^{\frac{1}{2}}x + \beta\right).$

524. $y = x^n - n(n-1)x^{n-2} + n(n-1)(n-2)(n-3)x^{n-4}$
$- \ldots + C\cos x + C'\sin x.$

525. $y = -\frac{x^3}{a^4} + Ce^{ax} + C_1 e^{-ax} + C_2\cos(ax + C_3).$

526. $y = \frac{\cos x}{(a^2-1)^2} + (C + C_1 x)\cos ax + (C' + C'_1 x)\sin ax.$

527. On est conduit à résoudre une équation dont les racines sont 2, 2, -2, $3i$, $-3i$. Il en résulte

$$y = \frac{e^{mx}}{(m-2)^2(m+2)(m^2+9)} + e^{2x}(C + C_1 x) + C_2 e^{-2x}$$
$$+ C_3\cos(3x + C_4).$$

528. Les racines de l'équation à résoudre sont

$$-3, \quad 1+2i, \quad 1-2i;$$

il en résulte

$$y = \frac{x^2}{15} + \frac{2x}{15^2} - \frac{28}{15^3} + e^x(C\sin 2x + C_1\cos 2x) + C_2 e^{-3x}.$$

§ XIV. — *Équations linéaires à coefficients variables.*

529. Cette équation étant linéaire et du premier ordre, on trouve, en appliquant la formule connue,

$$y = a + C(1 - x^2)^{\frac{1}{2}}.$$

530. Cette équation est linéaire et du premier ordre. On déduit de la formule générale

$$y = \frac{a}{2(n+1)}\left[(1+x^2)^{\frac{1}{2}} + x\right] + \frac{a}{2(n-1)}\left[(1+x^2)^{\frac{1}{2}} - x\right]$$
$$+ C\left[(1+x^2)^{\frac{1}{2}} - x\right]^n.$$

Si $n = 1$, les deux derniers termes peuvent s'écrire

$$\frac{a}{2}\,\frac{(1+x^2)^{\frac{1}{2}} - x - \left[(1+x^2)^{\frac{1}{2}} - x\right]^n}{n-1} + C'\left[(1+x^2)^{\frac{1}{2}} - x\right]^n.$$

La vraie valeur de la première de ces expressions, obtenue par la méthode connue, est

$$-\frac{a}{2}\left[(1+x^2)^{\frac{1}{2}} - x\right]\log\left[(1+x^2)^{\frac{1}{2}} - x\right].$$

On trouverait d'une manière semblable la formule relative au cas de $n = -1$.

531. $y = \dfrac{1}{a+4}\left(\dfrac{1+x}{1-x}\right)^2 + C\left(\dfrac{1-x}{1+x}\right)^{\frac{a}{2}}.$

Si $a = -4$, on peut écrire

$$y = \frac{1}{a+4}\left[\left(\frac{1+x}{1-x}\right)^2 - \left(\frac{1+x}{1-x}\right)^{-\frac{a}{2}}\right] + C'\left(\frac{1+x}{1-x}\right)^{-\frac{a}{2}}.$$

La vraie valeur du terme renfermé dans la grande parenthèse est

$$\frac{1}{2}\left(\frac{1+x}{1-x}\right)^2\log\left(\frac{1+x}{1-x}\right).$$

532. $y = -\dfrac{\left[nx(1-x^2)^{\frac{1}{2}} + 1 - 2x^2\right]}{n^2+4} + Ce^{n \arcsin x}.$

533. Cette équation est de la forme

$$(a+bx)^n\frac{d^ny}{dx^n} + A_1(a+bx)^{n-1}\frac{d^{n-1}y}{dx^{n-1}} + \ldots + A_ny = x^m;$$

elle pourra donc s'intégrer en posant

$$x = e^t.$$

On trouve en effet

$$y = \frac{x^m}{m^2-1} + Cx + \frac{C_1}{x}.$$

Si $m = \pm 1$,

$$y = \frac{x^{\pm 1}\log(x^{\pm 1})}{2} + Cx + \frac{C_1}{x}.$$

534. Même observation qu'au n° 533. En posant

$$x = e^t,$$

il vient

$$y = \frac{1}{x}\log\left(\frac{x}{1-x}\right) + \frac{1}{x}(C + C_1 \log x).$$

535. Remarque du n° 533. En posant

$$1 + x = e^t,$$

l'équation à intégrer est

$$\frac{d^3y}{dt^3} - 2\frac{d^2y}{dt^2} + 4\frac{dy}{dt} - 8y = e^{\frac{t}{2}} - e^{-\frac{t}{2}}.$$

Si l'on opère comme il est indiqué au n° 518, on trouve pour résultat

$$y = \frac{8}{85}(1+x)^{-\frac{1}{2}} - \frac{8}{51}(1+x)^{\frac{1}{2}} + C(1+x)^2$$
$$+ C_1 \cos[\log(1+x)^2] + C_2 \sin[\log(1+x)^2].$$

536. Remarque du n° 533. On est conduit à intégrer l'équation

$$(1) \qquad \frac{d^3y}{dt^3} - 6\frac{d^2y}{dt^2} + 12\frac{dy}{dt} - 8y = \varphi(e^t).$$

Le résultat auquel on parvient peut être mis sous la forme

$$y = (C + C_1 t + C_2 t^2 + u)e^{2t},$$

où l'on a

$$2u = \int_0^t e^{-2z}\varphi(e^z)(t-z)^2 dz.$$

L'équation (1) ne diffère pas d'ailleurs de celle-ci :

$$\frac{d^3(ye^{-2t})}{dt^3} = e^{2t}\varphi(e^t).$$

537. On remarque que l'équation peut s'écrire

$$\frac{d^2(xy)}{dx^2} - a^2(xy) = 0,$$

dont l'intégrale est

$$y = \frac{1}{x}(Ce^{ax} + C_1 e^{-ax}).$$

538. En mettant l'équation sous la forme

$$\frac{d}{dx}\left(\frac{dy}{dx} + \frac{2y}{x}\right) + n^2 y = 0,$$

et posant ensuite

(1) $$\frac{dy}{dx} + \frac{2y}{x} = z,$$

il vient

(2) $$y = -\frac{1}{n^2}\frac{dz}{dx};$$

d'où

$$\frac{d^2 z}{dx^2} + \frac{2}{x}\frac{dz}{dx} + n^2 z = 0.$$

Cette équation, traitée comme celle du n° 537, a pour intégrale

$$zx = A\cos(nx + \alpha),$$

A et α étant deux constantes arbitraires. En différentiant et tenant compte des relations (1) et (2), on trouve

$$y = \frac{A\cos(nx+\alpha)}{n^2x^2} + \frac{A\sin(nx+\alpha)}{nx}.$$

539. L'équation peut s'écrire

$$\frac{x^2 d\dfrac{dy}{dx}}{dx} - c^2 y = 0.$$

En posant $x = u^{-1}$, la transformée conduit aux deux suivantes :

$$2\frac{dy}{du} + u\frac{d^2y}{du^2} - c^2uy = 0,$$

$$\frac{d^2(uy)}{du^2} - c^2uy = 0,$$

dont la dernière fournit l'intégrale

$$y = x\left(Ae^{\frac{c}{x}} + Be^{-\frac{c}{x}}\right).$$

L'équation proposée s'intègre encore comme il suit :

Soit $\sum a_n x^n = y$ une série dont le terme général est $a_n x^n$, n pouvant recevoir des valeurs entières positives ou négatives. Cette valeur de y, substituée dans l'équation différentielle, donne la relation

$$\frac{d^2y}{dx^2} - \frac{c^2y}{x^4} = \sum\left[n(n-1)a_n x^{n-2}\right] - c^2\sum a_{n+2}x^{n-2} = 0.$$

En égalant à zéro le multiplicateur de x^{n-2}, il vient

$$n(n-1)a_n = c^2 a_{n+2},$$

égalité d'où résulte qu'on ne peut attribuer à n que des valeurs négatives. Faisant donc successivement n égal à -1, $-2, \ldots$, on trouve

$$y = a_1\left(x + \frac{1}{1.2}\frac{c^2}{x} + \frac{1}{1.2.3.4}\frac{c^4}{x^3} + \ldots\right)$$
$$+ a_0\left(1 + \frac{1}{1.2.3}\frac{c^2}{x^2} + \frac{1}{1.2.3.4.5}\frac{c^4}{x^4} + \ldots\right),$$

a_0 et a_1 désignant deux constantes arbitraires. Ce résultat peut évidemment se mettre sous la forme déjà obtenue.

540. Substituant à y dans l'équation la série

$$ax^\alpha + a_1x^{\alpha_1} + \ldots + a_nx^{\alpha_n} + \ldots,$$

on est conduit à poser successivement $\alpha = 0$, $\alpha = 1$, ce qui donne les intégrales particulières

$$y_1 = \sum_0^\infty a_n x^{\alpha_n} = -a \sum_0^\infty \frac{(2n-1)(3cx^{\frac{1}{3}})^{2n}}{1.2\ldots 2n},$$

$$y_2 = \frac{a}{(3c)^n} \sum_0^\infty \frac{(2n+2)\left(3cx^{\frac{1}{3}}\right)^{2n+3}}{1.2\ldots(2n+3)},$$

à condition de remplacer dans la première $1.2\ldots 2n$ par l'unité quand on fait $n = 0$.

On peut toujours trouver la somme des séries précédentes. En effet, de l'équation évidente

$$\sum_0^\infty \frac{z^{2n-1}}{1.2\ldots 2n} = \frac{e^z + e^{-z}}{2} z^{-1}$$

on tire

$$\sum_0^\infty \frac{(2n-1)z^{2n}}{1.2\ldots 2n} = \frac{e^z}{2}(z-1) - \frac{e^{-z}}{2}(z+1);$$

par suite,

$$y_1 = \frac{a}{2}\left[e^{3cx^{\frac{1}{3}}}\left(3cx^{\frac{1}{3}} - 1\right) - e^{-3cx^{\frac{1}{3}}}\left(3cx^{\frac{1}{3}} - 1\right)\right];$$

On aurait de même, b désignant une constante,

$$y_2 = b\left[e^{3cx^{\frac{1}{3}}}\left(3cx^{\frac{1}{3}} - 1\right) + e^{-3cx^{\frac{1}{3}}}\left(3cx^{\frac{1}{3}} + 1\right)\right];$$

d'où résulte enfin

$$y = A\left(1 - 3cx^{\frac{1}{3}}\right)e^{3cx^{\frac{1}{3}}} + B\left(1 + 3cx^{\frac{1}{3}}\right)e^{\;3cx^{\frac{1}{3}}}.$$

541. En suivant une marche analogue à celle du numéro

précédent, on trouve

$$y = \mathrm{A}\left(3 - 15cx^{\frac{1}{5}} + 25c^2x^{\frac{2}{5}}\right)e^{5cx^{\frac{1}{5}}}$$
$$+ \mathrm{B}\left(3 + 15cx^{\frac{1}{5}} + 25c^2x^{\frac{2}{5}}\right)e^{-5cx^{\frac{1}{5}}}.$$

§ XV. — *Équations différentielles non linéaires.*

542. Cette équation étant de la forme

$$\text{(A)} \qquad dy + \mathrm{P}y\,dx = \mathrm{Q}y^{n+1}\,dx,$$

la méthode connue donne

$$y^{n} = \frac{ce^{\frac{-nx}{a}} + nx - a}{n}.$$

Si $n = 1$, l'équation obtenue est celle d'une logarithmique. Ce cas particulier est intéressant au point de vue de l'histoire des Mathématiques ; il donne la solution de la question suivante, proposée aux géomètres par de Beaune, ami de Descartes, environ trente ans avant l'invention du Calcul infinitésimal :

Trouver une courbe telle que la sous-tangente soit à l'ordonnée comme une ligne constante est à la différence entre l'ordonnée et l'abscisse.

La question était d'un genre tout à fait nouveau. Il ne s'agissait plus, comme on l'avait fait jusque-là, de déterminer la tangente d'une courbe dont on connaissait les pro priétés, mais de remonter, au contraire, d'une propriété de la tangente à la découverte de la courbe même. Ce problème, qui paraît uniquement du ressort du Calcul intégral, Descartes le résolut par des considérations qu'il n'a malheureusement pas fait connaître. En 1692, l'Hôpital et Jean Bernoulli en donnèrent une solution fondée sur la nouvelle Analyse créée par Leibnitz.

543. L'équation rentrant dans le type (A) (n° 542), on a

$$y^{\frac{1}{2}} = -\frac{1-x^2}{3} + C(1-x^2)^{\frac{1}{4}}.$$

544. $y^2 = -\frac{c}{b}x - \frac{ac}{2b^2} + Ce^{\frac{2b}{a}x}$ (n° 542).

545. $y^3 = \frac{3a^3}{2x} + \frac{C}{x^3}$ (n° 542).

546. $y^2 = e^{-\frac{2a}{x}} - \frac{b}{ax} + \frac{b}{2a^2}$ (n° 542).

547. En posant

$$x = \frac{1}{v},$$

l'équation devient linéaire par rapport à v et a pour intégrale

$$\frac{1}{x} = 2 - y^2 + Ce^{-\frac{y^2}{2}}.$$

548. L'équation étant homogène, si l'on pose

$$\frac{y}{x} = z,$$

elle donne

$$\log x + \frac{1}{2}\log(1 - mz + z^2) + \frac{m}{2}\int\frac{dz}{1 - mz + z^2} = C.$$

Pour $m > 2$, le dénominateur de la quantité sous le signe est de la forme

$$(z-a)\left(z - \frac{1}{a}\right),$$

et par suite,

$$\int\frac{m\,dz}{1 - mz + z^2} = \frac{a^2+1}{a^2-1}\log\left(\frac{z-a}{z-\frac{1}{a}}\right);$$

par conséquent,

$$\log(x^2+y^2-mxy)^{\frac{1}{2}}+\frac{a^2+1}{2(a^2-1)}\log\frac{y-ax}{ay-x}=\mathrm{C}.$$

Pour $m<2$ on trouve, en posant $m=2\cos\alpha$,

$$\log(x^2+y^2-mxy)^{\frac{1}{2}}+\cot\alpha \operatorname{arc\,tang}\frac{y-x\cos\alpha}{x\sin\alpha}=\mathrm{C}.$$

Si enfin $m=2$,

$$y-x=\mathrm{C}e^{\frac{x}{y-x}}.$$

On aurait pu intégrer l'équation en passant aux coordonnées polaires, ce qui donne

$$\frac{dr}{r}=\frac{m\sin^2\theta\,d\theta}{m\sin\theta\cos\theta-1}=-\frac{m}{2}\,\frac{\cos 2\theta\,d\;2\theta}{m\sin 2\theta-2}+\frac{m}{2}\,\frac{d.2\theta}{m\sin 2\theta-2}.$$

Pour l'intégration du dernier terme, voir le n° 361.

549. Cette équation est homogène et a pour intégrale

$$y^2+2x^2=\mathrm{C}(x^2+y^2)^{\frac{1}{2}}.$$

550. Équation homogène.

$$(x+y)\log\frac{x}{\mathrm{C}}=xe^{\frac{y}{x}}.$$

551. L'équation transformée est

$$x(1-z^2)\,dz=0,$$

qui a pour solutions

$$x=0,\quad y^2-x^2=0,\quad \frac{y}{x}=\mathrm{C}.$$

On pouvait le voir immédiatement en mettant l'équation proposée sous la forme

$$(x\,dy-y\,dx)(y^2-x^2)=0.$$

552. Si l'on fait

$$\frac{y}{x} = u,$$

il vient

$$dx = -x\frac{\psi(u)\,du}{\varphi(u) + u\psi(u)} + \frac{ax^{m+2}du}{\varphi(u) + u\psi(u)},$$

et cette équation a pour intégrale

$$\frac{1}{x^{m+1}} = e^{v}\left[C - a(m+1)\int e^{-v}\frac{du}{\varphi(u) + u\psi(u)}\right],$$

où

$$v = (m+1)\int \frac{\psi(u)\,du}{\varphi(u) + u\psi(u)}.$$

553. Dans le cas particulier où l'on a

$$a = b = c = 0,$$

l'équation se réduit à

$$(1)\quad (a_1 x + a_2 y)(x\,dy - y\,dx) = (b_1 x + b_2 y)\,dy - (c_1 x + c_2 y)\,dx,$$

et rentre dans celle du numéro précédent.

Pour voir s'il est possible de ramener l'équation donnée à la forme (1), changeons de variables et posons

$$x = \alpha + u,\quad y = \beta + v,$$

α et β étant deux constantes qu'il s'agit de déterminer de manière à obtenir la réduction qu'on a en vue. On est conduit de la sorte à satisfaire aux deux équations

$$\begin{cases} \alpha(a + a_1\alpha + a_2\beta) - (b + b_1\alpha + b_2\beta) = 0, \\ \beta(a + a_1\alpha + a_2\beta) - (c + c_1\alpha + c_2\beta) = 0. \end{cases}$$

On peut les écrire

$$\frac{b + b_1\alpha + b_2\beta}{\alpha} = \frac{c + c_1\alpha + c_2\beta}{\beta} = a + a_1\alpha + a_2\beta;$$

et si l'on pose chacun de ces rapports égal à λ, il en résulte le système

$$\left\{\begin{array}{l} (a-\lambda)+a_1\alpha+a_2\beta=0,\\ b+(b_1-\lambda)\alpha+b_2\beta=0,\\ c+c_1\alpha+(c_2-\lambda)\beta=0, \end{array}\right.$$

d'où l'on déduit, pour déterminer λ, et par suite α et β, l'équation du troisième degré

$$\begin{aligned}(a-\lambda)(b_1-\lambda)(c_2-\lambda)-b_2c_1(a-\lambda)-a_2c(b_1-\lambda)\\ -a_1b(c_2-\lambda)+a_1b_2c+a_2bc_1=0.\end{aligned}$$

La réduction à la forme (1) est donc toujours possible, et l'équation proposée peut toujours s'intégrer.

L'intégration de cette équation a été donnée par Jacobi (*Journal de Crelle*, t. XXXIV), en adoptant une marche très différente de celle qu'on vient de suivre, et qui est due à G. Boole.

554. Cette équation rentre dans celle de Riccati, dont la forme générale est

$$dy+b^2y^2dx=a^2x^m dx,$$

et qu'on sait intégrer toutes les fois qu'on a

$$m=-\frac{4r}{2r\pm 1},$$

r étant un nombre entier. Dans l'équation proposée,

$$m=-\frac{4}{3};$$

on trouve alors

$$\frac{y\left(x^{\frac{1}{3}}+3x^{\frac{2}{3}}\right)+3}{y\left(x^{\frac{1}{3}}-3x^{\frac{2}{3}}\right)+3}=Ce^{6x^{\frac{1}{3}}}.$$

555. $$\frac{x^{\frac{2}{3}}+yx^{\frac{1}{3}}-6}{3.\sqrt{2}\,(1+xy)\,x^{\frac{1}{3}}}=\operatorname{tang}\left(\frac{3.\sqrt{2}}{x^{\frac{1}{3}}}+C\right)\quad (\text{n}^\circ\ 554).$$

556. Cette équation peut s'écrire

$$a\frac{dx}{x}+b\frac{dy}{y}+x^m y^n\left(c\frac{dx}{x}+e\frac{dy}{y}\right)=0.$$

Posons

$$x^a y^b = u,\quad x^c y^e = v,$$

elle devient

$$\frac{du}{u}+u^\alpha v^\beta\frac{dv}{v}=0,$$

en faisant

$$\alpha=\frac{me-nc}{ae-bc},\quad \beta=\frac{na-mb}{ae-bc}.$$

On trouve alors

$$\frac{v^\beta}{\beta}-\frac{u^{-\alpha}}{\alpha}=\mathrm{C}.$$

Si $me=nc$, $na=mb$, on a

$$x^{a+c}y^{b+e}=\mathrm{C}.$$

Si $ae-bc=0$, sans que les numérateurs de α et de β soient nuls, l'équation proposée revient à

$$\left(a\frac{dx}{x}+b\frac{dy}{y}\right)\left(1+\frac{c}{a}x^m y^n\right)=0,$$

et elle est satisfaite par

$$x^a y^b=\mathrm{C},\quad \text{et par}\quad x^m y^n=-\frac{a}{c}=-\frac{b}{e}.$$

557. On voit sans peine que si x et y représentaient deux tangentes les radicaux disparaîtraient; posons donc

$$y=\operatorname{tang}v,\quad x=\operatorname{tang}u;$$

l'équation devient

$$\sin(v-u)\,dv=n\,du.$$

Faisant

$$v-u=z,$$

on trouve

$$dv = \frac{n\,dz}{n - \sin z},$$

équation qui s'intègre au moyen du n° 361.

On obtient alors x et y en fonction de l'auxiliaire z.

558. L'équation proposée revient à celle-ci :

$$\left(\frac{dy}{dx} - x^2\right)\left(\frac{dy}{dx} - xy\right)\left(\frac{dy}{dx} - y^2\right) = 0,$$

dont l'intégrale est

$$\left(y - \frac{x^3}{3} - C\right)\left(y - Ce^{\frac{x^2}{2}}\right)\left(y - \frac{1}{C - x}\right) = 0.$$

559. $$\left[(a^2 - x^2)\frac{dy^2}{dx^2} - 1\right]\left(\frac{dy}{dx} + bx\right) = 0;$$

$$(y + C)^3 = \frac{bx^2}{2}\left(\arcsin\frac{x}{a}\right)^2.$$

560. $$\frac{dy^2}{dx^2} - \frac{2y}{x}\frac{dy}{dx} + \frac{y^2}{x^2} = \frac{y^2}{x^2}\left(x^2 + y^2\right)^2\frac{dy^2}{dx^2};$$

d'où

$$\frac{x\,dy}{dx} - y = \pm y(x^2 + y^2)\frac{dy}{dx},$$

et enfin

$$y = x \operatorname{tang}\left(C \pm \frac{y^2}{2}\right).$$

561. Posons

$$\frac{dy}{dx} = p, \quad \frac{y}{x} = u:$$

il vient

$$u = p + n(1 + p^2)^{\frac{1}{2}},$$

$$dy = p\,dx = u\,dx + x\,du,$$

$$\frac{dx}{x} = \frac{du}{p - u} = -\frac{dp}{n(1 + p^2)^{\frac{1}{2}}} - \frac{p\,dp}{1 + p^2},$$

et en désignant une constante arbitraire par log$a$,

$$x = \frac{a}{(1+p^2)^{\frac{1}{2}}}\left[(1+p^2)^{\frac{1}{2}} - p\right]^{\frac{1}{n}}.$$

On en déduit

$$y = \frac{a\left[p + n(1+p^2)^{\frac{1}{2}}\right]}{(1+p^2)^{\frac{1}{2}}}\left[(1+p^2)^{\frac{1}{2}} - p\right]^{\frac{1}{n}},$$

et par suite, en tenant compte de la valeur de $\frac{y}{x}$,

$$\frac{\left[y^2 + (1-n^2)x^2\right]^{\frac{1}{2}} - ny}{1-n^2} = a\left[\frac{\left[y^2 + (1-n^2)x^2\right]^{\frac{1}{2}} - y}{(1-n)x}\right]^{\frac{1}{n}}.$$

562. Cette équation est homogène en x et en y, comme celle du numéro précédent, et peut se traiter de la même manière; mais il est plus simple de la résoudre par rapport à $\frac{dy}{dx}$, ce qui donne

$$y\frac{dy}{dx} + \frac{n^2x}{n^2-1} = \pm\frac{\left[(n^2-1)y^2 + n^2x^2\right]^{\frac{1}{2}}}{n^2-1},$$

ou bien

$$\frac{(n^2-1)y\,dy + n^2x\,dx}{\left[(n^2-1)y^2 + n^2x^2\right]^{\frac{1}{2}}} = \pm\, dx,$$

équation qui a pour intégrale

$$(n^2-1)y^2 + n^2x^2 = (C \pm x)^2.$$

563. En posant

$$dy = p\,dx,$$

l'intégrale résulte de l'élimination de p entre les deux équations

$$y = (1+p)x + p^2,$$
$$x = 2(1-p) + Ce^{-p}.$$

564. L'équation peut s'écrire

$$y - 2px = a(1+p^2)^{\frac{1}{2}},$$

et son intégrale s'obtient en éliminant $p = \frac{dy}{dx}$ entre cette équation et la suivante :

$$p^2 x = -\frac{a}{2}\left[p(1+p^2)^{\frac{1}{2}} - \log\left(p + (1+p^2)^{\frac{1}{2}}\right)\right] + C.$$

565. Cette équation revient à

$$\frac{dy}{dx} = \frac{y^2 - x^2}{2xy},$$

équation homogène dont l'intégrale est

$$y^2 + x^2 = 2Cx.$$

566. L'équation peut s'écrire

$$\frac{y''}{y'} + f(x) + \varphi(y)\frac{dy}{dx} = 0$$

ou

$$\frac{dy'}{y'} + f(x)\,dx + \varphi(y)\,dy = 0.$$

On a donc

$$y' e^{\int f(x)\,dx} e^{\int \varphi(y)\,dy} = C,$$

et par conséquent

$$e^{\int \varphi(y)\,dy}\,dy = C e^{-\int f(x)\,dx}\,dx.$$

On tire de là

$$\int e^{\int \varphi(y)\,dy}\,dy = C_1 + C\int e^{-\int f(x)\,dx}\,dx.$$

567. Lorsqu'une équation différentielle est homogène par rapport aux quantités $x, y, dx, dy, d^2y, d^3y, \ldots,$ on peut toujours en abaisser l'ordre d'une unité en posant

$$x = e^t, \quad y = ue^t.$$

Ces hypothèses conduisent ici à la relation

$$\frac{d^2u}{dt^2} + \frac{du}{dt} = \frac{du^2}{dt^2}.$$

Faisant

$$\frac{du}{dt} = z,$$

il vient successivement

$$z = \frac{1}{1 - cx}, \quad u = \frac{c' x}{1 - cx},$$

$$y = x \log \frac{c' x}{1 - cx}.$$

568. Même observation qu'au numéro précédent. On trouve

$$\frac{\left[(c-1)x^{\frac{1}{2}} + [2y + (c^2 - 1)x]^{\frac{1}{2}}\right]^{1-c}}{\left[(c+1)x^{\frac{1}{2}} - [2y + (c^2 - 1)x]^{\frac{1}{2}}\right]^{1+c}} = c'.$$

569. L'équation est homogène par rapport à

$$y, \quad \frac{dy}{dx}, \quad \frac{d^2y}{dx^2},$$

et s'intègre alors en posant

$$\frac{dy}{dx} = uy.$$

On déduit, en effet, de là

$$\frac{du}{u} = \frac{dx}{(a^2 + x^2)^{\frac{1}{2}}},$$

et cette équation a pour intégrale

$$u = C\left[x + (a^2 + x^2)^{\frac{1}{2}}\right];$$

d'où

$$\log(C'y) = Ca^2 \log\left[x + (a^2 + x^2)^{\frac{1}{2}}\right] + Cx\left[x + (a^2 + x^2)^{\frac{1}{2}}\right].$$

570. En opérant comme au numéro précédent, on trouve

$$y^{Cn} e^{C(a^2-x^2)^{\frac{1}{2}}} = C'\left[1 + C(a^2 - x^2)^{\frac{1}{2}}\right].$$

571. Posant $dy = p\,dx$, l'équation devient

$$\frac{dp}{(1+p^2)^{\frac{3}{2}}} = \frac{2x\,dx}{a^2};$$

d'où

$$\frac{p}{(1+p^2)^{\frac{1}{2}}} = \frac{x^2}{a^2} + C = \frac{x^2+ab}{a^2}.$$

On déduit de là

$$y = \int p\,dx = \int \frac{(x^2+ab)\,dx}{[a^4 - (x^2+ab)^2]^{\frac{1}{2}}}.$$

Cette équation, dont le second membre s'intègre au moyen des fonctions elliptiques, est celle de la courbe que forme une lame de ressort fixée horizontalement par une de ses extrémités à un plan vertical, et chargée d'un poids à l'autre extrémité. Jacques Bernoulli, qui s'est occupé le premier de cette courbe (*Mémoires de l'Académie des Sciences*, 1703), lui a donné le nom de *courbe élastique* (n° 630).

572. L'équation peut s'écrire (n° 571)

$$(1+p^2)^{\frac{1}{2}}dx + x\frac{p\,dp}{(1+p^2)^{\frac{1}{2}}} = a\,dp = d\left[x(1+p^2)^{\frac{1}{2}}\right].$$

On tire p de là, et l'on trouve ensuite

$$y = (a^2+b^2-x^2)^{\frac{1}{2}} - b\log\frac{b+(a^2+b^2+x^2)^{\frac{1}{2}}}{c(x-a)},$$

b et c désignant deux constantes arbitraires.

573. $dp + (a^2+x^2)^{-\frac{1}{2}}p\,dx = \frac{x^2}{a^2}(a^2+x^2)^{-\frac{1}{2}}dx.$

Cette équation linéaire du premier ordre s'intègre par la formule connue et conduit à l'intégrale suivante :

$$a^2y = -\frac{x^3}{9} - \frac{2a^2x}{3} + \frac{2(a^2+x^2)^{\frac{3}{2}}}{9} - Cx^2$$
$$+ Cx(a^2+x^2)^{\frac{1}{2}} + Ca^2 \log\frac{x+(a^2+x^2)^{\frac{1}{2}}}{C'}.$$

574. On arrive à une équation linéaire en posant

$$\frac{1}{p} = v,$$

ce qui conduit à l'intégrale générale

$$y + C' = \log(x^2 - C^2) - \frac{a}{C}\log\frac{x+C}{x-C}.$$

575. On pose

$$y^2 + p^2 = z^2,$$

et l'on arrive à une équation qui devient facilement linéaire et du premier ordre. On en déduit

$$x = C' + \left(\frac{2y-C}{C}\right)^{\frac{1}{2}} + \arccos\frac{y-C}{y}.$$

576. Cette équation peut s'écrire

$$p - y\frac{dp}{dy} = n\left(1 + a^2\frac{dp^2}{dy^2}\right)^{\frac{1}{2}};$$

c'est la forme de l'équation de Clairaut. On trouve pour l'intégrale

$$Cx + C' = \log\left[Cy + n(1+a^2C^2)^{\frac{1}{2}}\right].$$

Il y a une solution singulière

$$y = na\sin\frac{C+x}{a}.$$

§ XVI. — *Solutions singulières des équations différentielles du premier ordre.*

577. $y'^2 = 1 + x^2$.

C'est à propos de cet exemple que Taylor (1715) a remarqué, le premier, qu'une équation différentielle peut avoir des solutions non comprises dans l'intégrale générale.

578. $(x + y)^2 - 4ay = 0$.

579. $x^{\frac{2}{3}} + y^{\frac{2}{3}} = a^{\frac{2}{3}}$ (n° 232).

580. On trouve, en différentiant,

$$(yy' - a)\left(1 + y'^2 + y\frac{dy'}{dx}\right) = 0;$$

d'où

Solution singulière........ $y^2 = a^2 + 2ax$;
Solution générale......... $y^2 + (C - x)^2 = 2Ca$.

L'équation différentielle répond à la question suivante :

Trouver la courbe dans laquelle la normale est moyenne proportionnelle entre une ligne donnée et celle qu'on obtient en ajoutant l'abscisse à la sous-normale.

Leibnitz proposa ce problème en 1694 dans les *Acta eruditorum*, et trouva la parabole qui le résout.

581. $(x\,dy' - y'\,dx)(9y'^2 - x^4) = 0$.

Solution singulière.... $9y \pm x^3 = 0$;
Solution générale..... $2y - cx^2 + 3c^3 = 0$.

582. (A) $y'^2 + x^2 - a^2 = 0$.

L'équation proposée pouvant s'écrire

$$(x + yy')^2 + (a^2 - x^2 - y^2)y'^2 = 0,$$

on trouve pour l'intégrale générale

$$x^2 + y^2 - a^2 = (y + C)^2,$$

d'où résulte que l'intégrale (A) est une solution singulière.

Remarque. — Pour reconnaître si une solution $y = \alpha$ d'une équation différentielle de premier ordre est une solution singulière, on peut se dispenser de recourir à l'intégrale générale en s'appuyant sur le théorème suivant :

La condition nécessaire et suffisante pour que la solution $y = 0$ de l'équation $y' = \varphi(x, y)$ soit une solution singulière est que $\dfrac{\partial y'}{\partial y}$ devienne infini pour $y = 0$.

(Zajaczkowski, *Archiv de Grunert*, 1874).

Posant en effet $y = \alpha + u$, on applique le théorème à la transformée en u.

Dans le cas actuel on fait

$$y = \sqrt{a^2 - x^2} + u, \quad \sqrt{a^2 - x^2} = \alpha,$$

et il en résulte

$$u' = -\frac{x\sqrt{u^2 + 2\alpha u} + ux}{\alpha^2},$$

d'où l'on déduit que $y = \alpha$ est une solution singulière.

583. La remarque du numéro précédent fait voir que la première solution est une intégrale particulière et l'autre une solution singulière.

584. $y^4 = 4a^2x^2$. (*Remarque* du n° 582.)

La substitution $y^2 = 2z$ conduit à l'intégrale générale

$$Cy^2 - C^2x^2 - a^2 = 0.$$

585. $y^2 - 4x^3 = 0$. (*Remarque* du n° 582.)

La substitution $y = zx$ conduit à l'intégrale générale

$$Cy = C^2x^2 + x.$$

586. $y^2 - 4x = 0$ ne fournit pas une solution. La substitution $\sqrt{y^2 - 4x} = y - 2z$ conduit à l'intégrale générale

$$(y - \omega)[(y+\omega)^2 + 4]^{\frac{1}{2}}$$
$$+ 4\log\left\{[y+\omega)^2 + 4]^{\frac{1}{2}} + y + \omega\right\} = C,$$

où l'on a fait $y^2 - 4x = \omega^2$.

587. Les solutions particulières se trouvent parmi celles qui satisfont à l'équation

$$xy(y-x)^2 = 0.$$

L'application de la remarque du n° 582 montre que $x = 0$ et $y = 0$ sont des solutions singulières, et que la solution $y = x$ est particulière.

La substitution $2y = z^2x$ conduit à l'intégrale générale

$$\left(y^{\frac{1}{2}} - x^{\frac{1}{2}}\right)^{\sqrt{2}+1}\left(y^{\frac{1}{2}} + x^{\frac{1}{2}}\right)^{\sqrt{2}-1} = C.$$

§ XVII. — *Équations différentielles simultanées.*

588. En éliminant y, il vient

$$\frac{d^2x}{dt^2} + 9\frac{dx}{dt} + 14x = 1 + 5t - 3e^t;$$

et par suite,

$$x = -\frac{31}{196} + \frac{5}{14}t - \frac{1}{8}e^t + C_1e^{-7t} + C_2e^{-2t},$$

$$y = \frac{9}{98} - \frac{1}{7}t + \frac{5}{24}e^t + C_1e^{-7t} - \frac{2}{3}C_2e^{-2t}.$$

589. $x = \frac{4}{25}e^{t} - \frac{1}{36}e^{2t} + (C_1 t + C)e^{-4t},$

$$y = \frac{1}{25}e^{t} + \frac{7}{36}e^{2t} - (C_1 t + C_1 + C)e^{-4t}.$$

590. On trouve, en éliminant y et z,

$$\frac{d^3x}{dt^3} - (a'b + a''c + b''c')\frac{dx}{dt} + (a'b''c + a''bc')x = 0,$$

dont l'intégrale est

$$x = C_1 e^{\alpha t} + C_2 e^{\beta t} + C_3 e^{\gamma t},$$

α, β, γ étant les racines de l'équation

$$u^3 - (a'b + a''c + b''c')u + a'b''c + a''bc' = 0.$$

Connaissant x, on trouve facilement y et z exprimées en fonction des mêmes constantes arbitraires.

591. $x = \frac{ac' - ca'}{ba' - ab'} + C_1\cos(ht + \alpha) + C_2\cos(kt + \beta),$

$$y = \frac{cb' - bc'}{ba' - ab'} - \frac{h^2 + b}{a}C_1\cos(ht + \alpha)$$
$$- \frac{k^2 + b}{a}C_2\cos(kt + \beta).$$

h^2 et k^2 sont les racines de l'équation

$$u^2 - (a' + b)u + ba' - ab' = 0,$$

et C_1, C_2, α, β désignent des constantes arbitraires.

592. $x = \cos 2t - 2\sin 2t + \cos t + C_1\cos\left(t\sqrt{2} + \alpha\right)$

$$+ C_2\cos\left(t\sqrt{3} + \beta\right).$$

La valeur de y se déduit facilement de celle de x.

593. On obtient une équation qui ne renferme plus de

termes indépendants des dérivées, en éliminant m entre les deux équations du système. On trouve ainsi

$$r\cos\theta\frac{d^2\theta}{dt^2}+2\cos\theta\frac{dr}{dt}\frac{d\theta}{dt}-r\sin\theta\frac{d\theta^2}{dt^2}+\sin\theta\frac{d^2r}{dt}=0.$$

Or le premier membre de cette équation est la dérivée seconde de $r\sin\theta$ par rapport à t; donc

(3) $$r\sin\theta=at+b,$$

a et b désignant des constantes arbitraires. D'un autre côté, si l'on multiplie l'équation (1) par $\sin\theta$, l'équation (2) par $\cos\theta$ et qu'on retranche le premier résultat du second, il vient

$$\cos\theta\frac{d^2r}{dt^2}-r\cos\theta\frac{d\theta^2}{dt^2}-r\sin\theta\frac{d^2\theta}{dt^2}-2\sin\theta\frac{dr}{dt}\frac{d\theta}{dt}-m=0,$$

équation qui se ramène à

$$\frac{d^2(r\cos\theta)}{dt^2}=m;$$

par suite,

(4) $$r\cos\theta=\frac{mt^2}{2}+Ct+C'.$$

Les relations (3) et (4) donnent la solution du problème.

594. Multiplions la première équation par x, la deuxième par y, la dernière par z, et posons

$$\varphi=\int_0^t xyz\,dt;$$

il vient

$$x^2=\frac{2(b-c)}{a}\varphi+\alpha,$$

$$y^2=\frac{2(c-a)}{b}\varphi+\beta,$$

$$z^2=\frac{2(a-b)}{c}\varphi+\gamma,$$

α, 6, γ étant trois constantes arbitraires. On déduit de là

$$xyz = \frac{d\varphi}{dt} = \left[\left(\frac{2(b-c)}{a}\varphi + \alpha\right)\left(\frac{2(c-a)}{b}\varphi + 6\right)\left(\frac{2(a-b)}{c}\varphi + \gamma\right)\right]^{\frac{1}{2}}.$$

Cette équation ne peut s'intégrer généralement qu'au moyen des fonctions elliptiques. φ étant exprimé en fonction de t, on aura aussi y et z en fonction de la même variable.

Les équations proposées se rencontrent dans le problème du mouvement d'un corps solide qui tourne autour d'un point fixe, et qui n'est sollicité par aucune force.

595. Les équations données reviennent aux suivantes :

$$(1) \qquad \frac{d^2x}{dt^2} = \frac{dR}{dr}\frac{x}{r}, \quad \frac{d^2y}{dt^2} = \frac{dR}{dr}\frac{y}{r}, \quad \frac{d^2z}{dt^2} = \frac{dR}{dr}\frac{z}{r}.$$

On en tire

$$x\,dy - y\,dx = C_1 dt, \quad y\,dz - z\,dy = C_2 dt, \quad z\,dx - x\,dz = C_3 dt.$$

Si l'on ajoute membre à membre les carrés de ces équations, le résultat peut s'écrire

$$(2) \quad (x^2+y^2+z^2)(dx^2+dy^2+dz^2) - (x\,dx+y\,dy+z\,dz)^2 = A^2dt^2,$$

A^2 représentant la somme $C_1^2 + C_2^2 + C_3^2$.

D'ailleurs, en multipliant les équations (1) respectivement par $2\,dx$, $2\,dy$, $2\,dz$ et ajoutant, il vient, $2B$ désignant une constante arbitraire,

$$dx^2 + dy^2 + dz^2 = 2(R+B)\,dt^2,$$

ce qui permet de mettre l'équation (2) sous la forme

$$(3) \quad (x\,dx + y\,dy + z\,dz)^2 = [2r^2(R+B) - A^2]dt^2 = r^2dr^2.$$

On tire de là

$$(4) \qquad dt = [2r^2(R+B) - A^2]^{-\frac{1}{2}} r\,dr,$$

et, en différentiant,

$$\frac{d^2 r}{dt^2} = \frac{dR}{dr} + \frac{A^2}{r^3}.$$

Ce résultat permet de déduire de la première des équations une relation qui ne renferme plus R; on trouve ainsi

$$\frac{d^2 x}{dt^2} - \frac{x}{r}\frac{d^2 r}{dt^2} + \frac{A^2}{r^2}\frac{x}{r} = 0,$$

ou bien

$$\frac{d}{dt}\left[r^2 \frac{d}{dt}\left(\frac{x}{r}\right)\right] + \frac{A^2}{r^2}\frac{x}{r} = 0.$$

Changeons de variable indépendante et posons

$$(4) \qquad \frac{r^2}{dt} + \frac{A}{d\varphi};$$

la relation précédente devient

$$\frac{d^2\left(\frac{x}{r}\right)}{d\varphi^2} + \frac{x}{r} = 0,$$

et par suite

$$\frac{x}{r} = g_1 \cos\varphi + h_1 \sin\varphi.$$

On aurait de même

$$\frac{y}{r} = g_2 \cos\varphi + h_2 \sin\varphi,$$

$$\frac{z}{r} = g_3 \cos\varphi + h_3 \sin\varphi.$$

On tire d'ailleurs des équations (4) et (5)

$$t + \alpha = \int [2r^2(R + B) - A^2]^{-\frac{1}{2}} r\,dr,$$

$$\varphi + \beta = \int A r^{-1}[2r^2(R + B) - A^2]^{-\frac{1}{2}} dr.$$

Les constantes arbitraires A, B, α, β, g_1, h_1, ... ne sont pas toutes indépendantes. En effet, en élevant au carré les valeurs de x, y, z et ajoutant les résultats, on trouve

$$1 = \cos^2\varphi(g_1^2 + g_2^2 + g_3^2) + \sin^2\varphi(h_1^2 + h_2^2 + h_3^2)$$
$$+ 2\sin\varphi\cos\varphi(g_1 h_1 + g_2 h_2 + g_3 h_3).$$

Cette relation ayant lieu pour toutes les valeurs de φ, on en conclut

$$g_1^2 + g_2^2 + g_3^2 = 1,$$
$$h_1^2 + h_2^2 + h_3^2 = 1,$$
$$g_1 h_1 + g_2 h_2 + g_3 h_3 = 0;$$

de plus, β modifiant seulement les constantes g_1, h_1, ..., on peut le supposer nul, et il reste en définitive six constantes distinctes.

Observons aussi que les intégrales qui déterminent t et φ ne sont pas indépendantes. Si l'on pose, en effet,

$$S = \int \frac{dr}{r}\left[2r^2(R + B) - A^2\right]^{\frac{1}{2}},$$

on a

$$t + \alpha = \frac{dS}{dB}, \quad \varphi + \beta = -\frac{dS}{dA}.$$

Si $R = \frac{\mu}{r}$, μ désignant une constante, le calcul précédent donne la loi du mouvement d'un point matériel attiré par une force centrale qui varie en raison inverse du carré de la distance.

Ce calcul, dû à Binet, a été appliqué par lui au cas d'un nombre quelconque d'équations.

(*Journal de Liouville*, t. II.)

§ XVIII. — *Équations linéaires aux dérivées partielles du premier ordre.*

596. Il faut intégrer les deux équations simultanées

$$\frac{dx}{x} = -\frac{dy}{y} = \frac{y\,dz}{x^2}.$$

On trouve

$$y = \frac{C}{x}, \quad z = \frac{x^3}{3C} + C' = \frac{x^2}{3y} + C',$$

d'où, en désignant par φ une fonction arbitraire,

$$z = \frac{x^2}{3y} + \varphi(xy).$$

597. Les équations à intégrer sont

$$dx = -dy = \frac{x+y}{z}\,dz;$$

la première donne

$$y + x = C,$$

et par suite

$$z = C' e^{\frac{x}{C}} = e^{\frac{x}{x+y}} \varphi(x + y).$$

598. On a

$$\frac{dx}{y} = \frac{dy}{x} = \frac{dz}{z},$$

d'où

$$y^2 - x^2 = C, \quad \frac{z}{x+y} = C',$$

$$z = (x+y)\varphi(y^2 - x^2).$$

599. $x\,dx = y\,dy = y^2 \dfrac{dz}{z};$

d'où

$$y^2 - x^2 = C, \quad z = C'y,$$

$$z = y\varphi(y^2 - x^2).$$

600. $\frac{dx}{x} = \frac{dy}{y} = \frac{z\,dz}{xy};$

$$y = Cx, \quad z^2 = Cx^2 + C',$$

$$z^2 = xy + \varphi\left(\frac{y}{x}\right).$$

601. $-\frac{dx}{xy^2} = \frac{dy}{y^3} = \frac{dz}{axz};$

$$xy = C, \quad z = C' e^{-\frac{aC}{3y^3}} = e^{-\frac{aC}{3y^3}} \varphi(xy).$$

602. $\frac{dx}{1} = -\frac{dy}{a} = \frac{dz}{e^{mx}\cos py};$

on tire de là

$$y + ax = C,$$

$$z = e^{mx} \frac{m\cos p(C - ax) - ap\sin p(C - ax)}{m^2 + a^2p^2} + C'$$

$$= e^{mx} \frac{m\cos py - ap\sin py}{m^2 + a^2p^2} + C',$$

et par suite

$$z = e^{mx} \frac{m\cos py - ap\sin py}{m^2 + a^2p^2} + \varphi(y + ax).$$

603. $\frac{dx}{1} = \frac{dy}{b} = \frac{dz}{c} = \frac{du}{xyz};$

d'où

$$u = \frac{x^2}{2} yz - \frac{x^3}{6}(bz + cy) + bc\frac{x^4}{12} + \varphi(y - bx,\ z - cx).$$

604. $\frac{dx}{y + x} = \frac{dy}{y - x} = \frac{dz}{z}.$

La première des équations peut s'écrire

$$x\,dy - y\,dx + x\,dx + y\,dy = 0.$$

qui s'intègre immédiatement au moyen des coordonnées

polaires, et donne

$$\text{arc tang}\frac{y}{x} + \log(x^2 + y^2)^{\frac{1}{2}} = C.$$

On a aussi

$$\frac{dz}{z} = \frac{x\,dx + y\,dy}{x^2 + y^2},$$

d'où

$$z = C'(x^2 + y^2)^{\frac{1}{2}},$$

et par suite

$$z = (x^2 + y^2)^{\frac{1}{2}}\varphi\left[\text{arc tang}\frac{y}{x} + \log(x^2 + y^2)^{\frac{1}{2}}\right].$$

605. $\cos x\,dx = \dfrac{dy}{a} = \dfrac{\sin y\,dz}{z\cos y}$;

$$z = (\sin y)^{\frac{1}{a}}\varphi(y - a\sin x).$$

606. $\dfrac{dx}{y - bz} = \dfrac{dy}{az - x} = \dfrac{dz}{bx - ay}$;

multiplions les deux termes du premier rapport par a, ceux du second par b; chacun de ces rapports sera égal à

$$\frac{a\,dx + b\,dy + dz}{0},$$

ce qui exige qu'on ait

$$ax + by + z = C.$$

On trouve semblablement

$$x^2 + y^2 + z^2 = C';$$

d'où

$$x^2 + y^2 + z^2 = \varphi(ax + by + z).$$

607. $$\frac{dx}{x^2} = \frac{dy}{y^2} = \frac{y\,dz}{x^3};$$

$$z = \frac{x^2}{2y} + \frac{x}{2} + \varphi\left(\frac{y-x}{xy}\right).$$

608. $$\frac{dx}{x} = \frac{dy}{y} = \frac{dz}{2xz(a^2-z^2)^{\frac{1}{2}}};$$

$$z = a \sin\left[xy + \varphi\left(\frac{y}{x}\right)\right].$$

609. $$\frac{dx}{x} = \frac{dy}{(1+y^2)^{\frac{1}{2}}} = \frac{dz}{xy}.$$

Soit fait

$$\frac{dx}{x} = du, \quad \frac{dy}{(1+y^2)^{\frac{1}{2}}} = dv;$$

d'où

$$x = e^u,$$

$$(1+y^2)^{\frac{1}{2}} + y = e^v, \quad (1+y^2)^{\frac{1}{2}} - y = e^{-v},$$

$$2y = e^v - e^{-v}.$$

Il en résulte

$$z = \frac{e^{u+v}}{4} - \frac{ue^{u-v}}{2} + \varphi(v-u),$$

et par suite

$$z = \frac{x}{4}\left[(1+y^2)^{\frac{1}{2}} + y\right]$$

$$- \frac{x}{2}\left[(1+y^2)^{\frac{1}{2}} - y\right]\log x + \varphi\left[\frac{(1+y^2)^{\frac{1}{2}}+y}{x}\right].$$

610. $$u = \frac{xy}{(1-a)z} + z^a\varphi\left(\frac{x}{z}, \frac{y}{z}\right).$$

611. $$\frac{dx}{y+z+u} = \frac{dy}{z+u+x} = \frac{dz}{u+x+y} = \frac{du}{x+y+z}.$$

Ajoutons terme à terme ces rapports égaux, il vient

$$\frac{d(x+y+z+u)}{3(x+y+z+u)} = \frac{dx}{y+z+u} = \frac{dv}{3v},$$

en posant

$$x+y+z+u = v.$$

D'ailleurs, on a aussi

$$\frac{dy-dz}{z-y} = -\frac{d(y-z)}{y-z} = \frac{dv}{3v};$$

d'où résulte

$$v(y-z)^3 = \mathrm{C}.$$

On trouve encore, à cause de la symétrie,

$$v(z-u)^3 = \mathrm{C}', \quad v(u-x)^3 = \mathrm{C}'';$$

l'équation intégrale est donc

$$\varphi[v(y-z)^3, \quad v(z-u)^3, \quad v(u-x)^3] = 0.$$

§ XIX. — *Équations non linéaires aux dérivées partielles du premier ordre à deux variables indépendantes.*

On sait que pour intégrer l'équation

(1) $$f(x, y, z, p, q) = 0$$

où

$$p = \frac{\partial f}{\partial x}, \quad q = \frac{\partial f}{\partial y},$$

on pose le système des équations simultanées

(S) $$\frac{dx}{f'_p} = \frac{dy}{f'_q} = \frac{dz}{pf'_p + qf'_q} = \frac{-dp}{f'_x + pf'_z} = \frac{-dq}{f'_y + qf'_z},$$

dont on détermine une intégrale

$$(2) \qquad F(x, y, p, q, C) = 0,$$

contenant au moins l'une des quantités p, q et une constante arbitraire C. Cela fait, les équations (1) et (2) fournissent pour p et q des valeurs qu'on porte dans l'équation

$$dz = p\,dx + q\,dy,$$

et, en intégrant cette dernière, on a l'*intégrale complète*

$$(3) \qquad \varphi(x, y, z, C, C_1) = 0,$$

renfermant les deux constantes arbitraires C et C_1.

L'intégrale *générale* est donnée ensuite par le système

$$(4) \qquad \varphi = 0, \quad \frac{\partial\varphi}{\partial C} + \frac{\partial\varphi}{\partial C_1}\frac{dC_1}{dC} = 0,$$

dans lequel on suppose que C_1 est une fonction arbitraire de C. Ce système se remplace par une équation unique quand on peut éliminer C entre les équations (4).

Si enfin, considérant C et C_1 comme des quantités indépendantes, on les élimine entre les équations

$$\varphi = 0, \quad \frac{\partial\varphi}{\partial C} = 0, \quad \frac{d\varphi}{\partial C_1} = 0,$$

on obtient *la solution singulière* de (1).

Il suffira donc, dans chaque exercice, de déterminer une intégrale complète de l'équation proposée.

612. Les équations (S) p. 372 deviennent ici

$$(1) \qquad \frac{dx}{mp^{m-1}} = \frac{dy}{mq^{m-1}} = \frac{dz}{mz^n} = \frac{dp}{npz^{n-1}} = \frac{dq}{nqz^{n-1}}.$$

De la solution $p^m = Cz^n$ résulte $q^m = (1 - C)z^m$, et par suite,

$$(2) \qquad \frac{mz^{\frac{m-n}{m}}}{m-n} = C^{\frac{1}{m}} x + (1 - C)^{\frac{1}{m}} y + C_1.$$

Une autre solution du système (1), $q = Cp$, conduit à l'équation

$$\frac{mz^{\frac{m-n}{m}}}{m-n} = \frac{x + Cy}{(1 + C^m)^{\frac{1}{m}}} + C_1$$

qui se ramène facilement à la précédente.

Si $m = n$, l'équation (2) devient

$$\log z = C^{\frac{1}{m}} x + (1 - C)^{\frac{1}{m}} y + C_1.$$

613. Du système des équations simultanées (S) (p. 372), on tire ici

$$\frac{y\,dx - x\,dy}{2xy} = \frac{p\,dq - q\,dp}{pq},$$

ce qui conduit à

$$px^2 = Cqy^2,$$

et donne l'intégrale complète

$$\log z = \frac{2\sqrt{Cx} + 2\sqrt{y}}{\sqrt{1 + C}} + C_1.$$

On aurait pu se servir de l'équation

$$\frac{dz}{2z^2} = \frac{dp}{2pz - p^2},$$

au moyen de laquelle on trouve successivement

$$p = \frac{2z}{\log Cz}, \quad q = z[(\log Cz)^2 - 4x]^{\frac{1}{2}} y^{-\frac{1}{2}},$$

$$[(\log Cz)^2 - 4x]^{\frac{1}{2}} = 2y^{\frac{1}{2}} + C_1.$$

Observons enfin que l'équation proposée peut s'écrire

$$x\left(\frac{\partial z}{z\,\partial x}\right)^2 + y\left(\frac{\partial z}{z\,\partial y}\right)^2 = 1,$$

ce qui conduit à faire $z = e^{z_1}$ et donne l'équation

$$x\frac{\partial z_1^2}{\partial x^2} + y\frac{\partial z_1^2}{\partial y^2} = 1,$$

d'où la fonction a disparu explicitement. On simplifie davantage encore en posant

$$dx = \sqrt{x}\,dx_1, \quad dy = \sqrt{y}\,dy_1,$$

et l'équation à laquelle on arrive a pour intégrale complète (n° 612)

$$z_1 = Cx_1 + \sqrt{1 - C^2}\,y_1 + C_1,$$

d'où résulte

$$\log z = 2C\sqrt{x} + 2\sqrt{1 - C^2}\sqrt{y} + C_1.$$

614. Pour former le système des équations simultanées, il y a avantage à mettre la proposée sous la forme

$$yq^{-1} - xp^{-1} - a = 0,$$

ce qui donne

$$\frac{dx}{xp^{-2}} = \frac{dy}{-yq^{-2}} = \frac{dz}{a} = \frac{dp}{p^{-1}} = \frac{-dq}{q^{-1}}.$$

On tire de là $p = Cx$, et par suite

$$z = \frac{Cx^2}{2} + \frac{Cy^2}{2(1 + aC)} + C_1.$$

Observons qu'on aurait pu ramener l'équation proposée à la forme plus simple, facilement intégrable,

$$p - q - apq = 0,$$

en y remplaçant x par $\sqrt{2x}$ et y par $\sqrt{2y}$.

On ramènerait aussi l'équation

$$py^{\alpha} - qx^{\beta} - apq\,z^{\gamma} = 0$$

à la même forme en changeant convenablement les variables.

615. Du système des équations simultanées on tire

$$\frac{p\,dq - q\,dp}{qp} = \frac{y\,dx - x\,dy}{xy};$$

il en résulte l'intégrale complète

$$z = C_1 x^{-\frac{C+1}{C}} y^{-(C+1)}.$$

616. On trouve pour l'intégrale complète

$$\int [f(z)]^{\frac{1}{m-1}} dz = C^{\frac{1}{m-1}}(x + Cy) + C_1.$$

On aurait pu, ce qui est souvent utile, faire disparaître la fonction avant d'intégrer. Si l'on pose, en effet, $\omega = \varphi(z)$, φ étant une fonction à déterminer, il en résulte

$$\frac{\partial\omega}{\partial x} = p_1 = \varphi'(z)p, \quad \frac{\partial\omega}{\partial y} = q_1 = \varphi'(z)q,$$

$$p_1^m = q_1 \frac{[\varphi'(z)]^{m-1}}{f(z)},$$

et l'on voit qu'en faisant

$$\varphi(z) = \int [f(z)]^{\frac{1}{m-1}} dz,$$

on est ramené à l'équation plus simple

$$p_1^m = q_1,$$

dont l'intégrale complète est

$$\omega = \int [f(z)]^{\frac{1}{m-1}} dz = Cx + C^m y + C_1.$$

617. Soit, pour abréger,

$$f_1(x) = \mathrm{X}, \quad f_2(y) = \mathrm{Y}, \quad f_3(z) = \mathrm{Z};$$

on fera disparaître la fonction de l'équation donnée en posant (n° 616)

$$\omega = \int Z^{\frac{1}{m-1}} dz,$$

et la transformée pourra s'écrire

$$\left(\frac{\partial\omega}{X^{-\frac{1}{m}}\partial x}\right)^m = \frac{\partial\omega}{Y\,dy}.$$

Il est clair qu'en faisant ici

$$u = \int X^{-m} dx, \quad v = \int Y dy,$$

on est ramené à une équation de la forme $p^m = q$, considérée dans le numéro précédent et d'où résulte pour l'intégrale complète de la proposée,

$$\int Z^{\frac{1}{m-1}} dz = C \int X^{-\frac{1}{m}} dx + C^m \int Y dy + C_1.$$

L'équation donnée a été intégrée par Lagrange (*Mém. de Berlin*, 1772) en suivant une marche qui paraît moins naturelle que celle qu'on vient d'indiquer.

618. Comme on peut faire disparaître z de l'équation en posant $z = e^u$, il suffit de considérer celle-ci :

(1) $$p^2 + q^2 + xp + yq - (x+y)^2 = 0.$$

Du système d'équations simultanées qui en dérive, on tire

$$\frac{d(x+y)}{2(p+q)+x+y} = \frac{-d(p+q)}{p+q-4(x+y)},$$

$$\frac{d(x-y)}{2(p-q)+x-y} = \frac{-d(p-q)}{p-q},$$

d'où résultent les intégrales

$$2(p+q) = -(x+y) \pm \sqrt{9(x+y)^2 + C},$$

$$2(p-q) = -(x-y) \pm \sqrt{(x-y)^2 + C'}.$$

où l'on a $C' = -C$, en vertu de l'équation (1).

On en conclut, pour l'intégrale complète de la proposée,

$$4u = 4\log z = -x^2 - y^2 + \int \sqrt{9(x+y)^2 + C}\, d(x+y)$$
$$+ \int \sqrt{(x-y)^2 - C}\, d(x-y) + C_1.$$

619. Du système des équations simultanées, on tire

$$py = C;$$

par suite,

$$dz = C\frac{dx}{y} + \frac{C^2 x - z}{y - Cy^2}\, dz.$$

Cette équation s'intègre en posant

$$\frac{C^2 x - z}{y - Cy^2} = u,$$

et donne

$$yz = CC_1 y + Cx - C_1.$$

Il y a la solution singulière (p. 373)

$$zy^2 - x = 0.$$

620. Le système des équations simultanées donne l'intégrale

$$q = Cp,$$

au moyen de laquelle on tire de la proposée

$$2apC = -z^2(x + Cy) \pm \sqrt{z^4(x + Cy)^2 - 4aCz^3}.$$

Posant

$$x + Cy = u, \quad \pm\sqrt{z^4(x + Cy)^2 - 4aCz^3} = v,$$

l'équation $dz = p\,dx + q\,dy$ se met sous la forme

$$\left(u\,du + 2aC\frac{dz}{z^2}\right)\left(u^2 - \frac{4aC}{z}\right)^{-\frac{1}{2}} = du,$$

ce qui donne l'intégrale complète

$$C_1 z(x + Cy + C_1) + aC = 0.$$

Il y a la solution singulière $xz - a = 0$.

621. Le système des équations simultanées donne l'intégrale $q = Cp$, d'où résulte, en faisant $x + Cy = \omega$, $\varphi(1, C) = \varphi_1$,

$$p^2\varphi_1 + 2p\omega - z = 0;$$

par suite,

$$\varphi_1 dz = \sqrt{\omega^2 + z\varphi_1} - \omega d\omega,$$

équation qui s'intègre en posant

$$\sqrt{\omega^2 + z\varphi_1} = \omega + u,$$

et donne l'intégrale complète

$$(1) \qquad 2t^3 - 3t^2(x + Cy) + (x + Cy)^3 = C_1,$$

où l'on représente par t l'expression

$$[(x + Cy)^2 + z\varphi(1, C)]^{\frac{1}{2}}.$$

La recherche de l'intégrale singulière conduit à la solution $z = 0$ qui rentre dans (1).

622. $p = Cq$ étant une intégrale du système des équations simultanées, on en déduit

$$q\sqrt{2C} = (z - aC + \sqrt{bC})^{\frac{1}{2}} + (z - aC - \sqrt{bC})^{\frac{1}{2}},$$

et, par suite, pour l'intégrale complète,

$$(z - aC + \sqrt{bC})^{\frac{3}{2}} - (z - aC - \sqrt{bC})^{\frac{3}{2}} = \frac{3\sqrt{2b}}{2}(y + Cx + C_1).$$

On trouve une autre forme de cette intégrale en partant de l'équation

$$2q^2 dx = dq(q^2 + 2a),$$

qui donne

$$(1) \qquad q^2 - 2q(x + C) - 2a = 0,$$

et conduit à celle-ci,

$$dz = \frac{2q^2 z - b}{q(q^2 + 2a)} dx + q\,dy,$$

en y regardant q comme une fonction de x représentée par l'équation (1).

Il en résulte l'intégrale complète

$$zq^2 = \frac{b}{6} + (y + C_1) q^3,$$

c'est-à-dire

$$z\left[(x + C) \pm \sqrt{(x + C)^2 + 2a}\right]^2$$
$$= \frac{b}{6} + (y + C_1)\left[(x + C) \pm \sqrt{(x + C)^2 + 2a}\right]^3.$$

Si l'on fait $a = 2$, $b = 0$ dans la proposée et qu'on y remplace ensuite z par $2z - 2a$, on retrouve une équation traitée par M. Imschenetzki (*Sur l'intégration des équations aux dérivées partielles du premier ordre*. Traduction Houël, p. 37).

§ XX. — *Calcul des variations.*

Formules générales :

$$V = F(x, y, p, q, \ldots), \quad dV = M\,dx + N\,dy + P\,dp + Q\,dq + \ldots$$

$$p = \frac{dy}{dx}, \quad q = \frac{dp}{dx},$$

$$\delta \int_{x_0}^{x_1} V\,dx = A_{x_1} - A_{x_0} + \int_{x_0}^{x_1} B\omega\,dx.$$

A_{x_1} représente ce que devient la fonction A quand on y remplace les lettres qui y entrent par les valeurs qu'elles prennent à la limite $x = x_1$; A_{x_0} a une signification analogue. D'ailleurs,

$$A = \delta x\left[V - p\left(P - \frac{dQ}{dx} + \frac{d^2R}{dx^2} - \ldots\right) - q\left(Q - \frac{dR}{dx} + \ldots\right) - \ldots\right]$$
$$+ \delta y\left(P - \frac{dQ}{dx} + \frac{d^2R}{dx^2} - \ldots\right)$$
$$+ \delta p\left(Q - \frac{dR}{dx} + \ldots\right) + \ldots,$$

$$B = N - \frac{dP}{dx} + \frac{d^2Q}{dx^2} - \frac{d^3R}{dx^3} + \ldots.$$

(1) $\qquad A_{x_1} - A_{x_0} = 0,$ équation aux limites;

(2) $\qquad B = 0,$ équation indéfinie.

Si V renfermait $x_0, x_1, y_0, y_1, p_0, p_1, \ldots$ valeurs de $x, y, p, \ldots$, relatives aux limites, on ajouterait au premier membre de l'équation (1) la quantité

$$\delta x_0 \int_{x_0}^{x_1} \frac{dV}{dx_0}\,dx + \delta y_0 \int_{x_0}^{x_1} \frac{dV}{dy_0}\,dx + \ldots$$
$$+ \delta x_1 \int_{x_0}^{x_1} \frac{dV}{dx_1}\,dx + \delta y_1 \int_{x_0}^{x_1} \frac{dV}{dy_1}\,dx + \ldots.$$

Lorsque la fonction V ne contient pas de dérivée d'ordre supérieur au second et qu'on suppose en outre $M = 0$, l'équation (2) se remplace par celle-ci :

$$V = Pp + Qq - p\frac{dQ}{dx} + C;$$

et si l'on a à la fois

$$M = 0, \quad N = 0,$$

elle se remplace par la suivante :

$$V = Qq + Cp + C'.$$

Lorsque V renferme plusieurs fonctions de x, chacune d'elles donne lieu à une équation de la forme (2), à moins toutefois qu'elles ne satisfassent à une ou plusieurs équations données.

623. En égalant à zéro la variation de l'intégrale proposée, on trouve

$$x + 2a(x^2 + y^2)^{\frac{3}{2}} = 0.$$

Si l'on fait tourner autour de l'axe des x la courbe représentée par cette équation, la surface qui en résulte renferme un volume qui, parmi tous ceux de même masse, exerce l'attraction maximum sur un point de l'axe. L'attraction est supposée proportionnelle aux masses et en raison inverse du carré de la distance.

624. L'élément de la surface en question est

$$\frac{1}{2}\rho\, ds,$$

ρ désignant le rayon de courbure; on a donc

$$\delta\int_{x_0}^{x_1}\rho\, ds = \delta\int_{x_0}^{x_1}\frac{(1+p^2)^2}{q}\,dx.$$

Comme x et y n'entrent pas explicitement sous le signe, on trouve, d'après les formules générales,

$$\frac{(1+p^2)^2}{q} = Cp + C' - n\frac{(1+p^2)^2}{q},$$

ou bien

$$\frac{(1+p^2)^2}{q} = Cp + C';$$

ce qui peut s'écrire encore

$$\rho = \frac{Cp + C'}{(1+p^2)^{\frac{1}{2}}} = \frac{C\,dy + C'\,dx}{ds}.$$

Par un changement d'axes convenable on obtiendra

$$\rho = -2a\frac{dy}{ds},$$

ou bien

$$dx = -a\frac{2p\,dp}{(1+p^2)^2},$$

dont l'intégrale est

$$x - b = \frac{a}{1+p^2}.$$

On déduit de cette dernière

$$dy = dx\left(\frac{a}{x-b} - 1\right)^{\frac{1}{2}},$$

équation différentielle d'une cycloïde.

Les quatre constantes qu'introduit l'intégration complète sont déterminées par les conditions de la question. Dans le cas où l'on donne les points extrêmes A et B, sans donner les tangentes en ces points, l'équation aux limites se réduit à

$$Q_1\delta p_1 - Q_0\delta p_0 = 0 \quad \text{ou} \quad Q_1 = 0, \quad Q_0 = 0;$$

par suite,

$$q_1 = \infty, \quad q_0 = \infty;$$

les points A et B sont donc les points de rebroussement de la cycloïde.

625. Cette question est celle du numéro précédent généralisée; elle se traite de la même manière. On trouve en effet, pour l'équation différentielle,

$$\frac{(1+p^2)^{\frac{3n+1}{2}}}{q^n} = Cp + C' - n\frac{(1+p^2)^{\frac{3n+1}{2}}}{q_1^n}$$

ou

$$\frac{(1+p^2)^{\frac{3n+1}{2}}}{q^n} = Cp + C',$$

ce qui peut encore s'écrire

$$\rho^n = \frac{Cp + C'}{(1+p^2)^{\frac{1}{2}}}.$$

En changeant convenablement les axes, cette équation devient

$$\rho^n = \frac{Kp}{(1+p^2)^{\frac{1}{2}}} = \frac{K}{\left(\frac{1}{p^2}+1\right)^{\frac{1}{2}}}.$$

Prenant maintenant l'axe des x pour l'axe des y et réciproquement, et désignant toujours par la lettre p le coefficient angulaire de la tangente, on a

(1) $$\rho^n = \frac{K}{(1+p^2)^{\frac{1}{2}}}.$$

Substituons à ρ sa valeur

$$\frac{(1+p^2)^{\frac{3}{2}}\,dy}{p\,dp}$$

et intégrons, il vient

$$dx = \frac{(ay+b)^{\frac{n}{n+1}}\,dy}{\left[1-(ay+b)^{\frac{2n}{n+1}}\right]^{\frac{1}{2}}}.$$

On peut démontrer que dans les courbes définies par cette équation différentielle le rayon de courbure est proportionnel à une puissance de l'ordonnée. On tire en effet de l'équation (1)

$$n\rho^{n-1}d\rho = -K(1+p^2)^{-\frac{3}{2}}dp = -K\frac{dy}{\rho},$$

et par suite

$$\rho^{n+1} = hy + l,$$

ou simplement

$$\rho^{n+1} = hy,$$

en changeant convenablement les axes.

(O. Bonnet, *Journal de Liouville*, t. IX.)

626. Soient r et θ les coordonnées polaires d'un point quelconque de la courbe, ds l'élément de l'arc, r_0 et r_1 les valeurs de r qui correspondent aux constantes x_0 et x_1; si l'on fait seulement varier θ, ce qui est permis, la condition du maximum ou du minimum donne l'équation

$$d\left(r^{n+2}\frac{d\theta}{ds}\right) = 0,$$

et par suite

$$d\theta = \frac{dr}{r\left[\left(\frac{r^{n+1}}{c}\right)^2 - 1\right]^{\frac{1}{2}}}.$$

Cette équation intégrée (n° 411) prend la forme

$$r^{n+1}\cos(n+1)(\theta-\theta_0) = C = r_0^{n+1} \qquad (\text{n° } 242).$$

Les courbes que cette équation renferme jouissent de la propriété de représenter, dans un grand nombre de cas, les intégrales eulériennes de seconde espèce (Serret, *Journal de Liouville*, t. VII). On les obtient aussi en cherchant la figure d'équilibre d'un fil flexible, homogène, dont la tension varie d'un point à l'autre proportionnellement à l'épaisseur, et dont tous les points sont sollicités par une force centrale en raison inverse de la distance. (O. BONNET, *Journal de Liouville*, t. IX.)

627.
$$\delta \int_{x_0}^{x_1} (x - x_0)^n ds$$
$$= \int_{x_0}^{x_1} [n(x - x_0)^{n-1}(\delta x - \delta x_0) + (x - x_0)^n d\delta s].$$

On a d'ailleurs

$$ds^2 = dx^2 + dy^2 + dz^2,$$

et par suite

$$d\delta s = \frac{dx}{ds} d\delta x + \frac{dy}{ds} d\delta y + \frac{dz}{ds} d\delta z.$$

Après avoir substitué cette valeur dans la première équation et intégré par parties pour faire sortir du signe $\int$ les différentielles des variations, on arrive aux équations suivantes :

$$(1) \qquad d\left[(x - x_0)^n \frac{dz}{ds}\right] = 0, \quad d\left[(x - x_0)^n \frac{dy}{ds}\right] = 0,$$
$$d\left[(x - x_0)^n \frac{dx}{ds}\right] - n(x - x_0)^{n-1} ds = 0,$$
$$A_{x_1} - A_{x_0} - \delta x_0 \int_{x_0}^{x_1} n(x - x_0)^{n-1} ds = 0,$$

A représentant l'expression

$$(x - x_0)^n \left(\frac{dx}{ds}\delta x + \frac{dy}{ds}\delta y + \frac{dz}{ds}\delta z\right).$$

Les deux premières suffisent pour déterminer la courbe. On en tire

$$z = ay + b;$$

donc la courbe est plane. Si on la suppose située dans le

plan des x, y, il faut intégrer l'équation

$$(x - x_0)^n \frac{dy}{ds} = C.$$

Cette équation revient à la suivante :

$$dy = dx \left[\left(\frac{x - x_0}{a} \right)^{2n} - 1 \right]^{-\frac{1}{2}},$$

ou plus simplement

$$(2) \qquad dy = dx \left[\left(\frac{x}{a} \right)^{2n} - 1 \right]^{-\frac{1}{2}},$$

dont il est facile de trouver les cas d'intégrabilité.

Si $n = -\frac{1}{2}$, la courbe est une cycloïde et le calcul qui précède est celui de la *brachistochrone*.

Cherchons ce que devient l'équation aux limites quand les deux points P_0 et P_1 répondant à x_0 et x_1 ne sont pas fixes, mais assujettis à rester sur deux courbes données C_0 et C_1. Les variations des points extrêmes étant indépendantes l'une de l'autre, on a d'abord

$$A_{x_1} = 0, \quad \text{ou} \quad \left(\frac{dx}{ds} \delta x + \frac{dy}{ds} \delta y + \frac{dz}{ds} \delta z \right)_{x_1} = 0;$$

c'est-à-dire que la tangente à la courbe au point P est perpendiculaire à la tangente au même point de la courbe C_1.

On a aussi

$$(3) \qquad \left\{ \begin{aligned} &(x - x^0)^n \left(\frac{dx}{ds} \delta x + \frac{dy}{ds} \delta y + \frac{dz}{ds} \delta z \right)_{x_0} \\ &\qquad + \delta_{x_0} \int_{x_0}^{x_1} n(x - x_0)^{n-1} ds = 0. \end{aligned} \right.$$

D'ailleurs, pour tous les points de la courbe,

$$\frac{dx}{ds} d\left[(x - x_0)^n \frac{dx}{ds} \right] - n(x - x_0)^{n-1} dx = 0,$$

d'où l'on tire

$$\int_{x_0}^{x_1} n(x-x_0)^{n-1}\,ds = \left[(x-x_0)^n \frac{dx}{ds}\right]_{x_1} - \left[(x-x_0)^n \frac{dx}{ds}\right]_{x_0}.$$

L'équation (3) devient alors

$$(4)\quad \left\{ \begin{aligned} &\left[(x-x_0)^n \frac{dx}{ds}\right]_{x_1} \delta x_0 + \left[(x-x_0)^n \frac{dy}{ds}\right]_{x_0} \delta y_0 \\ &\qquad + \left[(x-x_0)^n \frac{dz}{ds}\right]_{x_0} \delta z_0 = 0. \end{aligned} \right.$$

Dans les multiplicateurs de δy_0 et δz_0 on peut remplacer l'indice x_0 par l'indice x_1, car on a, pour tous les points de la courbe,

$$(x-x_0)^n \frac{dx}{ds} = \text{const.},\qquad (x-x_0)^n \frac{dz}{ds} = \text{const.}$$

L'équation (4) ainsi modifiée prouve que la tangente à la courbe cherchée au point P_1 est perpendiculaire à la tangente au point P_0 considérée comme appartenant à la courbe C_0.

L'intégration des équations (1) introduira quatre constantes, et il y aura en outre à déterminer les six coordonnées des points P_0 et P_1. Il est facile de voir, d'après la méthode générale, qu'on obtiendra en tout dix équations pour calculer ces valeurs.

Les courbes renfermées dans l'équation (2) s'obtiennent en faisant rouler sur l'axe des y les courbes dont l'équation est

$$r^m \cos m\theta = r_0^m \quad (\text{n}^\circ\ 626).$$

628. Si l'on suppose la génératrice du cylindre parallèle à l'axe des z, la surface a pour équation

$$(1)\qquad \varphi(x, y) = 0.$$

La condition du minimum nous donne, en supposant les limites constantes,

$$(2) \qquad \int_{x_0}^{x_1} \left(d\frac{dx}{ds}\,\delta x + d\frac{dy}{ds}\,\delta y + d\frac{dz}{ds}\,\delta z \right) = 0.$$

D'ailleurs la relation

$$\frac{d\varphi}{dx}\,\delta x + \frac{d\varphi}{dy}\,\delta y = 0,$$

déduite de (1), permet de réduire à deux les variations sous le signe. Il en résulte alors les deux équations suivantes :

$$(3) \qquad d\frac{dz}{ds} = 0,$$

$$(4) \qquad \frac{d\varphi}{dy}\,d\frac{dx}{ds} - \frac{d\varphi}{dx}\,d\frac{dy}{ds} = 0,$$

dont la dernière est une conséquence des relations (1) et (3).

L'équation (3) apprend que pour toutes les surfaces cylindriques la tangente à la ligne minimum fait un angle constant avec la génératrice. Ce résultat était facile à prévoir.

Si le cylindre est droit, la courbe a pour équations

$$x^2 + y^2 = a^2,$$
$$z = bs;$$

c'est une hélice.

629. Il s'agit de rendre maximum l'intégrale

$$\int_{x_0}^{x_1} (y^2 dx - ay\,ds).$$

On trouve, en faisant varier seulement l'abscisse,

$$ay\frac{dx}{ds} = y^2 - b,$$

et par suite

$$dx = \frac{(y^2 - b)\,dy}{[a^2y^2 - (y^2 - b)^2]^{\frac{1}{2}}}.$$

Cette équation n'est pas intégrable en général, mais on peut toujours obtenir s en fonction de y. On a en effet

$$ds = \frac{ay\,dx}{y^2 - b} = \frac{ay\,dy}{[a^2y^2 - (y^2 - b)^2]^{\frac{1}{2}}},$$

ce qui s'intègre sous forme finie.

Si $b = 0$, la courbe est un cercle.

630. La théorie des maxima et minima relatifs donne l'équation

$$\delta\int_{x_0}^{x_1}[(y^2 + 2ay)\,dx + 2b\,ds] = 0.$$

Si l'on fait seulement varier l'abscisse, il en résulte l'équation différentielle

$$y^2 + 2ay + 2b\frac{dx}{ds} = C,$$

ou

$$(y + a)^2 + 2b\frac{dx}{ds} = C,$$

ou bien encore

$$y^2 + 2b\frac{dx}{ds} = C,$$

et par suite

$$dx = \frac{dy\,(C - y^2)}{[4b^2 - (C - y^2)^2]^{\frac{1}{2}}}.$$

C'est l'équation de la courbe élastique (n° 571). C'est aussi celle de la courbe que décrit le foyer d'une ellipse ou d'une hyperbole dont le grand axe est $2b$, et qui roule sans glisser sur l'axe des x (n° 686).

631. La question revient à trouver la fonction de x qui rend minimum le produit

$$(1) \qquad \int_{x_0}^{x_1} (1+p^2)^{\frac{1}{2}} dx \times \int_{x_0}^{x_1} y\,dx.$$

Or, si l'on cherche en général à déterminer une fonction y telle que le produit UV soit maximum ou minimum, U et V désignant deux intégrales définies quelconques prises entre les mêmes limites, on est conduit à la relation

$$U\delta V + V\delta U = 0.$$

Les multiplicateurs des variations sont ici des constantes qu'on pourra calculer dès que la fonction sera connue.

Dans le problème proposé, l'équation à laquelle il faut satisfaire est la suivante :

$$(2) \qquad A\delta \int_{x_0}^{x_1} y\,dx + B\delta \int_{x_0}^{x_1} (1+p^2)^{\frac{1}{2}} dx = 0,$$

A et B représentant les valeurs constantes que prennent respectivement les deux facteurs du produit (1) pour la valeur cherchée de y.

L'équation (2) peut s'écrire

$$\delta \int \left[cy + (1+p^2)^{\frac{1}{2}}\right] dx = 0;$$

il en résulte l'équation différentielle

$$c\,dx - d\,\frac{p}{(1+p^2)^{\frac{1}{2}}} = 0,$$

et par suite

$$(x-a)^2 + (y-b)^2 = c^2.$$

Il est manifeste que l'arc de cercle qui répond à la question doit tourner sa convexité vers l'axe des x.

Les constantes A et B, dont le rapport est le rayon même du cercle, se déterminent au moyen des intégrales dont elles expriment les valeurs.

632. y variant seul, on a

$$\delta \int_{x_0}^{x_1} s^n dx = n \int_{x_0}^{x_1} s^{n-1} dx\, \delta s.$$

Afin de faire apparaître sous le signe la différentielle de δs, on pose

$$\int s^{n-1} dx = \mathrm{H};$$

il en résulte

$$\int s^{n-1} dx\, \delta s = \mathrm{H}\,\delta s - \int \mathrm{H}\, d\,\delta s,$$

et en ayant égard aux limites, qui sont supposées constantes,

$$\int_{x_0}^{x_1} s^{n-1}\, dx\, \delta s = -\int_{x_0}^{x_1} \mathrm{H}\, d\,\delta s = \int_{x_0}^{x_1} \delta s\, d\left(\mathrm{H}\frac{dy}{ds}\right).$$

L'équation de la courbe est donc

$$\mathrm{H}\frac{dy}{ds} = a;$$

d'où

$$\mathrm{H}\,d\frac{dy}{ds} + d\mathrm{H}\frac{dy}{ds} = 0;$$

et par suite

(1) $$a d\frac{dy}{ds} + \frac{dy^2}{ds^2} s^{n-1} dx = 0.$$

Soit fait $\frac{dy}{ds} = u$, l'équation (1) devient

$$\frac{a\,du}{u^2(1-u^2)^{\frac{1}{2}}} + s^{n-1} ds = 0,$$

et enfin

$$dy = \frac{na\,ds}{[n^2a^2 + (s^n + c)^2]^{\frac{1}{2}}}.$$

Pour $n = 1$, on trouve la chaînette.

633. Le dénominateur de l'expression proposée ne devant pas changer avec la nature de la courbe, il suffit de poser

$$\delta \int_{x_0}^{x_1} x\varphi\, ds = 0.$$

Cette équation devient, en ne faisant pas varier x,

$$\int_{x_0}^{x_1} (x\varphi' ds\, \delta s + x\varphi\, d\delta s) = 0.$$

Afin de faire apparaître partout sous le signe la différentielle de δs, on pose

$$\int x\varphi' ds = \mathrm{H};$$

d'où

$$\int x\varphi' ds\, \delta s = \mathrm{H}\delta s - \int \mathrm{H}\, d\delta s,$$

et en ayant égard aux limites, qui sont constantes,

$$\int_{x_0}^{x_1} x\varphi' ds\, \delta s = -\int_{x_0}^{x_1} \mathrm{H}\, d\delta s.$$

On trouve alors pour l'équation de la courbe

$$(\mathrm{H} - x\varphi)\frac{dy}{ds} = a,$$

d'où l'on tire

$$a\,d\frac{dy}{ds} - \frac{dy^2}{ds^2}\varphi\, dx = 0;$$

et par suite (n° 632

$$dy = \frac{a\,ds}{\{a^2 + [F(s) + C]^2\}^{\frac{1}{2}}},$$

en posant

$$F(s) = \int \varphi\,ds.$$

Si $\varphi = 1$, on trouve la chaînette.

Le cas général est celui où l'on cherche, parmi toutes les courbes de longueur donnée, celle dont le centre de gravité est le plus bas, en supposant que la densité soit en chaque point fonction de l'arc qui y aboutit.

634. Posons, pour abréger,

$$\frac{dy_1}{dx} = y'_1, \quad \frac{dy_2}{dx} = y'_2, \ldots,$$

on aura, p désignant le degré d'homogénéité,

$$pu = y'_1 \frac{\partial u}{\partial y'_1} + y'_2 \frac{\partial u}{\partial y'_2} + \ldots;$$

par conséquent

$$(1) \quad \left\{ \begin{aligned} p\,du = y'_1\,d\frac{\partial u}{\partial y'_1} + y'_2\,d\frac{\partial u}{\partial y'_2} + \ldots \\ + \frac{\partial u}{\partial y'_1}\,dy'_1 + \frac{\partial u}{\partial y'_2}\,dy'_2 + \ldots. \end{aligned} \right.$$

D'un autre côté, puisque l'intégrale $\int u\,dx$ est un maximum ou un minimum, sa variation est nulle. En observant que les fonctions $y_1, y_2, \ldots, y_n$ ne sont liées par aucune relation, il en résulte

$$d\frac{\partial u}{\partial y'_1} = \frac{\partial u}{\partial y_1}\,dx, \quad d\frac{\partial u}{\partial y'_2} = \frac{\partial u}{\partial y_2}\,dx, \ldots.$$

Par suite, l'équation (1) devient

$$p\,du = \frac{\partial u}{\partial y_1} dy_1 + \frac{\partial u}{\partial y_2} dy_2 + \ldots$$
$$+ \frac{\partial u}{\partial y_1'} dy_1' + \frac{\partial u}{\partial y_2'} dy_2' + \ldots = du;$$

et, comme p est supposé différent de 1, on en conclut

$$u = C.$$

Dans le cas de l'équation (1), on trouve pour les valeurs de y_1 et de y_2 satisfaisant à la condition donnée,

$$y_1 = (ax+b)^{\frac{1}{2}}, \quad y_2 = \frac{h}{2}\log(ax+b) + Cx + C_1.$$

TROISIÈME PARTIE.

QUESTIONS DIVERSES.

QUESTIONS.

635. Vérifier la relation

$$x^p - \binom{m}{1}(x-h)^p + \ldots + (-1)^n \binom{m}{n}(x-nh)^p + \ldots + (-1)^m (x-mh)^p = 0,$$

où l'on a $m > p$, m et p représentant des nombres entiers.

636. Vérifier la relation

$$(1) \quad \left\{ \begin{aligned} (x+a)^m = x^m &+ \binom{m}{1} a(x+b)^{m-1} + \ldots \\ &+ \binom{m}{n} a(a-nb)^{n-1}(x+nb)^{m-n} + \ldots \\ &+ a(a-nb)^{m-1}, \end{aligned} \right.$$

où l'on suppose m entier positif.

(Abel.)

637. Soit $f(z)$ une fonction de la variable imaginaire $z = x + iy$; si l'on pose

$$(1) \qquad f(z) = P + Qi,$$

P et Q étant des fonctions réelles en x et y, on a généralement

$$(2)\quad \begin{cases} \dfrac{\partial^n P}{\partial x^k \partial x^{n-k}} = \dfrac{\partial^n Q}{\partial x^{k-1} \partial y^{n-k+1}}, \\[2ex] \dfrac{\partial^n Q}{\partial x^k \partial y^{n-k}} = -\dfrac{\partial^n P}{\partial x^{k-1} \partial y^{n-k+1}}; \end{cases}$$

$$(3)\quad \begin{cases} \dfrac{\partial^n P}{\partial x^k \partial y^{n-k}} = -\dfrac{\partial^n P}{\partial x^{k-2} \partial y^{n-k+2}}, \\[2ex] \dfrac{\partial^n Q}{\partial x^k \partial y^{n-k}} = -\dfrac{\partial^n Q}{\partial x^{k-2} \partial y^{n-k+2}}. \end{cases}$$

638. Si, dans le développement symbolique,

$$(\text{A})\quad \begin{cases} f(x + x_1, y + y_1, z + z_1) \\ = \displaystyle\sum_{k=0}^{k=n} \frac{1}{1.2\ldots k}\left(x_1 \frac{\partial}{\partial x} + y_1 \frac{\partial}{\partial y} + z_1 \frac{\partial}{\partial z}\right)^k f(x, y, z), \end{cases}$$

qui a lieu pour une fonction $f(x, y, z) = u$, entière et homogène du degré n, on représente $\left(x_1 \dfrac{\partial}{\partial x} + y_1 \dfrac{\partial}{\partial y} + z_1 \dfrac{\partial}{\partial z}\right)$ par Δ, et si l'on pose en outre

$$f(x_1, y_1, z_1) = u_1, \quad \left(x \frac{\partial}{\partial x_1} + y \frac{\partial}{\partial y_1} + z \frac{\partial}{\partial z_1}\right) = \Delta_1,$$

on a les relations

$$(1)\quad \frac{\partial . \Delta^k u}{\partial \alpha} = \Delta^k \frac{\partial u}{\partial \alpha},$$

$$(2)\quad \frac{1}{1.2\ldots k} \Delta^k u = \frac{1}{1.2\ldots(n-k)} \Delta_1^{n-k} u_1,$$

$$(3)\quad \frac{\partial . \Delta^k u}{\partial \alpha_1} = k \Delta^{k-1} \frac{\partial u}{\partial \alpha},$$

dans lesquelles α désigne l'une quelconque des quantités x, y, z, et α_1 l'une quelconque des quantités x_1, y_1, z_1.

639. $\operatorname{Log} x$ ne peut être égal à une fonction rationnelle de x. (LIOUVILLE.)

640. Déterminer $\varphi(x)$ par la condition

$$\int_0^1 \varphi(\alpha x)\,d\alpha = n\varphi(x) + a.$$

641. Démontrer que la fonction $\varphi(x)$ est identiquement nulle si l'on a, pour toute valeur de n,

$$\int_a^b x^n \varphi(x)\,dx = 0.$$

642. Calculer au moyen de la formule Wallis, pour n croissant indéfiniment, la limite des expressions

$$n^{\frac{1}{2}} \int_0^{\frac{\pi}{2}} \cos^{2n}\theta\,d\theta, \quad n^{\frac{1}{2}} \int_0^{\frac{\pi}{2}} \cos^{n+1}\theta\,d\theta,$$

643. Étant donnée la fonction

$$X = (a_1 x_1 + a_2 x_2 + \ldots + a_n x_n)^2 + (b_1 x_1 + b_2 x_2 + \ldots + b_n x_n)^2 + \ldots,$$

où le nombre des polynômes élevés au carré est n, calculer

$$\int_{-\infty}^{\infty} dx_1 \int_{-\infty}^{\infty} dx_2 \ldots \int_{-\infty}^{\infty} dx_n e^{-X} = K,$$

puis déduire du résultat que, si les variables $x_1, x_2, \ldots$ sont des fonctions linéaires de n autres variables $y_1, y_2, \ldots, y_n$, de telle sorte qu'on ait

$$X = A_1 y_1^2 + A_2 y_2^2 + \ldots + A_n z_n^2,$$

le produit $A_1 A_2 \ldots A_n$ est un carré parfait.

644. Quelle doit être la relation $s = \varphi(x)$, pour que

$$\int_0^h \frac{ds}{(h-x)^{\frac{1}{2}}}$$

soit indépendante de h?

645. Quelle doit être la relation $s = \varphi(x)$ pour que l'intégrale

$$\int_0^h (h - x)^n ds$$

soit indépendante de h?

646. Étant données les deux équations

$$(1) \qquad \frac{d^n y}{dx^n} + p_1 \frac{d^{n-1} y}{dx^{n-1}} + \ldots + p_n y = 0,$$

$$(2) \qquad \frac{d^n y}{dx^n} - \frac{d^{n-1}(p_1 y)}{d^{n-1}} + \ldots \pm p_n y = 0$$

dans lesquelles $p_1, p_2, \ldots, p_n$ sont des fonctions de x, démontrer que toute solution de l'équation (1) est un facteur qui rend intégrable l'équation (2), et réciproquement.

647. Étant donnée l'équation

$$\frac{d\left(K \frac{dV}{dx}\right)}{dx} + GV = 0,$$

dans laquelle V, K et G sont des fonctions de x, K restant constamment positif, démontrer que V et $\frac{dV}{dx}$ ne peuvent s'annuler pour la même valeur assignée à x. (Sturm.)

648. Si l'on connaît une intégrale première de l'équation

$$\frac{d^2 y}{dx^2} = F(y, x),$$

on peut toujours obtenir son intégrale générale au moyen des quadratures. (Jacobi.)

649. Soit l'expression

$$(A) \quad D^n y + A_1 D^{n-1} y + \ldots + A_p D^{n-p} y + \ldots + A_n y = f(y),$$

où $A_1, A_2, \ldots, A_p, \ldots$ représentent des fonctions de la variable x, et où l'on a fait, pour abréger,

$$\frac{d^p y}{dx^p} = D^p y;$$

si l'on désigne par u et v deux fonctions de la même variable, on trouve

$$\text{(B)} \quad \begin{cases} f(uv) = uf(v) + Du.'f(v) + \ldots \\ \qquad + \dfrac{D^p u}{1.2\ldots p}\,{}^{(p}f(v) + \ldots + \dfrac{D^n u}{1.2\ldots n}\,{}^{(n)}f(v); \end{cases}$$

quelle est la loi de formation des quantités ${}^{(p)}f(v)$?

650. L'expression ${}^{(p)}f(y)$ étant dite la *conjuguée* $p^{\text{ième}}$ de $f(y)$ (n° 649), on a les théorèmes :

1° Si la fonction y_1 annule identiquement $f(y)$ et ses $p-1$ premières conjuguées, l'équation différentielle

$$(1) \qquad f(y) = 0$$

admet les solutions

$$(2) \qquad cy_1, \quad c_1xy_1, \quad c_2x^2y_1, \ldots, \quad c_{p-1}x^{p-1}y_1,$$

$c, c_1, c_2, \ldots, c_{p-1}$ désignant des constantes arbitraires.

2° Si les p solutions (2) satisfont à l'équation (1), l'équation

$${}^{(h)}f(y) = 0$$

est satisfaite également par les $p-h$ premières solutions (2).

3° Si les équations

$$f(y) = 0, \quad 'f(y) = 0$$

ont une solution commune cy_1, et si la seconde est satisfaite en outre par les solutions

(3) $$c_1 x y_1, \quad c_2 x^2 y_1, \ldots, \quad c_{n-2} x^{n-2} y_1,$$

la première l'est aussi, et elle admet de plus la solution

$$c_{n-1} x^{n-1} y_1.$$

651. Soit y_1 une solution de l'équation linéaire

$$Dy + A_1 y = 0;$$

si l'on déduit de cette équation la suivante :

$$(1) \quad \left\{ \begin{array}{l} D^n y + \binom{n}{1} A_1 D^{n-1} y + \ldots + \binom{n}{p} A_p D^{n-p} y + \ldots \\ \qquad + A_n y = \varphi_n(y) = 0, \end{array} \right.$$

dans laquelle on a

$$A_{p+1} = A_1 A_p + A'_p,$$

A'_p désignant $\dfrac{dA_p}{dx}$, cette nouvelle équation est satisfaite par les n intégrales

$$c y_1, \quad c_1 x y_1, \ldots, \quad c_{n-1} x^{n-1} y_1.$$ (Brassinne.)

652. L'équation

$$\frac{d^2V}{dx^2} + \frac{d^2V}{dy^2} + \frac{d^2V}{dz^2} = 0$$

est satisfaite par l'intégrale

$$\iiint \frac{da\,db\,dc}{[(x-a)^2 + (y-b)^2 + (z-c)^2]^{\frac{1}{2}}},$$

dans laquelle on suppose les limites constantes. Trouver

une solution de forme semblable pour l'équation

$$\frac{\partial^2 V}{\partial x^2} + \frac{\partial^2 V}{\partial y^2} + \frac{\partial^2 V}{\partial z^2} + \frac{\partial^2 V}{\partial u^2} + \dots = 0,$$

le nombre des variables indépendantes étant n.

653. Étant donnée l'équation $z = x + \alpha e^{hz}$, développer $\sin z$ en série par la formule de Lagrange.

654. De la relation $z^p = 2x + \alpha z^q$ déduire le développement de z en série ordonnée suivant les puissances entières et croissantes de α.

Cas où $p = -q$.

655. Démontrer que l'expression

$$(1) \qquad \frac{x^2}{4} + \cos x - \frac{\cos 2x}{2^2} + \dots + (-1)^{n-1} \frac{\cos nx}{n^2} + \dots,$$

pour toutes les valeurs de x de $-\pi$ à $+\pi$, y compris ces limites, est égale à une constante.

656. Trouver la somme S de la série

$$(1) \qquad \frac{1}{2a^2} - \frac{\cos x}{a^2+1} + \dots + (-1)^n \frac{\cos nx}{a^2+n^2} + \dots.$$

657. Une courbe C de degré n étant représentée en coordonnées homogènes (*Rem.* du n° 638) par l'équation $F(x, y, z) = 0$, dont le premier membre se réduit à $f(x, y)$ quand on y fait $z = 1$, on a pour le rayon de courbure

$$\rho = (n-1)^2 \frac{\left(\frac{\partial^2 F}{\partial x^2} + \frac{\partial^2 F}{\partial y^2}\right)^{\frac{3}{2}}}{H} (z = 1),$$

H désignant le hessien (n° **100**) de $F(x, y, z)$ et la parenthèse $(z = 1)$ indiquant qu'il faut remplacer z par 1 après les différentiations. (Hesse.)

658. Trouver *la première polaire* d'un point (*Rem.* du n° 638) par rapport à la cardioïde (p. 156).

659. Première polaire du point qui a pour coordonnées

$$x = 0, \quad y = -\frac{a}{2},$$

par rapport à la courbe du n° 251.

660. Lorsqu'un point m décrit une droite, la *droite polaire* de ce point (*Rem.* du n° 638) relativement à une courbe du troisième ordre enveloppe une conique.

661. En chaque point m d'une courbe donnée on prend sur l'ordonnée Pm une longueur $P\mu$ égale à la normale du point m; quelle doit être cette courbe pour que ses tangentes soient parallèles à celles du lieu des points μ aux points correspondants?

662. Trouver la courbe dans laquelle la distance de l'origine au pied de la normale a un rapport constant avec la longueur de cette normale.

663. Trouver la courbe dont l'aire est égale au cube de l'ordonnée divisé par l'abscisse.

664. Trouver la trajectoire orthogonale des lemniscates (n° 275) dont l'équation est

$$(x^2 + y^2)^2 = a^2(x^2 - y^2),$$

a étant un paramètre variable.

665. Trajectoire orthogonale des ellipses données par l'équation

$$\frac{x^2}{a^2} + \frac{y^2}{b^2} = 1,$$

le paramètre variable étant b.

666. (*Fig.* 30.) Trouver la courbe qui coupe une série de paraboles, ayant même axe et même sommet, de telle

Fig. 30.

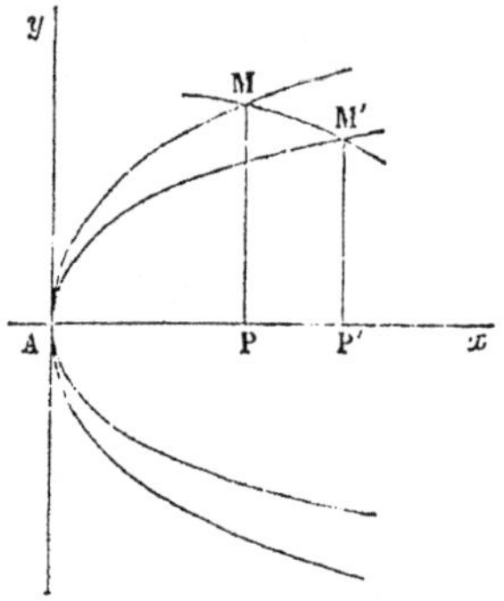

sorte que les aires AMP, AM'P' soient égales à une surface donnée.

667. Trouver la courbe qui rencontre une série de cercles concentriques de telle sorte que les arcs de ces cercles, compris entre une droite fixe menée par le centre et les divers points de rencontre, aient une longueur constante.

668. On peut toujours trouver, sur un quadrant d'ellipse, deux points tels, que les normales qui y passent soient à la même distance du centre. Relation qui lie les abscisses de ces deux points. (*Points associés.*)

669. Soient m et m_1 deux points pris sur un même quadrant d'ellipse, μ et μ_1 leurs *points associés* (n° 668); démontrer la relation

$$\text{arc}\, mm_1 - \text{arc}\, \mu\mu_1 = p_1 - p,$$

p_1 et p étant les longueurs des perpendiculaires abaissées du centre de l'ellipse sur les normales aux points m et m_1.

670. Trouver une courbe telle, que la longueur de l'arc

soit dans un rapport constant avec la distance de l'origine au pied de la tangente.

671. Trouver la courbe dans laquelle le rayon de courbure est égal à n fois la normale.

672. Trouver une courbe telle, que, si d'un point fixe pris dans son plan on mène des rayons vecteurs à ses divers points, la projection du centre de courbure sur le rayon vecteur engendre une courbe semblable à la première.

673. Trouver une courbe semblable à sa développée.

674. Trouver la courbe dans laquelle une puissance donnée de l'abscisse est proportionnelle à l'arc.

675. L'origine des coordonnées, auxquelles est rapportée la courbe C donnée par l'équation

$$r^n \cos n\theta = a^n,$$

étant un point qui fait partie de C, on demande quel est le lieu que ce point décrit quand la courbe roule sans glisser sur une droite fixe.

676. Trouver les lignes asymptotiques de la surface représentée par l'équation

$$z = \varphi\left(\frac{y}{x}\right) + x\psi\left(\frac{y}{x}\right).$$

677. Trouver la courbe qui rencontre les génératrices d'un cône droit sous un angle constant.

678. Par le centre O d'un ellipsoïde on mène un plan quelconque et une normale à ce plan, puis on porte sur cette normale, et dans le même sens, des longueurs OA, OB égales aux demi-axes de la section obtenue; trouver le lieu des points A et B.

679. Par le centre O d'un ellipsoïde on fait passer un plan π contenant la normale d'un point quelconque m (x, y, z), et l'on mène dans ce plan une droite $O\mu$ égale et perpendiculaire à Om; démontrer : 1° que le lieu des points μ est la *surface de l'onde* (n° 334); 2° que les normales aux points correspondants m et μ des deux surfaces sont situées dans le même plan et se coupent à angle droit (*Mac-Cullagh*).

680. Par un point m d'une surface S on mène un plan tangent, et d'un point fixe O on abaisse sur ce plan une perpendiculaire OH. Si l'on prend sur OH un point m_1 tel, qu'on ait $Om_1 . OH$ égal à une constante k^2, le lieu S_1 des points m_1 est tel, que la perpendiculaire OH_1 abaissée sur son plan tangent en m_1 passe par le point m; et l'on a aussi

$$Om . OH_1 = k^2.$$

681. Étant donnée une surface qui sépare deux milieux homogènes de densité différente, on suppose que des rayons lumineux passent de l'un dans l'autre en suivant les lois ordinaires de la réfraction. Démontrer que, si les rayons incidents sont normaux à une même surface, les rayons réfractés seront aussi normaux à une autre surface.

(CHARLES DUPIN.)

682. Trouver la surface qui coupe à angle droit toutes les sphères passant par un point donné et dont les centres sont sur une droite fixe menée par ce point.

683. Équation générale des surfaces qui coupent à angle droit l'ellipsoïde dont l'équation est

$$\frac{x^2}{a^2} + \frac{y^2}{b^2} + \frac{z^2}{c^2} = 1.$$

684. Trouver une surface telle que la distance d'un

point A au point où une droite fixe AB rencontre le plan tangent en M soit proportionnelle à la longueur AM.

685. Trouver la surface pour laquelle les coordonnées du point où la normale rencontre le plan des xy sont proportionnelles aux coordonnées correspondantes du point de la surface.

686. Trouver la surface de révolution pour laquelle la somme des courbures principales (*courbure moyenne*) (n° 318) est nulle en chaque point.

QUESTIONS DIVERSES.

SOLUTIONS.

635. Désignons par A_p le premier membre de la relation proposée; on voit facilement que A_1 est nul, quelles que soient les quantités x et h. Cela posé, la différentiation donne

$$\frac{dA_p}{dh} = mp\left[(x-h)^{p-1} + \ldots (-1)^{n-1}\binom{m-1}{n-1}(x-nh)^{p-1} + \ldots + (-1)^{m-1}(x+mh)^{p-1}\right].$$

Si l'on fait $x - h = z$, le multiplicateur de mp devient

$$z^{p-1} - \binom{m-1}{1}[z-(m-1)h]^{p-1} + \ldots + (-1)^{n-1}\binom{m-1}{n-1}[z-(n-1)h]^{p-1} + \ldots + (-1)^{m-1}[z-(m-1)h]^{p-1}.$$

Or, pour $p = 2$, ce facteur est identiquement nul, pourvu que m soit supérieur à p. A_2 est donc indépendant de h, et comme il est manifestement égal à zéro en même temps que h, la relation est vérifiée pour $p = 2$. On l'étend sans peine aux valeurs plus grandes.

636. La relation est évidente quand $m = 1$. En désignant le second membre par A_m, les dérivées des deux membres

par rapport à x sont respectivement

(2) $$m(x+a)^{m-1}, \quad m\,A_{m-1}.$$

Si ces résultats sont égaux pour une certaine valeur de m, les fonctions $(x+a)^m$ et A_m ne pourront différer que d'une quantité indépendante de x; et comme elles sont égales pour $x=-a$ (n° 635), leur différence devra être nulle. Or les expressions (2) sont égales quand $m=2$; la relation (1) se trouve donc vérifiée pour cette valeur, et par suite pour toutes les autres.

La relation (1), qui généralise d'une manière si remarquable le binôme de Newton, a été donnée par Abel dans le tome Ier du *Journal de Crelle.*

637. En prenant les dérivées partielles des deux membres de l'équation (1), on obtient les formules connues

(4) $$\frac{\partial P}{\partial x}=\frac{\partial Q}{\partial y}, \quad \frac{\partial P}{\partial y}=-\frac{\partial Q}{\partial x},$$

Ces relations expriment, comme on sait, les conditions nécessaires et suffisantes pour que, deux fonctions P et Q de x et y étant réelles et continues, $P+Qi$ représente une fonction de $x+iy$ et admette une dérivée. On peut remarquer qu'elles expriment aussi que les courbes représentées par les équations

$$P=\alpha, \quad Q=\beta,$$

où α et β sont des constantes, se coupent à angle droit.

En différentiant les identités (4), on en déduit celles-ci, également connues,

(5) $$\frac{\partial^2 P}{\partial x^2}=-\frac{\partial^2 P}{\partial y^2}, \quad \frac{\partial^2 Q}{\partial x^2}=-\frac{\partial^2 Q}{\partial y^2}.$$

Si l'on différentie maintenant les équations (4) $k-1$ fois par rapport à x et $n-k$ fois par rapport à y, on trouve les formules (2). Les formules (3) se tirent des équations (5) en opérant d'une manière analogue.

Ces relations (2) et (3), dues à Prouhet, l'ont conduit à des résultats algébriques et géométriques intéressants. (Sturm, *Cours d'Analyse*, 2e édition.)

La fonction $P + Qi$ admet une représentation assez expressive, due à MM. Briot et Bouquet. Une valeur quelconque de la variable imaginaire z définissant un point (x, y) dans le plan xOy, on peut concevoir que sur la perpendiculaire à ce plan en chaque point on porte des longueurs respectivement égales à P et Q. Les deux surfaces qui en résultent jouissent de diverses propriétés, conséquences des relations fondamentales (4). Ces relations elles-mêmes expriment que, si l'on fait tourner d'un angle droit l'une des surfaces autour d'une perpendiculaire au plan xOy, les plans tangents des deux surfaces aux points correspondants situés sur cette perpendiculaire deviennent parallèles. (*Voir* Briot et Bouquet, *Théorie des fonct. ellipt.*, 2e édition.)

638. La première relation résulte de l'égalité manifeste

$$\frac{\partial \Delta u}{\partial \alpha} = \Delta \frac{\partial u}{\partial \alpha}.$$

Pour démontrer la seconde, observons qu'en vertu de (A) l'expression $f(px + qx_1,\ py + qy_1,\ pz + qz_1)$ admet les deux développements identiques

$$q^n u + q^{n-1} p \Delta u + \dots + \frac{q^{n-k} p^k}{1.2\dots k} \Delta^k u + \dots + \frac{p^n}{1.2\dots n} \Delta^n u,$$

$$p^n u_1 + p^{n-1} q \Delta_1 u_1 + \dots + \frac{p^{n-h} q^h}{1.2\dots h} \Delta_1^h u_1 + \dots + \frac{q^n}{1.2\dots n} \Delta_1^n u_1.$$

Si $n - k = h$, l'égalité des coefficients de $q^{n-k} p^k$ donne la relation (2).

La troisième s'obtient en prenant la dérivée par rapport à α_1 des deux membres de la seconde. On trouve en effet, à cause de la première,

$$\frac{\partial\Delta^k u}{\partial\alpha} = \frac{1.2\ldots k}{1.2\ldots(n-k)}\frac{\partial u_1}{\partial\alpha_1}.$$

Or, u étant une fonction homogène du degré $n-1$, en lui appliquant la formule (2) il vient

$$\frac{\Delta_1^{n-k}\dfrac{\partial u_1}{\partial\alpha_1}}{1.2\ldots(n-k)} = \frac{\Delta^{k-1}\dfrac{\partial u}{\partial\alpha}}{1.2\ldots(k-1)},$$

et, par suite,

$$\frac{\partial.\Delta^k u}{\partial\alpha_1} = k\,\Delta^{k-1}\frac{\partial u}{\partial\alpha}.$$

Les expressions de la forme $\Delta^k u$, u désignant une fonction homogène d'un nombre quelconque de variables indépendantes, ont été nommées par M. Sylvester *les émanants d'ordre k* de la fonction u. Elles jouent un rôle important dans l'Algèbre moderne (*Voir* SALMON, *Leçons d'Algèbre supérieure*).

REMARQUE. — Lorsque la fonction u ne renferme que trois variables indépendantes x, y, z, on sait qu'en l'égalant à zéro on obtient l'équation *en coordonnées homogènes* d'une certaine courbe, dont les coordonnées ordinaires sont alors exprimées par les rapports $\frac{x}{z}$ et $\frac{y}{z}$. Dans ce cas, les émanants de la fonction admettent une interprétation géométrique. Concevons, en effet, sur une même droite, le système des n points

$$a_1, a_2, \ldots, a_n,$$

un point m généralement distinct de ceux-ci, et un autre

point m_1 à déterminer. Si l'on forme les rapports

$$\frac{m_1 a_1}{m a_1}, \quad \frac{m_1 a_2}{m a_2}, \quad \ldots, \quad \frac{m_1 a_n}{m a_n},$$

dans lesquels on a égard aux signes des segments et qu'on représente par l'expression

$$\sum \left(\frac{m_1 a}{m a}\right)_k,$$

la somme de tous les produits obtenus en multipliant ces rapports k à k, l'équation

$$(4) \qquad \sum \left(\frac{m_1 a}{ma}\right)_k = \sum \left(\frac{ma - mm_1}{ma}\right)_k = 0$$

déterminera k valeurs pour la distance mm_1. Chacun des points m_1 qui en résultent est dit un *centre harmonique d'ordre* k du système des points a par rapport au pôle m.

Cela posé, soit une courbe C de degré n représentée en *coordonnées homogènes* par l'équation $f(X, Y, Z) = 0$, et supposons qu'autour du pôle m, pris dans son plan, on fasse tourner une transversale; les points m_1, centres harmoniques d'ordre k du système des points d'intersection de la courbe avec cette droite dans toutes ses positions, seront situés sur une courbe P qu'on nomme la $(n-k)^{\text{ième}}$ *polaire* du point m par rapport à C. C'est précisément l'équation de cette polaire qu'on obtient en égalant à zéro l'émanant d'ordre k de la fonction $f(x, y, z) = u$; x, y, z représentant les coordonnées du point fixe m et x_1, y_1, z_1 celles du point variable m_1.

Pour démontrer qu'il en est ainsi, soit a l'un des points où la transversale mm_1, dans une de ses positions particulières, rencontre la courbe donnée. Les coordonnées homogènes α, β, γ de ce point se déterminent facilement, car les points a, m et m_1 appartenant à une même ligne droite, leurs coordonnées doivent satisfaire à la relation

$$\begin{vmatrix} \alpha & x & x_1 \\ \beta & y & y_1 \\ \gamma & z & z_1 \end{vmatrix} = 0,$$

qui est évidemment satisfaite en posant

$$\alpha = x + px_1, \quad \beta = y + py_1, \quad \gamma = z + pz_1,$$

quelle que soit la valeur de p. Cette valeur se calcule ici en substituant les expressions de α, β, γ qu'on vient de trouver dans la relation manifeste

$$\left(\frac{\alpha}{\gamma} - \frac{x}{z}\right)\frac{1}{ma} = \left(\frac{\alpha}{\gamma} - \frac{x_1}{z_1}\right)\frac{1}{m_1 a},$$

d'où l'on tire

$$p = -\frac{z}{z_1}\,\frac{ma}{m_1 a}.$$

Si l'on exprime maintenant que le point a est situé sur la courbe, on a

$$f(x + px_1, y + py_1, z + pz_1) = 0,$$

ce qui peut s'écrire, en vertu de (A),

$$\left(\frac{1}{p}\right)^n u + \left(\frac{1}{p}\right)^{n-1}\Delta u + \ldots + \left(\frac{1}{p}\right)^{n-k}\frac{\Delta^k u}{1.2\ldots k} + \ldots + \frac{\Delta^n u}{1.2\ldots n} = 0.$$

Cette équation a pour racines les n valeurs de la quantité $\frac{1}{p}$ répondant à une position déterminée de la transversale. En égalant à zéro, en vertu de l'équation (4), la somme des produits k à k de ces valeurs, on trouve

$$\Delta^k u = \left(x_1 \frac{\partial}{\partial x} + y_1 \frac{\partial}{\partial y} + z_1 \frac{\partial}{\partial z}\right)^k f(x, y, z) = 0,$$

équation qui est bien celle de la courbe P, puisqu'elle est satisfaite par les coordonnées x_1, y_1, z_1 des points m_1 dans toutes les positions de la transversale. A cause de (2), on peut aussi l'écrire

$$\Delta_1^{n-k} u_1 = \left(x \frac{\partial}{\partial x_1} + y \frac{\partial}{\partial y_1} + z \frac{\partial}{\partial z_1}\right)^{n-k} f(x_1, y_1, z_1) = 0.$$

Si k est égal à 1, on voit que *le lieu des centres harmoniques du premier ordre est une ligne droite* appelée *la droite polaire*. Ce théorème a été donné par Cotes.

La théorie des polaires des divers ordres, créée par Bobilier (*Ann. de Gergonne*, 1828), a été l'objet des travaux de plusieurs géomètres (*voir* CLEBSCH, *Leçons sur la Géométrie*, 1er Vol., p. 253; traduction Benoist).

639. Il faut démontrer qu'on ne peut avoir

$$\log x = \frac{f}{\varphi},$$

f et φ désignant deux fonctions algébriques entières de x et premières entre elles. Pour cela, différentions l'égalité précédente, elle donne

$$(1) \qquad \frac{\varphi^2}{x} = \varphi f' - f\varphi';$$

il résulte de là que φ doit être divisible par x, et que f ne doit pas l'être. Faisons donc

$$\varphi = \psi x^n,$$

ψ étant un nouveau polynôme non divisible par x; on conclut de là

$$\varphi' = n\psi x^{n-1} + \psi' x^n.$$

Substituant cette valeur et celle de φ dans l'équation (1), il vient

$$\psi^2 x^{2n-1} = \psi f' x^n - n\psi f x^{n-1} - f\psi' x^n,$$

ou bien

$$nf\psi = x(\psi f' - f\psi') - \psi^2 x^n.$$

Cette dernière égalité est absurde, car le second membre est divisible par x et le premier ne peut l'être, f et ψ étant premiers avec x. Donc, etc.

640. Si l'on pose $\alpha x = z$, l'équation devient

$$\int_0^x \varphi(z)\,dz = nx\varphi(x) + ax,$$

et en différentiant par rapport à x,

$$\varphi(x) = n\varphi(x) + nx\varphi'(x) + a,$$

équation linéaire du premier ordre d'où l'on tire

$$\varphi(x) = Cx^{\frac{1-n}{n}} - \frac{a}{n-1}.$$

641. Si la fonction $\varphi(x)$ n'est pas nulle depuis $x = a$ jusqu'à $x = b$, elle doit changer de signe dans cet intervalle, sans quoi, les éléments de l'intégrale étant tous de même signe pour une valeur convenable de n, l'intégrale ne pourrait être nulle. Supposons donc que $\varphi(x)$ change de signe, trois fois par exemple, et soient x_1, x_2, x_3 les valeurs de x qui donnent lieu à ce changement. Soit fait

$$\psi(x) = (x - x_1)(x - x_2)(x - x_3) = Ax^3 + Bx^2 + Cx + D.$$

Puisque l'intégrale est nulle pour toutes les valeurs entières de n, on a

$$\int_a^b x^3\varphi(x)\,dx = 0, \qquad \int_a^b x^2\varphi(x)\,dx = 0,$$

$$\int_a^b x\varphi(x)\,dx = 0, \qquad \int_a^b \varphi(x)\,dx = 0;$$

et par suite

$$\int_a^b (Ax^3 + Bx^2 + Cx + D)\varphi(x)\,dx = \int_a^b \psi(x)\varphi(x)\,dx = 0.$$

La dernière équation ne peut exister puisque, $\psi(x)$ et $\varphi(x)$ changeant toujours de signe en même temps, l'élément de l'intégrale a toujours même signe. D'ailleurs le raisonnement resterait le même quel que fût le degré de ψ; donc, etc.

642. On sait que la formule de Wallis (n° 458) consiste en ce qu'on a, quand n croît indéfiniment,

$$\lim \frac{\pi}{2}\,\frac{3.3.5.5\ldots(2n-1)(2n-1)(2n+1)}{2.2.4.4\ldots 2n.2n} = 1,$$

ou bien

$$\left(\frac{2}{\pi}\right)^{\frac{1}{2}} = \lim \frac{3.5.7\ldots(2n-1)(2n+1)^{\frac{1}{2}}}{2.4.6\ldots 2n}.$$

Or

$$A = \int_0^{\frac{\pi}{2}} \cos^{2n}\theta\,d\theta = \frac{\varpi}{2}\,\frac{1.3.5\ldots(2n-1)}{2.4\ldots 2n};$$

par conséquent,

$$\lim A.n^{\frac{1}{2}} = \frac{\pi}{2}\lim \frac{1.3.5\ldots(2n-1)(2n+1)^{\frac{1}{2}}}{2.4\ldots 2n}\left(\frac{n}{2n+1}\right)^{\frac{1}{2}},$$

ou

$$\lim n^{\frac{1}{2}}\int_0^{\frac{\pi}{2}} \cos^{2n}\theta\,d\theta = \frac{\varpi}{2}\left(\frac{2}{\varpi}\right)^{\frac{1}{2}}\left(\frac{1}{2}\right)^{\frac{1}{2}} = \frac{\pi^{\frac{1}{2}}}{2}.$$

L'équation

$$\int_0^{\frac{\pi}{2}} \cos^{2n+1}\theta\,d\theta = \frac{2.4\ldots 2n}{3.5\ldots(2n+1)}$$

conduirait d'une manière analogue à la relation

$$\lim n^{\frac{1}{2}} \int_0^{\frac{\pi}{2}} \cos^{2n+1}\theta \, d\theta = \frac{\pi^{\frac{1}{2}}}{2}.$$

643. 1° Pour ramener l'intégrale à une forme connue, il suffit d'un changement de variables. Si l'on pose, en effet,

$$a_1 x_1 + a_2 x_2 + \ldots + a_n x_n = z_1,$$
$$b_1 x_1 + b_2 x_2 + \ldots + b_n x_n = z_2,$$
$$\ldots\ldots\ldots\ldots\ldots\ldots\ldots\ldots,$$

ces relations étant du premier degré, l'élément de l'intégrale transformée sera

$$\alpha \, dz_1 \, dz_2 \ldots dz_n = e^{-z_1^2 - z_2^2 - \cdots},$$

où α représente un coefficient rationnel en $a_1, b_1, \ldots$ D'ailleurs, les limites restent les mêmes, et comme on a, d'après la formule B de la p. 297,

$$\int_{-\infty}^{\infty} e^{-hu^2} du = \left(\frac{\pi}{h}\right)^{\frac{1}{2}},$$

il en résulte

$$K = \alpha \pi^{\frac{n}{2}}.$$

2° On a également, en vertu des conditions admises,

$$K = 6 \int_{-\infty}^{\infty} dy_1 \int_{-\infty}^{\infty} dy_2 \ldots \int_{-\infty}^{\infty} dy_n e^{-A_1 y_1^2 - A_2 y_2^2 - \cdots},$$

6 étant rationnel par rapport aux quantités $a_1, b_1, \ldots$ On conclut de là

$$K = \frac{6}{(A_1 A_2 \ldots A_n)^{\frac{1}{2}}} \pi^{\frac{n}{2}};$$

et par suite

$$(A_1 A_2 \ldots A_n)^{\frac{1}{2}} = \frac{6}{\alpha}.$$

C. Q. F. D.

644. Soit

$$T = \int_0^h (h-x)^{-\frac{1}{2}} ds = \int_0^h (h-x)^{-\frac{1}{2}} \varphi'(x)\, dx.$$

Afin d'avoir des limites indépendantes de h, posons

$$zh = x;$$

il vient

$$T = \int_0^1 h^{\frac{1}{2}} (1-z)^{-\frac{1}{2}} \varphi'(zh)\, dz.$$

Il faut que $\frac{dT}{dh}$ soit nul, quel que soit h; on a donc

$$0 = \frac{dT}{dh} = \int_0^1 dz (1-z)^{-\frac{1}{2}} \left[\frac{1}{2} h^{-\frac{1}{2}} \varphi'(zh) + h^{\frac{1}{2}} \varphi''(zh) z\right],$$

$$= \int_0^1 dz h^{-\frac{1}{2}} (1-z)^{-\frac{1}{2}} \left[\frac{1}{2} \varphi'(zh) + zh \varphi''(zh)\right].$$

Soit fait

$$\frac{1}{2} \varphi'(x) + x\varphi''(x) = F(x),$$

il en résulte

$$\frac{dT}{dh} = \int_0^1 dz (h - zh)^{-\frac{1}{2}} F(zh) = \int_0^h \frac{F(x)\, dx}{h(h-x)^{\frac{1}{2}}} = 0.$$

Pour que l'intégrale soit nulle, quel que soit h, il faut que $F(x)$ soit nul identiquement; car si $F(x)$ n'est pas nul, on peut prendre h assez petit pour que $F(x)$ garde le même signe dans toute l'étendue de l'intégrale, et comme le facteur $\frac{1}{h(h-x)^{\frac{1}{2}}}$ est toujours positif, l'intégrale ayant tous ses éléments de même signe ne peut pas être nulle. Donc

$$\varphi'(x) + 2x\varphi''(x) = 0.$$

On tire de là

$$\varphi'(x) = \left(\frac{c}{x}\right)^{\frac{1}{2}} = \frac{ds}{dx},$$

équation différentielle de la cycloïde.

Le problème que nous venons de résoudre n'est autre que celui de la *tautochrone* dans le vide.

(PUISEUX.)

645. En raisonnant comme dans le numéro qui précède, on trouve

$$dy = [A^2 x^{-2(n+1)} - 1]^{\frac{1}{2}} dx.$$

646. Multiplions l'équation (1) par le facteur $z\,dx$, x étant une indéterminée, et intégrons par parties de manière à débarrasser y de tout signe de différentiation sous le signe $\int$. Un terme tel que $p_k \frac{d^{n-k}y}{dx^{n-k}}$ donnera naissance à l'intégrale

$$\pm \int y \frac{d^{n-k}(p_k z)}{dx^{n-k}} dx,$$

le signe + répondant à $n-k$ pair et le signe − à $n-k$ impair. Ainsi le résultat de l'intégration se composera d'une partie débarrassée du signe $\int$ et de l'intégrale

$$\pm \int y \left[\frac{d^n z}{dx^n} - \frac{d^{n-1}(p_1 z)}{dx^{n-1}} + \frac{d^{n-2}(p_2 z)}{dx^{n-2}} + \ldots \pm p_n z\right] dz.$$

Si z satisfait à l'équation (2), l'intégrale s'évanouit; l'équation (1) devient donc intégrable quand on la multiplie par une solution de l'équation (2).

L'autre partie de la proposition se voit facilement de la même manière.

647. Supposons que V ne soit pas nulle pour $x = a$. Comme l'équation différentielle proposée est du second ordre, on peut concevoir une fonction V_1 qui y satisfasse et qui diffère de V en ce qu'on en tire, pour $x = a$, des valeurs arbitraires de V_1 et de $\frac{dV_1}{dx}$ différentes de celles de V et de $\frac{dV}{dx}$.

On a donc

$$\frac{d\left(K\frac{dV}{dx}\right)}{dx} + GV = 0, \qquad \frac{d\left(K\frac{dV_1}{dx}\right)}{dx} + GV_1 = 0;$$

d'où résulte, en multipliant la première par $V_1\,dx$ et la seconde par $V\,dx$ et retranchant,

$$V_1 d\left(K\frac{dV}{dx}\right) - V d\left(K\frac{d_1V}{dx}\right) = 0 = d\left[K\left(V_1\frac{dV}{dx} - V\frac{dV_1}{dx}\right)\right];$$

par conséquent,

$$K\left(V_1\frac{dV}{dx} - V\frac{dV_1}{dx}\right) = \text{const.}$$

On suppose que V n'est pas nulle pour $x = a$, et l'on peut se donner à volonté, pour $x = a$, des valeurs de V_1 et $\frac{dV_1}{dx}$ telles, que l'expression

$$K\left(V_1\frac{dV}{dx} - V\frac{dV_1}{dx}\right)$$

ait pour $x = a$ une valeur différente de zéro, qui sera celle de la constante. On voit alors que, pour toute autre valeur de x, on ne peut avoir en même temps

$$V = 0, \quad \frac{dV}{dx} = 0,$$

puisqu'il s'ensuivrait const. $= 0$, ce qui est contre l'hypothèse.

Il suit de ce qui précède que la fonction V change de signe chaque fois qu'elle s'évanouit. On le fait voir absolument comme dans la démonstration du théorème de Sturm.

648. Soit

$$\frac{dy}{dx} = \varphi(y, x, a)$$

l'intégrale première connue renfermant la constante arbitraire a. On trouve, en différentiant,

$$\frac{d^2y}{dx^2} = \frac{\partial\varphi}{\partial y}\varphi + \frac{\partial\varphi}{\partial x},$$

et, par suite,

$$F(y, x) = \frac{\partial\varphi}{\partial y}\varphi + \frac{\partial\varphi}{\partial x}.$$

Différentions par rapport à a cette nouvelle équation, elle donne

$$0 = \frac{\partial^2\varphi}{\partial a\,\partial y}\varphi + \frac{\partial\varphi}{\partial y}\frac{\partial\varphi}{\partial a} + \frac{\partial^2\varphi}{\partial a\,\partial x},$$

ou bien

$$0 = \frac{\partial\left(\frac{\partial\varphi}{\partial a}\varphi\right)}{\partial y} + \frac{\partial\left(\frac{\partial\varphi}{\partial a}\right)}{\partial x},$$

ce qui est la condition pour que l'expression

$$\frac{\partial\varphi}{\partial a}dy - \frac{\partial\varphi}{\partial a}\varphi\,dx$$

soit une différentielle exacte. On a donc pour l'intégrale générale

$$\int \frac{d\varphi}{da}(dy - \varphi dx) = C.$$

(*Journal de Liouville*, t. XIV.)

649. En appliquant la formule de Leibnitz (n° 62)

$$D^m(uv) = uv^{(m)} + \binom{m}{1} u' v^{(m-1)} + \ldots$$
$$+ \binom{m}{p} u^{(p)} v^{(m-p)} + \ldots + vu^{(m)},$$

et prenant $f(v)$ sous la forme

$$f(v) = v^{(n)} + A_1 v^{(n-1)} + \ldots + A_p v^{(n-p)} + \ldots + A_n v,$$

on reconnaît que ${}^{(p)}f(v)$ s'obtient en formant la dérivée d'ordre p de $f(v)$, pourvu qu'on y considère les indices de dérivation comme des exposants et qu'on y suppose la fonction v affectée de l'indice de différentiation o. Dans cette opération *symbolique*, les coefficients A_1, $A_2, \ldots$, A_p jouent le rôle de constantes. On trouve de cette manière

$${}'f(v) = nv^{(n-1)} + (n-1) A_1 v^{(n-2)} + \ldots + A_{n-1} v,$$
$$\ldots\ldots\ldots\ldots\ldots\ldots\ldots\ldots\ldots\ldots\ldots\ldots,$$
$${}^{(n-1)}f(v) = n(n-1)\ldots 2v' + (n-1)\ldots 2.1 A_1 v,$$
$${}^{(n)}f(v) = n(n-1)\ldots 2.1.v.$$

La même loi de formation permet évidemment de développer ${}'f(uv)$, ${}''f(uv), \ldots$, ${}^{(p)}f(uv), \ldots$, etc. M. Brassinne a désigné l'expression ${}^{(p)}f(v)$ sous le nom de *conjuguée d'ordre p* ou de *conjuguée $p^{ième}$* de l'expression $f(v)$.

Observons que si l'on pose

$$D^n + A_1 D^{n-1} + \ldots + A_p D^{n-p} + \ldots + A_n = \varphi(D),$$

on peut écrire *symboliquement*

$$f(y) = \varphi(D).y;$$

et il est facile de reconnaître qu'on a, pour toute valeur entière et positive de p,

$$^{(p)}f(y) = \varphi^{(p)}(D).y.$$

Cette nouvelle forme de la conjuguée $p^{ième}$ de $f(v)$ est remarquable. Elle permet de remplacer la relation (B) par celle-ci, analogue à la série de Taylor pour le cas des fonctions entières :

$$\varphi(D).uv = u\varphi(D).v + Du\varphi'(D).v + \ldots$$
$$+ \frac{D^p u}{1.2\ldots p}\varphi^{(p)}(D).v + \ldots + \frac{D^n u}{1.2\ldots n}\varphi^{(n)}(D).v.$$

On développerait évidemment de la même manière la conjuguée d'ordre quelconque

$$\varphi^{(p)}(D).uv.$$

650. 1° Si l'on pose $v = y_1$ dans l'équation (B) du numéro précédent, elle devient

$$f(uy_1) = {}^{(p)}f(y_1)\frac{D^p u}{1.2\ldots p} + \ldots + y_1 D^n u,$$

et l'on voit que le second membre s'annule si l'on assigne à u l'une quelconque des valeurs

$$c,\quad c_1 x,\quad c_2 x^2,\ldots,\quad c_{p-1}x^{p-1};$$

il en résulte que l'équation linéaire

$$f(y) = 0$$

admet les solutions

$$cy_1,\quad c_1 xy_1,\ldots,\quad c_{p-1}x^{p-1}y_1.$$

2° Soit fait $u = x$ dans la même équation (B), elle se réduit à

$$f(vx) = xf(v) + {}'f(v).$$

En y substituant à v les valeurs y_1, $xy_1, \ldots$, $x^{p-2}y_1$, on voit que ces valeurs annulent $'f(v)$, d'où il suit que l'équation linéaire

$$'f(y) = 0$$

admet les $p-1$ premières solutions (2).

Il suit de là que l'équation

$$''f(y) = 0$$

admet les $p-2$ premières solutions (2), et ainsi de suite.

3° D'après l'hypothèse, on doit avoir

$$f(y_1) = 0, \quad 'f(y_1) = 0, \ldots, \quad {}^{(n-1)}f(y_1) = 0,$$

d'où l'on tire, en vertu de l'équation (B),

$$f(uy_1) = y_1 \mathrm{D}^n u.$$

Or, pour toute puissance entière et positive de x inférieure à n, mise à la place de u, on a $f(uy_1) = 0$, c'est-à-dire que l'équation $f(y) = 0$ admet les solutions (3), et de plus la solution $c_{n-1}x^{n-1}y_1$.

Si l'on assimile les solutions (2) aux racines égales des équations algébriques, les propositions de ce numéro établissent, entre ces équations et les équations différentielles linéaires, des analogies remarquables signalées par M. Brassinne, auquel on doit d'intéressantes recherches sur ce sujet. (STURM, *Cours d'Analyse*, Note III de la deuxième édition.)

651. On reconnaît d'abord que l'équation (1) admet la solution y_1, pour $n = 2$. Afin de prouver qu'il en est de même, dans tous les cas, de l'identité

$$(2) \quad \mathrm{D}^n y_1 + \binom{n}{1}\mathrm{A}_1 \mathrm{D}^{n-1} y_1 + \ldots + \binom{n}{p}\mathrm{A}_p \mathrm{D}^{n-p} y_1 + \ldots + \mathrm{A}_n y_1 = 0,$$

supposée vraie pour n, on tire en différentiant

$$(3)\quad \begin{cases} D^{n+1}y_1 + \binom{n}{1} A_1 D^n y_1 + \ldots + \binom{n}{p+1} A_{p+1} D^{n-p} y_1 + \ldots \\ \quad + \binom{n}{p} A'_p D^{n-p} y_1 + \ldots + A'_n y_1 = 0. \end{cases}$$

Multipliant par A_1 les deux termes de l'équation (2) et l'ajoutant membre à membre à l'équation (3), on obtient une nouvelle égalité dans laquelle le multiplicateur de $D^{n-p}y$ est égal à

$$\binom{n}{p+1} A_{p+1} + \binom{n}{p} (A_1 A_p + A'_p),$$

quantité qui se réduit à

$$\binom{n+1}{p+1} A_{p+1},$$

en vertu des notations adoptées. Il en résulte que l'identité (2) subsiste quand on y remplace n par $n+1$, c'est-à-dire que l'équation

$$\varphi_n(y) = 0$$

admet la solution y_1, quel que soit n.

Pour compléter la démonstration du théorème, il faut prouver que si l'équation (1) admet les solutions

$$c y_1, \quad c_1 x y_1, \ldots, \quad c_{n-1} x^{n-1} y_1,$$

l'équation

$$(4)\qquad \varphi_{n+1}(y) = 0$$

les admettra aussi et sera satisfaite en outre par la solution $c_n x^n y_1$. Il suffit pour cela de chercher la conjuguée

$\varphi'_{n+1}(y)$, qu'on trouve égale à $n\varphi_n(y)$, et de se reporter à la solution du n° 650 (3°).

On arrive au même résultat en prouvant généralement que, si z désigne une solution quelconque de l'équation (1), l'équation (4) est satisfaite par la solution zx. Le premier membre de cette équation peut en effet s'écrire

$$\sum \binom{n+1}{p} A_p D^{n+1-p} y,$$

d'où résulte, en y remplaçant y par zx,

$$x\varphi_{n+1}(z) + (n+1)\varphi_n(z),$$

quantité qui est nulle, puisque z satisfait à l'équation (1) et par suite à l'équation (4). On conclut de là que l'équation $\varphi_2(y) = 0$ admet les solutions cy_1 et $c_1 xy_1$; puis que l'équation $\varphi_3(y) = 0$ admet les solutions cy_1, $c_1 xy_1$, $c_2 x^2 y_1$, et ainsi de suite.

652. L'analogie indique la forme suivante :

$$V = \int\int\int \cdots \frac{da\,db\,dc\ldots}{[(x-a)^2 + (y-b)^2 + (z-c)^2 + \ldots]^p},$$

p étant une indéterminée. On tire de là

$$\frac{d^2V}{dx^2} = -2p \int\int\int \cdots \frac{da\,db\,dc\ldots}{[(x-a)^2 + (y-b)^2 + (z-c)^2 + \ldots]^{p+1}}$$
$$+4p(p+1) \int\int\int \cdots \frac{(x-a)^2\,da\,db\,dc\ldots}{[(x-a)^2 + (y-b)^2 + (z-c)^2 + \ldots]^{p+2}};$$

par conséquent,

$$\frac{d^2V}{dx^2} + \frac{d^2V}{dy^2} + \frac{d^2V}{dz^2} + \ldots$$
$$= [4p(p+1) - 2pn] \int\int\int \cdots \frac{da\,db\,dc\ldots}{[(x-a)^2 + (y-b)^2 + (z-c)^2 + \ldots]^{p+1}}.$$

Le second membre sera nécessairement nul si l'on pose $p = \frac{n}{2} - 1$; la solution demandée est donc

$$V = \int\int\int \cdots \frac{da\,db\,dc\ldots}{[(x-a)^2 + (y-b)^2 + (z-c)^2\ldots]^{\frac{n}{2}-1}}.$$

653. Si l'on a généralement

$$z = x + \alpha f(z),$$

la formule de Lagrange donne

$$(1)\quad F(z) = F(x) + \alpha f(x) F'(x) + \cdots + \frac{\alpha^n}{1.2\ldots n} D^{n-1}[f(x)^n F'(x)] + \cdots,$$

pourvu que le module de α soit moindre que le plus petit de ceux qu'on obtient pour la quantité $\frac{1}{f'(z)}$ quand on y remplace z par les diverses racines de l'équation

$$(z-x)f'(z) - f(z) = 0.$$

Cette équation se réduisant ici à

$$(z-x)h - 1 = 0,$$

on doit donc avoir

$$(2)\qquad \operatorname{mod}\alpha < \operatorname{mod}\frac{1}{he^{hx+1}}.$$

Sous cette condition, la formule (1) donne pour le développement demandé

$$\sin z = \sin x + \alpha e^{hx}\cos x + \cdots + \frac{\alpha^n}{1.2\ldots n} D^{n-1}(e^{nhx}\cos x) + \cdots,$$

où l'on a

$$(3)\quad D^{n-1}e^{nhx}\cos x = e^{nhx}\sum_{k=0}^{k=n-1}\binom{n-1}{k}(nh)^{n-k-1}\cos\left(x + \frac{k\pi}{2}\right).$$

La formule du n° 61 conduit à la formule plus simple

$$\sin z = \sin x + \alpha e^{hx} \cos x + \ldots$$
$$+ \frac{\alpha^n}{1.2\ldots n} (n^2h^2 + 1)^{\frac{n-1}{2}} e^{nhx} \cos(x + \overline{n-1}\,\varphi_n) + \ldots,$$

l'angle φ_n étant défini par la relation $nh \operatorname{tang} \varphi_n = 1$.

En partant de l'expression (3) de $D^{n-1} e^{nhx} \cos x$ pour calculer le module du rapport du terme général de la série au terme précédent, on reconnaît que ce module, pour n croissant indéfiniment, tend vers une quantité moindre que 1 quand la condition (2) est remplie.

654. Posant $z^p = u$, l'équation devient $u = 2x + \alpha u^{\frac{q}{p}}$, et, pour appliquer la formule de Lagrange, il faut avoir

$$\operatorname{mod} \alpha < \operatorname{mod} \frac{p(q-p)^{\frac{q}{p}-1}}{q^{\frac{q}{p}} (2x)^{\frac{q}{p}-1}}.$$

Cette condition satisfaite, si l'on pose $F(u) = u^{\frac{1}{p}} = z$, on déduit de la formule (1) du numéro précédent,

$$\text{(A)} \quad z = (2x)^{\frac{1}{p}} + \ldots + \frac{\alpha^n}{nq+1} \left(\begin{matrix} \dfrac{nq+1}{p} \\ n \end{matrix}\right) (2x)^{\frac{nq+1}{p} - n} + \ldots.$$

Pour $p = -q$, $\alpha z^q = -x + \sqrt{x^2 + \alpha}$; et comme $(\sqrt{x^2 + \alpha} + x)^{-1}$ est celle des valeurs de z^q qui se réduit à $\frac{1}{2x}$ quand on suppose $\alpha = 0$, on tire de (A)

$$(\sqrt{x^2 + \alpha} + x)^{-\frac{1}{q}}$$
$$= (2x)^{-\frac{1}{q}} \left[1 + \ldots + \frac{(-\alpha)^n}{nq+1} \left(\begin{matrix} 2n + \dfrac{1}{q} - 1 \\ n \end{matrix}\right) (2x)^{-2n} + \ldots \right].$$

Si l'on fait $\lambda q = 1$, on a la relation remarquable

$$\left(\frac{2x}{\sqrt{x^2+\alpha}+x}\right)^\lambda$$

$$= 1 - \lambda\frac{\alpha}{4x^2} + \ldots + (-1)^n \frac{\lambda}{n+\lambda}\binom{2n+\lambda-1}{n}\left(\frac{\alpha}{4x^2}\right)^n + \ldots$$

655. La proposition admise, on en tire

$$(2) \qquad \sin x - \frac{\sin 2x}{2} + \ldots + (-1)^{n-1}\frac{\sin nx}{n} + \ldots = \frac{x}{2}.$$

Or, si le développement d'une fonction $\varphi(x)$ par la série de Fourier se présente sous la forme

$$\varphi(x) = A_1 \sin x + \ldots + A_n \sin nx + \ldots,$$

on sait qu'on a généralement

$$A_n = \frac{2}{\pi}\int_0^\pi \varphi(x)\sin nx\,dx,$$

ce qui se réduit à

$$A_n = \frac{(-1)^{n-1}}{n}$$

pour la fonction $\frac{x}{2}$. L'équation (2) est donc vérifiée et subsiste pour toutes les valeurs de x comprises entre $-\pi$ et π.

Il en résulte que l'expression (1) est égale à

$$1 - \frac{1}{2^2} + \frac{1}{3^2} - \ldots = \frac{\pi^2}{12} \quad (\text{n}^\circ\ 444).$$

656. Posons

$$(2) \quad y = \frac{x}{2a^2} - \frac{\sin x}{1(a^2+1)} + \ldots + (-1)^n\frac{\sin nx}{n(a^2+n^2)} + \ldots$$

On tire de cette équation

$$a^2y - y'' = \frac{x}{2} - \ldots + (-1)^n\frac{\sin nx}{n} + \ldots,$$

d'où, en tenant compte de l'équation (2) du numéro précédent,

$$y = Ce^{ax} + C_1 e^{-ax} = C(e^{ax} - e^{-ax}),$$

puisque y s'annule avec x.

On a donc

$$S = Ca(e^{ax} + e^{-ax}).$$

Pour déterminer la constante C, observons que lorsque une fonction $\varphi(x)$ est donnée par la série de Fourier sous la forme

$$\varphi(x) = \frac{A_0}{2} + A_1 \cos x + \cdots + A_n \cos nx + \cdots,$$

on a généralement

$$A_n = \frac{2}{\pi} \int_0^{\pi} \varphi(x) \cos nx \, dx.$$

Cette expression, appliquée ici au premier terme de la série (1), conduit à la formule

$$S = \frac{\pi}{2a} \frac{e^{ax} + e^{-ax}}{e^{a\pi} - e^{-a\pi}}.$$

On déduit immédiatement de là les relations suivantes trouvées par Euler :

$$\sum_0^{\infty} \frac{1}{a^2 + n^2} = \frac{\pi a - 1}{2a^2} + \frac{\pi}{a(e^{2\pi a} - 1)},$$

$$\sum_0^{\infty} \frac{1}{a^2 + (2n+1)^2} = \frac{\pi}{4a} - \frac{\pi}{2a(e^{\pi a} + 1)} \quad \text{(n° 174)}.$$

657. Appliquant à la fonction $f(x, y)$ la formule du n° **123** et faisant usage des notations du n° **100**, il vient

$$f_y^3 \frac{d^2 y}{dx^2} = \begin{vmatrix} 0 & f_x & f_y \\ f_x & f_{xx} & f_{xy} \\ f_y & f_{yx} & f_{yy} \end{vmatrix}.$$

On tire aussi de la formule du n° 100

$$H = \frac{(n-1)^2}{z^2} \begin{vmatrix} 0 & F_x & F_y \\ F_x & F_{xx} & F_{xy} \\ F_y & F_{yx} & F_{yy} \end{vmatrix};$$

et ces résultats, combinés avec l'équation évidente

$$f_y^3 \frac{d^2y}{dx^2} \rho = (f_x^2 + f_y^2)^{\frac{3}{2}} = (F_x^2 + F_y^2)^{\frac{3}{2}} (z = 1),$$

vérifient immédiatement le théorème.

L'équation $H = 0$, à laquelle satisfont les coordonnées des points d'inflexion de C, représente une autre courbe nommée *la Hessienne* de la première, et dont la considération est utile dans la théorie des courbes algébriques. Comme le degré de cette courbe est au plus égal à $3(n-2)$, il en résulte que le nombre des points d'inflexion de C ne surpasse pas $3n(n-2)$.

658. L'équation de la courbe en coordonnées homogènes (n° 638) se met sous la forme

$$u = (x^2 + y^2 + 2axz)^2 - 4a^2(x^2+y^2)z^2 = 0,$$

et celle de la première polaire par rapport à un point dont les coordonnées sont α, β, γ est

$$\alpha \frac{\partial u}{\partial x} + \beta \frac{\partial u}{\partial y} + \gamma \frac{\partial u}{\partial z} = 0;$$

il en résulte, en remplaçant z et γ par l'unité après la différentiation,

$$\begin{aligned} \alpha[(x^2+y^2)(x+a) + 2ax^2] + \beta y(x^2+y^2+2ax - 2a^2 \\ + a(x^3 + xy^2 - 2ay^2) = 0. \end{aligned}$$

Si le point fixe est à l'origine, cette équation représente une cissoïde. Elle donne une *strophoïde* (*voir* Briot et Bouquet, *Géom. analyt.*, 7e édit., p. 16) si l'on a

$$\beta = 0, \quad 2\alpha = a.$$

659. On trouve le *folium* de Descartes (n° 483).

660. La droite polaire du point m $(\alpha, 6, \gamma)$ relativement à la courbe (*Remarque* du n° 638) a pour équation

$$\alpha^2 \frac{\partial^2 u}{\partial x^2} + 6^2 \frac{\partial^2 u}{\partial y^2} + \gamma^2 \frac{\partial^2 u}{\partial z^2} + 2 6\gamma \frac{\partial^2 u}{\partial y \partial z} + 2\alpha\gamma \frac{\partial^2 u}{\partial x \partial z} + 2\alpha 6 \frac{\partial^2 u}{\partial x \partial y}$$

ou, plus simplement,

$$(1) \qquad A\alpha^2 + B6^2 + C\gamma^2 + 2D6\gamma + 2E\gamma\alpha + 2F\alpha 6 = 0 = \varphi,$$

A, B, C, ... étant linéaires en x, y, z et les quantités α, 6, γ satisfaisant à la relation

$$(2) \qquad a\alpha + b6 + c\gamma = 0.$$

Quand le point m décrit la droite L, on peut considérer les coordonnées α, 6, γ comme des fonctions d'une même variable t. Pour obtenir l'enveloppe de la droite représentée par l'équation (1), on est donc conduit à différentier (1) et (2) par rapport à t, ce qui donne

$$\frac{\partial\varphi}{\partial\alpha} d\alpha + \frac{\partial\varphi}{\partial 6} d6 + \frac{\partial\varphi}{\partial\gamma} d\gamma = 0, \quad a d\alpha + b d6 + c d\gamma = 0,$$

et, par suite,

$$(3) \qquad \frac{1}{a}\frac{\partial\varphi}{\partial\alpha} = \frac{1}{b}\frac{\partial\varphi}{\partial 6} = \frac{1}{c}\frac{\partial\varphi}{\partial\gamma},$$

ces dernières équations se réduisant à une seule à cause de

$$2\varphi = \alpha\frac{\partial\varphi}{\partial\alpha} + 6\frac{\partial\varphi}{\partial 6} + \gamma\frac{\partial\varphi}{\partial\gamma} = 0.$$

Si l'on égale chacun des rapports (3) à 2μ, on obtient l'enveloppe cherchée en éliminant α, 6, γ et μ entre les équations

$$A\alpha + F6 + E\gamma = \mu a,$$
$$F\alpha + B6 + D\gamma = \mu b,$$
$$E\alpha + D6 + C\gamma = \mu c,$$
$$a\alpha + b6 + c\gamma = 0.$$

Le résultat se met sous la forme

$$\begin{vmatrix} 0 & a & b & c \\ a & A & F & E \\ b & F & B & D \\ c & E & D & C \end{vmatrix} = 0$$

et représente, comme on voit, une courbe du second degré dont M. Cayley s'est occupé le premier et que M. Cremona a nommée la *poloconique* de la droite L.

La proposition qu'on vient de démontrer est d'ailleurs un cas très-particulier de celle-ci, due à M. Cremona (*Introduzione ad una Teoria geometrica delle curve piane*, p. 114) :

Quand un point parcourt une courbe d'ordre m, les droites polaires de ce point, relativement à une courbe du $n^{ième}$ ordre, enveloppent une courbe de la classe $m(n-1)$. On sait que la classe d'une courbe est le nombre des tangentes (réelles ou imaginaires) qu'on peut lui mener d'un point pris dans son plan.

661. On trouve l'équation

$$d(y\sqrt{1+y'^2}) = dy,$$

qui a pour intégrale

$$(y-c)(c^2+2cy)^{\frac{1}{2}} = 3cx + c'.$$

Une conséquence immédiate de la correspondance admise entre la courbe des points m et celle des points μ, abstraction faite du parallélisme des tangentes, consiste en ce que la surface de révolution engendrée par un arc de la première tournant autour de l'axe des x est proportionnelle à l'aire correspondante de la seconde.

C'est là une remarque à peine utile à faire, mais qui présente un certain intérêt historique. Leibnitz raconte en effet (*Opera*, t. III, p. 193) que cette proposition, qu'il rencontra presque au début de ses études mathématiques et qui lui causa un très-grand plaisir, le mena à la découverte du Calcul différentiel en lui faisant trouver le *triangle caractéristique*. Il entend par là celui qui a pour côtés, en chaque point d'une courbe, les quantités dx, dy, ds, et qui ne diffère pas du *triangle différentiel* dont Barrow avait déjà fait usage.

662. L'équation à laquelle on parvient peut s'écrire

$$\frac{(a^2-1)y\,dy + a^2x\,dx}{[(a^2-1)y^2+a^2x^2]^{\frac{1}{2}}} = \pm\, dx,$$

d'où

$$(a^2-1)y^2+a^2x^2 = (C\pm x)^2.$$

663. En différentiant l'égalité qui exprime la condition donnée, on trouve l'équation homogène

$$(x^2+y^2)\,dx = 3xy\,dy,$$

dont l'intégrale est

$$(x^2-2y^2)^3 = Cx^2.$$

664. Posons

$$(x^2+y^2)^2 - a^2(x^2-y^2) = F(x,y),$$

d'où

$$\frac{\left(\dfrac{dF}{dx}\right)}{\left(\dfrac{dF}{dy}\right)} = -\frac{x}{y}\,\frac{3y^2-x^2}{3x^2-y^2};$$

l'équation différentielle est donc, d'après la théorie des trajectoires orthogonales,

$$1+\frac{dy}{dx}\,\frac{x(3y^2-x^2)}{y(3x^2-y^2)} = 0.$$

Cette équation homogène donne par l'intégration

$$(x^2 + y^2)^2 = Cxy,$$

équation d'une lemniscate semblable aux proposées et dont l'axe est incliné de 45 degrés sur celui de ces courbes.

Le problème des trajectoires orthogonales a beaucoup occupé les géomètres. Jacques et Jean Bernoulli en avaient déjà traité des cas particuliers lorsque Leibnitz, en 1715, le proposa comme défi, « pour tâter un peu le pouls à nos analystes anglais », disait-il dans une lettre à l'abbé Conti. Le gant fut relevé par Newton, qui résolut la question sur-le-champ dès qu'il en eut connaissance; Taylor le suivit avec succès dans la lutte. On doit à Euler de nombreux et importants travaux sur ce problème des trajectoires.

665. On trouve

$$y^2 + x^2 - C = a^2 \log . x^2.$$

666. Soient

$$y^2 - 4ax = 0$$

l'équation de l'une des paraboles, b^2 la surface constante; on a

$$(2) \qquad 2\int_0^x (ax)^{\frac{1}{2}} dx = b^2 = \frac{4}{3} x(ax)^{\frac{1}{2}}.$$

Les relations (1) et (2) font connaître les coordonnées de l'extrémité de l'arc à laquelle s'arrête l'intégrale, et l'équation

$$2xy = 3b^2,$$

qui en résulte par l'élimination de a, est celle du lieu demandé.

667. Soient b la longueur donnée, $x^2 + y^2 = a^2$ l'équation de l'un des cercles, x_1, y_1 les coordonnées d'un point

du lieu; on a

$$b = \int_0^y \frac{a\,dy}{(a^2 - y^2)^{\frac{1}{2}}} = a \arcsin \frac{y_1}{a},$$

et

$$x_1^2 + y_1^2 = a^2.$$

De là résulte l'équation de la spirale hyperbolique

$$\text{arc tang} \frac{y}{x} = \frac{b}{(x^2 + y^2)^{\frac{1}{2}}}, \quad \text{ou} \quad r\theta = b.$$

Cette dernière équation aurait pu s'obtenir tout de suite, car on a, pour les coordonnées polaires d'un point du lieu,

$$r = a, \quad \theta = \frac{b}{a}.$$

668. Soit

$$\frac{X^2}{a^2} + \frac{Y^2}{b^2} = 1$$

l'équation de l'ellipse rapportée à son centre et à ses axes. Celle de la normale au point (x, y) est

$$\frac{a^2 X}{x} - \frac{b^2 Y}{y} = a^2 e^2,$$

en posant

$$a^2 - b^2 = a^2 e^2.$$

On en déduit, pour la distance p du centre à la normale,

$$p = e^2 x \left(\frac{a^2 - x^2}{a^2 - e^2 x^2} \right)^{\frac{1}{2}};$$

d'où

$$(1) \qquad e^4 x^4 - (a^2 e^2 + p^2) e^2 x^2 + a^2 p^2 = 0.$$

Les racines de cette équation sont réelles, si l'on a

$$(2) \qquad a - p > b.$$

Cette condition remplie, l'équation (1) donne deux racines pour x^2. Désignant l'une d'elles par x^2, l'autre par ξ^2, on a

$$x^2 + \xi^2 = \frac{p^2 + a^2e^2}{e'}, \quad x^2\xi^2 = \frac{a^2p^2}{c^4},$$

et, par suite, la relation demandée

$$(3) \qquad a^4 - a^2(x^2 + \xi^2) + e^2x^2\xi^2 = 0.$$

Les deux points ainsi déterminés sont des *points associés*.

La relation (3) peut s'écrire

$$(a^2 - x^2)(a^2 - \xi^2) = (1 - e^2)x^2\xi^2,$$

ce qui montre que, si l'un des points parcourt le quart de l'ellipse en allant de l'extrémité du petit axe à celle du grand, l'autre parcourt le même arc en sens inverse.

669. Si l'on désigne par x et ξ les abscisses des points *associés* m et μ, on a les formules (n° 668)

$$(1) \qquad x^2 + \xi^2 = \frac{p^2 + a^2e^2}{a^2}, \quad x^2\xi^2 = \frac{a^2p^2}{e^4},$$

$$(2) \qquad a^4 - a^2(x^2 + \xi^2) + e^2x^2\xi^2 = 0.$$

Soient $s = \text{B}m$ l'arc d'ellipse qui part du sommet B du petit axe et qui aboutit au point variable m; $\sigma = \text{A}\mu$ celui qui part du sommet A du grand axe et qui aboutit au *point associé* μ; l'équation de l'ellipse fournit les deux suivantes :

$$ds = \sqrt{\frac{a^2 - e^2x^2}{a^2 - x^2}}\,dx, \quad d\sigma = -\sqrt{\frac{a^2 - e^2\xi^2}{a^2 - \xi^2}}\,d\xi.$$

D'ailleurs, on tire de l'équation (2)

$$x = a\sqrt{\frac{a^2 - \xi^2}{a^2 - e^2\xi^2}}, \quad \xi = a\sqrt{\frac{a^2 - x^2}{a^2 - e^2x^2}};$$

donc

$$ds = \frac{a\,dx}{\xi}, \quad d\sigma = -\frac{a}{x}\,d\xi,$$

et par suite

$$ds - d\sigma = \frac{a\,dx}{\xi} + \frac{a\,d\xi}{x}.$$

D'un autre côté, les équations (1) donnent par la différentiation

$$\frac{dx}{\xi} + \frac{d\xi}{x} = \frac{p\,dp}{e^2x\xi} = \frac{dp}{a};$$

d'où

$$ds - d\sigma = dp.$$

On en conclut

(3) $$s_1 - s - (\sigma_1 - \sigma) = p_1 - p,$$

où l'on a

$$s_1 = \mathrm{B}m_1 > \mathrm{B}m, \quad \sigma_1 = \mathrm{A}\mu_1 > \mathrm{A}\mu.$$

La relation (3) est précisément celle qu'il fallait démontrer.

Si l'on y fait $x = 0$, elle donne

$$\mathrm{B}m_1 = \mathrm{A}\mu_1;$$

la proposition qu'exprime cette égalité est connue sous le nom de *théorème de Fagnano*.

(Le Besgue.)

670. Soit $\frac{a}{b}$ le rapport donné; on a

$$\int ds = \frac{a}{b}\left(x - y\frac{dx}{dy}\right).$$

Différentiant et prenant y pour variable indépendante, il vient

$$\left(1+\frac{dx^2}{dy^2}\right)^{\frac{1}{2}}=\frac{a}{b}y\frac{d^2x}{dy^2}.$$

Faisons $\dfrac{dx}{dy}=t$ et intégrons, il viendra

$$Cy^{-\frac{a}{b}}=(1+t^2)^{\frac{1}{2}}+t,$$

$$\frac{1}{C}y^{\frac{a}{b}}=(1+t^2)^{\frac{1}{2}}-t,$$

et enfin

$$2Cx+C'=b\left(\frac{C^2y^{\frac{b-a}{b}}}{b-a}-\frac{y^{\frac{b+a}{b}}}{b+a}\right).$$

Ce problème, le cas le plus simple des *courbes de poursuite,* revient au suivant : Un point mobile A parcourt une droite PQ avec une vitesse constante a; il est poursuivi par un autre mobile B animé d'une vitesse b; on demande la courbe décrite par B, en supposant que la position initiale de ce point ne soit pas sur PQ.

671. On trouve

$$dx=dy\left(c^2y^{-\frac{2}{n}}-1\right)^{-\frac{1}{2}},$$

équation toujours intégrable si n est entier. Pour $n=2$, on a une cycloïde; pour $n=1$, un cercle. Lorsqu'on suppose $n=-1$, l'équation devient

$$dx=\frac{dy}{(c^2y^2-1)^{\frac{1}{2}}}=\frac{a\,dy}{(y^2-a^2)^{\frac{1}{2}}},$$

d'où l'on tire

$$y=\frac{a}{2}\left(e^{\frac{x+c'}{a}}+e^{-\frac{x+c'}{a}}\right)=0.$$

La courbe est donc une chaînette.

672. Prenons le point A pour pôle; le rayon de courbure en un point quelconque a pour expression, au moyen des coordonnées polaires [formule (c), p. 178],

$$\rho = \frac{(r^2+p^2)^{\frac{3}{2}}}{r^2+2p^2-\frac{rp\,dp}{dr}},$$

en posant

$$\frac{dr}{d\theta} = p.$$

La condition du problème revient d'ailleurs à dire que la projection du rayon de courbure sur le rayon vecteur est à ce rayon vecteur dans un rapport constant. Il en résulte l'équation

$$p^2 - rp\frac{dp}{dr} + a(r^2+p^2) = 0,$$

qui peut s'écrire

$$\frac{p(r\,dp - p\,dr)}{r^2+p^2} = \frac{pr^2 d\frac{p}{r}}{r^2+p^2} = a\,dr.$$

Elle devient

$$\frac{2u\,du}{1+u^2} = 2a\frac{dr}{r},$$

en faisant

$$\frac{p}{r} = u;$$

par suite,

$$r^{2a} = b^2(1+u^2),$$

et enfin

$$d\theta = \frac{b\,dr}{r(r^{2a}-b^2)^{\frac{1}{2}}}.$$

Cette dernière formule intégrée (n° **411**) donne

$$r^a \cos a(\theta-\omega) = b \qquad (\text{n}^\circ\ \mathbf{626}).$$

673. Ce problème se résout simplement en définissant la courbe, d'après Euler, par une équation entre le rayon de courbure ρ et l'angle φ que fait ce rayon avec une direction constante. Soit donc

$$\rho = \mathrm{F}(\varphi)$$

l'équation de la courbe, φ étant l'angle du rayon de courbure avec une droite donnée. Pour fixer les idées, nous supposerons que cette droite est l'axe des x. On voit sans peine qu'on a

$$ds = \rho\, d\varphi,$$

et comme

$$\frac{dy}{dx} = \operatorname{tang}\varphi,$$

$$dx = ds\left(1 + \frac{dy^2}{dx^2}\right)^{-\frac{1}{2}} = \rho \cos\varphi\, d\varphi,$$

$$dy = \rho \sin\varphi\, d\varphi.$$

Ces deux dernières équations feront connaître x et y en fonction de φ. D'ailleurs, si ρ_1 et φ_1 sont les coordonnées du point de la développée correspondant au point qui a ρ et φ pour coordonnées, on a

$$\varphi_1 = \varphi + \frac{\pi}{2},$$

d'où

$$d\varphi_1 = d\varphi;$$

et comme l'élément de la développée est égal à $d\rho$, on a aussi

$$d\rho = \rho_1\, d\varphi_1 = \rho_1\, d\varphi.$$

Si la développée est semblable à la courbe, n étant le rapport de similitude,

$$\rho_1 = n\rho,$$

et par suite

$$\frac{d\rho}{\rho} = n\, d\varphi, \quad \rho = \mathrm{A}e^{n\varphi}.$$

Si l'on porte cette valeur de ρ dans celles de dx et de dy, on obtient les équations intégrales

$$x - a = \frac{A e^{n\varphi}}{1 + n^2}(\sin\varphi + n\cos\varphi),$$

$$y - b = \frac{A e^{n\varphi}}{1 + n^2}(n\sin\varphi - \cos\varphi),$$

en appelant a et b deux constantes arbitraires. Faisons

$$[(x-a)^2 + (y-b)^2]^{\frac{1}{2}} = r,$$

$$\frac{y-b}{x-a} = \operatorname{tang}\theta, \quad \frac{1}{n} = \operatorname{tang}\omega,$$

il viendra

$$r = \frac{A e^{n\varphi}}{(1+n^2)^{\frac{1}{2}}} = A\sin\omega\, e^{\frac{\varphi}{\operatorname{tang}\omega}},$$

$$\operatorname{tang}\theta = \frac{\sin\varphi - \cos\varphi\operatorname{tang}\omega}{\sin\varphi\operatorname{tang}\omega + \cos\varphi} = \operatorname{tang}(\varphi - \omega);$$

et par conséquent

$$\theta = \varphi - \omega, \quad r = A\sin\omega\, e^{\frac{\theta+\omega}{\operatorname{tang}\omega}}.$$

Cette dernière équation est celle d'une spirale logarithmique dans laquelle le rayon vecteur fait avec la tangente l'angle ω.

674. On trouve

$$dy = (n^2 K^2 x^{2n-2} - 1)^{\frac{1}{2}} dx.$$

La cycloïde et la développée de la parabole sont des cas particuliers de la courbe cherchée.

675. Soit en général une courbe roulant sur l'axe des x et située dans le plan des axes; pour trouver le lieu décrit par un point A de ce plan invariablement lié à la courbe, supposons-la rapportée à ce point comme pôle et à la droite quelconque AP comme axe polaire. La droite AP est aussi invariablement attachée à la courbe. Soient r et θ les coordonnées polaires du point M où la courbe touche l'axe des x; la relation qui les lie est exprimée par une équation

$$(1) \qquad F(r, \theta) = 0.$$

x et y étant les coordonnées du point A, on a aussi (n° 244)

$$(2) \qquad \operatorname{tang} \mathrm{AM}x = -\frac{dx}{dy} = \frac{r\,d\theta}{dr},$$

et

$$(3) \qquad \mathrm{AQ} = y = r\frac{r\,d\theta}{(dr^2 + r^2 d\theta^2)^{\frac{1}{2}}}.$$

Le lieu s'obtient en éliminant θ et r entre les équations (1), (2) et (3).

En appliquant ici ce calcul, il vient

$$dx = \left[\left(\frac{y}{a}\right)^{\frac{2n}{1-n}} - 1\right]^{-\frac{1}{2}} dy.$$

Si $n = -1$, la courbe mobile est un cercle dont un point est situé au pôle; on retrouve la cycloïde.

Pour $n = \frac{1}{2}$, la courbe mobile est une parabole qui a son foyer en A; ce foyer décrit une chaînette.

Pour $n = 2$, le point A, centre d'une hyperbole équilatère, décrit une courbe dont l'équation différentielle

$$dx = \frac{y^2 dy}{(a^4 - y^4)^{\frac{1}{2}}}$$

représente un cas particulier de la courbe élastique (n°s 571 et 630).

676. Observons d'abord que l'équation représente une famille de surfaces réglées, dans lesquelles la génératrice rencontre constamment l'axe des z. Cela posé, si l'on désigne simplement par φ et ψ les fonctions qui figurent dans le second membre, on trouve en différentiant

$$\begin{aligned} rx^4 &= 2xy\varphi' + y^2\varphi'' + xy^2\psi'', \\ sx^4 &= -x^2\varphi' - xy\varphi'' - yx^2\psi'', \\ tx^4 &= x^2\varphi'' + x^3\psi''. \end{aligned}$$

Au moyen de ces relations, l'équation générale des lignes asymptotiques,

$$t\frac{dy^2}{dx^2} + 2s\frac{dy}{dx} + r = 0,$$

se décompose en ces deux-ci,

$$x\,dy - y\,dx = 0, \quad (\varphi'' + x\psi'')(x\,dy - y\,dx) = 2x\varphi'\,dx,$$

dont la première détermine les génératrices mêmes de la surface. La seconde, qui peut être mise sous la forme

$$d(x^{-1}) = -x^{-1}\frac{d\varphi'}{2\varphi'} - \frac{d\psi'}{2\varphi'},$$

est une équation linéaire, dont l'intégrale

$$(1) \qquad \frac{\sqrt{\varphi'}}{x} = C - \frac{1}{2}\int\frac{d\psi'}{\sqrt{\varphi'}}$$

définit un second système de lignes asymptotiques. Cette équation se réduit à

$$x^2 = c\varphi'\left(\frac{y}{x}\right)$$

quand $\psi = 0$; c'est le cas des conoïdes. On trouve en particulier pour le coin conique de Wallis (312)

$$b^2(b^2c^2 + x^4)y^2 = a^2x^4.$$

Si l'on suppose $\varphi'^n = a\psi'$, l'équation (1) devient

$$n x \varphi'^{\frac{2n-1}{2}} + (2n-1) a \varphi'^{\frac{1}{2}} = Cx,$$

ce qui se réduit à $(x+a)^2\varphi' = cx^2$ pour $n=1$. Cette équation se rapporte alors à la surface engendrée par une droite mobile glissant sur deux droites fixes, qui sont ici l'axe des z et une parallèle à l'axe des y.

677. Cherchons d'abord l'équation de la courbe en supposant, pour plus de généralité, qu'il s'agit d'un cône quelconque du second degré, dont l'équation est

$$(1) \qquad \frac{x^2}{a^2} + \frac{y^2}{b^2} - \frac{z^2}{c^2} = 0.$$

En un point (x, y, z), situé à une distance r de l'origine, le cosinus de l'angle formé par la génératrice et la tangente sera

$$(2) \qquad \frac{x\,dx + y\,dy + z\,dz}{r\,dr} = m = \frac{dr}{ds},$$

m étant une constante. Les équations (1) et (2) se transforment au moyen des formules connues

$$x = r\sin\theta\cos\varphi, \quad y = r\sin\theta\sin\varphi, \quad z = r\cos\theta,$$

et deviennent

$$(3) \qquad \frac{\sin^2\theta\cos^2\varphi}{a^2} + \frac{\sin^2\theta\sin^2\varphi}{b^2} - \frac{\cos^2\theta}{c^2} = 0,$$

$$(4) \qquad dr^2 = m^2 ds^2 = m^2(dr^2 + r^2 d\theta^2 + r^2\sin^2\theta)\,d\varphi^2.$$

On tire de l'équation (3)

$$\sin^2\theta = \frac{a^2b^2}{a^2b^2 + c^2p^2};$$

en posant, pour abréger,

$$(5) \qquad p^2 = a^2\sin^2\varphi + b^2\cos^2\varphi;$$

et par suite

$$d\theta = -\frac{abcdp}{a^2b^2 + c^2p^2} = \frac{abc(b^2 - a^2)\sin\varphi\cos\varphi\, d\varphi}{p(a^2b^2 + c^2p^2)}.$$

Substituant les valeurs de $\sin\theta$ et de $d\theta$ dans l'équation (4), elle prend la forme

$$(6)\qquad \frac{dr}{r} = \frac{abm}{\sqrt{1 - m^2}}\, d\varphi \frac{\sqrt{p^2(a^2b^2 + c^2p^2) + c^2(b^2 - a^2)^2\sin^2\varphi\cos^2\varphi}}{p(a^2b^2 + c^2p^2)},$$

où l'on suppose p remplacé par sa valeur (5).

L'équation (6) s'intègre au moyen des fonctions elliptiques. Lorsque $a = b$, $p = a$, etc., on a

$$\log\frac{r}{r_0} = \pm\frac{ma}{\sqrt{1 - m^2}\sqrt{a^2 + c^2}}\varphi = \pm k\varphi,$$

ou

$$r = r_0 e^{\pm k\varphi}.$$

L'équation (3) se réduit alors à

$$\tan\theta = \frac{a}{c},$$

et la projection de r sur le plan des xy étant égale à $r\sin\theta$, il en résulte que la projection de la courbe sur le même plan est une spirale logarithmique. On voit par l'équation (2) que la courbe cherchée est rectifiable.

678. En faisant usage des notations du n° 225, on a reconnu que les carrés des demi-axes de l'ellipse d'intersection sont les racines de l'équation

$$\frac{a^2l^2}{r^2 - a^2} + \frac{b^2m^2}{r^2 - b^2} + \frac{c^2n^2}{r^2 - c^2} = 0 \qquad (\text{n}^\circ\ 225).$$

Or, x, y, z désignant les coordonnées de A ou de B, on voit sans peine qu'on a

$$x = lr, \quad y = mr, \quad z = nr,$$

et, par suite, pour l'équation de la surface

$$\frac{a^2x^2}{r^2 - a^2} + \frac{b^2y^2}{r^2 - b^2} + \frac{c^2z^2}{r^2 - c^2} = 0 \quad (\text{n}^\circ\ 334),$$

dans laquelle

$$r^2 = x^2 + y^2 + z^2.$$

Cette construction de la surface des ondes lumineuses a été donnée par Fresnel (*Mémoire de l'Institut*, t. VII).

679. L'équation de l'ellipsoïde étant

$$pX^2 + qY^2 + rZ^2 = 1,$$

et α, 6, γ désignant les coordonnées de μ, le plan $mo\mu$ a pour équation

$$(1) \qquad X(q - r)yz + Y(r - p)zx + Z(p - q)xy = 0,$$

et la question revient à éliminer x, y, z entre les relations

$$(2) \qquad \alpha x + 6y + \gamma z = 0,$$
$$(3) \qquad \alpha(q - r)yz + 6(r - p)zx + \gamma(p - q)xy = 0,$$
$$px^2 + qy^2 + rz^2 = 1,$$
$$(4) \qquad x^2 + y^2 + z^2 = \alpha^2 + 6^2 + \gamma^2 = u^2.$$

Faisant, pour abréger,

$$pu^2 - 1 = P, \quad qu^2 - 1 = Q, \quad ru^2 - 1 = R,$$

on tire des deux dernières

$$Px^2 + Qy^2 + Rz^2 = 0.$$

Si l'on écrit ce résultat sous la forme

$$Px.x + Qy.y + Rz.z = 0,$$

et qu'on le rapproche de l'équation (2), on en déduit

$$\frac{Qy\gamma - Rz\beta}{x} = \frac{Rz\alpha - Px\gamma}{y} = \frac{Px\beta - Qy\alpha}{z}$$

$$= \frac{\alpha yz(R-Q) + \beta zx(P-R) + \gamma xy(Q-P)}{x^2+y^2+z^2}.$$

Le dernier rapport étant nul en vertu des équations (3) et (4), il vient

$$(5) \qquad \frac{\alpha}{Px} = \frac{\beta}{Qy} = \frac{\gamma}{Rz},$$

et, par suite,

$$(6) \qquad \frac{\alpha^2}{P} + \frac{\beta^2}{Q} + \frac{\gamma^2}{R} = 0,$$

équation qui est bien celle de la surface de l'onde (n° 334).

Pour obtenir la direction de la normale au point μ de cette surface, soit F le premier membre de l'équation (6) et désignons par ω la valeur commune des rapports (5). On trouve

$$\omega = \frac{1}{px\alpha + qy\beta + rz\gamma}$$

et, en différentiant,

$$\frac{1}{2}\frac{\partial F}{\partial \alpha} = \frac{\alpha}{P} - \alpha\left(\frac{p\alpha^2}{P^2} + \frac{q\beta^2}{Q^2} + \frac{r\gamma^2}{R^2}\right) = x\omega - \alpha\omega^2,$$

$$\frac{1}{2}\frac{\partial F}{\partial \beta} = y\omega - \beta\omega^2, \quad \frac{1}{2}\frac{\partial F}{\partial \gamma} = z\omega - \gamma\omega^2.$$

Ces relations montrent que la normale est perpendiculaire à l'axe du plan donné par l'équation (1).

On voit qu'elle l'est aussi à la tangente en m, car on a

$$\frac{\partial F}{\partial \alpha} px + \frac{\partial F}{\partial \beta} qy + \frac{\partial F}{\partial \gamma} rz = 0.$$

On peut généraliser la question en remplaçant $u = o\mu$ par $\varphi(u)$. Le calcul s'effectue de la même manière et conduit à une surface représentée par l'équation

$$\frac{\alpha^2}{p(\varphi u)^2 - 1} + \frac{\beta^2}{q(\varphi u)^2 - 1} + \frac{\gamma^2}{r(\varphi u)^2 - 1} = 0.$$

Dans ce cas les normales aux points correspondants de l'ellipsoïde et de la surface sont encore dans le même plan, mais ne se coupent à angle droit que si $\varphi(u) = ku$, k désignant une constante.

680. Soient $f = 0$, $f_1 = 0$ les équations des surfaces; x, y, z les coordonnées de m; x_1, y_1, z_1 celles de m_1. On a

$$xx_1 + yy_1 + zz_1 = Om . Om_1 \cos mOH = k^2,$$

$$\frac{1}{x_1}\frac{\partial f}{\partial x} = \frac{1}{y_1}\frac{\partial f}{\partial y} = \frac{1}{z_1}\frac{\partial f}{\partial z}.$$

En différentiant la première de ces relations et tenant compte des deux autres, il vient celles-ci

$$x_1 dx + y_1 dy + z_1 dz = 0, \quad x dx_1 + y dy_1 + z dz_1 = 0,$$

dont la dernière équation exprime que la droite om est perpendiculaire à toute direction définie par les quantités dx_1, dy_1, dz_1 (p. 191), c'est-à-dire au plan tangent en m_1. Par suite

$$\frac{1}{x}\frac{\partial f}{\partial x_1} = \frac{1}{y}\frac{\partial f}{\partial y_1} = \frac{1}{z}\frac{\partial f}{\partial z_1};$$

d'où résulte

$$OH_1 = \frac{x_1\dfrac{\partial f_1}{\partial x_1} + y_1\dfrac{\partial f_1}{\partial y_1} + z_1\dfrac{\partial f_1}{\partial z_1}}{\left[\left(\dfrac{\partial f_1}{dx_1}\right)^2 + \left(\dfrac{\partial f_1}{\partial y_1}\right)^2 + \left(\dfrac{\partial f_1}{dz_1}\right)^2\right]^{\frac{1}{2}}} = \frac{k^2}{Om}.$$

C. Q. F. T.

Les surfaces qu'on vient de considérer ont été nommées *réciproques* par M. Mac-Cullagh.

Observons que le lieu des points H est la podaire (n° 235) P de S. Deux points correspondants de P et de S_1 sont donc liés par la relation $Om.OH = k^2$; on dit alors que la courbe S_1 résulte de la courbe P au moyen de la *transformation par rayons vecteurs réciproques*. Ce mode général de transformation donne souvent d'intéressants résultats. (*Voir* Paul Serret, *des Méthodes en Géométrie*).

681. De l'équation $\varphi(x, y, z) = 0$ de la surface, on tire

$$l = V\frac{\partial\varphi}{\partial x}, \quad m = V\frac{\partial\varphi}{\partial y}, \quad n = V\frac{\partial\varphi}{\partial z},$$

$$\frac{1}{V^2} = \frac{\partial\varphi^2}{\partial x^2} + \frac{\partial\varphi^2}{\partial y^2} + \frac{\partial\varphi^2}{\partial z^2},$$

l, m, n étant les cosinus directeurs de la normale MN au point $M(x, y, z)$.

Soient en outre α, β, γ les cosinus directeurs du rayon incident qui aboutit en M, et qui rencontre en un point $\mu(\xi, \eta, \zeta)$ la surface Σ à laquelle tous les rayons incidents sont perpendiculaires. Posant $\mu M = h$, on a

$$(1) \qquad \xi - x = \alpha h, \quad \eta - y = \beta h, \quad \zeta - z = \gamma h.$$

Si $\alpha_1, \beta_1, \gamma_1$ sont des cosinus directeurs du rayon réfracté qui passe en M; ξ_1, η_1, ζ_1 les coordonnées d'un point μ_1 pris sur ce rayon à une distance de M égale à h_1, on a aussi

$$(2) \qquad \xi_1 - x = \alpha_1 h_1, \quad \eta_1 - y = \beta_1 h_1, \quad \zeta_1 - z = \gamma_1 h_1,$$

et il s'agit de prouver qu'on peut déterminer h_1 de telle sorte que les rayons réfractés soient normaux au lieu des points μ_1. Or, en différentiant les équations (1), on en tire

$$d\xi = dx + \alpha\, dh + h\, d\alpha, \quad d\eta = dy + \beta\, dh + h\, d\beta,$$
$$d\zeta = dz + \gamma\, dh + h\, d\gamma,$$

et par suite

$$\alpha d\xi + \beta d\eta + \gamma d\zeta = \alpha dx + \beta dy + \gamma dz + dh = 0,$$

puisque la droite μM est normale à la surface Σ. Les équations (2) donnent de même

$$(3)\qquad \alpha_1 d\xi_1 + \beta_1 d\eta_1 + \gamma_1 d\zeta_1 = \alpha_1 dx + \beta_1 dy + \gamma_1 dz + dh_1.$$

D'un autre côté, la première loi de la réfraction exige que le plan qui renferme le rayon incident et le rayon réfracté contienne la normale en M. On exprime ce fait en écrivant que l'*axe* du plan μMN est parallèle à celui du plan μ_1MN; c'est-à-dire qu'on a, i désignant l'angle d'incidence, r celui de réfraction,

$$\frac{\beta n - \gamma m}{\sin i} = \frac{\beta_1 n - \gamma_1 m}{\sin r}, \quad \frac{\gamma l - \alpha n}{\sin i} = \frac{\gamma_1 l - \alpha_1 n}{\sin r},$$

$$\frac{\alpha m - \beta l}{\sin i} = \frac{\alpha_1 m - \beta_1 l}{\sin r},$$

d'où

$$(4)\qquad \frac{l}{\alpha - \alpha_1 k} = \frac{m}{\beta - \beta_1 k} = \frac{n}{\gamma - \gamma_1 k};$$

k est ici l'indice de réfraction.

Comme on a

$$l\,dx + m\,dy + n\,dz = 0,$$

on tire des équations (4)

$$\alpha dx + \beta dy + \gamma dz = k(\alpha_1 dx + \beta_1 dy + \gamma_1 dz) = -dh,$$

ce qui transforme la relation (3) en la suivante :

$$\alpha_1 d\xi_1 + \beta_1 d\eta_1 + \gamma_1 d\zeta_1 = -\frac{dh}{k} + dh_1.$$

Il suffit donc qu'on ait $dh_1 = \frac{dh}{k}$ pour que les rayons réfractés soient normaux à la surface des points μ_1, et par suite à toutes les surfaces *parallèles*.

Ce théorème remarquable a été trouvé par Malus, dans le cas particulier où les rayons incidents émanent d'un même point. La première démonstration qu'on ait donnée du cas général est due à Charles Dupin.

682. Prenant le point donné pour origine et la ligne donnée pour axe des x, l'équation de l'une des sphères sera

$$x^2 + y^2 + z^2 = 2ax.$$

Si l'on désigne en outre par $\frac{\partial z}{\partial x}$, $\frac{\partial z}{\partial y}$ les dérivées partielles relatives à la surface inconnue, on est conduit à intégrer l'équation

$$\frac{\partial z}{\partial x}\,\frac{y^2 + z^2 - x^2}{2xz} - \frac{y}{z}\,\frac{\partial z}{\partial y} + 1 = 0.$$

On trouve

$$x^2 + y^2 + z^2 = z\varphi\left(\frac{y}{z}\right).$$

683. $\varphi\left(\frac{x^{a^2}}{z^{c^2}}, \frac{y^{b^2}}{z^{c^2}}\right) = 0.$

684. On trouve immédiatement, en prenant A pour origine et AB pour axe des z,

$$z - x\frac{\partial z}{\partial x} - y\frac{\partial z}{\partial y} = a(x^2 + y^2 + z^2)^{\frac{1}{2}},$$

équation qui a pour intégrale

$$x^{a-1}\left[(x^2 + y^2 + z^2)^{\frac{1}{2}} + z\right] = \varphi\left(\frac{y}{x}\right).$$

685. $x + z\frac{\partial z}{\partial x} = mx, \quad y + z\frac{\partial z}{\partial y} = ny.$

On déduit de là

$$dz = \frac{(m-1)x\,dx}{z} + \frac{(n-1)y\,dy}{z},$$

et, en intégrant,

$$z^2 = (m-1)x^2 + (n-1)y^2 + C.$$

686. De l'équation connue (n° 316)

$$\rho^2(rt-s^2) - \rho(1+p^2+q^2)[(1+p^2)t - 2pqs + (1+q^2)r] + (1+p^2+q^2)^2 = 0,$$

on tire

$$(1)\qquad (1+p^2)t - 2pqs + (1+q^2)r = 0,$$

et l'on a aussi

$$(2)\qquad z = \varphi(x^2+y^2),$$

l'axe des z étant pris comme axe de révolution. Si, pour abréger, on représente x^2+y^2 par α, et qu'on tire de l'équation (2) les valeurs de p, q, r, s et t pour les porter dans l'équation (1), on trouve

$$\alpha\frac{d^2\varphi}{d\alpha^2} + \frac{d\varphi}{d\alpha} + 2\alpha\left(\frac{d\varphi}{d\alpha}\right)^3 = 0.$$

En intégrant une première fois, il vient

$$\frac{d\varphi^2}{d\alpha^2} = \frac{1}{\alpha(C\alpha - 4)},$$

ou, en posant $\alpha = u^2$, $\frac{4}{C} = a^2$,

$$\frac{d\varphi^2}{du^2} = \frac{a^2}{u^2-a^2}.$$

On déduit de là

$$u = \frac{a}{2}\left(e^{\frac{z+C'}{a}} + e^{-\frac{z+C'}{a}}\right),$$

ce qui fait voir que la surface cherchée est celle qu'engendre une chaînette en tournant autour de son axe, et que M. Lindelöf a nommée *caténoïde*.

Ce problème est un cas particulier de celui où l'on demande la surface de révolution dont la courbure moyenne est constante, surface qui jouit aussi de la propriété de circonscrire un volume donné sous une aire maximum. Delaunay a donné une élégante solution du cas général en prouvant que la courbe méridienne de la surface est celle qu'engendre le foyer d'une ellipse ou d'une hyperbole roulant sur l'axe des z (630). Quand la courbure moyenne est nulle, la courbe roulante est une parabole. (*Journal de Liouville*, t. VI.)

APPENDICE.

RÉSIDUS, FONCTIONS ELLIPTIQUES, ÉQUATIONS AUX DÉRIVÉES PARTIELLES, ÉQUATIONS AUX DIFFÉRENTIELLES TOTALES.

QUESTIONS.

687. Trouver la valeur de l'intégrale

$$\int_{-\infty}^{+\infty} \frac{dx}{1+x^4}.$$

688. Trouver la valeur de

$$\int_{-\infty}^{+\infty} \frac{\cos \alpha x \, dx}{1+x^4}.$$

689. Trouver la valeur de

$$\int_0^{\infty} \frac{\sin \alpha x}{x^m} \, dx.$$

690. Trouver la valeur de

$$\int_0^{\infty} \frac{\cos \alpha x}{x^m} \, dx.$$

691. Trouver la période de

$$\int_1^z \frac{e^z}{z} \, dz.$$

692. Trouver la valeur de

$$\int_{-1}^{+1} \frac{1}{x^2+a^2} \frac{1}{\sqrt{1-x^2}} dx.$$

693. Trouver la valeur de

$$\int_0^{2\pi} \log(1+2r\cos\theta+r^2)\cos\theta \, d\theta.$$

694. Démontrer que pour toute valeur de n

$$\frac{1}{2\pi i}\int \frac{e^z dz}{z^n} = \frac{1}{\Gamma(n)},$$

l'intégrale étant prise le long d'un lacet ayant son origine à l'infini et son point critique à l'origine. (HEINE.)

695. Intégrer l'équation

$$\frac{d^2y}{dx^2}(1+x^2)+2(n+2)x\frac{dy}{dx}+(n+2)(n+1)y=0,$$

sachant que, quand n est entier, elle est satisfaite en prenant

$$y=\frac{d^n}{dx^n}\frac{1}{1+x^2}.$$

696. Intégrer l'équation

$$(x^2-1)\frac{d^2y}{dx^2}+2x\frac{dy}{dx}-n(n+1)y=0,$$

sachant que, quand n est entier et positif, elle a pour intégrale

$$\frac{d^n}{dx^n}(x^2-1)^n.$$

697. Trouver, sous forme d'intégrale définie, la valeur de la série

$$1+\frac{x^2}{1^2}+\frac{x^4}{1^2.2^2}+\ldots+\frac{x^{2n}}{1^2.2^2\ldots n^2}+\ldots.$$

698. Trouver la valeur de l'intégrale

$$\int_0^K \Theta_1^2(x)\,dx. \qquad (\textit{Voir}\ \text{p. } 463.)$$

699. Vérifier les formules (*c*) et (*d*) du Tableau n° 1 (p. 464) et démontrer qu'en désignant par θ l'une quelconque des fonctions $\Theta(x)$, $\Theta_1(x)$, $H(x)$, $H_1(x)$, la fonction impaire $\frac{\theta'(x)}{\theta(x)}$ s'accroît de la quantité $-\frac{\pi i}{K}$ quand on y remplace x par $x + 2K'i$.

700. Soit un rectangle ABCD dont les côtés $AB = 2K$, $AC = 2K'$ sont respectivement parallèles à l'axe des x et à l'axe des y, la direction de A vers B étant celle des x positifs et la direction de A vers C celle des y positifs ; démontrer que la fonction θ de la question précédente n'a qu'un zéro dans l'intérieur de ce rectangle appelé le *rectangle des périodes* $2K$ *et* $2K'i$.

701. Trouver les formules qui donnent les zéros de $\Theta(x)$, $\Theta_1(x)$, $H(x)$, $H_1(x)$ (p. 463).

702. Étant donnée la fonction $F(z)$ aux périodes $2K$ et $2K'i$, qui n'a d'autres discontinuités que des pôles, démontrer que l'intégrale

$$\frac{1}{2\pi i}\int F(z)\frac{H'(z-t)}{H(z-t)}\,dz,$$

prise le long du contour d'un rectangle des périodes (n° 700) à l'intérieur duquel se trouve un point t, a une valeur indépendante de t, et en donner l'expression au moyen des résidus de la fonction sous le signe $\int$.

(Théorème de M. Hermite.)

703. Vérifier les formules du Tableau n° 5 (p. 467).

704. Si $\varphi(x)$ et $\psi(x)$ sont des fonctions de mêmes périodes sans infinis et sans zéros communs, on a

$$\sum\frac{\varphi'(b)}{\varphi(b)}+\sum\frac{\psi'(a)}{\psi(a)}-\sum\frac{\varphi'(\beta)}{\varphi(\beta)}-\sum\frac{\psi'(\alpha)}{\psi(\alpha)}=0,$$

α désignant les infinis, a les zéros de $\varphi(x)$, β les infinis, b les zéros de $\psi(x)$.

705. Trouver les fonctions $F(x)$ telles que, si l'on pose

$$(1)\qquad x'=a+\frac{b}{x+c},$$

on ait

$$(2)\qquad F(x')=F(x).$$

On prouvera d'abord que la question se ramène à la recherche des fonctions qui prennent la même valeur quand on y remplace la variable par $\frac{x-\alpha}{x-\beta}$ ou par $\frac{x'-\alpha}{x'-\beta}$.

706. Soient $x^2+y^2-z^2=0$, $ax^2+by^2-z^2=0$ les équations de deux coniques A et B rapportées à un triangle autopolaire commun ; si l'on définit un point quelconque M de A au moyen d'un paramètre φ par les équations

$$\frac{x}{\operatorname{cn}\varphi}=\frac{y}{\operatorname{sn}\varphi}=z,$$

et un point N où la tangente en M rencontre B par des formules analogues au moyen d'un paramètre ψ, démontrer que la relation qui lie les paramètres des points correspondants M et N exprime que $\varphi-\psi$ est une constante.

707. Si l'on considère un polygone dont tous les côtés touchent une conique et dont tous les sommets moins un se déplacent en demeurant sur une autre conique, le dernier sommet décrira une conique. (Poncelet.)

708. Trouver une courbe telle que, si l'on projette le

rayon de courbure d'un point sur l'ordonnée et celle-ci sur le rayon de courbure, le produit des projections obtenues soit constant. Exprimer l'ordonnée de la courbe par une fonction elliptique de l'abscisse.

709. Trouver une courbe dont le rayon de courbure soit proportionnel à l'inverse de la normale.

710. Trouver une courbe dont l'arc soit proportionnel au cube de l'ordonnée.

711. Exprimer au moyen des fonctions elliptiques les coordonnées d'un point quelconque de la courbe

$$x^3 + y^3 + 2xy - x - y = 0.$$

712. Toute équation aux dérivées partielles du premier ordre linéaire par rapport aux variables et ne contenant pas la fonction inconnue peut être ramenée à une équation linéaire.

713. Soit l'expression

$$V = X_1 \frac{\partial u}{\partial x_1} + X_2 \frac{\partial u}{\partial x_2} + \dots + X_n \frac{\partial u}{\partial x_n},$$

dans laquelle $X_1, X_2, \dots, X_n$ sont des fonctions données de $x_1, x_2, \dots, x_n$ et u une fonction arbitraire des mêmes variables ; si l'on remplace $x_1, x_2, \dots, x_n$ par de nouvelles variables $z_1, z_2, \dots, z_n$ liées aux premières par n relations linéaires de la forme

$$z_p = a_{p1} x_1 + a_{p2} x_2 + \dots + a_{pn} x_n,$$

p recevant toutes les valeurs entières de 1 à n et le déterminant $D = \Sigma \pm a_{11} a_{22} \dots a_{nn}$ étant égal à 1, on aura

$$V = Z_1 \frac{\partial u}{\partial z_1} + Z_2 \frac{\partial u}{\partial z_2} + \dots + Z_n \frac{\partial u}{\partial z_n},$$

$Z_1, Z_2, \ldots$ désignant des fonctions de $z_1, z_2, \ldots, z_n$. On propose de prouver que

$$(A) \quad \frac{\partial X_1}{\partial x_1} + \frac{\partial X_2}{\partial x_2} + \ldots + \frac{\partial X_n}{\partial x_n} = \frac{\partial Z_1}{\partial z_1} + \frac{\partial Z_2}{\partial z_2} + \ldots + \frac{\partial Z_n}{\partial z_n}$$

et de généraliser cette proposition.

714. Intégrer

$$z = x_1 \frac{\partial z}{\partial x_1} + x_2 \frac{\partial z}{\partial x_2} + \ldots + x_n \frac{\partial z}{\partial x_n} + f\left(\frac{\partial z}{\partial x_1}, \ldots, \frac{\partial z}{\partial x_n}\right).$$

715. Intégrer

$$\left(x_1 \frac{\partial z}{\partial x_1}\right)^2 + \left(x_2 \frac{\partial z}{\partial x_2}\right)^2 + \ldots + \left(x_n \frac{\partial z}{\partial x_n}\right)^2 = 1.$$

716. Quelles sont les fonctions dont le hessien est nul?

717. Intégrer l'équation

$$\left(\frac{\partial f}{\partial x}\right)^2 + \left(\frac{\partial f}{\partial y}\right)^2 + \left(\frac{\partial f}{\partial z}\right)^2 = f(x, y, z),$$

et montrer que $f =$ const. représente l'équation des surfaces parallèles.

718. Intégrer les équations simultanées aux différentielles totales

$$dx = x\,du + y\,dv,$$
$$dy = y\,du + x\,dv.$$

719. Intégrer l'équation aux différentielles totales

$$(y^2 + yz)\,dx + (x^2 + xz)\,dy - xy\,dz = 0.$$

720. Intégrer l'équation aux différentielles totales

$$(1) \qquad X\,dx + Y\,dy + Z\,dz = 0,$$

où l'on a

$$X = z^2 - xy, \qquad Y = x^2 - yz, \qquad Z = y^2 - xz,$$

et montrer qu'il existe un facteur qui rend intégrable le premier membre de cette équation ainsi que les différentielles

$$X\,dy + Y\,dz + Z\,dx,$$
$$X\,dz + Y\,dx + Z\,dy.$$

721. Soient

$$(1) \qquad \varphi(x, y) = 0, \qquad \psi(x, y) = 0$$

deux équations algébriques, $R(x) = 0$, $S(y) = 0$ les résultantes obtenues en éliminant entre elles x et y, $D(x, y)$ le déterminant $\varphi'_x\psi'_y - \psi'_x\varphi'_y$ et $F(x, y)$ une fonction entière quelconque; démontrer que, si l'on développe

$$\frac{F(x, y)}{R(x)\,S(y)}$$

suivant les puissances décroissantes de x et de y, le coefficient de $\frac{1}{xy}$ dans le développement est égal à

$$\sum \frac{F(x_p, y_p)}{D(x_p, y_p)},$$

la somme s'étendant à tous les couples de valeurs $x_1 y_1$, $x_2 y_2$, ..., $x_p y_p$ qui satisfont à (1). (Jacobi.)

Nota. — La solution de cette question servira à résoudre les questions qui suivent.

722. Les points d'intersection (x_1, y_1), (x_2, y_2), ... des courbes $\varphi(x, y) = 0$ fixe de degré m et $\psi(x, y) = 0$ variable, mais de degré fixe n, satisfont aux équations différentielles

$$\sum \frac{F(x_p, y_p)\,dx_p}{\varphi_2(x_p, y_p)} = 0,$$

où

$$\varphi_1 = \frac{\partial \varphi}{\partial x}, \qquad \varphi_2 = \frac{\partial \varphi}{\partial y},$$

et où $F(x, y)$ désigne une fonction de degré $m-3$, d'ailleurs quelconque. (Abel.)

723. Montrer que le théorème de l'addition des fonctions elliptiques est une conséquence du théorème précédent.

724. Montrer que l'aire d'un segment de courbe du troisième degré peut toujours s'obtenir au moyen des fonctions elliptiques.

725. Trouver les lignes de courbure de l'hyperboloïde à une nappe, en s'appuyant sur ce fait qu'elles partagent en parties égales l'angle des deux génératrices qu'elles rencontrent.

SOLUTIONS.

Formules concernant les fonctions elliptiques.

Tableau n° 1.

(a)

$$\Theta(x) = \sum_{n=-\infty}^{n=\infty} (-1)^n e^{\frac{\pi i}{2K}(2nx+2n^2K'i)}$$

$$= 1 - 2q\cos\frac{\pi x}{K} + 2q^4\cos\frac{2\pi x}{K} - 2q^9\cos\frac{3\pi x}{K} + \ldots,$$

$$\Theta_1(x) = \sum_{n=-\infty}^{n=\infty} e^{\frac{\pi i}{2K}(2nx+2n^2K'i)}$$

$$= 1 + 2q\cos\frac{\pi x}{K} + 2q^4\cos\frac{2\pi x}{K} + 2q^9\cos\frac{3\pi x}{K} + \ldots,$$

$$H(x) = \frac{1}{i}\sum_{n=-\infty}^{n=\infty} (-1)^n e^{\frac{\pi i}{2K}\left[(2n+1)x + \frac{(2n+1)^2}{2}K'i\right]}$$

$$= 2q^{\frac{1}{4}}\sin\frac{\pi x}{2K} - 2q^{\frac{9}{4}}\sin\frac{3\pi x}{2K} + 2q^{\frac{25}{4}}\sin\frac{5\pi x}{2K} - \ldots,$$

$$H_1(x) = \sum_{n=-\infty}^{n=\infty} e^{\frac{\pi i}{2K}\left[(2n+1)x + \frac{(2n+1)^2}{2}K'i\right]}$$

$$= 2q^{\frac{1}{4}}\cos\frac{\pi x}{2K} + 2q^{\frac{9}{4}}\cos\frac{3\pi x}{2K} + 2q^{\frac{25}{4}}\cos\frac{5\pi x}{2K} + \ldots,$$

$$q = e^{-\pi\frac{K'}{K}},$$

b)

$$\begin{aligned}
\Theta(x+K) &= \Theta_1(x), & H(x+K) &= H_1(x),\\
\Theta_1(x+K) &= \Theta(x), & H_1(x+K) &= -H(x),\\
\Theta(x+2K) &= \Theta(x), & H(x+2K) &= -H(x),\\
\Theta_1(x+2K) &= \Theta_1(x), & H_1(x+2K) &= -H_1(x).
\end{aligned}$$

$4K$ est une période de Θ, Θ_1, H, H_1.

(Suite du Tableau n° 1.)

(c)
$$\begin{cases} \Theta\,(x+\ \mathrm{K}'i) = \ \ i\mathrm{H}(x)e^{-\frac{\pi i}{4\mathrm{K}}(2x+\mathrm{K}'i)}, \\ \Theta_1(x+\ \mathrm{K}'i) = \ \ \mathrm{H}_1(x)e^{-\frac{\pi i}{4\mathrm{K}}(2x+\mathrm{K}'i)}, \\ \mathrm{H}\,(x+\ \mathrm{K}'i) = \ \ i\Theta(x)e^{-\frac{\pi i}{4\mathrm{K}}(2x+\mathrm{K}'i)}, \\ \mathrm{H}_1(x+\ \mathrm{K}'i) = \ \ \Theta_1(x)e^{-\frac{\pi i}{4\mathrm{K}}(2x+\mathrm{K}'i)}, \end{cases}$$

(d)
$$\begin{cases} \Theta\,(x+2\mathrm{K}'i) = -\,\Theta\,(x)e^{-\frac{\pi i}{\mathrm{K}}(x+\mathrm{K}'i)}, \\ \Theta_1(x+2\mathrm{K}'i) = \ \ \Theta_1(x)e^{-\frac{\pi i}{\mathrm{K}}(x+\mathrm{K}'i)}, \\ \mathrm{H}\,(x+2\mathrm{K}'i) = -\,\mathrm{H}\,(x)e^{-\frac{\pi i}{\mathrm{K}}(x+\mathrm{K}'i)}; \\ \mathrm{H}_1(x+2\mathrm{K}'i) = \ \ \mathrm{H}_1(x)e^{-\frac{\pi i}{\mathrm{K}}(x+\mathrm{K}'i)}, \end{cases}$$

(e)
$$\begin{cases} \Theta\,(-x) = \Theta\,(x), \qquad \mathrm{H}\,(-x) = -\,\mathrm{H}\,(x), \\ \Theta_1(-x) = \Theta_1(x), \qquad \mathrm{H}_1(-x) = \ \ \mathrm{H}_1(x), \end{cases}$$

(f)
Zéros de $\Theta\,(x)\ldots 2m\mathrm{K}+(2m'+1)\mathrm{K}'i$,
» $\mathrm{H}\,(x)\ldots 2m\,\mathrm{K}+2m'\mathrm{K}'i$,
» $\Theta_1(x)\ldots(2m+1)\mathrm{K}+(2m'+1)\mathrm{K}'i$,
» $\mathrm{H}_1(x)\ldots(2m+1)\mathrm{K}+2m'\mathrm{K}'i$,

(g)
$$\begin{cases} \mathrm{H}_1^2(0)\,\Theta^2(x) = \Theta_1^2(0)\,\mathrm{H}^2(x) + \Theta^2(0)\,\mathrm{H}_1^2(x), \\ \Theta_1^2(0)\,\Theta^2(x) = \mathrm{H}_1^2(0)\,\mathrm{H}^2(x) + \Theta^2(0)\,\Theta_1^2(x). \end{cases}$$

Tableau n° 2.

$$(1-q^2)(1-q^4)(1-q^6)\ldots = c, \qquad \cos\frac{\pi x}{\mathrm{K}} = \lambda.$$

$$\begin{cases} \Theta\,(x) = c(1-2q\lambda+q^2)(1-2q^3\lambda+q^6)\ldots, \\ \Theta_1(x) = c(1+2q\lambda+q^2)(1+2q^3\lambda+q^6)\ldots, \end{cases}$$

$$\begin{cases} \mathrm{H}\,(x) = 2cq^{\frac{1}{4}}\sin\frac{\pi x}{2\mathrm{K}}(1-2q^2\lambda+q^4)(1-2q^4\lambda+q^8)\ldots. \\ \mathrm{H}_1(x) = 2cq^{\frac{1}{4}}\cos\frac{\pi x}{2\mathrm{K}}(1+2q^2\lambda+q^4)(1+2q^4\lambda+q^8)\ldots \end{cases}$$

Tableau n° 3.

(a)

$$\sin\operatorname{am}x = \operatorname{sn}x = \frac{1}{\sqrt{k}}\frac{\mathrm{H}(x)}{\Theta(x)},$$

$$\cos\operatorname{am}x = \operatorname{cn}x = \sqrt{\frac{k'}{k}}\frac{\mathrm{H}_1(x)}{\Theta(x)},$$

$$\Delta\operatorname{am}x = \operatorname{dn}x = \sqrt{k'}\frac{\Theta_1(x)}{\Theta(x)},$$

$$\operatorname{tang}\operatorname{am}x = \operatorname{tn}x = \frac{1}{\sqrt{k'}}\frac{\mathrm{H}(x)}{\mathrm{H}_1(x)},$$

$$k = \frac{\mathrm{H}_1^2(0)}{\Theta_1^2(0)} = \frac{\mathrm{H}'^2(0)}{\Theta^2(0)}, \qquad k' = \frac{\Theta^2(0)}{\Theta_1^2(0)},$$

$$k^2 + k'^2 = 1,$$

(b)

$$\mathrm{K} = \int_0^1 \frac{dx}{\sqrt{(1-x^2)(1-k^2x^2)}},$$

$$\mathrm{K}' = \int_0^1 \frac{dx}{\sqrt{(1-x^2)(1-k'^2x^2)}},$$

(c)

$$\begin{array}{lll}
\operatorname{sn}0 = 0, & \operatorname{cn}0 = 1, & \operatorname{dn}0 = 1,\\
\operatorname{sn}\mathrm{K} = 1, & \operatorname{cn}\mathrm{K} = 0, & \operatorname{dn}\mathrm{K} = k',\\
\operatorname{sn}2\mathrm{K} = 0, & \operatorname{cn}2\mathrm{K} = -1, & \operatorname{dn}2\mathrm{K} = 1,\\
\operatorname{sn}\mathrm{K}'i = \infty, & \operatorname{cn}\mathrm{K}'i = \infty, & \operatorname{dn}\mathrm{K}'i = \infty,\\
\operatorname{sn}(2\mathrm{K}+\mathrm{K}'i) = \infty, & \operatorname{cn}(2\mathrm{K}+\mathrm{K}'i) = \infty, & \operatorname{dn}(2\mathrm{K}+\mathrm{K}'i) = \infty,\\
\operatorname{sn}(\mathrm{K}+\mathrm{K}'i) = \frac{1}{k}, & \operatorname{cn}(\mathrm{K}+\mathrm{K}'i) = -\frac{k'i}{k}, & \operatorname{dn}(\mathrm{K}+\mathrm{K}'i) = 0,
\end{array}$$

(d)

$$\begin{array}{lll}
\operatorname{sn}(-x) = -\operatorname{sn}x, & \operatorname{cn}(-x) = \operatorname{cn}x, & \operatorname{dn}(-x) = \operatorname{dn}x,\\
\operatorname{sn}(2\mathrm{K}-x) = \operatorname{sn}x, & \operatorname{cn}(2\mathrm{K}-x) = -\operatorname{cn}x, & \operatorname{dn}(2\mathrm{K}-x) = \operatorname{dn}x,\\
\operatorname{sn}(2\mathrm{K}+x) = -\operatorname{sn}x, & \operatorname{cn}(2\mathrm{K}+x) = -\operatorname{cn}x, & \operatorname{dn}(2\mathrm{K}+x) = \operatorname{dn}x,\\
\operatorname{sn}(\mathrm{K}-x) = \frac{\operatorname{cn}x}{\operatorname{dn}x}, & \operatorname{cn}(\mathrm{K}-x) = k'\frac{\operatorname{sn}x}{\operatorname{dn}x}, & \operatorname{dn}(\mathrm{K}-x) = \frac{k'}{\operatorname{dn}x},\\
\operatorname{sn}(\mathrm{K}+x) = \frac{\operatorname{cn}x}{\operatorname{dn}x}, & \operatorname{cn}(\mathrm{K}+x) = -k'\frac{\operatorname{sn}x}{\operatorname{dn}x}, & \operatorname{dn}(\mathrm{K}+x) = \frac{k'}{\operatorname{dn}x},\\
\operatorname{sn}(x+\mathrm{K}'i) = \frac{1}{k\operatorname{sn}x}, & \operatorname{cn}(x+\mathrm{K}'i) = -\frac{i\operatorname{dn}x}{k\operatorname{sn}x}, & \operatorname{dn}(x+\mathrm{K}'i) = -\frac{i\operatorname{cn}x}{\operatorname{sn}x},\\
\operatorname{sn}(x+2\mathrm{K}'i) = \operatorname{sn}x, & \operatorname{cn}(x+2\mathrm{K}'i) = -\operatorname{cn}x, & \operatorname{dn}(x+2\mathrm{K}'i) = -\operatorname{dn}x.
\end{array}$$

(Suite du Tableau n° 3.)

	Fonctions.	Périodes.	Zéros.	Infinis.
(c)	$\operatorname{sn} x$	$4K,\ 2K'i$	$0,\ 2K$	$K'i,\ 2K + K'i$
	$\operatorname{cn} x$	$4K,\ 2K + 2K'i$	$K\ - K$	$K'i,\ 2K + K'i$
	$\operatorname{dn} x$	$4K,\ 2K'i$	$\pm K + K'i$	$K'i,\ 2K + K'i$

Tableau n° 4.

$$(a)\quad \begin{cases} \operatorname{sn}(a \pm b) = \dfrac{\operatorname{sn} a \operatorname{cn} b \operatorname{dn} b \pm \operatorname{sn} b \operatorname{cn} a \operatorname{dn} a}{1 - k^2 \operatorname{sn}^2 a \operatorname{sn}^2 b}, \\[2ex] \operatorname{cn}(a \pm b) = \dfrac{\operatorname{cn} a \operatorname{cn} b \mp \operatorname{sn} a \operatorname{sn} b \operatorname{dn} a \operatorname{dn} b}{1 - k^2 \operatorname{sn}^2 a \operatorname{sn}^2 b}, \\[2ex] \operatorname{dn}(a \pm b) = \dfrac{\operatorname{dn} a \operatorname{dn} b \mp k^2 \operatorname{sn} a \operatorname{sn} b \operatorname{cn} a \operatorname{cn} b}{1 - k^2 \operatorname{sn}^2 a \operatorname{sn}^2 b}, \end{cases}$$

$$(b)\quad \begin{cases} \operatorname{sn} 2a = \dfrac{2 \operatorname{sn} a \operatorname{cn} a \operatorname{dn} a}{1 - k^2 \operatorname{sn}^4 a}, \\[2ex] \operatorname{cn} 2a = \dfrac{\operatorname{cn}^2 a - \operatorname{sn}^2 a \operatorname{dn}^2 a}{1 - k^2 \operatorname{sn}^4 a}, \\[2ex] \operatorname{dn} 2a = \dfrac{\operatorname{sn}^2 a - k^2 \operatorname{sn}^2 a \operatorname{cn}^2 a}{1 - k^2 \operatorname{sn}^4 a}, \end{cases}$$

$$a + b = \lambda, \qquad a - b = \mu, \qquad G = \frac{2}{1 - k^2 \operatorname{sn}^2 a \operatorname{sn}^2 b},$$

$$(c)\quad \begin{cases} \operatorname{sn}\lambda + \operatorname{sn}\mu = G \operatorname{sn} a \operatorname{cn} b \operatorname{dn} b, \\ \operatorname{cn}\lambda + \operatorname{cn}\mu = G \operatorname{cn} a \operatorname{cn} b, \\ \operatorname{dn}\lambda + \operatorname{dn}\mu = G \operatorname{dn} a \operatorname{dn} b, \\ \operatorname{sn}\lambda - \operatorname{sn}\mu = G \operatorname{sn} b \operatorname{cn} a \operatorname{dn} a, \\ \operatorname{cn}\lambda - \operatorname{cn}\mu = -G \operatorname{sn} a \operatorname{sn} b \operatorname{dn} a \operatorname{dn} b, \\ \operatorname{dn}\lambda - \operatorname{dn}\mu = -G k^2 \operatorname{sn} a \operatorname{sn} b \operatorname{cn} a \operatorname{cn} b, \end{cases}$$

$$(d)\quad \begin{cases} \operatorname{cn}\lambda \operatorname{dn}\mu + \operatorname{cn}\mu \operatorname{dn}\lambda = G \operatorname{cn} a \operatorname{dn} a \operatorname{cn} b \operatorname{dn} b, \\ \operatorname{cn}\lambda \operatorname{dn}\mu - \operatorname{cn}\mu \operatorname{dn}\lambda = -G k'^2 \operatorname{sn} a \operatorname{sn} b, \\ \operatorname{sn}\lambda \operatorname{dn}\mu + \operatorname{sn}\mu \operatorname{dn}\lambda = G \operatorname{sn} a \operatorname{dn} a \operatorname{cn} b, \\ \operatorname{sn}\lambda \operatorname{dn}\mu - \operatorname{sn}\mu \operatorname{dn}\lambda = G \operatorname{sn} b \operatorname{dn} b \operatorname{cn} a, \\ \operatorname{sn}\lambda \operatorname{cn}\mu + \operatorname{sn}\mu \operatorname{cn}\lambda = G \operatorname{sn} a \operatorname{cn} a \operatorname{dn} b, \\ \operatorname{sn}\lambda \operatorname{cn}\mu - \operatorname{sn}\mu \operatorname{cn}\lambda = G \operatorname{sn} b \operatorname{cn} b \operatorname{dn} a. \end{cases}$$

TABLEAU n° 5.

$$(a)\quad \begin{cases} \dfrac{d\,\mathrm{sn}\,x}{dx} = \mathrm{cn}\,x\,\mathrm{dn}\,x, \\[2ex] \dfrac{d\,\mathrm{cn}\,x}{dx} = -\,\mathrm{sn}\,x\,\mathrm{dn}\,x, \\[2ex] \dfrac{d\,\mathrm{dn}\,x}{dx} = -\,k^2\,\mathrm{sn}\,x\,\mathrm{cn}\,x. \end{cases}$$

Équations différentielles.	Intégrales.
$\dfrac{dz}{dx} = \sqrt{(1-z^2)(1-k^2z^2)}\ldots\ldots$	$z = \mathrm{sn}\,x$
$\dfrac{dz}{dx} = -k\sqrt{(1-z^2)\left(1-\dfrac{z^2}{k^2}\right)}\ldots\ldots$	$z = \dfrac{1}{\mathrm{sn}\,x}$
$\dfrac{dz}{dx} = -k'\sqrt{(1-z^2)\left(1+\dfrac{k^2}{k'^2}z^2\right)}.$	$z = \mathrm{cn}\,x$
$\dfrac{dz}{dx} = k\sqrt{(z^2-1)\left(1+\dfrac{k'^2}{k^2}z^2\right)}\ldots$	$z = \dfrac{1}{\mathrm{cn}\,x}$
$\dfrac{dz}{dx} = -k'\sqrt{(z^2-1)\left(1-\dfrac{z^2}{k'^2}\right)}\ldots$	$z = \mathrm{dn}\,x$
$\dfrac{dz}{dx} = \sqrt{(z^2-1)(1-k'^2z^2)}\ldots\ldots$	$z = \dfrac{1}{\mathrm{dn}\,x}$
$\dfrac{dz}{dx} = \sqrt{(1+z^2)(1+k'^2z^2)}\ldots\ldots$	$z = \mathrm{tn}\,x$
$\dfrac{dz}{dx} = -k'\sqrt{(1+z^2)\left(1+\dfrac{z^2}{k'^2}\right)}\ldots$	$z = \dfrac{1}{\mathrm{tn}\,x}$
$\dfrac{dz}{dx} = \sqrt{(1+k^2z^2)(1-k'^2z^2)}\ldots\ldots$	$z = \dfrac{\mathrm{sn}\,x}{\mathrm{dn}\,x}$
$\dfrac{dz}{dx} = -\sqrt{(k^2+z^2)(z^2-k'^2)}\ldots\ldots$	$z = \dfrac{\mathrm{dn}\,x}{\mathrm{sn}\,x}$
$\dfrac{dz}{dx} = -\sqrt{(1-z^2)(1-k^2z^2)}\ldots\ldots$	$z = \dfrac{\mathrm{cn}\,x}{\mathrm{dn}\,x}$
$\dfrac{dz}{dx} = \sqrt{(1-z^2)(k^2-z^2)}\ldots\ldots$	$z = \dfrac{\mathrm{dn}\,x}{\mathrm{cn}\,x}$

(b) — les équations ci-dessus.

(*Voir* p. 488.)

Nota. — La constante arbitraire a été omise dans les intégrales pour abréger.

687. Rappelons en quelques mots la méthode de Cauchy que nous allons appliquer : elle consiste à remplacer l'intégrale à évaluer par une autre prise entre les mêmes limites, mais le long d'un contour différent le long duquel l'intégration est plus facile ; la différence des résultats est égale à $2\pi i$ multiplié par la somme des résidus de la fonction à intégrer relatifs à ses infinis ou pôles contenus entre les deux contours, mais cette méthode suppose la fonction uniforme et bien déterminée entre les deux contours.

L'intégrale $\int_{-\infty}^{+\infty}\frac{dx}{1+x^4}$ est égale à

$$\int\frac{dz}{1+z^4},$$

prise tout le long de l'axe des x. Remplaçons cet axe par le contour formé d'une demi-circonférence décrite de l'origine comme centre au-dessus de l'axe des x avec un rayon r infini ; nous aurons

$$\int_{-\infty}^{+\infty}\frac{dx}{1+x^4}=\int_{\pi}^{0}\frac{re^{\theta i}\,i\,d\theta}{1+r^4e^{4\theta i}}+2\pi i\varepsilon,$$

ε désignant la somme des résidus de $\frac{1}{1+z^4}$ relatifs aux infinis contenus au-dessus de l'axe des x. Comme r doit être supposé infini, l'intégrale qui figure dans le second membre est nulle et la valeur cherchée est $2\pi i\varepsilon$. Évaluons ε ; les zéros de $1+z^4$ situés au-dessus de l'axe des x sont racines de $1+x^4=0$ et égaux à $\frac{\sqrt{2}}{2}(1+i)=\alpha$ et à $\frac{\sqrt{2}}{2}(-1+i)=\alpha'$; on a donc

$$\varepsilon=\lim\frac{z-\alpha}{1+z^4}+\lim\frac{z-\alpha'}{1+z^4}=\frac{1}{4\alpha^3}+\frac{1}{4\alpha'^3}=\frac{-1}{4}(\alpha+\alpha')$$

ou

$$\varepsilon = -\frac{1}{4}\sqrt{2}\,i;$$

on a donc

$$\int_{-\infty}^{+\infty} \frac{dx}{1+x^4} = \frac{\sqrt{2}}{2}\pi. \qquad (\textit{Voir } \text{n}^\circ \text{ 386.})$$

688. Pour évaluer cette intégrale, nous la remplacerons par la suivante

$$(1) \qquad \int_{-\infty}^{+\infty} \frac{e^{\alpha x i}\,dx}{1+x^4}$$

qui n'en diffère que par l'addition de

$$\int_{-\infty}^{\infty} \frac{i \sin \alpha x \,dx}{1+x^4} = 0.$$

L'intégrale (1) que nous voulons évaluer n'est autre chose que la suivante, prise le long de l'axe des x,

$$\int \frac{e^{\alpha z i}\,dz}{1+z^4}.$$

Supposons $\alpha > 0$, et remplaçons le contour d'intégration par une demi-circonférence de rayon r infini, décrite de l'origine comme centre; appelant ε la somme des résidus relatifs aux infinis de la fonction à intégrer, nous aurons

$$\int_{\infty}^{+\infty} \frac{e^{\alpha x i}\,dx}{1+x^4} = \int_{\pi}^{0} \frac{e^{\alpha r(\cos\theta + i\sin\theta) i}\, i r e^{\theta i}\,d\theta}{1+r^4 e^{4\theta i}} + 2\pi i \varepsilon.$$

Comme α est supposé positif, l'intégrale qui figure dans le second membre est nulle et l'intégrale cherchée se réduit à $2\pi i\varepsilon$, et, en procédant comme dans le numéro précédent, on trouve

$$\varepsilon = -i\frac{\sqrt{2}}{4} e^{-\alpha\frac{\sqrt{2}}{2}}\left(\cos\frac{\alpha\sqrt{2}}{2} + \sin\frac{\alpha\sqrt{2}}{2}\right),$$

et par suite la valeur cherchée est

$$\frac{\sqrt{2}}{2}\pi e^{-\alpha\frac{\sqrt{2}}{2}}\left(\cos\frac{\alpha\sqrt{2}}{2}+\sin\frac{\alpha\sqrt{2}}{2}\right);$$

d'ailleurs, si α était négatif, comme l'intégrale ne change pas de valeur en remplaçant α par $-\alpha$, on obtiendrait sa valeur en remplaçant α par sa valeur absolue.

689. Nous supposerons $\alpha > 0$, l'intégrale changeant de signe avec α; nous supposerons, en outre, m compris entre 1 et 2, pour que l'intégrale soit finie; on connaît d'ailleurs sa valeur pour $m = 1$. L'intégrale en question est égale à

$$\int \frac{\sin \alpha z \, dz}{z^m},$$

prise le long de la partie positive de l'axe des x, ou, si l'on veut, c'est le coefficient de i à un infiniment petit près relativement à ε de

$$\int \frac{e^{\alpha z i}\, dz}{z^m},$$

prise le long de l'axe des x positifs à partir du point d'abscisse ε. La fonction $\frac{e^{\alpha z i}}{z^m}$ n'ayant pas de point critique dans l'angle des coordonnées positives, on peut remplacer le contour d'intégration : 1° par un quart de cercle décrit dans l'angle des coordonnées positives avec un rayon ε de l'origine comme centre; 2° par un quart de cercle de rayon infini décrit de l'origine comme centre dans l'angle des coordonnées positives; 3° par l'axe des y positifs, abstraction faite de la portion contenue à l'intérieur du cercle de rayon ε dont il vient d'être question. Le coefficient de i dans cette dernière intégrale étant infiniment petit, si l'on néglige les parties réelles, on pourra écrire, en remplaçant z par ti et en observant que la seconde intégrale est nulle,

$$\int_\varepsilon^\infty \frac{\sin \alpha x\, dx}{x^m}\, i = \int_\varepsilon^\infty \frac{e^{-\alpha t}\, d\, ti}{t^m(-1)^{\frac{m}{2}}},$$

et il est bien entendu que la partie réelle du second membre doit être négligée; quant à $(-1)^{\frac{m}{2}}$, il faut en prendre la valeur qui a le plus petit argument positif, à savoir

$$\cos\frac{m\pi}{2} + i \sin\frac{m\pi}{2};$$

on aura donc

$$\int_\varepsilon^\infty \frac{\sin \alpha x\, dx}{x^m}\, i = \int_\varepsilon^\infty e^{-\alpha t}\, d\, ti\, t^{-m}\left(\cos\frac{m\pi}{2} - i\sin\frac{m\pi}{2}\right),$$

d'où l'on conclut, en faisant tendre ε vers zéro,

$$\int_0^\infty \frac{\sin \alpha x}{x^m}\, dx = \int_0^\infty e^{-\alpha t}\, t^{-m}\, dt \cos\frac{m\pi}{2};$$

mais

$$\int_0^\infty e^{-\alpha t}\, t^{-m}\, dt = \frac{\Gamma(1-m)}{\alpha^{1-m}} \qquad \text{[p. 297, (A)]}$$

et, en vertu de

$$\Gamma(m)\Gamma(1-m) = \frac{\pi}{\sin m\pi} \qquad \text{[p. 297, (D)]}$$

$$\int_0^\infty e^{-\alpha t}\, t^{-m}\, dt = \frac{\pi\alpha^{m-1}}{\Gamma(m)\sin m\pi}.$$

On a donc

$$\int_0^\infty \frac{\sin \alpha x}{x^m}\, dx = \frac{\pi\alpha^{m-1}}{\Gamma(m)\sin m\pi}\cos\frac{m\pi}{2} = \frac{\pi}{2}\,\frac{\alpha^{m-1}}{\sin\dfrac{m\pi}{2}}\,\frac{1}{\Gamma(m)}.$$

690. Cette intégrale, en supposant m compris entre 0

et 1, peut s'obtenir par un procédé analogue à celui que nous avons employé pour obtenir la précédente, ou en différentiant celle-ci par rapport à α.

691. La fonction u, définie par l'équation

$$u = \int_1^z \frac{e^z}{z} dz,$$

est, pour chaque valeur de z, susceptible de prendre une infinité de valeurs. En effet, tous les chemins d'intégration qui mènent du point 1 au point z se ramènent : 1° à l'un d'eux A ne passant pas par l'origine; 2° au chemin A précédé de lacets ayant leur entrée au point 1 et leur centre au point zéro. En appelant alors a la valeur de l'intégrale prise le long du chemin A et l la valeur de l'intégrale prise le long du lacet, les diverses valeurs de u seront données par la formule

$$u = a + nl,$$

n désignant un entier positif ou négatif quelconque. l est d'ailleurs égal à $2\pi i$ multiplié par le résidu de $\frac{e^z}{z}$ relatif au point zéro : ainsi $l = 2\pi i$.

692. Cette intégrale est une de celles pour lesquelles on peut obtenir l'intégrale indéfinie, comme on le voit n° 409, mais la méthode de Cauchy conduit plus rapidement au but. Nous supposerons a réel.

Intégrons la fonction

$$\frac{1}{(z^2 + a^2)\sqrt{1 - z^2}} = G$$

le long d'un cercle de rayon infini décrit de l'origine comme centre, nous aurons évidemment un résultat nul; mais on peut remplacer ce contour par tout autre renfermant les points critiques -1, $+1$, $-ai$, $+ai$ (*fig.* 30), car la fonction reste monodrome à l'intérieur de tout contour contenant les deux points -1 et $+1$; nous suivrons alors le chemin formé des quatre lacets ayant leur entrée à l'origine et pour centres de leurs cercles les points critiques. Commençant alors par suivre le bord droit du lacet $+1$, nous aurons l'intégrale $\int_0^1 G\,dz$: l'intégrale le long du cercle du lacet $+1$ est nulle; nous avons ensuite l'intégrale $\int_{-1}^0 -G\,dz$: la valeur de G qui y figure est précédée

Fig. 30.

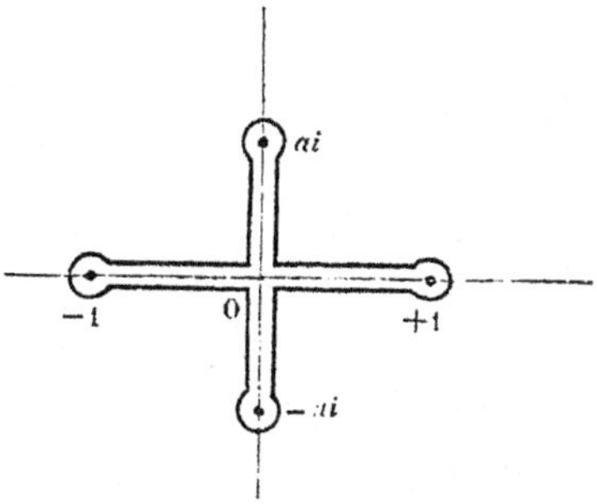

du signe —, parce que la fonction G n'est pas monodrome autour du point $+1$ et change de signe quand z effectue une rotation autour de ce point, en sorte que le lacet $+1$ fournit à l'intégrale que nous cherchons la contribution

$$2\int_0^1 G\,dz;$$

suivant ensuite le bord droit du lacet ai, nous obtiendrons une intégrale qui, combinée avec celle que l'on obtient en suivant le bord gauche, donne zéro. Enfin il faudra évaluer l'intégrale prise le long du cercle de ce lacet; elle est égale à $2\pi i$ multiplié par le résidu de G ou plutôt de $-$ G, puisque G a subi tout à l'heure un changement de signe. Le lacet ai fournit alors la contribution

$$-2\pi i \frac{1}{2ai\sqrt{1+a^2}} = \frac{-\pi}{a\sqrt{1+a^2}}.$$

On verrait de même que le lacet -1 fournit la contribution

$$\int_0^{-1} -G\,dz + \int_{-1}^{0} G\,dz = 2\int_{-1}^{0} G\,dz,$$

t le lacet $-ai$ la contribution

$$\frac{-\pi}{a\sqrt{1+a^2}},$$

en sorte que l'on a

$$0 = 2\int_{-1}^{0} G\,dz + 2\int_0^1 G\,dz - \frac{2\pi}{a\sqrt{1+a^2}}$$

et, par suite,

$$\int_{-1}^{+1} \frac{dz}{(a^2+z^2)\sqrt{1-z^2}} = \frac{\pi}{a\sqrt{1+a^2}}.$$

693. Nous distinguerons deux cas suivant que r sera plus grand ou plus petit que 1. Supposons d'abord $r < 1$ et considérons l'intégrale

$$\int \frac{\log(1+z)}{z^2}\,dz.$$

Si nous la prenons le long d'un cercle décrit de l'origine comme centre avec un rayon r, elle sera égale à $2\pi i$ multiplié par le résidu de $\frac{\log(1+z)}{z^2}$ relatif au point $z=0$, résidu égal à la valeur de $\frac{d}{dz}\log(1+z)$ pour $z=0$ ou à 1. On aura donc

$$2\pi i = \int_0^{2\pi} \left[\log(1+2r\cos\theta+r^2) + i \operatorname{arc\,tang} \frac{r\sin\theta}{1+r\cos\theta}\right] \times \frac{\cos\theta - i\sin\theta}{r}\,d\theta\,i;$$

d'où l'on tire

$$(1)\quad \begin{cases} 2\pi r = \displaystyle\int_0^{2\pi} \log(1 + 2r\cos\theta + r^2)\cos\theta\, d\theta \\ \qquad + \displaystyle\int_0^{2\pi} \operatorname{arc\,tang} \frac{r\sin\theta}{1 + r\cos\theta} \sin\theta\, d\theta, \\ 0 = \displaystyle\int_0^{2\pi} \log(1 + 2r\cos\theta + r^2)\sin\theta\, d\theta \\ \qquad - \displaystyle\int_0^{2\pi} \operatorname{arc\,tang} \frac{r\sin\theta}{1 + r\cos\theta} \cos\theta\, d\theta; \end{cases}$$

mais le long du cercle de rayon r on a encore

$$\int \log(1 + z)\, dz = 0$$

ou

$$0 = \int_0^{2\pi} \left[\log(1 + 2r\cos\theta + r^2) + i \operatorname{arc\,tang} \frac{r\sin\theta}{1 + r\cos\theta}\right] \times r(\cos\theta + i\sin\theta)\, d\theta\, i;$$

d'où l'on tire

$$(2)\quad \begin{cases} 0 = \displaystyle\int_0^{2\pi} \log(1 + 2r\cos\theta + r^2)\cos\theta\, d\theta \\ \qquad - \displaystyle\int_0^{2\pi} \operatorname{arc\,tang} \frac{r\sin\theta}{1 + r\cos\theta} \sin\theta\, d\theta, \\ 0 = \displaystyle\int_0^{2\pi} \log(1 + 2r\cos\theta + r^2)\sin\theta\, d\theta \\ \qquad + \displaystyle\int_0^{2\pi} \operatorname{arc\,tang} \frac{r\sin\theta}{1 + r\cos\theta} \cos\theta\, d\theta. \end{cases}$$

En combinant les formules (1) et (2), on trouve, entre autres formules,

$$\pi r = \int_0^{2\pi} \log(1 + 2r\cos\theta + r^2)\cos\theta\, d\theta.$$

Une marche analogue permettrait de traiter le cas où $r > 1$, mais le résultat serait plus compliqué.

On peut observer qu'en intégrant par parties l'expression proposée, elle prend la forme

$$2r\int_0^{2\pi}\frac{\sin^2\theta\,d\theta}{1+2r\cos\theta+r^2}$$

et, l'intégrale étant indépendante du signe de r, on voit facilement qu'elle est égale à

$$2\int_0^{\pi}\frac{\sin^2\theta\,d\theta}{1-2r\cos\theta+r^2},$$

c'est-à-dire à $\frac{\pi}{2}$ pour $r<1$, en vertu de l'intégrale de Poisson donnée au n° 456.

694. On sait que l'importante formule de Cauchy

$$\frac{1}{2\pi i}\int_S\frac{f(z)}{z-x}\,dz=f(x),$$

où $f(z)$ représente une fonction continue et monodrome à l'intérieur d'un contour donné S et sur le contour même, x désignant un point intérieur à ce contour, conduit à celle-ci

$$(1)\qquad \frac{d^{n-1}f(x)}{dx^{n-1}}=\frac{1.2.3\ldots(n-1)}{2\pi i}\int_S\frac{f(z)\,dz}{(z-x)^n}.$$

Or, si l'on fait dans cette dernière $f(z)=e^z$ et $x=0$, on voit immédiatement que la relation proposée existe pour toutes les valeurs entières et positives de n, et l'on peut supposer que le contour d'intégration est, soit un cercle décrit de l'origine comme centre, soit un lacet ayant ses bords sur l'axe des x négatifs et son point critique au point o, etc. Il s'agit de prouver que cette même relation a lieu quel que soit n.

A cet effet, supposons n compris entre o et 1 et prenons

pour contour d'intégration : 1° l'axe des x négatifs de $-\infty$ à 0 ; 2° un petit cercle de rayon ε décrit autour du point 0 ; 3° l'axe des x négatifs de 0 à $-\infty$; nous aurons

$$\int \frac{e^z\,dz}{z^n} = \int_{-\infty}^{0} \frac{e^x\,dx}{x^n} + \int_{0}^{-\infty} \frac{e^x\,dx}{x^n}(\cos 2n\pi - i\sin 2n\pi),$$

l'intégrale le long du cercle étant nulle, et la dernière intégrale se trouvant multipliée par $\cos 2n\pi - i\sin 2n\pi$, parce que la fonction z^n est multipliée par la puissance $n^{\text{ième}}$ de l'unité $\cos 2n\pi + i\sin 2n\pi$ quand le point z effectue une rotation autour de l'origine ; on a donc

$$\int \frac{e^z\,dz}{z^n} = \int_{-\infty}^{0} \frac{e^x\,dx}{x^n}(1 - \cos 2n\pi + i\sin 2n\pi)$$

ou, en changeant x en $-x$,

$$\int \frac{e^z\,dz}{z^n} = \int_{0}^{\infty} e^{-x}x^{-n}\,dx\,\frac{1 - \cos 2n\pi + i\sin 2n\pi}{\cos n\pi - i\sin n\pi}$$

ou enfin

$$\int \frac{e^z\,dz}{z^n} = \int_{0}^{\infty} e^{-x}x^{-n}\,dx . 2\sin n\pi i,$$

c'est-à-dire

$$\int \frac{e^z\,dz}{z^n} = 2\sin n\pi i\,\Gamma(1-n);$$

mais (p. 297)

$$\Gamma(1-n) = \frac{1}{\Gamma(n)}\,\frac{\pi}{\sin n\pi},$$

donc

$$\int \frac{e^z\,dz}{z^n} = \frac{2\pi}{\Gamma(n)}\,i$$

et, par suite,

$$(2) \qquad \frac{1}{2\pi i}\int \frac{e^z\,dz}{z^n} = \frac{1}{\Gamma(n)}.$$

Cette formule, établie pour le cas où n est compris entre 0 et 1, est facile à généraliser ; il suffit, pour cela, d'intégrer par parties en supposant que l'intégrale qui figure dans cette formule est prise le long du lacet considéré tout à l'heure et dont l'origine est à $-\infty$. On a en effet ainsi

$$\frac{1}{2\pi i}\left[\frac{e^z}{z^n}+n\int\frac{e^z\,dz}{z^{n+1}}\right]=\frac{1}{\Gamma(n)}$$

et, comme la partie intégrée est nulle,

$$\frac{1}{2\pi i}\int\frac{e^z\,dz}{z^{n+1}}=\frac{1}{n\,\Gamma(n)}=\frac{1}{\Gamma(n+1)};$$

en faisant l'intégration en sens inverse, on aurait de même

$$\frac{1}{2\pi i}\int\frac{e^z\,dz}{z^{n-1}}=\frac{1}{\Gamma(n-1)}.$$

La formule (2), ayant lieu quand on augmente ou quand on diminue n d'une, deux, ... unités et ayant lieu pour toutes les valeurs de n comprises entre 0 et 1 et pour toutes les valeurs entières de n, est générale.

695. De l'équation

$$u=\frac{1}{1+x^2}\qquad\text{ou}\qquad u(1+x^2)=1$$

on tire, en la différentiant $n+2$ fois,

$$\frac{d^{n+2}u}{dx^{n+2}}(1+x^2)+2(n+2)x\frac{d^{n+1}u}{dx^{n+1}}+(n+2)(n+1)\frac{d^n u}{dx^n}=0$$

ou

$$(1)\qquad \frac{d^2y}{dx^2}(1+x^2)+2(n+2)x\frac{dy}{dx}+(n+2)(n+1)y=0,$$

en posant

$$(2)\qquad y=\frac{d^n u}{dx^n}=\frac{d^n}{dx^n}\frac{1}{1+x^2},$$

(2) étant, en supposant n entier et positif, une solution de (1). Cette équation pourra, dans ce cas, être intégrée complètement.

D'autre part, l'équation (1) du numéro précédent peut s'écrire

$$\frac{d^n f(x)}{dx^n} = \frac{1.2.3\ldots n}{2\pi i}\int \frac{f(z)\,dz}{(z-x)^{n+1}},$$

et, si l'on y remplace $f(x)$ par $\frac{1}{1+x^2}$, on voit que la solution (2) se présente aussi sous la forme

$$\frac{1.2.3\ldots n}{2\pi i}\int \frac{dz}{(z-x)^{n+1}(1+z^2)}$$

ou, en négligeant un facteur constant,

$$(3)\qquad \int \frac{dz}{(z-x)^{n+1}(1+z^2)},$$

l'intégrale étant prise le long d'un contour fermé contenant le point x, mais aucun des points $-i$, $+i$. Il est tout naturel de se demander si l'expression (3) ne serait pas encore une solution de (1) quand n est quelconque, et alors on saurait encore intégrer l'équation (1) complètement. Posant en conséquence

$$(4)\qquad y = \int \frac{dz}{(z-x)^{n+1}(1+z^2)},$$

et portant cette valeur de y dans (1), celle-ci devient

$$\int \frac{dz}{(1+z^2)(z-x)^{n+3}} \times [(1+x^2)+2x(z-x)+(z-x)^2](n+1)(n+2) = 0;$$

pour s'assurer qu'elle est vérifiée, négligeons le facteur $(n+1)(n+2)$; elle se réduit alors à

$$\int \frac{dz}{(z-x)^{n+3}} = 0.$$

Cette formule a lieu quand n est entier : cela devait être; mais quand n est fractionnaire ou incommensurable, ou même égal à -2, elle est fausse, parce que la fonction placée sous le signe $\int$ n'est pas monodrome; cependant l'intégration peut être effectuée, et le premier membre est égal à

$$\frac{(z_1-x)^{-n-2}}{n+2}-\frac{(z_2-x)^{-n-2}}{n+2}; \tag{5}$$

z_2 est égal à z_1, mais nous employons cette notation pour indiquer que, le point z ayant tourné autour de x, les deux termes de la différence ne sont pas identiques, le second étant égal au premier multiplié par le facteur $e^{-(n+2).2\pi i}$. Cette différence (5) peut être annulée si $n+2>0$, en supposant $z_1=z_2=\infty$; on satisfera donc encore à l'équation (1) dans ce cas, si l'on calcule y au moyen de (4), en prenant pour contour d'intégration un lacet ayant son entrée à l'infini et son point critique au point x, ou tout contour équivalent à ce lacet. Si $n+2<0$, il faudra prendre le point x voisin du contour d'intégration et intégrer à partir du voisinage de ce point.

Le cas où $n=-2$ doit être étudié à part, mais il ne présente pas de difficulté, l'équation se réduisant à

$$\frac{d^2y}{dx^2}=0.$$

696. On trouve une solution égale à

$$\int\frac{(z^2-1)^n}{(z-x)^{n+1}}dz;$$

l'intégrale est prise le long de deux lacets ayant leurs points critiques en x, et, soit au point -1, soit au point $+1$, leur entrée commune est en un point quelconque du plan. (*Voir* l'exemple précédent.)

L'équation proposée est satisfaite par la *fonction de Legendre*

$$X_n=\frac{1}{1.2.3\ldots n}\,\frac{1}{2^n}\,\frac{d^n(x^2-1)^n}{dx^n}$$

qui représente le coefficient de x^n dans le développement de $(1 - 2xz + z^2)^{-\frac{1}{2}}$ et jouit de propriétés remarquables.

697. La formule connue du n° 694 donne celle-ci

$$(1) \qquad \frac{1}{2\pi i}\int \frac{f(z)\,dz}{z^{n+1}} = \frac{f^{(n)}(0)}{1.2\ldots n},$$

qui permet de représenter le terme général de la série proposée par une intégrale définie, et cela de plusieurs manières. Il suffit, en effet, de prendre une fonction de z dont la dérivée $n^{\text{ième}}$ se réduise à $\frac{x^{2n}}{1.2\ldots n}$ pour $z = 0$; or $\frac{e^{zx}}{1.2\ldots n}$ est une des expressions les plus simples qui puissent conduire à la solution du problème, et si l'on pose

$$f(z) = \frac{x^n e^{zx}}{1.2\ldots n},$$

l'équation (1) donne immédiatement

$$\left(\frac{x^n}{1.2\ldots n}\right)^2 = \frac{1}{2\pi i}\int \frac{x^n e^{zx}\,dz}{1.2\ldots n\, z^{n+1}}.$$

Il en résulte que la série proposée est égale à l'intégrale

$$\frac{1}{2\pi i}\int \frac{e^{zx}\,dz}{z}\left(1 + \frac{x}{z} + \frac{1}{1.2}\frac{x^2}{z^2} + \ldots\right) = \frac{1}{2\pi i}\int \frac{e^{x\left(z+\frac{1}{z}\right)}\,dz}{z}.$$

En intégrant le long d'un cercle décrit de l'origine comme centre avec un rayon égal à l'unité, cette expression se réduit à

$$\frac{1}{2\pi}\int^{2\pi} e^{2x\cos\theta}\,d\theta.$$

On arriverait au même résultat en partant des développements

$$e^{zx} = 1 + \frac{zx}{1} + \frac{z^2x^2}{1.2} + \ldots + \frac{z^n x^n}{1.2.3\ldots n} + \ldots,$$

$$\frac{e^{\frac{x}{z}}}{z} = \frac{1}{z} + \frac{x}{z^2} + \frac{z^{-3}x^2}{1.2} + \frac{z^{-4}x^3}{1.2.3} + \ldots + \frac{z^{-n-1}x^n}{1.2.3\ldots n} + \ldots,$$

multipliant ces deux équations membre à membre et intégrant par rapport à z le long d'un cercle décrit de l'origine comme centre.

698. Prenons la fonction sous la forme

$$(1)\quad \Theta_1(x) = 1 + 2q\cos\frac{\pi x}{K} + 2q^4\cos\frac{2\pi x}{K} + \ldots + 2q^{n^2}\cos\frac{n\pi x}{K} + \ldots$$

Si l'on observe qu'on a

$$\int_0^\pi \cos mx' \cos nx'\, dx' = \begin{cases} 0 & \text{si} \quad m \gtrless n, \\ \dfrac{\pi}{2} & \text{si} \quad m = n, \end{cases}$$

il en résulte, en posant $x' = \dfrac{\pi x}{K}$,

$$\int_0^K \cos\frac{m\pi x}{K} \cos\frac{n\pi x}{K}\, dx = \begin{cases} 0 & \text{si} \quad m \gtrless n, \\ \dfrac{K}{2} & \text{si} \quad m = n. \end{cases}$$

En élevant maintenant la formule (1) au carré et en intégrant les deux membres de 0 à K, on trouve

$$\int_0^K \Theta_1^2(x)\, dx = K + 2q^2 K + 2q^8 K + \ldots$$

ou

$$\int_0^K \Theta_1^2(x)\, dx = (1 + 2q^2 + 2q^{2.4} + 2q^{2.9} + \ldots) K.$$

On obtient d'une manière analogue les valeurs de

$$\int_0^K \Theta^2(x)\, dx, \quad \int_0^{2K} H^2(x)\, dx, \quad \ldots,$$

et cela au moyen de séries très convergentes, si q est notablement plus petit que 1, ce que l'on suppose ordinairement.

699. 1° La vérification est immédiate en prenant les fonctions sous la forme où figurent des exponentielles. Considérons, par exemple, la première des équations (c),

$$\Theta(x) = \Sigma(-1)^n e^{\frac{\pi i}{2K}(2nx+2n^2K'i)},$$

d'où l'on tire

$$\Theta(x+K'i) = \Sigma(-1)^n e^{\frac{\pi i}{2K}[2nx+2(n^2+n)K'i]}$$

On a aussi

$$i\,H(x) = \Sigma(-1)^n e^{\frac{\pi i}{2K}\left[(2n+1)x+\frac{(2n+1)^2}{2}K'i\right]};$$

et, comme l'exposant de e dans le terme général de cette dernière formule ne diffère de l'exposant analogue dans la précédente que de la quantité $\frac{\pi i}{4K}(2x+K'i)$ qui ne varie pas avec n, la formule est démontrée. On vérifierait aussi les autres facilement.

2° Il suffit de jeter les yeux sur les formules (a) et (b) du Tableau en question pour reconnaître que $\frac{\theta'(x)}{\theta(x)}$ est une fonction impaire admettant la période $2K$, et qu'on a bien

$$\frac{\theta'(x+2K'i)}{\theta(x+2K'i)} = \frac{\theta'(x)}{\theta(x)} - \frac{\pi i}{K}. \tag{1}$$

En particulier, si $\theta = H$, on a, en posant $\frac{H'(x)}{H(x)} = Z(x)$,

$$Z(x+2K'i) = Z(x) - \frac{\pi i}{K}.$$

Cette fonction Z joue un rôle important dans l'Analyse.

On peut remarquer que $\frac{dZ}{dx}$ et les trois autres fonctions analogues ont les deux périodes $2K$ et $2K'i$.

700. Rappelons que, lorsqu'une fonction $f(z)$ a μ zéros

dans un contour donné S, de telle sorte qu'on ait

$$f(z) = (z - a_1)(z - a_2)\dots(z - a_\mu)\varphi(z),$$

$\varphi(z)$ ne devenant ni nulle, ni infinie dans l'intérieur du contour, le théorème de Cauchy sur les résidus donne immédiatement la relation

$$\mu = \frac{1}{2\pi i}\int_S \frac{f'(z)}{f(z)}\,dz.$$

En l'appliquant ici, nous avons à prendre l'intégrale $\int \frac{\theta'(z)}{\theta(z)}dz$ le long du rectangle des périodes que nous parcourons dans le sens ABDC. A l'exemple de M. Hermite, nous emploierons la notation (PQ) pour désigner la valeur d'une intégrale prise en allant du point P vers le point Q, de sorte qu'on aura PQ = —(QP), et la somme à calculer sera représentée par (AB)+(BD)+(DC)+(CA). Or les termes (BD) et (CA) se détruisent, car la fonction sous le signe admettant la période $2K$ prend la même valeur aux points de BD et de AC qui ont même ordonnée, et (AC) = —(CA). D'autre part, si z est l'affixe d'un point de AB, $z + 2K'i$ est celle du point de CD qui a la même abscisse, et, comme (DC) = —(CD), il en résulte que l'intégrale cherchée, en désignant par a l'abscisse de A, prend la forme

$$\int_a^{a+2K}\left[\frac{\theta'(z)}{\theta(z)} - \frac{\theta'(z+2K'i)}{\theta(z+2K'i)}\right]dz,$$

et se réduit à $2\pi i$ en vertu de l'équation (1) du numéro précédent, ce qui donne

$$\mu = 1.$$

Remarque. — Si ω et ω' sont des périodes imaginaires d'une fonction, tout parallélogramme ayant pour sommets un point a quelconque du plan et les points $a+\omega$, $a+\omega'$, $a+\omega+\omega'$, est dit un *parallélogramme des périodes* dont ABDC est un cas particulier.

701. L'une de ces fonctions, $H(x)$, étant impaire, admet la racine $x=0$; de plus, comme on a (Tableau n° 1)

$$H(x+2K) = -H(x),$$
$$H(x+2iK') = -He^{-\frac{\pi i}{K}(x+K'i)},$$

il en résulte de proche en proche que la fonction s'annule en faisant

$$x = 2mK + 2m'iK',$$

m et m' étant des entiers quelconques, et cette formule représente toutes les racines de $H(x)=0$, puisque la fonction $H(x)$ n'a qu'un seul zéro dans le rectangle des périodes $2K$ et $2K'i$ (n° 700).

En outre, le Tableau n° 1 (p. 464) permet de rattacher les autres fonctions de Jacobi à la fonction $H(x)$ au moyen des relations

$$H_1(x+K) = -H(x),$$
$$\Theta_1(x+K+iK') = -iH_1(x+K)e^{-\frac{\pi i}{4K}(2x+iK')}$$
$$= iH(x)e^{-\frac{\pi i}{4K}(2x+iK')},$$
$$\Theta(x+iK') = iH(x)e^{-\frac{i\pi}{4K}(2x+iK')},$$

qui montrent que les racines de $H_1(x)=0$, $\Theta_1(x)=0$, $\Theta(x)=0$ sont respectivement données par les formules

$$x = (2m+1)K + 2m'iK',$$
$$x = (2m+1)K + (2m'+1)iK',$$
$$x = 2mK \qquad + (2m'+1)iK',$$

(Tableau n° 1, p. 464.)

702. Soit fait, pour abréger, $\frac{H'(z)}{H(z)} = Z$ (n° 699); nous

calculerons l'intégrale

$$\frac{1}{2\pi i}\int F(z)\,Z(z-t)\,dz$$

en raisonnant identiquement comme au n° 700 et, eu égard à la double périodicité de $F(z)$, on voit qu'elle se réduit à

$$\frac{1}{2\pi i}\int_a^{a+2K} F(z)\,dz,$$

quantité indépendante de t, et que nous désignerons par C.

On peut avoir une autre expression de cette intégrale. Elle est égale, en effet, à la somme des résidus de la fonction $F(x)Z(z-t)$ relative aux pôles situés dans le rectangle des périodes. Ces pôles sont le point t pour la fonction $Z(z-t)$ et les infinis de $F(z)$. Or $H(z-t)$ n'ayant qu'un zéro dans le rectangle en question, $Z(z-t)$ n'a que le seul point $Z=t$, et le résidu correspondant est $F(t)$.

Quant aux résidus relatifs à $F(z)$. supposons que cette fonction admette un pôle α d'ordre de multiplicité p. Le résidu correspondant R sera, comme on sait, le coefficient de $\frac{1}{h}$ dans le développement du produit $F(\alpha+h)Z(\alpha+h-t)$ suivant les puissances croissantes de h. Or, par hypothèse,

$$F(z)=\frac{A_p}{(z-\alpha)^p}+\frac{A_{p-1}}{(z-\alpha)^{p-1}}+\ldots+\frac{A_1}{z-\alpha}+F_1(x)$$

ou bien

$$F(\alpha+h)=\frac{A^p}{h^p}+\frac{A_{p-1}}{h^{p-1}}+\ldots+\frac{A_1}{h}+F_1(\alpha+h),$$

la fonction $F_1(z)$ étant finie et continue dans le voisinage du pôle α.

D'ailleurs, en appliquant la série de Taylor à la fonction $Z(t-\alpha-h) = -Z(\alpha+h-t)$, on a

$$Z(t-\alpha-h) = Z(t-\alpha) - hZ'(t-\alpha) + \frac{h^2}{1.2}Z''(t-\alpha) + \ldots$$
$$+ \frac{(-1)^{p-1}}{1.2.(p-1)} Z^{(p-1)}(t-\alpha) + \ldots;$$

il résulte de là que $-R$ a pour expression

$$A_1 Z(t-\alpha) - A_2 Z'(t-\alpha)$$
$$+ \frac{A_3}{1.2} Z''(t-\alpha) + \ldots + \frac{(-1)^{p-1}A_p}{1.2.(p-1)} Z^{(p-1)}(t-\alpha).$$

Chaque pôle de $F(z)$ donnant lieu à une expression du même genre, on a la formule générale

$$C = F(t) - \Sigma R$$

ou

$$(A)\quad \begin{cases} F(t) = C + \sum \Big[A_1 Z(t-\alpha) - A_2 Z'(t-\alpha) + \dfrac{A_3}{1.2} Z''(t-\alpha) + \ldots \\ \qquad + (-1)^{p-1} \dfrac{A_p}{1.2.(p-1)} Z^{(p-1)}(t-\alpha) \Big], \end{cases}$$

où la sommation s'étend à tous les pôles de $F(z)$ situés dans le rectangle des périodes.

La relation (A), qui démontre que la fonction doublement périodique $F(z)$ s'exprime linéairement au moyen de la fonction $Z(z)$ et de ses dérivées, est due à M. Hermite. Elle est très remarquable. « C'est l'expression analytique générale des fonctions uniformes admettant les périodes $2K$ et $2K'i$ et n'ayant que des discontinuités polaires, sous une forme qui offre la plus complète analogie avec celle des fractions rationnelles décomposées en fractions simples. » (Hermite, *Cours de la Faculté des Sciences.*)

Tous les termes du second membre étant des dérivées, on comprend la grande utilité de cette formule pour l'intégration des fonctions doublement périodiques.

703. Il suffit de considérer l'une de ces formules, celle par exemple où l'on a

$$(1)\qquad z = \frac{1}{\operatorname{tn} x} = \frac{\operatorname{cn} x}{\operatorname{sn} x}.$$

On trouve, en différentiant et ayant égard aux formules (a) du même Tableau,

$$\frac{dz}{dx} = \frac{\operatorname{sn} x\, d.\operatorname{cn} x - \operatorname{cn} x\, d.\operatorname{sn} x}{\operatorname{sn}^2 x} = -\frac{\operatorname{dn} x}{\operatorname{sn}^2 x}.$$

D'ailleurs, on tire de (1)

$$\operatorname{sn}^2 x = \frac{1}{1+z^2}, \qquad \operatorname{dn}^2 x = \frac{k'^2+z^2}{1+z^2}$$

et, par suite,

$$\frac{dz}{dx} = -k'\sqrt{(1+z^2)\left(1+\frac{z^2}{k'^2}\right)}.$$

On vérifierait les autres formules avec la même facilité.

Remarque I. — Il est bon d'observer que le Tableau n° 5 permet de calculer les dérivées successives de chacune des fonctions qu'il contient et, par là, d'obtenir autant de termes que l'on voudra de leur développement par la série de Maclaurin ou par celle de Taylor. C'est ainsi qu'on trouve, par exemple,

$$\operatorname{sn} x = x - \frac{1+k^2}{6}x^3 + \frac{1+14k^2+k^4}{120}x^5 + \ldots,$$

$$\operatorname{cn} x = -k'(x-K) + \frac{k'^3-k^2k'}{6}(x-K)^3 + \frac{k'(16k^2k'^2-1)}{120}(x-K)^5 + \ldots.$$

Remarque II. — Ce même Tableau offre aussi l'avantage de fournir sur-le-champ l'intégration, au moyen des fonctions elliptiques, des équations différentielles de la forme

$$\frac{dz}{dx} = \mathrm{A}\sqrt{\pm(1 \pm m z^2)(1 \pm m' z^2)},$$

le cas excepté où le radical serait imaginaire.

Voici d'ailleurs, d'après Briot et Bouquet, les substitutions à effectuer dans les différents cas pour transformer l'expression

$$\frac{dx}{\sqrt{\mathrm{A}(1 + m x^2)(1 + m' x^2)}}$$

en une autre de la forme

$$\frac{dz}{g\sqrt{(1 - z^2)(1 - k^2 z^2)}},$$

où k est moindre que 1 :

1° A positif, $m = -h^2$, $m' = -h'^2$, $h > h'$, on pose

$$x = \frac{z}{h};$$

2° A positif, $m = h^2$, $m' = h'^2$,

$$hx = \sqrt{1 - z^2};$$

3° A positif, $m = h^2$, $m' = h'^2$, $h > h'$,

$$hx = \frac{z}{\sqrt{1 - z^2}};$$

4° A négatif, $m = -h^2$, $m' = h'^2$,

$$hx = \frac{1}{\sqrt{1 - z^2}};$$

5° A négatif, $m = -h^2$, $m' = -h'^2$, $h > h'$,

$$h'x = \sqrt{1 - \frac{h^2 - h'^2}{h^2} z^2}.$$

704. Considérons deux fonctions entières, l'une $\varphi(x)$ de degré m et l'autre $\psi(x)$ de degré n, sans facteur commun; si l'on intègre le long d'un cercle de rayon infini décrit de l'origine comme centre, on aura

$$\text{(1)} \qquad \frac{1}{2\pi i}\int \frac{\varphi'(z)\psi'(z)}{\varphi(z)\psi(z)}\,dz = 0,$$

puisque la limite de $\dfrac{z\,\varphi'(z)\psi'(z)}{\varphi(z)\psi(z)}$ est nulle pour $z=\infty$; mais le premier membre de la formule précédente est aussi égal à

$$\sum \frac{\varphi'(\beta)}{\varphi(\beta)} + \sum \frac{\psi'(\alpha)}{\psi(\alpha)},$$

α désignant une racine de $\varphi(x)=0$, et β une racine de $\psi(x)=0$.

Supposons maintenant que $\varphi(x)$ et $\psi(x)$ soient deux fonctions doublement périodiques, de mêmes périodes, sans zéros et sans infinis communs. L'équation (1) aura encore lieu si l'intégrale est prise le long du parallélogramme des périodes; mais, en appelant $a_1, a_2, \ldots$ les zéros de $\varphi(x)$, $\alpha_1, \alpha_2, \ldots$ ses infinis, $b_1, b_2, \ldots$ les zéros de $\psi(x)$, $\beta_1, \beta_2, \ldots$ ses infinis, la formule (1) pourra s'écrire

$$\sum \frac{\varphi'(b)}{\varphi(b)} + \sum \frac{\psi'(a)}{\psi(a)} - \sum \frac{\varphi'(\beta)}{\varphi(\beta)} - \sum \frac{\psi'(\alpha)}{\psi(\alpha)} = 0.$$

705. La relation (1) donne immédiatement

$$\frac{x'-\alpha}{x'-\beta} = \frac{(a-\alpha)x + ac - c\alpha + b}{(a-\beta)x + ac - c\beta + b} = \frac{a-\alpha}{a-\beta}\,\frac{x - \dfrac{c\alpha - ac - b}{a-\alpha}}{x - \dfrac{c\beta - ac - b}{a-\beta}},$$

et l'on fera paraître dans le second membre une expression semblable au premier en posant

$$\frac{c\alpha - ac - b}{a-\alpha} = \alpha, \qquad \frac{c\beta - ac - b}{a-\beta} = \beta,$$

d'où l'on voit que α et β sont les racines de l'équation obtenue quand on fait $x'=x$ dans (1).

Si l'on pose $\dfrac{a-\alpha}{a-\beta}=k$, on a la relation

$$\frac{x'-\alpha}{x'-\beta}=k\frac{x-\alpha}{x-\beta},$$

identique, au fond, à l'équation (1). La fonction cherchée F est donc telle qu'en la considérant comme une fonction f de $\dfrac{x'-\alpha}{x'-\beta}$, on aura

$$(2)\qquad f\left(\frac{x'-\alpha}{x'-\beta}\right)=f\left(k\frac{x-\alpha}{x-\beta}\right);$$

il en résulte, en vertu de (2), que la fonction f jouira de la propriété définie par l'équation

$$f\left(\frac{x-\alpha}{x-\beta}\right)=f\left(k\frac{x-\alpha}{x-\beta}\right).$$

Posons alors

$$\frac{x-\alpha}{x-\beta}=e^u,\qquad f(e^u)=\varphi(u),$$

nous aurons

$$\varphi(u)=\varphi(u+\log k);$$

mais $\log k$ est de la forme $\omega+2n\pi i$, n désignant un entier quelconque. Ainsi

$$\varphi(u)=\varphi(u+\omega+2n\pi i),$$

et la fonction $\varphi(u)$ a les deux périodes ω et $2\pi i$; par conséquent, la fonction f, en posant

$$\frac{x-\alpha}{x-\beta}=e^u,$$

devient doublement périodique. Pour former la fonction $f(x)$, il suffit donc de prendre une fonction doublement périodique $\varphi(u)$ et d'y remplacer u par $\log\dfrac{x-\alpha}{x-\beta}$.

Si k était égal à 1, α serait égal à β, et nos conclusions seraient en défaut; la fonction que nous avons appelée $\varphi(u)$ serait simplement périodique et aurait pour période $2\pi i$.

Il est facile de constater que, si l'on pose $(\text{mod}\, k < 1)$,

$$\psi\left(\frac{x-\alpha}{x-\beta}\right) = \left(1-\frac{x-\alpha}{x-\beta}\right)\left(1-k\frac{x-\alpha}{x-\beta}\right)\cdots\left(1-k^n\frac{x-\alpha}{x-\beta}\right)\cdots$$
$$\times\left(1-k\frac{x-\beta}{x-\alpha}\right)\left(1-k^2\frac{x-\beta}{x-\alpha}\right)\cdots\left(1-k^n\frac{x-\beta}{x-\alpha}\right),$$

on aura

$$\psi\left(k\frac{x-\alpha}{x-\beta}\right) = -\psi\left(\frac{x-\alpha}{x-\beta}\right)\frac{x-\beta}{x-\alpha},$$

et par suite, si l'on pose

$$f(x) = \psi\left(\frac{x-\alpha}{x-\beta}\right), \qquad f_1(x) = -\psi\left(-\frac{x-\alpha}{x-\beta}\right),$$

$$\frac{f(x)}{f_1(x)} = \varpi'\left(\frac{x-\alpha}{x-\beta}\right),$$

on aura

$$\varpi\left(\frac{x-\alpha}{x-\beta}\right) = \varpi\left(k\frac{x-\alpha}{x-\beta}\right).$$

706. Les relations qui définissent le point N doivent être de la forme

$$\frac{x}{\text{cn}\,\psi} = \frac{y}{p\,\text{sn}\,\psi} = \frac{z}{q}.$$

En exprimant que ce point est sur la courbe B, on trouve

$$q = \sqrt{a}, \qquad p = \sqrt{\frac{a}{b}},$$

et, en écrivant qu'il est situé sur la tangente MN dont l'équation est

$$\text{X}\,\text{cn}\,\varphi + \text{Y}\,\text{sn}\,\varphi - \text{Z} = 0,$$

on arrive à la relation

(1) $$\text{cn}\,\varphi\,\text{cn}\,\psi + p\,\text{sn}\,\varphi\,\text{sn}\,\psi = q,$$

qu'il s'agit d'interpréter. Or, on voit qu'elle présente une grande analogie avec la formule (n° **161**, p. 25)

$$\cos x \cos y + \sin x \sin y \sqrt{1 - k^2 \sin^2 C} = \cos C,$$

au moyen de laquelle Lagrange a exprimé l'intégrale de l'équation d'Euler [p. 120, (3)],

$$\text{(E)} \qquad \frac{d\varphi}{\sqrt{1 - k^2 \sin^2 \varphi}} - \frac{d\psi}{\sqrt{1 - k^2 \sin^2 \psi}} = 0.$$

Si l'on pose en effet $x = am\,\varphi$, $y = am\,\psi$, $C = am\,\theta$, elle prend la forme

$$\text{(2)} \qquad \text{cn}\,\varphi\,\text{cn}\,\psi + \text{sn}\,\varphi\,\text{sn}\,\psi\,\text{dn}\,\theta = \text{cn}\,\theta,$$

avec laquelle s'identifie immédiatement l'équation (1) en y faisant

$$\text{(3)} \qquad p = \sqrt{\frac{a}{b}} = \text{dn}\,\theta, \qquad q = \sqrt{a} = \text{cn}\,\theta;$$

et comme, en vertu de (E), l'équation (2) est satisfaite par $\theta = \pm(\varphi + \psi)$, la proposition est démontrée.

Des relations (3) on tire

$$k^2 = \frac{b - a}{b(1 - a)}.$$

Observons qu'on obtient aussi l'équation (2) en éliminant k^2 entre deux des équations (a) du Tableau n° 4 (p. 466).

707. Comme on l'a vu dans le numéro précédent, les équations des coniques étant mises sous la forme

$$x^2 + y^2 - z^2 = 0,$$
$$ax^2 + by^2 - z^2 = 0,$$

on satisfera à la première en posant

$$\frac{x}{\text{cn}\,\varphi} = \frac{y}{\text{sn}\,\varphi} = z,$$

et à la seconde en posant

$$\frac{x}{\operatorname{cn}\psi} = \frac{y}{\operatorname{sn}\psi \operatorname{dn}\theta} = \frac{z}{\operatorname{cn}\theta},$$

avec les relations

$$\operatorname{cn}\theta = \frac{1}{\sqrt{a}}, \qquad \frac{\operatorname{cn}\theta}{\operatorname{dn}\theta} = \frac{1}{\sqrt{b}}.$$

Par le point M_1 de la première conique déterminé par le paramètre φ_1, menons une tangente à cette conique; elle aura pour équation

$$x \operatorname{cn}\varphi_1 + y \operatorname{sn}\varphi_1 - z = 0,$$

et coupera la seconde en deux points N_1 et N'_1, dont les paramètres ψ satisferont à la relation

$$\theta = \pm(\varphi_1 - \psi)$$

ou

$$\psi = \varphi_1 \pm \theta.$$

Nous prendrons la valeur de ψ en N_1 égale à $\varphi_1 + \theta$. Si par le point N_1 nous menons une tangente à la première conique, le φ du point de contact sera $\varphi_1 + 2\theta$, et elle rencontrera la seconde conique en un point dont le ψ sera $\varphi_1 + 3\theta$ et que nous appellerons N_2. Si par le point N_2 on mène encore une tangente à la première conique, le φ du point de contact sera $\varphi_1 + 4\theta$, et ainsi de suite.

Le lieu des intersections de deux tangentes quelconques

$$x \operatorname{cn}\varphi_1 + y \operatorname{sn}\varphi_1 - z = 0,$$
$$x \operatorname{cn}(\varphi_1 + 2n\theta) + y \operatorname{sn}(\varphi_1 + 2n\theta) - z = 0,$$

s'obtiendra en éliminant φ_1 entre ces deux équations. On peut évidemment remplacer ces équations par les suivantes

$$(1) \qquad \begin{cases} x \operatorname{cn}(\varphi_1 + n\theta) + y \operatorname{sn}(\varphi_1 + n\theta) - z = 0, \\ x \operatorname{cn}(\varphi_1 - n\theta) + y \operatorname{sn}(\varphi_1 - n\theta) - z = 0, \end{cases}$$

d'où l'on tire par soustraction

$$x \operatorname{sn} n\theta \operatorname{dn} n\theta \operatorname{sn}\varphi_1 \operatorname{dn}\varphi_1 - y \operatorname{sn} n\theta \operatorname{cn}\varphi_1 \operatorname{dn}\varphi_1 = 0$$

ou

$$\frac{\operatorname{sn}\varphi_1}{\operatorname{cn}\varphi_1} = \frac{y}{x}\frac{1}{\operatorname{dn} n\theta} = \sqrt{\frac{b}{a}}\frac{y}{x};$$

en ajoutant les formules (1), on a

$$y \operatorname{sn}\varphi_1 \operatorname{cn} n\theta \operatorname{dn} n\theta + x \operatorname{cn} n\theta \operatorname{cn}\varphi_1 = z(1 - k^2 \operatorname{sn}^2 n\theta \operatorname{sn}^2\varphi_1),$$

et si l'on remplace $\operatorname{sn}\varphi_1$ et $\operatorname{cn}\varphi_1$ par leurs valeurs tirées de l'équation précédente, il vient

$$y^2 \operatorname{cn}^2 n\theta + x^2 \operatorname{cn}^2 n\theta \operatorname{dn}^2 n\theta = z^2 \operatorname{dn}^2 n\theta,$$

équation d'une conique qui a même triangle autopolaire que les proposées. En appliquant la méthode des polaires réciproques, on a le théorème suivant, également dû à Poncelet :

Si l'on considère deux coniques et une ligne polygonale inscrite dans l'une et circonscrite à l'autre, mais non fermée, quand les sommets de cette ligne décrivent la courbe à laquelle elle est inscrite, la droite qui la ferme enveloppe une conique qui a même triangle autopolaire que les proposées ; en particulier, l'enveloppe ou le lieu peut coïncider avec l'une des coniques données; alors on voit que : si l'on peut inscrire et circonscrire un même polygone de n côtés à deux coniques, on pourra trouver une infinité de polygones à la fois inscrits et circonscrits à ces coniques.

La marche suivie dans ce numéro et dans le précédent a été indiquée par M. Hermite.

708. Pour trouver la courbe en question, il faut intégrer l'équation

$$(1 + y'^2)^{\frac{1}{2}} = n\frac{y''}{y},$$

où

$$y' = \frac{dy}{dx}, \qquad y'' = \frac{dy'}{dx};$$

elle peut s'écrire

$$(1 + y'^2)^{\frac{1}{2}} = n \frac{y'}{y} \frac{dy'}{dy}$$

ou

$$ny'\,dy'(1 + y'^2)^{-\frac{1}{2}} = y\,dy,$$

ce qui donne, en intégrant,

$$2n(1 + y'^2)^{\frac{1}{2}} = y^2 + c,$$

c désignant une constante.

On tire de là

$$y' = \frac{dy}{dx} = \frac{1}{2n}\sqrt{(y^2 + c)^2 - 4n^2},$$

$$x = \int \frac{2n\,dy}{\sqrt{(y^2 + c)^2 - 4n^2}}.$$

La quantité placée sous le radical est décomposable en facteurs réels de la forme $(y^2 \pm a)(y^2 \pm b)$, mais il y aura plusieurs cas à considérer; pour nous borner à un seul d'entre eux, supposons que l'on ait

$$x = \int \frac{2n\,dy}{\sqrt{(y^2 + \alpha^2)(y^2 + \beta^2)}}$$

et $\alpha < \beta$, on pourra écrire, en posant $\frac{y}{\alpha} = u$,

$$(1) \qquad x = \frac{2n}{\beta}\int \frac{du}{\sqrt{(1 + u^2)(1 + k'^2 u^2)}},$$

$k' = \frac{\alpha}{\beta}$ désignant le module complémentaire d'un système de fonctions elliptiques dont le module est k. Or, si l'on a

$$\operatorname{tn} x = u,$$

on a aussi, comme on le voit par les formules (4) du Tableau n° 5, p. 467,

$$\frac{du}{dx} = \sqrt{(1+u^2)(1+k'^2u^2)};$$

l'équation (1) donne par conséquent

$$\frac{y}{\alpha} = \operatorname{tang} \operatorname{am} \frac{\beta x + h}{2n},$$

h désignant une constante arbitraire.

709. La courbe dont le rayon de courbure est proportionnel à l'inverse de la normale a pour équation différentielle

$$\frac{(1+y'^2)^{\frac{3}{2}}}{y''} = \frac{n}{y\sqrt{1+y'^2}},$$

y' et y'' désignant les dérivées de l'ordonnée y et n un coefficient constant. Cette équation peut s'écrire

$$y\,dy = \frac{ny'\,dy'}{(1+y'^2)^2};$$

si l'on intègre en désignant par m une constante, on a

$$y^2 + m = -\frac{n}{1+y'^2},$$

d'où l'on tire

$$y'^2 = -\frac{y^2+m+n}{y^2+m},$$

ce qui montre que $m+n$ et m ne peuvent être positifs à la fois. Pour fixer les idées, nous supposerons $n=-p$, p étant positif, ce qui revient à admettre que la courbe tourne sa concavité vers la région des y négatifs, et soit en outre $p>m>0$; l'équation s'écrit alors

$$dx = dy\sqrt{\frac{m+y^2}{p-m-y^2}}$$

ou

$$(1)\qquad \sqrt{m(p-m)}\,dx = \frac{(m+y^2)\,dy}{\sqrt{\left(1-\frac{y^2}{p-m}\right)\left(1+\frac{y^2}{m}\right)}}.$$

Nous allons essayer d'exprimer x et y au moyen des fonctions elliptiques. Or le Tableau n° 5, p. 467, montre tout de suite qu'on peut donner au radical du second membre de l'équation précédente la forme de celui qui se rapporte à la fonction $\operatorname{cn} x$; il suffit pour cela de poser

$$u^2 = \frac{y^2}{p-m}, \qquad \frac{k^2}{k'^2}u^2 = \frac{y^2}{m},$$

d'où

$$y = \sqrt{p-m}\,u, \qquad k^2 = \frac{p-m}{p}, \qquad k'^2 = \frac{m}{p}.$$

Au moyen de ces relations, l'équation (1) devient

$$(2)\qquad \frac{\sqrt{m}\,dx}{k'} = \frac{[m+(p-m)u^2]\,du}{k'\sqrt{(1-u^2)\left(1+\frac{k^2}{k'^2}u^2\right)}}.$$

Si donc l'on désigne par t une variable auxiliaire définie par la relation

$$dt = -\frac{du}{k'\sqrt{(1-u^2)\left(1+\frac{k^2}{k'^2}u^2\right)}},$$

on a

$$(3)\qquad u = \frac{y}{\sqrt{p-m}} = \operatorname{cn} t,$$

et par suite

$$\frac{\sqrt{m}}{k'}\,dx = \sqrt{p}\,dx = -[m+(p-m)\operatorname{cn}^2 t]\,dt;$$

remplaçant $\mathrm{cn}^2 t$ par $1 - \mathrm{sn}^2 t$, et intégrant, il viendra

$$(4) \qquad x\sqrt{p} = \text{const.} - pt + (p - m)\int_0^t \mathrm{sn}^2 t\, dt,$$

et la courbe cherchée sera représentée par le système des équations (3) et (4). Il reste encore à calculer $\int \mathrm{sn}^2 t\, dt$; nous emploierons pour cela le théorème de M. Hermite (p. 486). Observons d'abord, puisque $\mathrm{sn}\, t$ a la période $2K'i$ et que $\mathrm{sn}(2K + t) = -\mathrm{sn}\, t$, $\mathrm{sn}^2 t$ aura les périodes $2K'i$ et $2K$; de plus, $\mathrm{sn}\, t$ a un seul infini $K'i$ dans le rectangle des périodes, pourvu qu'on ait choisi ce rectangle de manière que le pôle $K'i$ ne soit pas sur son contour, et ce pôle sera double pour $\mathrm{sn}^2 t$. Cela posé, l'équation qui exprime le théorème de M. Hermite devient ici

$$(5) \qquad C = \mathrm{sn}^2 t + \text{résidu}\,[\mathrm{sn}^2 z\, Z(z - t)],$$

le résidu étant pris relativement au pôle unique $K'i$. Pour le calculer, posons $z = K'i + h$, on aura (p. 465)

$$(6) \qquad \begin{cases} \mathrm{sn}^2(K'i + h)\, Z(K'i - t + h) \\ \quad = \dfrac{1}{k^2\, \mathrm{sn}^2 h}[Z(K'i - t) + hZ'(K'i - t) + \ldots], \end{cases}$$

et comme $\mathrm{sn}\, t$ est de la forme $h + ah^3 + \ldots$ (p. 488), il en résulte que le coefficient de $\frac{1}{h}$ dans le second membre de (6) ou le résidu cherché est

$$\frac{1}{k^2} Z'(K'i - t).$$

On peut simplifier ce résultat au moyen de la relation (p. 464)

$$H(x + iK') = i\Theta(x)e^{-\frac{\pi i}{4K}(2x + iK')},$$

qui donne

$$\frac{H'(x+iK')}{H(x+iK')}=\frac{\Theta'(x)}{\Theta(x)}+\text{const.},$$

d'où

$$Z(iK'-t)=-\frac{\Theta'(t)}{\Theta(t)},$$

ce qui transforme la relation (5) en celle-ci

$$\operatorname{sn}^2 t=C-\frac{1}{k^2}\left[\frac{\Theta'(t)}{\Theta(t)}\right]';$$

et par suite

$$(7)\qquad \int_0^t \operatorname{sn}^2 t\,dt=Ct-\frac{1}{k^2}\frac{\Theta'(t)}{\Theta(t)}+C'.$$

On détermine la constante C en remarquant que la valeur de k^2C est celle de $\frac{\Theta(t)\,\Theta''(t)-\Theta'^2(t)}{\Theta^2(t)}$ pour $t=0$, c'est-à-dire $\frac{\Theta''(0)}{\Theta(0)}$; quant à C', l'équation (7) montre qu'elle est nulle.

710. La courbe dont l'arc s est proportionnel au cube de l'ordonnée y a pour équation différentielle

$$s=\frac{c^2y^3}{3},$$

c^2 désignant une constante que l'on peut supposer positive. Désignons par x l'abscisse et différentions, nous aurons

$$\sqrt{1+\left(\frac{dy}{dx}\right)^2}=c^2y^2\frac{dy}{dx},$$

d'où

$$(1)\qquad dx=\sqrt{(c^2y^2-1)(c^2y^2+1)}\,dy.$$

Or, quand on a

$$dt=\frac{dy}{k\sqrt{(y^2-1)\left(y^2\frac{k'^2}{k^2}+1\right)}},$$

on en conclut (p. 467) que $y = \frac{1}{\operatorname{cn} t}$, les modules étant k et k'; supposons $k = k' = \frac{\sqrt{2}}{2}$, on aura

$$dt\,\frac{\sqrt{2}}{2} = \frac{dy}{\sqrt{(y^2-1)(y^2+1)}},$$

$$y = \frac{1}{\operatorname{cn} t},$$

et par suite, en changeant y en cy,

$$dt\,\frac{\sqrt{2}}{2} = \frac{dcy}{\sqrt{(c^2y^2-1)(c^2y^2+1)}}$$

$$cy = \frac{1}{\operatorname{cn} t}.$$

Si donc, dans la formule (1), on pose $cy = \frac{1}{\operatorname{cn} t}$, elle deviendra

$$c\,dx = \frac{dt\sqrt{2}}{2}\left(\frac{1}{\operatorname{cn}^2 t} - 1\right)\left(\frac{1}{\operatorname{cn}^2 t} + 1\right).$$

La courbe en question est alors représentée par les deux équations simultanées

$$(2)\qquad \left\{\begin{aligned} y &= \frac{1}{c \operatorname{cn} t} \\ cx &= \int \frac{dt\sqrt{2}}{2}\,\frac{1-\operatorname{cn}^4 t}{\operatorname{cn}^4 t} = \frac{\sqrt{2}}{2}\int \frac{dt}{\operatorname{cn}^4 t} - t\,\frac{\sqrt{2}}{2}. \end{aligned}\right.$$

Il reste à évaluer l'intégrale

$$\int \frac{dt}{\operatorname{cn}^4 t};$$

à cet effet, et conformément au théorème de M. Hermite (p. 486), nous décomposerons en éléments simples la fonction $\frac{1}{\operatorname{cn}^4 t}$, et pour cela nous poserons

$$C = \frac{1}{2\pi i}\int \frac{1}{\operatorname{cn}^4 z} Z(z-t)\,dz,$$

l'intégrale étant prise le long d'un parallélogramme des périodes 2K et 2K′i. De cette formule on tire

$$(3) \qquad C = \frac{1}{\operatorname{cn}^4 t} + \text{résidu}\left[\frac{1}{\operatorname{cn}^4 z} Z(z-t)\right],$$

le résidu étant pris relativement aux racines de $\operatorname{cn} z = 0$. Il n'y a d'ailleurs dans le parallélogramme d'intégration qu'une racine qui est K, mais elle est quadruple.

Or, nous remarquerons à ce propos que si une fonction uniforme $F(z)$, qui n'a de discontinuités que des pôles, admet le pôle α de multiplicité p, on a

$$F(z) = \frac{A_p}{(z-\alpha)^p} + \frac{A_{p-1}}{(z-\alpha)^{p-1}} + \ldots + \frac{A_1}{z-\alpha} + \varphi(z),$$

$\varphi(z)$ restant finie et continue ainsi que ses dérivées dans le voisinage de α. Cette relation fait voir immédiatement que les dérivées successives de $F(z)(z-\alpha)^p$, quand on y fait $z=\alpha$, donnent les valeurs des coefficients A_p, A_{p-1}, ..., et qu'on a en particulier pour le résidu A_1 relatif à ce pôle

$$A_1 = \frac{1}{1.2\ldots(p-1)} \frac{d^{p-1}}{dz^{p-1}}\left[F(z)(z-\alpha)^p\right]_{z=\alpha}.$$

Dans le cas actuel, le résidu sera

$$\frac{1}{6}\frac{d^3}{dz^3}\left[\left(\frac{z-K}{\operatorname{cn} z}\right)^4 Z(z-t)\right]_{z=K}$$

Posant, pour abréger, $\frac{z-K}{\operatorname{cn} z} = u$, on trouve

$$(4) \quad \left\{ \begin{aligned} \frac{d^3}{dz^3}[u^4 Z(z-t)] &= u^4 \frac{d^3 Z(z-t)}{dz^3} + 3\frac{du^4}{dz}\frac{d^2 Z(z-t)}{dz^2} \\ &\quad + 3\frac{d^2 u^4}{dz^2}\frac{dZ(z-t)}{dz} + \frac{d^3 u^4}{dz^3} Z(z-t), \end{aligned} \right.$$

et la série de Taylor nous donne (p. 488), en observant qu'on a ici $k = k' = \frac{\sqrt{2}}{2}$,

$$\operatorname{cn} z = -\frac{\sqrt{2}}{2}(z-K) + \frac{\sqrt{2}}{80}(z-K)^5 + \ldots.$$

On déduit de là que, pour $z = K$, u est égal à $-\sqrt{2}$, et que le second membre de (4) se réduit à son premier terme, qui a pour valeur

$$\frac{d^3 Z(z-t)}{dz^3}$$

ou

$$-\frac{d^3 Z(K-t)}{dt^3};$$

la formule (3) devient alors

$$\frac{1}{\operatorname{cn}^4 t} = C + \frac{2}{3}\frac{d^3 Z(K-t)}{dt^3}$$

et la constante C se calcule en faisant $t = 0$ par exemple. On aura par suite, au lieu des formules (2),

$$\left\{\begin{aligned} y &= \frac{1}{c \operatorname{cn} t}, \\ cx &= \frac{\sqrt{2}}{2} C t + \frac{\sqrt{2}}{3}\frac{d^2 Z(K-t)}{dt^2} - t\frac{\sqrt{2}}{2} + \text{const.} \end{aligned}\right.$$

On arriverait à une autre forme du résultat, et qui dispenserait de recourir à l'emploi de la fonction Z, en appliquant l'intégration par parties à l'équation (1). On en tire, en effet,

$$\int dy\sqrt{c^4y^4-1} = y\sqrt{c^4y^4-1} - 2\int dy\sqrt{c^4y^4-1} - 2\int\frac{dy}{\sqrt{c^4y^4-1}};$$

d'où

$$3x = y\sqrt{c^4y^4-1} - \frac{2}{c}\int\frac{d.cy}{\sqrt{(c^2y^2-1)(c^2y^2+1)}}.$$

Si l'on pose $cy = u$ dans l'intégrale du second membre, on voit qu'elle rentre dans la quatrième des formules (b) de la page 467, où l'on a fait $k = k' = \frac{\sqrt{2}}{2}$; d'où résulte qu'en désignant par t une variable auxiliaire définie par l'équation

$$\int \frac{\sqrt{2}\, du}{\sqrt{(u^2-1)(1+u^2)}} = t,$$

on a $u = cy = \frac{1}{\operatorname{cn} t}$, le module de la fonction elliptique étant égal à $\frac{\sqrt{2}}{2}$, et aussi

$$3x = y\sqrt{c^4y^4 - 1} - \frac{\sqrt{2}}{c}t + \text{const.}$$

Il suit de là que la courbe cherchée est représentée par le système des équations

$$\left\{\begin{aligned} cy &= \frac{1}{\operatorname{cn} t},\\ 3cx &= \frac{\sqrt{1-\operatorname{cn}^4 t}}{\operatorname{cn}^3 t} - t\sqrt{2} + C. \end{aligned}\right.$$

711. Pour résoudre la question, on calculera les coordonnées de la courbe représentée par l'équation

$$x^3 + y^3 + 2xy - x - y = 0$$

au moyen d'un même paramètre t. A cet effet, par l'origine faisons passer la droite

$$y = \mu x;$$

les x des points d'intersection seront les racines de

$$x^3(1+\mu^3) + 2\mu x^2 - x(1+\mu) = 0;$$

d'où l'on tire

$$x = 0$$

et

$$x = \mu \pm \sqrt{\mu^2 + (1+\mu)(1+\mu^3)}$$

ou

$$x = \mu \pm \sqrt{\mu^4 + \mu^3 + \mu^2 + \mu + 1} = \mu \pm \sqrt{\frac{\mu^5 - 1}{\mu - 1}}$$

et

$$y = \mu^2 \pm \mu\sqrt{\mu^4 + \mu^3 + \mu^2 + \mu + 1}.$$

Appliquons maintenant à la quantité sous le radical les calculs qui permettent de ramener un polynôme quelconque du quatrième degré à la forme bicarrée. Pour cela, il faut la décomposer en facteurs; en l'égalant à zéro, l'équation obtenue a pour racines

$$\alpha,\quad \alpha^2,\quad \alpha^3,\quad \alpha^4,$$

où

$$\alpha = \cos\frac{2\pi}{5} + i\sin\frac{2\pi}{5},$$

en sorte que, en appelant R le radical, on a

$$R = \sqrt{(\mu-\alpha)(\mu-\alpha^2)(\mu-\alpha^3)(\mu-\alpha^4)};$$

posons

(1) $$\mu = \frac{a\nu + b}{a'\nu + b'},$$

nous aurons

$$R = \frac{1}{(a'\nu + b')^2}\sqrt{(a\nu + b) - (a'\nu + b')\alpha + \ldots};$$

en groupant deux facteurs correspondant à deux valeurs conjuguées des α

$$\cos\omega + i\sin\omega \quad \text{et} \quad \cos\omega - i\sin\omega,$$

on trouve pour produit

$$\nu^2(a^2 + a'^2 - 2aa'\cos\omega)$$
$$\quad - 2\nu[ab + a'b' - (ab' + ba')\cos\omega] + b^2 + b'^2 - 2bb'\cos\omega.$$

Pour ramener le polynôme sous le radical à la forme voulue, il faudra poser

$$ab + a'b' - (ab' + ba')\cos\frac{2\pi}{5} = 0,$$

$$ab + a'b' - (ab' + ba')\cos\frac{4\pi}{5} = 0,$$

et, par suite, on pourra prendre

$$(2)\qquad \mu = \frac{\nu - 1}{\nu + 1}, \qquad a = a' = 1, \qquad b = -1, \qquad b' = 1;$$

on aura alors

$$(3)\quad R = \frac{1}{(\nu+1)^2}\sqrt{\left(4\nu^2\sin^2\frac{\pi}{5} + 4\cos^2\frac{\pi}{5}\right)\left(4\nu^2\sin^2\frac{2\pi}{5} + 4\cos^2\frac{2\pi}{5}\right)};$$

nous pouvons écrire

$$R = \frac{4}{(\nu+1)^2}\cos\frac{\pi}{5}\cos\frac{2\pi}{5}\sqrt{\left(1 + \nu^2\tang^2\frac{\pi}{5}\right)\left(1 + \nu^2\tang^2\frac{2\pi}{5}\right)}$$

ou, en posant

$$(4)\qquad \nu\tang\frac{2\pi}{5} = t, \qquad \tang\frac{2\pi}{5} : \tang\frac{\pi}{5} = \frac{1}{k'},$$

$$k = \sqrt{1 - k'^2},$$

$$(5)\qquad R = \frac{4}{\left(t\cot\frac{2\pi}{5} + 1\right)^2}\cos\frac{\pi}{5}\cos\frac{2\pi}{5}\sqrt{(1 + t^2)(1 + k'^2t^2)}.$$

On rend R rationnel en prenant $t = \operatorname{tn}\theta$; on a alors

$$R = \frac{4}{\left(\operatorname{tn}\theta\cot\frac{2\pi}{5} + 1\right)^2}\cos\frac{\pi}{5}\cos\frac{2\pi}{5}\frac{\operatorname{dn}\theta}{\operatorname{cn}^2\theta}$$

ou enfin

$$R = \frac{4\cos\frac{\pi}{5}\cos\frac{2\pi}{5}\operatorname{dn}\theta}{\left(\operatorname{sn}\theta\cot\frac{2\pi}{5} + \operatorname{cn}\theta\right)^2};$$

par conséquent, on aura

$$x = \frac{\operatorname{tn}\theta - \operatorname{tang}\frac{2\pi}{5}}{\operatorname{tn}\theta + \operatorname{tang}\frac{2\pi}{5}} \pm \frac{4\cos\frac{2\pi}{5}\cos\frac{2\pi}{5}\operatorname{dn}\theta}{\left(\operatorname{sn}\theta\cot\frac{2\pi}{5} + \operatorname{cn}\theta\right)^2},$$

$$y = x\,\frac{\operatorname{tn}\theta - \operatorname{tang}\frac{2\pi}{5}}{\operatorname{tn}\theta - \operatorname{tang}\frac{\pi}{5}};$$

d'ailleurs, le module k' est égal à $\operatorname{tang}\frac{\pi}{5} : \operatorname{tang}\frac{2\pi}{5}$. Il est plus petit que l'unité, et, par suite, k est aussi moindre que l'unité.

On pourrait, en partant de ces formules, trouver l'aire d'un segment de la courbe; le calcul ne présente aucune difficulté, surtout si l'on veut calculer l'aire d'un secteur dont la différentielle est $y\,dx - x\,dy$; le calcul est un peu long.

712. Considérons l'équation

$$P_0 + P_1 x_1 + P_2 x_2 + \ldots + P_n x_n = 0,$$

dans laquelle P_0, P_1, P_2, ..., P_n désignent des fonctions des dérivées p_1, p_2, ..., p_n de la fonction inconnue u relatives aux variables x_1, x_2, ..., x_n, ne contenant pas les variables, ni u; si l'on observe que

$$(1) \qquad du = p_1\,dx_1 + p_2\,dx_2 + \ldots + p_n\,dx_n,$$

on aura

$$d(u - p_1 x_1 - \ldots - p_n x_n) = -(x_1\,dp_1 + x_2\,dp_2 + \ldots + x_n\,dp_n).$$

Si donc on pose

$$(2) \qquad v = p_1 x_1 + p_2 x_2 + \ldots + p_n x_n - u,$$

on aura

$$dv = x_1\,dp_1 + x_2\,dp_2 + \ldots + x_n\,dp_n$$

et, par suite,

$$x_1 = \frac{\partial v}{\partial p_1}, \qquad x_2 = \frac{\partial v}{\partial p_2}, \qquad \dots;$$

l'équation proposée pourra alors s'écrire

$$P_0 + P_1 \frac{\partial v}{\partial p_1} + \dots + P_n \frac{\partial v}{\partial p_n} = 0.$$

Supposons que l'on considère, dans cette équation, v comme la fonction et p_1, p_2, ... comme les variables; elle sera linéaire, et l'on pourra l'intégrer. La formule (2) donnera alors

$$u = v - p_1 \frac{\partial v}{\partial p_1} - \dots - p_n \frac{\partial v}{\partial p_n},$$

c'est-à-dire l'intégrale de l'équation proposée.

713. D'après l'énoncé, le système des équations

$$(1) \qquad \left\{ \begin{array}{l} x_1 = a_{11} z_1 + a_{12} z_2 + \dots + a_{1n} z_n, \\ x_2 = a_{21} z_1 + a_{22} z_2 + \dots + a_{2n} z_n, \\ \dots\dots\dots\dots\dots\dots\dots\dots \end{array} \right.$$

donne celui-ci

$$(2) \qquad \left\{ \begin{array}{l} z_1 = \alpha_{11} x_1 + \alpha_{21} x_2 + \dots + \alpha_{n1} x_n, \\ z_2 = \alpha_{12} x_1 + \alpha_{22} x_2 + \dots + \alpha_{n2} x_n, \\ \dots\dots\dots\dots\dots\dots\dots\dots, \end{array} \right.$$

où α_{pq} est le déterminant mineur de D relatif à l'élément a_{pq}, le déterminant $\Sigma \alpha_{11} \alpha_{22} \dots \alpha_{nn}$ étant d'ailleurs, comme on sait, égal à l'unité. Si l'on conçoit que dans u les variables x soient exprimées en fonction des variables z, on aura

$$\begin{array}{l} \dfrac{\partial u}{\partial x_1} = \dfrac{\partial u}{\partial z_1} \alpha_{11} + \dfrac{\partial u}{\partial z_2} \alpha_{12} + \dots + \dfrac{\partial u}{\partial z_n} \alpha_{1n}, \\ \dfrac{\partial u}{\partial x_2} = \dfrac{\partial u}{\partial z_1} \alpha_{21} + \dfrac{\partial u}{\partial z_2} \alpha_{22} + \dots + \dfrac{\partial u}{\partial z_n} \alpha_{2n}, \\ \dots\dots\dots\dots\dots\dots\dots\dots \end{array}$$

On tire de là

$$X_1 \frac{\partial u}{\partial x_1} + X_2 \frac{\partial u}{\partial x_2} + \ldots + X_n \frac{\partial u}{\partial x_n} = Z_1 \frac{\partial u}{\partial z_1} + Z_2 \frac{\partial u}{\partial z_2} + \ldots + Z_n \frac{\partial u}{\partial z_n},$$

en posant

$$(3) \qquad Z_p = X_1 \alpha_{1p} + X_2 \alpha_{2p} + \ldots + X_n \alpha_{np} = \sum_{h=1}^{h=n} X_h \alpha_{hp}.$$

Pour démontrer l'égalité (A), différentions l'équation (3) par rapport à z_p en tenant compte des relations (1), il viendra

$$\frac{dZ_p}{dz_p} = \sum \left(\frac{dX_h}{dx_1} a_{1p} \alpha_{hp} + \frac{dX_h}{dx_2} a_{2p} \alpha_{hp} + \ldots + \frac{dX_h}{dx_h} a_{hp} \alpha_{hp} + \ldots \right);$$

Si l'on fait successivement dans cette équation

$$p = 1, 2, \ldots, n,$$

et qu'on ajoute les résultats membre à membre, en observant que l'expression

$$a_{h1} \alpha_{k1} + a_{h2} \alpha_{k2} + \ldots + a_{hn} \alpha_{kn}$$

est nulle pour k différent de h et égale à D pour $k = h$, on trouve la relation (A).

Si, au lieu de différentier l'équation (3) par rapport à z_p, on la différentie par rapport à l'une des variables x, x_q par exemple, on arrive à un résultat digne de remarque. On trouve en effet ainsi, en ayant égard aux relations (2), que la dérivée $\frac{\partial Z_p}{\partial x_q}$ se présente sous les deux formes

$$(4) \qquad \frac{\partial Z_p}{dx_q} = \frac{\partial Z_p}{\partial z_1} \alpha_{q1} + \frac{\partial Z_p}{\partial z_2} \alpha_{q2} + \ldots + \frac{\partial Z_p}{\partial z_n} \alpha_{qn}$$

$$(5) \qquad \frac{\partial Z_p}{\partial x_q} = \frac{\partial X_1}{\partial x_q} \alpha_{1p} + \frac{\partial X_2}{dz_q} \alpha_{2p} + \ldots + \frac{\partial X_n}{\partial x_q} \alpha_{n,p}.$$

Or, si l'on donne à p et à q toutes les valeurs entières de 1 à n, on pourra former le déterminant

$$\sum \pm \frac{\partial Z_1}{\partial x_1} \frac{\partial Z_2}{\partial x_2} \cdots \frac{\partial Z_n}{\partial x_n},$$

et l'équation (4) montre qu'il est égal au produit de $\sum \frac{\partial Z_1}{\partial z_1} \frac{\partial Z_2}{\partial z_2} \cdots \frac{\partial Z_n}{\partial z_n} = A$ par $\sum \pm \alpha_{11} \alpha_{22} \ldots \alpha_{nn}$; l'équation (5) prouvant aussi qu'il est égal à

$$\sum \pm \frac{\partial X_1}{\partial x_1} \frac{\partial X_2}{\partial x_2} \cdots \frac{\partial X_n}{\partial x_n} = B$$

multiplié par la même quantité, il en résulte $A = B$.

Si l'on applique ce résultat à l'expression

$$(X_1 - s x_1) \frac{\partial u}{\partial x_1} + (X_2 - s x_2) \frac{\partial u}{\partial x_2} + \ldots,$$

qui, par le changement de variable, devient

$$(Z_1 - s z_1) \frac{\partial u}{\partial z_1} + (Z_2 - s z_2) \frac{\partial u}{\partial z_2} + \ldots,$$

on voit que l'on aura, quel que soit s,

$$\begin{vmatrix} \frac{\partial X_1}{\partial x_1} - s & \frac{\partial X_1}{\partial x_2} & \cdots & \frac{\partial X_1}{\partial x_n} \\ \cdots\cdots & \cdots & \cdots & \cdots \\ \frac{\partial X_n}{\partial x_1} & \frac{\partial X_n}{\partial x_2} & \cdots & \frac{\partial X_n}{\partial x_n} - s \end{vmatrix} = \begin{vmatrix} \frac{\partial Z_1}{\partial z_1} - s & \cdots & \frac{\partial Z_1}{\partial z_n} \\ \cdots\cdots & \cdots & \cdots \\ \frac{\partial Z_n}{\partial z_1} & \cdots & \frac{\partial Z_n}{\partial z_n} - s \end{vmatrix};$$

les coefficients des diverses puissances de s seront égaux, et l'on aura en particulier, comme tout à l'heure,

$$\frac{\partial X_1}{\partial x_1} + \frac{\partial X_2}{\partial x_2} + \ldots + \frac{\partial X_n}{\partial x_n} = \frac{\partial Z_1}{\partial z_1} + \frac{\partial Z_2}{\partial z_2} + \ldots + \frac{\partial Z_n}{\partial z_n}.$$

714. L'équation proposée renfermant plus de deux variables indépendantes, la règle de la page 372 ne lui est pas applicable. Aussi croyons-nous utile, à cette occasion, d'indiquer une marche à suivre quand il s'agit d'intégrer des équations de la forme

$$(1) \qquad F(z, x_1, x_2, \ldots, x_n; p_1, p_2, \ldots, p_n) = 0,$$

où z est une fonction de n variables indépendantes x_1, $x_2, \ldots, x_n$ et où l'on a $p_h = \frac{\partial z}{\partial x_h}$, h recevant toutes les valeurs entières de 1 à n.

Dans le cas général, une fonction z de $x_1, x_2, \ldots, x_n$ qui satisfait à (1) et qui se réduit à une fonction arbitraire ζ de $x_1, x_2, \ldots, x_{n-1}$ quand on y donne à x_n une valeur déterminée ξ_n choisie à volonté est dite l'*intégrale générale* de (1).

Une *intégrale complète* de (1) est toute équation entre z et les x_h qui satisfait à (1) et renferme n constantes arbitraires.

Soit

$$(2) \qquad f(z, x_1, x_2, \ldots, x_n, a_1, a_2, \ldots, a_n) = 0,$$

une telle équation; on peut concevoir qu'on en déduise une solution de (1) renfermant une fonction arbitraire de $n-1$ variables et qui coïncide généralement avec l'intégrale générale. Pour cela, on y considère les arbitraires comme des variables et en y supposant a_n remplacée par la valeur

$$(3) \qquad a_n = \varphi(a_1, a_2, \ldots, a_{n-1}),$$

où φ désigne une fonction arbitraire. On en déduit les équations

$$(4) \qquad \frac{\partial f}{\partial a_1} = 0, \qquad \frac{\partial f}{\partial a_2} = 0, \qquad \ldots, \qquad \frac{\partial f}{\partial a_{n-1}} = 0.$$

L'intégrale générale s'obtiendrait en éliminant a_1,

$a_2, \ldots, a_{n-1}$ entre les équations (2) et (4), mais l'élimination n'est pas possible, à cause de la fonction arbitraire φ qui entre dans (2) et dont les dérivées partielles figurent dans (4). On conserve alors le système des équations (2) et (4) qui définit l'intégrale générale d'une manière suffisante.

La condition imposée à l'intégrale générale z de se réduire à une fonction arbitraire $\zeta = \theta(x_1, x_2, \ldots, x_{n-1})$ quand on donne à x_n la valeur déterminée quelconque ξ_n entraîne des conséquences dont il faut tenir compte.

Si l'on pose, en effet,

$$d\zeta = \varpi_1\,dx_1 + \varpi_2\,dx_2 + \ldots + \varpi_{n-1}\,dx_{n-1},$$

on devra avoir, pour $x_n = \xi_n$, non seulement $z = \zeta$, mais encore

$$p_1 = \varpi_1, \qquad p_2 = \varpi_2, \qquad \ldots, \qquad p_{n-1} = \varpi_{n-1}.$$

Outre les intégrales complètes et l'intégrale générale, l'équation (1) peut encore admettre une solution dite *intégrale singulière* qu'on obtient en éliminant les constantes arbitraires entre l'équation (2) et les équations

$$\frac{\partial f}{\partial a_1} = 0, \qquad \frac{\partial f}{\partial a_2} = 0, \qquad \ldots, \qquad \frac{\partial f}{\partial a_n} = 0.$$

La recherche des solutions de l'équation (1) revient donc, en définitive, à celle d'une intégrale complète.

Ce dernier problème est ramené lui-même à l'intégration d'un système d'équations simultanées

$$(5)\quad \left\{ \begin{aligned} \frac{dx_1}{P_1} = \frac{dx_2}{P_2} = \ldots = \frac{dx_n}{P_n} &= \frac{dz}{P_1 p_1 + P_2 p_2 + \ldots + P_n p_n} \\ &= \frac{-dp_1}{X_1 + Z p_1} = \frac{-dp_2}{X_2 + Z p_2} = \ldots = \frac{-dp_n}{X_n + Z p_n}, \end{aligned} \right.$$

où l'on a

$$Z = \frac{\partial F}{\partial z}, \qquad X_h = \frac{\partial F}{\partial x_h}, \qquad P_h = \frac{\partial F}{\partial p_h},$$

h prenant toutes les valeurs entières de 1 à n.

Il importe de remarquer que l'équation (1) peut tenir lieu de l'une des équations de la formule (5).

Supposons ces équations (5) intégrées et que l'on ait déterminé les constantes arbitraires de manière qu'on ait, pour $x_n = \xi_n$,

$$z = \zeta, \qquad x_h = \xi_h, \qquad p_h = \varpi_h,$$

et soient alors

$$(6)\quad \begin{cases} z = \varphi\,(x_n, \xi_1, \ldots, \xi_{n-1}, \zeta, \varpi_1, \ldots, \varpi_n), \\ x_1 = \varphi_1(x_n, \xi_1, \ldots, \xi_{n-1}, \zeta, \varpi_1, \ldots, \varpi_n), \\ \ldots\ldots\ldots\ldots\ldots\ldots\ldots\ldots\ldots, \\ x_{n-1} = \varphi_{n-1}(x_n, \xi_1, \ldots, \xi_{n-1}, \zeta, \varpi_1, \ldots, \varpi_n), \end{cases}$$

$$(7)\quad \begin{cases} p_1 = \psi_1(x_n, \xi_1, \ldots, \xi_{n-1}, \zeta, \varpi_1, \ldots, \varpi_n), \\ \ldots\ldots\ldots\ldots\ldots\ldots\ldots\ldots\ldots, \\ p_n = \psi_n(x_n, \xi_1, \ldots, \xi_{n-1}, \zeta, \varpi_1, \ldots, \varpi_n) \end{cases}$$

les intégrales résolues par rapport à z, x_1, ..., x_{n-1}, p_1, ..., p_n.

L'intégrale générale de (1) sera le résultat de l'élimination de ζ, ξ_1, ..., ξ_{n-1}, ϖ, ..., ϖ_n, entre les n équations (6) et les $n+1$ équations

$$F(\zeta, \xi_1, \ldots, \xi_{n-1}, \varpi_1, \varpi_2, \ldots, \varpi_n) = 0,$$
$$\zeta = \theta(\xi_1, \xi_2, \ldots, \xi_{n-1}),$$
$$\varpi_1 = \frac{\partial\theta}{\partial\xi_1}, \qquad \varpi_2 = \frac{\partial\theta}{\partial\xi_2}, \qquad \ldots, \qquad \varpi_{n-1} = \frac{\partial\theta}{\partial\xi_{n-1}},$$

mais l'élimination ne sera possible, en général, que quand on aura fixé la fonction arbitraire θ. (*Voir*, pour la théorie, le *Calcul intégral* de M. Serret, d'où ce qui précède est un extrait à peu près textuel.)

Revenons maintenant à l'équation proposée.

Pour intégrer cette équation, qui peut être considérée comme la généralisation de celle de Clairaut, il n'y a pas besoin de recourir aux méthodes générales; posant

$\frac{\partial z}{\partial x_1} = p_1, \frac{\partial z}{\partial x_2} = p_2, \ldots,$ elle devient

$$z = p_1 x_1 + p_2 x_2 + \ldots + p_n x_n + f(p_1, p_2, \ldots, p_n)$$

et

(1) $$z = a_1 x_1 + a_2 x_2 + \ldots + a_n x_n + f(a_1, a_2, \ldots, a_n),$$

$a_1, a_2, \ldots, a_n$ désignant des constantes, en est une intégrale complète. L'intégrale générale s'obtiendra en posant $a_n = \varphi(a_1, a_2, \ldots, a_{n-1})$ et en éliminant $a_1, a_2, \ldots, a_{n-1}$ entre l'équation (1) et ses dérivées relatives à $a_1, a_2, \ldots, a_{n-1}$; indépendamment de l'intégrale générale, il existera encore des intégrales singulières que l'on obtiendra par les procédés connus.

715. Pour intégrer cette équation, posons $p_h = \frac{\partial z}{\partial x_h}$, elle deviendra

(1) $$p_1^2 x_1^2 + p_2^2 x_2^2 + \ldots + p_n^2 x_n^2 = 1.$$

Pour intégrer cette équation, on formera les équations

(2) $$\left\{\begin{aligned} &-\frac{dp_1}{x_1 p_1^2} = -\frac{dp_2}{x_2 p_2^2} = \ldots \\ &\qquad = \frac{dx_1}{p_1 x_1^2} = \frac{dx_2}{p_2 x_2^2} = \ldots = \frac{dz}{p_1^2 x_1^2 + \ldots + p_n^2 x_n^2}. \end{aligned}\right.$$

Ces équations, auxquelles on doit adjoindre (1), sont surabondantes. Intégrons-les en prenant $p_1 = \varpi_1, p_2 = \varpi_2, \ldots; x_1 = \xi_1, x_2 = \xi_2, \ldots; z = \zeta$ pour $x_n = \xi_n$, on trouve

$$p_1\,dx_1 + x_1\,dp_1 = 0, \qquad \ldots,$$

d'où l'on tire

(3) $$\left\{\begin{aligned} p_1 x_1 &= \varpi_1 \xi_1, \\ p_2 x_2 &= \varpi_2 \xi_2, \\ &\ldots\ldots\ldots\ldots, \\ p_n x_n &= \varpi_n \xi_n; \end{aligned}\right.$$

on a ensuite

$$dz = \frac{dx_1}{x_1 \varpi_1 \xi_1} = \frac{dx_2}{x_2 \varpi_2 \xi_2} = \ldots,$$

ce qui donne

$$(4) \quad \left\{ \begin{aligned} z - \zeta &= \frac{1}{\varpi_1 \xi_1} \log \frac{x_1}{\xi_1} \\ &= \frac{1}{\varpi_2 \xi_2} \log \frac{x_2}{\xi_2} = \ldots = \frac{1}{\varpi_n \xi_n} \log \frac{x_n}{\xi_n}, \end{aligned} \right.$$

et à ces formules (3) et (4) il faut joindre

$$(5) \qquad \varpi_1^2 \xi_1^2 + \varpi_2^2 \xi_2^2 + \ldots + \varpi_n^2 \xi_n^2 = 1,$$

qui servira à définir ϖ_n et à l'éliminer. Cela posé, pour avoir l'intégrale générale de (1), ou la valeur de z qui se réduit à la fonction arbitraire $\theta(x_1, x_2, \ldots, x_{n-1})$ pour $x_n = \xi_n$, on éliminera les p, les ϖ, les ξ et ζ entre (1), (3), (4), (5) et

$$(6) \quad \left\{ \begin{aligned} &\zeta = \theta(\xi_1, \ldots, \xi_{n-1}), \\ &\varpi_1 = \frac{\partial \theta}{\partial \xi_1}, \quad \ldots, \quad \varpi_{n-1} = \frac{\partial \theta}{\partial \xi_{n-1}}. \end{aligned} \right.$$

On peut aussi obtenir une intégrale complète en éliminant les p et les ϖ entre (1), (3), (4), (5), ce qui donne

$$(z - \zeta)^2 = \log^2 \frac{x_1}{\xi_1} + \log^2 \frac{x_2}{\xi_2} + \ldots + \log^2 \frac{x_n}{\xi_n},$$

et en déduire toutes les autres intégrales.

716. Soit z une fonction de $x_1, x_2, \ldots, x_n$; si l'on pose $\frac{\partial z}{\partial x_h} = p_h$, la condition pour que le hessien (p. 95) de z soit nul s'exprime par l'équation

$$\begin{vmatrix} \frac{\partial p_1}{\partial x_1} & \frac{\partial p_1}{\partial x_2} & \cdots & \frac{\partial p_1}{\partial x_n} \\ \frac{\partial p_2}{\partial x_1} & \frac{\partial p_2}{\partial x_2} & \cdots & \frac{\partial p_2}{\partial x_n} \\ \cdots & \cdots & \cdots & \cdots \\ \frac{\partial p_n}{\partial x_1} & \frac{\partial p_n}{\partial x_2} & \cdots & \frac{\partial p_n}{\partial x_n} \end{vmatrix} = 0;$$

le jacobien (p. 98) des fonctions $p_1, p_2, \ldots, p_n$ est donc nul et il existe entre elles une relation

$$F(p_1, p_2, \ldots, p_n) = 0, \tag{1}$$

F désignant une fonction déterminée. Pour intégrer cette équation du premier ordre, il faudra (n° 714) former les équations ordinaires

$$(2)\quad \left\{\begin{aligned} &-\frac{dx_1}{\left(\frac{\partial F}{\partial p_1}\right)} = -\frac{dx_2}{\left(\frac{\partial F}{\partial p_2}\right)} = \ldots \\ &= \frac{dp_1}{0} = \frac{dp_2}{0} = \ldots = \frac{-dz}{p_1 \frac{\partial F}{\partial p_1} + \ldots + p_n \frac{\partial F}{\partial p_n}}. \end{aligned}\right.$$

Si l'on désigne alors par $\xi_1, \xi_2, \ldots, \varpi_1, \varpi_2, \ldots, \zeta$ les valeurs de $x_1, x_2, \ldots, p_1, p_2, \ldots, z$ pour $x_n = \xi_n$, on aura les intégrales

$$p_1 = \varpi_1, \qquad p_2 = \varpi_2, \qquad \ldots, \tag{3}$$

$$\frac{x_1 - \xi_1}{\frac{\partial F}{\partial \varpi_1}} = \frac{x_2 - \xi_2}{\frac{\partial F}{\partial \varpi_2}} = \ldots = \frac{z - \zeta}{\varpi_1 \frac{\partial F}{\partial \varpi_1} + \ldots + \varpi_n \frac{\partial F}{\partial \varpi_n}}, \tag{4}$$

avec la condition

$$F(\varpi_1, \varpi_2, \ldots, \varpi_n) = 0. \tag{5}$$

Pour avoir l'intégrale générale de (1), on désignera par $\theta(x_1, x_2, \ldots, x_{n-1})$ une fonction arbitraire de $x_1, x_2, \ldots, x_{n-1}$, et on éliminera les p, les ϖ, les ξ et ζ entre (3), (4), (5), (1) et

$$\zeta = \theta(\xi_1, \xi_2, \ldots, \xi_{n-1}),$$

$$\varpi_1 = \frac{\partial \theta}{\partial \xi_1}, \qquad \ldots, \qquad \varpi_{n-1} = \frac{\partial \theta}{\partial \xi_{n-1}}.$$

On peut donc dire que (4) et (5) donnent la réponse à la question, si l'on suppose que, dans ces formules, ϖ_n est donné par (5) et que ζ, ϖ_1, ϖ_2, ... y représentent une fonction arbitraire de $\xi_1, \ldots, \xi_{n-1}$ et ses dérivées.

Autrement, considérons la fonction

$$z = a_1 x_1 + a_2 x_2 + \ldots + a_n x_n + a_{n+1},$$

$a_1, a_2, \ldots, a_n$ désignant des constantes liées entre elles par la relation

$$F(a_1, a_2, \ldots, a_n) = 0,$$

et a_{n+1} une fonction arbitraire $\varphi(a_1, a_2, \ldots, a_{n-1})$. Il est clair que l'on aura

$$\frac{\partial z}{\partial x_1} = a_1, \qquad \frac{\partial z}{\partial x_2} = a_2, \qquad \ldots,$$

et que $a_1 x_1 + a_2 x_2 + \ldots + a_n x_n + a_{n+1}$ est une intégrale complète de (1) : donc l'intégrale générale de (1) s'obtiendra en éliminant a_1, a_2, ... entre les équations

$$z = a_1 x_1 + a_2 x_2 + \ldots + a_n x_n + \varphi(a_1, a_2, \ldots, a_{n-1}),$$

$$0 = x_1 + \frac{\partial \varphi}{\partial a_1} - x_n \frac{\partial F}{\partial a_1} : \frac{\partial F}{\partial a_n},$$

$$0 = x_2 + \frac{\partial \varphi}{\partial a_2} - x_n \frac{\partial F}{\partial a_2} : \frac{\partial F}{\partial a_n},$$

$$\ldots\ldots\ldots\ldots\ldots\ldots\ldots\ldots,$$

$$F(a_1, a_2, \ldots, a_n) = 0.$$

717. Pour intégrer cette équation, nous poserons

$$\frac{\partial f}{\partial x} = p, \qquad \frac{\partial f}{\partial y} = q, \qquad \frac{\partial f}{\partial z} = r;$$

elle deviendra alors

$$(1) \qquad p^2 + q^2 + r^2 - f = 0;$$

nous formerons ensuite les équations différentielles ordinaires

$$(2) \quad \left\{ \begin{aligned} &\frac{dp}{-p} = \frac{dq}{-q} = \frac{dr}{-r} \\ &\quad = \frac{-dx}{2p} = \frac{-dy}{2q} = \frac{-dz}{2r} = \frac{-df}{2p^2 + 2q^2 + 2r^2}, \end{aligned} \right.$$

auxquelles nous adjoindrons (1); leurs intégrales sont, en appelant $x_0, y_0, z_0, p_0, q_0, r_0, f_0$ les valeurs initiales des variables,

$$p = p_0 + \tfrac{1}{2}(x - x_0),$$
$$q = q_0 + \tfrac{1}{2}(y - y_0),$$
$$r = r_0 + \tfrac{1}{2}(z - z_0),$$
$$\frac{p}{p_0} = \frac{q}{q_0} = \frac{r}{r_0},$$
$$f_0 = p_0^2 + q_0^2 + r_0^2,$$
$$f = p^2 + q^2 + r^2.$$

Nous obtiendrons une intégrale complète en éliminant p, q, r, p_0, q_0, r_0. Cette intégrale est

$$(3) \qquad 4\left(\sqrt{f} - \sqrt{f_0}\right)^2 = (x - x_0)^2 + (y - y_0)^2 + (z - z_0)^2.$$

Pour obtenir l'intégrale générale, on pose, ϖ désignant une fonction arbitraire,

$$(4) \qquad f_0 = \varpi(x_0, y_0, z_0);$$

on élimine ensuite x_0, y_0, z_0 entre (3), (4) et les équations

$$k\frac{\partial\varpi}{\partial x_0} = x - x_0, \qquad k\frac{\partial\varpi}{\partial y_0} = y - y_0, \qquad k\frac{\partial\varpi}{\partial z_0} = z - z_0,$$

où, pour abréger, on a fait

$$k = 2\left(\sqrt{\frac{f}{f_0}} - 1\right),$$

que l'on peut écrire

$$\frac{x - x_0}{\left(\dfrac{\partial\varpi}{\partial x_0}\right)} = \frac{y - y_0}{\left(\dfrac{\partial\varpi}{\partial y_0}\right)} = \frac{z - z_0}{\left(\dfrac{\partial\varpi}{\partial z_0}\right)}.$$

Je suppose que l'on égale f à une constante a; on obtiendra une surface qui sera une enveloppe de sphère de rayon constant et dont le centre sera assujetti à décrire une surface $\varpi(x_0, y_0, z_0) = 0$. La surface $f = a$ sera donc l'équation d'une surface parallèle à $\varpi = 0$.

718. Pour intégrer les équations

$$dx = x\,du + y\,dv,$$
$$dy = y\,du + x\,dv,$$

qui satisfont d'ailleurs à la condition d'intégrabilité complète, on intégrera d'abord

$$\frac{dx}{du} = x, \qquad \frac{dy}{du} = y,$$

et l'on aura

$$x = x_0 e^{u-u_0}, \qquad y = y_0 e^{u-u_0};$$

puis on déterminera x_0 et y_0 au moyen des formules

$$dx_0 = y_0\,dv, \qquad dy_0 = x_0\,dv,$$

d'où l'on tire

$$x_0 = ae^v + be^{-v}, \qquad y_0 = ae^v - be^{-v},$$

a et b désignant deux constantes arbitraires. On en conclut

$$x = e^{u-u_0}(ae^v + be^{-v}),$$
$$y = e^{u-u_0}(ae^v - be^{-v}).$$

719. Il est facile de s'assurer que l'équation proposée est intégrable. Pour l'intégrer, on fera $dz = 0$, et l'on aura

$$(y^2 + yz)\,dx + (x^2 + xz)\,dy = 0,$$

que l'on peut écrire

$$\frac{dx}{x^2 + xz} + \frac{dy}{y^2 + yz} = 0;$$

l'intégration donne

$$\log \frac{x}{x+z}\,\frac{x_0 + z}{x_0} + \log \frac{y}{y+z}\,\frac{y_0 + z}{y_0} = 0$$

ou bien

$$(1)\qquad \frac{xy}{(x+y+z)} = \frac{x_0 y_0}{(x_0+y_0+z)},$$

x_0 et y_0 désignant les valeurs initiales de x et y.

Pour déterminer x_0, on a ensuite

$$(y_0^2 + y_0 z)\,dx_0 - x_0 y_0\,dz = 0$$

ou

$$(y_0 + z)\,dx_0 - x_0\,dz = 0,$$

d'où l'on tire

$$\log\frac{x_0}{x_{00}} = \log\frac{y_0+z}{y_0+z_0},$$

et, par suite,

$$x_0 = x_{00}\frac{y_0+z}{y_0+z_0};$$

cette valeur de x_0 portée dans (1) conduit à la relation

$$\frac{xy}{x+y+z} = \frac{x_{00}}{x_{00}+y_0+z_0},$$

intégrale de l'équation proposée.

720. L'équation

$$(z^2 - yx)\,dx + (x^2 - zy)\,dy + (y^2 - xz)\,dz = 0$$

présente des difficultés quand on veut lui appliquer la méthode générale; mais, si l'on observe qu'on a identiquement

$$Xx + Yy + Zz = 0,$$

on en déduit la double égalité

$$(2)\qquad \frac{y\,dz - z\,dy}{z^2 - xy} = \frac{z\,dx - x\,dz}{x^2 - yz} = \frac{x\,dy - y\,dx}{y^2 - xz},$$

et l'on voit que, en prenant pour variables les rapports de deux quelconques des quantités x, y, z à la troisième, on est ramené à l'intégration d'une équation différentielle à deux variables. Posant donc $\frac{x}{z} = u$, $\frac{y}{z} = v$, et faisant ensuite $\frac{dv}{du} = p$, on trouve l'équation

$$(u^2 - v)p + (1 - uv) = 0.$$

En la différentiant, on en tire celle-ci

$$\frac{dp}{p^3 + 1} = \frac{du}{u^3 - 1},$$

dont l'intégrale peut s'écrire

$$(3) \quad (p + 1)(p + \alpha)^{\alpha}(p + \alpha')^{\alpha'} = C(u - 1)(u - \alpha)^{\alpha}(u - \alpha')^{\alpha'},$$

α et α' désignant les racines cubiques imaginaires de l'unité. Comme on a d'ailleurs $p = -\frac{X}{Y}$, $u = \frac{x}{z}$, en substituant ces valeurs dans (3) et supprimant les facteurs communs, on obtient pour l'intégrale cherchée,

$$(x + y + z)(x + \alpha' y + \alpha z)^{\alpha}(x + \alpha y + \alpha' z)^{\alpha'} = C.$$

On en pourrait chasser les imaginaires, mais le calcul est sans difficulté et sans intérêt.

Revenant à la relation (2), on reconnaît facilement que la valeur commune des rapports qu'elle contient est égale à

$$-\frac{X\,dy + Y\,dz + Z\,dx}{Xz + Yx + Zy};$$

comme on sait d'ailleurs que la différentielle à deux variables $M\,dx + N\,dy$ admet $\frac{1}{Mx + Ny}$ pour facteur intégrant, l'analogie porte à examiner si l'expression

$$\frac{1}{Xz + Yx + Zy}$$

ne jouirait pas de la même propriété à l'égard de

$$X\,dy + Y\,dz + Z\,dx.$$

Pour simplifier le calcul, posons

$$Xz + Yx + Zy = x^3 + y^3 + z^3 - 3xyz = \varphi;$$

d'où résulte

$$\frac{\partial\varphi}{\partial x} = 3Y, \qquad \frac{\partial\varphi}{\partial y} = 3Z, \qquad \frac{\partial\varphi}{\partial z} = 3X,$$

et l'on trouve que les conditions d'intégrabilité reviennent ici à l'existence des équations

$$(4) \qquad \varphi = \frac{Y^2 - ZX}{x} = \frac{Z^2 - XY}{y} = \frac{X^2 - YZ}{z},$$

dont la vérification est immédiate.

On constate que c'est aux mêmes équations (4) que doit satisfaire $\frac{1}{\varphi}$ pour être un facteur intégrant du premier membre de l'équation (1), et il l'est évidemment aussi de la différentielle

$$X\,dz + Y\,dx + Z\,dy = d\varphi.$$

On peut noter l'identité suivante

$$X^3 + Y^3 + Z^3 - 3XYZ = (x^3 + y^3 + z^3 - 3xyz)^2,$$

conséquence immédiate des relations (4).

L'existence d'un facteur intégrant commun aux trois différentielles considérées se rattache aux propriétés des fonctions de la forme

$$f(x + \alpha y + \alpha' z) = P + Q\alpha + R\alpha',$$

qui sont elles-mêmes un cas très particulier d'une théorie générale exposée dans un intéressant Mémoire de M. Laurent *Sur les Équivalences algébriques et l'Élimination*. (*Nouvelles Annales de Mathématiques;* septembre et octobre 1886.)

721. La composition de D conduit à introduire ici deux expressions de la forme $\lambda\varphi + \mu\psi$, $\lambda'\varphi + \mu'\psi$, et l'on conçoit qu'en prenant pour λ, μ, λ', μ' des fonctions entières convenables, on puisse égaler ces expressions à d'autres fonctions entières données quelconques. En conséquence, nous poserons

$$(2) \qquad \begin{cases} \lambda\varphi + \mu\psi = R, \\ \lambda'\varphi + \mu'\psi = S, \end{cases}$$

et il importe de remarquer que le déterminant

$$\Delta = \lambda\mu' - \mu\lambda'$$

est nul pour les systèmes de valeurs de x et y qui annulent R et S sans annuler à la fois φ et ψ. Or, si l'on différentie (2), on a

$$\lambda\frac{\partial\varphi}{\partial x} + \mu\frac{\partial\psi}{\partial x} + \varphi\frac{\partial\lambda}{\partial x} + \psi\frac{\partial\mu}{\partial x} = R',$$

$$\lambda\frac{\partial\varphi}{\partial y} + \mu\frac{\partial\psi}{\partial y} + \varphi\frac{\partial\lambda}{\partial y} + \psi\frac{\partial\mu}{\partial y} = 0,$$

$$\ldots\ldots\ldots\ldots\ldots\ldots\ldots\ldots\ldots,$$

ou, en supposant que x et y soient solutions de (1),

$$\lambda\frac{\partial\varphi}{\partial x} + \mu\frac{\partial\psi}{\partial x} = R', \qquad \lambda'\frac{\partial\varphi}{\partial x} + \mu'\frac{\partial\psi}{\partial x} = 0,$$

$$\lambda\frac{\partial\varphi}{\partial y} + \mu\frac{\partial\psi}{\partial y} = 0, \qquad \lambda'\frac{\partial\varphi}{\partial y} + \mu'\frac{\partial\psi}{\partial y} = S',$$

d'où l'on tire, pour les valeurs de x qui satisfont à (1),

$$(3) \qquad R'S' = D\Delta;$$

or, si l'on développe $\frac{F(x)}{R(x)}$ suivant les puissances décroissantes de x, on sait que le coefficient de $\frac{1}{x}$ dans le résultat est $\sum\frac{F(x_p)}{R'(x_p)}$, x_p désignant une racine de $R(x) = 0$; donc le coefficient de $\frac{1}{xy}$ dans le développement de $\frac{F(x, y)}{R(x)S(y)}$ sera $\sum \frac{F(x_p, y_q)}{R'(x_p)S'(y_q)}$, y_q désignant une racine de $S(y) = 0$.

Il en résulte que $\sum \frac{\Delta(x_p, y_q)\, F(x_p, y_q)}{R'(x_p)\, S'(y_q)}$ sera le coefficient de $\frac{1}{xy}$ dans

$$\frac{F(x, y)\,\Delta(x, y)}{R(x)\,S(y)}; \tag{4}$$

mais $\Delta(x_p, y_q)$ est nul, excepté pour $p = q$, d'après ce que nous avons vu ; donc la fonction symétrique

$$\sum \frac{\Delta(x_i, y_i)\, F(x_i, y_i)}{R'(x_i)\, S'(y_i)},$$

est le coefficient de $\frac{1}{xy}$ dans le développement de l'expression (4); en vertu de (3) cette fonction symétrique est égale à

$$\sum \frac{F(x_p, y_p)}{D(x_p, y_p)}, \tag{5}$$

ce qu'il fallait démontrer.

Supposons φ de degré m, ψ de degré n, le plus petit de ces nombres n'étant pas inférieur à 3, les degrés de λ, μ, λ', μ' seront $mn - m$, $mn - n$, $mn - m$, $mn - n$, le degré de Δ sera $2mn - m - n$, celui de D, $m + n - 2$. Si donc le degré de F est au plus $m + n - 3$, c'est-à-dire si F est de degré moindre que D, le numérateur de la fraction (4) sera de degré

$$m + n - 3 + 2mn - m - n$$

ou $2mn - 3$, le dénominateur de degré $2mn$ et le coefficient de $\frac{1}{xy}$ sera nul dans le développement de (4); donc,

Si F est de degré inférieur à D la fonction symétrique

$$\sum \frac{F(x_p, y_p)}{D(x_p, y_p)}$$

des solutions de $\varphi(x, y) = 0$, $\psi(x, y) = 0$ *sera nulle.*

Si le plus petit des nombres m et n était inférieur à 3, les relations (2) pourraient n'être satisfaites qu'en donnant aux multiplicateurs des degrés supérieurs à $mn - m$ et $mn - n$, mais la conséquence précédente n'en subsisterait pas moins.

722. Si l'on pose, pour abréger,

$$\varphi_1 = \frac{\partial \varphi}{\partial x}, \qquad \varphi_2 = \frac{\partial \varphi}{\partial y}, \qquad \psi_1 = \frac{\partial \psi}{\partial x}, \qquad \psi_2 = \frac{\partial \psi}{\partial y},$$

et qu'on différentie les équations proposées en désignant par $\delta\psi$ la différentielle de ψ prise par rapport à ses coefficients sans faire varier x et y, on voit que les points x_p, y_p satisfont aux formules

$$\varphi_1\, dx + \varphi_2\, dy = 0,$$
$$\psi_1\, dx + \psi_2\, dy + \delta\psi = 0,$$

d'où, en éliminant dy,

$$(\varphi_1 \psi_2 - \varphi_2 \psi_1)\, dx = \delta\psi . \varphi_2,$$

et, par suite,

$$\frac{F(x, y)\, dx}{\varphi_2(x, y)} = \frac{\delta\psi\, F(x, y)}{\varphi_1 \psi_2 - \psi_1 \varphi_2}.$$

Si dans cette formule on fait $x = x_1, x_2, \ldots$ et si l'on ajoute les résultats en supposant F de degré $m - 3$, on aura, en vertu du théorème du numéro précédent,

$$\sum \frac{F(x_p, y_p)\, dx_p}{\varphi_2(x_p, y_p)} = 0.$$

L'idée première de ce théorème est due à Abel, la démonstration précédente est de Clebsch. Cauchy et d'autres géomètres ont donné des formes un peu différentes au théorème d'Abel (*Comptes rendus*, mai 1841).

723. Coupons la courbe

$$(1)\qquad y^2 = (1 - x^2)(1 - k^2 x^2)$$

par la parabole

$$y = 1 + \beta x + \alpha x^2$$

qui la rencontre en trois points variables avec α et β dont nous appellerons les coordonnées $(x_1, y_1)(x_2, y_2), (x_3, y_3)$ et au point fixe $x = 0$, $y = 1$. La fonction φ du numéro précédent étant ici $y^2 - (1 - x^2)(1 - k^2 x^2)$, on a $\varphi_2 = 2y$, et le théorème d'Abel donnera

$$\frac{dx_1}{y_1} + \frac{dx_2}{y^2} + \frac{dx_3}{y_3} = 0,$$

ou

$$(2)\qquad \left\{ \begin{aligned} &\frac{dx_1}{\sqrt{(1 - x_1^2)(1 - k^2 x_1^2)}} + \frac{dx_2}{\sqrt{1 - x_2^2)(1 - k^2 x_2^2)}} \\ &\qquad + \frac{dx_3}{\sqrt{(1 - x_3^2)(1 - k_2 x_3^2)}} = 0; \end{aligned} \right.$$

or x_1, x_2, x_3 sont les racines de l'équation

$$(1 - x^2)(1 - k^2 x^2) = (1 + \beta x + \alpha x^2)^2,$$

dont on a supprimé la racine $x = 0$, soit

$$x^3(k^2 - \alpha^2) - 2\alpha\beta x^2 - (1 + k^2 + 2\alpha + \beta^2)x - 2\beta = 0.$$

On en conclut

$$x_1 + x_2 + x_3 = \frac{2\alpha\beta}{k^2 - \alpha^2},$$

$$x_1 x_2 x_3 = \frac{2\beta}{k^2 - \alpha^2},$$

et par suite

$$(3)\qquad \alpha = \frac{x_1 + x_2 + x_3}{x_1 x_2 x_3}.$$

On a, d'autre part,

$$y_1 = 1 + \beta x_1 + \alpha x_1^2, \qquad y_2 = 1 + \beta x_2 + \alpha x_2^2,$$

d'où l'on tire

$$x_2 y_1 - x_1 y_2 = (x_2 - x_1)(1 - \alpha x_1 x_2),$$

et, en remplaçant α par sa valeur (3),

$$(4) \qquad x_3 = \frac{x_1^2 - x_2^2}{x_2 y_1 - x_1 y_2}.$$

Cette formule est une conséquence de (2); or, si l'on pose $x_1 = \operatorname{sn} a$, $x_2 = \operatorname{sn} b$, $x_3 = \operatorname{sn} c$, (2) devient

$$da + db + dc = 0$$

ou

$$(5) \qquad a + b = C - c,$$

C désignant une constante. Mais (4) donne

$$\operatorname{sn} c = \frac{\operatorname{sn}^2 a - \operatorname{sn}^2 b}{\operatorname{sn} b \operatorname{sn}' a - \operatorname{sn} a \operatorname{sn}' b},$$

et $\operatorname{sn} c$ s'annulant pour $a = -b$, c s'annule aussi, et l'on a $C = 0$ et $c = -(a+b)$; de là résulte la relation

$$\operatorname{sn}(a+b) = \frac{\operatorname{sn}^2 b - \operatorname{sn}^2 a}{\operatorname{sn} b \operatorname{sn}' a - \operatorname{sn} a \operatorname{sn}' b},$$

et l'on retrouve la formule connue en multipliant le second membre haut et bas par $\operatorname{sn} b \operatorname{sn}' a + \operatorname{sn} a \operatorname{sn}' b$ et observant que $\operatorname{sn}' a = \operatorname{cn} a \operatorname{dn} a$.

724. Pour trouver l'aire d'une courbe du troisième degré, nous montrerons d'abord que les coordonnées x, y d'un point quelconque peuvent s'exprimer au moyen des transcendantes elliptiques. A cet effet, plaçons l'origine des coordonnées sur la courbe; son équation prendra la forme

$$\varphi_3+\varphi_2+\varphi_1=0,$$

φ_3, φ_2, φ_1 désignant des polynômes homogènes de degrés 3, 2, 1, en sorte que, si l'on pose

$$y=tx,$$

l'équation précédente pourra s'écrire

$$x^2\psi_3(t)+x\psi_2(t)+\psi_1(t)=0,$$

ψ_3, ψ_2, ψ_1 désignant des polynômes entiers en t de degrés 3, 2, 1; on en conclura

$$x=\frac{-\psi_2\pm\sqrt{\psi_2^2-4\psi_1\psi_3}}{2\psi_3}.$$

Ainsi on peut exprimer x rationnellement en fonction de t et d'un radical $\sqrt{T}$, où T est du quatrième degré en t, par suite $y=tx$ est de la même forme.

Pour introduire les fonctions elliptiques dans l'expression de x et de y, nous poserons

$$\psi_2^2-4\psi_1\psi_3=at^4+bt^3+ct^2+dt+e,$$

puis nous ferons la substitution

$$t=\frac{\lambda s+\mu}{\lambda' s+\mu'},$$

s désignant une nouvelle variable et λ, μ, λ', μ' des constantes; ψ_1, ψ_2, ψ_3 se changeront en des fonctions rationnelles de s, et l'on aura

$$\begin{aligned}&at^4+bt^3+ct^2+dt+e\\&=\frac{1}{(\lambda' s+\mu')^4}(As^4+Bs^3+Cs^2+Ds+E),\end{aligned}$$

A, B, C, D, E désignant de nouvelles constantes; on sait que l'on peut choisir λ, μ, λ', μ' de manière à faire évanouir B et D, en sorte que l'on pourra poser

$$x = f(s) + g(s)\sqrt{\pm(1 \pm p^2 s^2)(1 \pm q^2 s^2)},$$

$f(s)$ et $g(s)$ étant des fonctions rationnelles et p, q des constantes. y sera de la même forme et contiendra le même radical; il ne diffère de x que par un facteur rationnel. En posant alors, suivant les cas, ps ou qs égal à l'une des fonctions $\operatorname{sn} u$, $\operatorname{cn} u$, $\operatorname{dn} u$, $\operatorname{tn} u$, $\frac{\operatorname{sn} u}{\operatorname{dn} u}$, $\frac{\operatorname{cn} u}{\operatorname{dn} u}$ ou à leurs inverses (p. 467), on aura x et y sous forme rationnelle en $\operatorname{sn} u$, $\operatorname{cn} u$, $\operatorname{dn} u$.

La différentielle $y\,dx$ de l'aire de la courbe pourra donc s'intégrer au moyen des fonctions elliptiques.

725. L'hyperboloïde à une nappe

$$\frac{x^2}{a^2} + \frac{y^2}{b^2} - \frac{z^2}{c^2} = 1$$

peut être représenté par l'ensemble des deux équations

$$(1)\quad \begin{cases} \dfrac{x}{a} = \cos\varphi - \dfrac{z}{c}\sin\varphi, \\ \dfrac{y}{b} = \sin\varphi + \dfrac{z}{c}\cos\varphi, \end{cases}$$

ou encore

$$(2)\quad \begin{cases} \dfrac{x}{a} = \cos\psi + \dfrac{z}{c}\sin\psi, \\ \dfrac{y}{b} = \sin\psi - \dfrac{z}{c}\cos\psi. \end{cases}$$

Ces équations (1) et (2), qui n'en forment en réalité que trois distinctes, représentent des génératrices passant l'une au point $x = a\cos\varphi$, $y = b\sin\varphi$, $z = 0$, et l'autre au point $x = a\cos\psi$, $y = b\sin\psi$, $z = 0$; elles sont d'ailleurs de systèmes différents. Par leur rencontre elles déterminent un point (x, y, z) dont les coordonnées s'expriment en φ et ψ par les formules

$$x = a\frac{\sin(\varphi+\psi)}{\sin\varphi+\sin\psi} = a\frac{\cos\frac{\varphi+\psi}{2}}{\cos\frac{\varphi-\psi}{2}},$$

$$y = b\frac{\sin(\varphi+\psi)}{\cos\varphi+\cos\psi} = b\frac{\sin\frac{\varphi+\psi}{2}}{\cos\frac{\varphi-\psi}{2}},$$

$$z = -c\frac{\sin\varphi-\sin\psi}{\cos\psi+\cos\varphi} = -c\frac{\sin\frac{\varphi-\psi}{2}}{\cos\frac{\varphi-\psi}{2}}.$$

Or, si l'on observe que l'on doit avoir, en appelant s l'arc de courbe tracé sur l'hyperboloïde,

$$\frac{\partial s}{\partial\varphi}\,d\varphi = \pm\frac{\partial s}{\partial\psi}\,d\psi,$$

ou

$$\pm\sqrt{\left(\frac{\partial x}{\partial\varphi}\right)^2+\left(\frac{\partial y}{\partial\varphi}\right)^2+\left(\frac{\partial z}{\partial\varphi}\right)^2}\,d\varphi = \sqrt{\left(\frac{\partial x}{\partial\psi}\right)^2+\left(\frac{\partial y}{\partial\psi}\right)^2+\left(\frac{dz}{\partial\psi}\right)^2}\,d\psi,$$

cette équation représentera, à l'aide des coordonnées φ, ψ, l'équation des lignes de courbure; en remplaçant dans cette équation les dérivées partielles par leurs valeurs, on trouve

$$\pm\sqrt{1-k^2\sin^2\psi}\,d\varphi = \sqrt{1-k^2\sin^2\varphi}\,d\psi,$$

formule où

$$k^2 = \frac{b^2-a^2}{c^2+b^2}.$$

L'équation des lignes de courbure est donc l'équation d'Euler, ou sous forme finie

$$\cos\mu = \cos\varphi\cos\psi \pm \sin\varphi\sin\psi\sqrt{1-k^2\sin^2\mu}.$$

En remplaçant dans cette équation $\sin\varphi_1$, $\cos\varphi_1$, $\sin\psi_1$, $\cos\psi_1$ par leurs valeurs tirées des équations (1), on trouve, pour la projection des lignes de courbure sur le plan des xy,

$$\left(\frac{x^2}{a^2}+\frac{y^2}{b^2}\right)\cos\mu=\left(1-\frac{y^2}{b^2}\right)\pm\left(1-\frac{x^2}{a^2}\right)\sqrt{1-k^2\sin^2\mu}.$$

Au fond, comme on connaît les équations des lignes de courbure des quadriques, l'analyse que nous venons de développer est une nouvelle méthode d'intégration de l'équation d'Euler.

FIN.

TABLE ANALYTIQUE.

(Les numéros indiquent les pages.)

FIN DE LA TABLE ANALYTIQUE.

15375 Paris. — Impr. GAUTHIER-VILLARS ET FILS, quai des Grands-Augustins, 55.

Printed in Dunstable, United Kingdom

91234512R10308